北京高等教育精品教材
BEIJING GAODENG JIAOYU JINGPIN JIAOCAI

动植物检疫概论

第2版

李志红　杨汉春　主编

中国农业大学出版社
·北京·

内容简介

本教材与时俱进、求实创新，综合论述动植物检疫的基本理论、法规和技术，内容丰富、素材新颖且适用范围较为广泛；包括 8 章 38 节，涉及动植物检疫起源与发展、动植物检疫法规、动植物检疫程序、动植物检疫技术、检疫性动物疫病、检疫性有害生物、“一带一路”与动植物检疫、人类命运共同体与动植物检疫。本教材由来自中国农业大学、海关总署、上海海关、北京林业大学、中国计量大学等单位的老师共同编写完成。

图书在版编目（CIP）数据

动植物检疫概论 / 李志红，杨汉春主编. —2版. —北京：中国农业大学出版社，2020.10

ISBN 978-7-5655-2455-4

Ⅰ.①动…　Ⅱ.①李…　②杨…　Ⅲ.①动物 - 检疫 - 高等学校 - 教材②植物检疫 - 高等学校 - 教材　Ⅳ.①S851.34②S41

中国版本图书馆CIP数据核字（2020）第 211115 号

书　名　动植物检疫概论　第 2 版
作　者　李志红　杨汉春　主编

策划编辑　梁爱荣　　**责任编辑**　梁爱荣　魏　巍
封面设计　郑　川
出版发行　中国农业大学出版社
社　址　北京市海淀区圆明园西路 2 号　　**邮政编码**　100193
电　话　发行部 010-62818525，8625　　读者服务部 010-62732336
编辑部 010-62732617，2618　　出　版　部 010-62733440
网　址　http://www.caupress.cn　　**E-mail**　cbsszs@cau.edu.cn
经　销　新华书店
印　刷　涿州市星河印刷有限公司
版　次　2021 年 2 月第 2 版　2021 年 2 月第 1 次印刷
规　格　787 × 1 092　16 开本　19.25 印张　480 千字
定　价　76.00 元

编写人员（第2版）

主　　编　李志红（中国农业大学）

　　　　　杨汉春（中国农业大学）

副 主 编　李艺娟（海关总署）

　　　　　张国珍（中国农业大学）

　　　　　陈仲兵（上海海关）

　　　　　石　娟（北京林业大学）

　　　　　杨倩倩（中国计量大学）

参编人员　（按姓氏拼音排序）

　　　　　方　焱（天津海关动植物与食品检测中心）

　　　　　傅　辽（北京海关）

　　　　　傅怡宁（上海海关动植物与食品检验检疫技术中心）

　　　　　盖新娜（中国农业大学）

　　　　　郭　景（天津海关）

　　　　　胡俊韬（复旦大学）

　　　　　胡永红（上海辰山植物园）

　　　　　姜　帆（中国检验检疫科学研究院）

　　　　　康芬芬（天津海关动植物与食品检测中心）

　　　　　李昊阳（上海海关）

　　　　　李建亮（山东农业大学）

　　　　　廖　明（华南农业大学）

　　　　　林茜茜（兰州海关）

　　　　　刘佳琪（海关总署）

　　　　　刘小丛（佛山海关综合技术中心）

　　　　　刘亚峰（天津海关）

　　　　　柳丽君（中国农业大学）

　　　　　卢小雨（深圳海关动植物检验检疫技术中心）

　　　　　吕文诚（烟台海关）

　　　　　吕文刚（佛山海关综合技术中心）

　　　　　南小宁（西北农林科技大学）

　　　　　宁官保（山西农业大学）

　　　　　潘佃安（天津海关）

齐希猛（乌鲁木齐海关）
秦　萌（全国农业技术推广服务中心）
秦誉嘉（中国农业大学）
仇松寅（中国检验检疫科学研究院）
商明清（山东省植物保护总站）
石建平（长春海关）
宋勤叶（河北农业大学）
孙双艳（海关总署国际检验检疫标准与技术法规研究中心）
滕　凯（上海海关）
王　静（乌鲁木齐海关）
王　钰（海关总署）
王辉平（海口海关）
王均祥（乌鲁木齐海关）
王书平（上海海关动植物与食品检验检疫技术中心）
王卫芳（广州海关技术中心）
王小雪（中国农业大学）
王一椒（上海辰山植物园）
文朝慧（兰州海关技术中心）
吴佳教（广州海关技术中心）
熊琳歆（福州海关）
徐　晗（中国检验检疫科学研究院）
徐　卫（海口海关热带植物隔离检疫中心）
严善春（东北林业大学）
杨　龙（华中农业大学）
杨　毅（中国热带农业科学院环境与植物保护研究所）
杨翠云（上海海关动植物与食品检验检疫技术中心）
杨明禄（塔里木大学）
应　黎（海口海关）
游崇娟（北京林业大学）
詹国平（中国检验检疫科学研究院）
张永年（天津海关）
张永宁（中国农业大学）
赵紫华（中国农业大学）
周　涛（中国农业大学）
周明华（南京海关）

编审人员（第 1 版）

主　编　李志红　杨汉春　沈佐锐
副主编　张国珍　林　伟　张宝峰　游忠明
编　者　（按姓氏拼音排序）
毕丁仁（华中农业大学）
毕克新（国家质量监督检验检疫总局）
崔建洲（河北农业大学）
郭　鑫（中国农业大学）
和淑琪（云南农业大学）
胡白石（南京农业大学）
李淑芳（湛江海洋大学）
李志红（中国农业大学）
廖　明（华南农业大学）
林　伟（国家质量监督检验检疫总局）
马　骏（湖南农业大学）
沈佐锐（中国农业大学）
王新武（国家质量监督检验检疫总局）
温俊宝（北京林业大学）
杨汉春（中国农业大学）
游忠明（国家质量监督检验检疫总局）
于洪春（东北农业大学）
曾　玲（华南农业大学）
张宝峰（国家质量监督检验检疫总局）
张国珍（中国农业大学）
主　审　陈仲梅（国家质量监督检验检疫总局）
黄冠胜（国家质量监督检验检疫总局）

第 2 版前言

时光荏苒，岁月如歌！

2004 年 10 月，《动植物检疫概论》第 1 版出版发行，迈出了第一步。在这 16 年中，《动植物检疫概论》得到了广大师生和检疫工作者的厚爱，于 2007 年荣获北京高等教育精品教材，为我国加入世界贸易组织（WTO）后的动植物检疫高等教育和口岸检验检疫培训提供了重要支持。

新的时代，新的征程。自 2013 年以来，我国提出了“一带一路”倡议，并与沿线国家共同开展了“一带一路”建设；同时，我国提出了“构建人类命运共同体”，以解决全球发展问题。当前，全球发展所面对的安全问题更为突出，生物入侵给人类带来更大威胁，生物安全受到更多关注。动植物检疫作为生物入侵防控的有效措施，发挥着越来越重要的作用。近年来，我国动植物检疫领域呈现诸多新发展，如 2018 年进出境动植物检疫职能由原国家质量监督检验检疫总局转隶至海关总署，2020 年发布了《中华人民共和国生物安全法》、修订发布了《中华人民共和国进境动物检疫疫病名录》和《全国农业植物检疫性有害生物名单》等，动植物检疫风险分析、检测鉴定、检疫处理及疫情监测的新研究多有报道。因此，教材修订工作亟须开展，以满足高等教育、专业培训以及学习型社会的新要求。

继承传统，求实创新。《动植物检疫概论》第 2 版包括 8 章 38 节，涉及动植物检疫起源与发展、动植物检疫法规、动植物检疫程序、动植物检疫技术、检疫性动物疫病、检疫性有害生物、“一带一路”与动植物检疫、人类命运共同体与动植物检疫；同时，本教材收集、整理了 115 个动植物检疫实例分析、68 幅插图和 47 道思考题。本教材由来自中国农业大学、海关总署、上海海关、北京林业大学、中国计量大学等单位的 65 位编委共同编写完成，字里行间，无不渗透着每一位编委的辛勤付出。由于学识和经验所限，本教材定有不足之处，敬请批评指正！

与时俱进，静待花开。教材的修订得到了中国农业大学教改项目的资助。在本教材的修订过程中，得到了诸多前辈、师长、领导和专家的悉心指点，得到了中国农业大学植物检疫与入侵生物学实验室师生们的热情帮助，在此谨表衷心感谢！

谨以此书敬献给在中国动植物检疫领域里辛勤耕耘的劳动者！

李志红

2020 年 11 月 18 日

第 1 版前言

加入 WTO 为我国农业带来新的挑战和发展机遇，以保护农业生产安全和人体健康、促进国际农产品贸易为宗旨的动植物检疫工作受到政府以及相关组织的高度重视。为了迎接入世的挑战，我国检验检疫部门、农产品生产和贸易部门等对动植物检疫专业人才以及具有动植物检疫基础知识的各相关专业人才提出了特别的需求。

为了普及动植物检疫的基础知识，优化高等院校学生的知识结构，满足社会对各相关专业人才的新要求，中国农业大学于 2001 年开设了面向各个专业本科生的“动植物检疫概论”课程。该课程使学生在学习动植物检疫基本概念和法规的基础上，掌握动植物检疫的主要程序和措施、认识检疫性动物疫病和植物有害生物的种类与危害，并进一步了解现代技术、国际贸易与动植物检疫的密切关系。

《动植物检疫概论》教材的编写得到了北京市教委高等教育精品教材建设重点项目的资助，同时也得到了中国农业大学教改项目的支持。与国内外同类教材比较，该教材的创新之处主要体现在两个方面：①综合论述动植物检疫的基本理论、法规和技术，内容丰富、素材新颖且适用范围较为广泛；②随教材附赠动植物检疫多媒体教学光盘《动植物检疫图像信息系统》，为读者提供了拍摄于主要贸易国以及我国部分口岸的珍贵图像资料。本教材包括 8 章 33 节，由来自全国部分高校从事动植物检疫教学工作的教师和国家质量监督检验检疫总局的有关专家共同编写完成。由于学识和经验所限，定有错误和遗漏之处，敬请指正！

在本教材的编写过程中，得到了诸多前辈、师长、领导和专家的悉心指点，得到了中国农业大学 IPMIST 实验室和植物检疫实验室师生的热情帮助，在此谨表衷心感谢！

本教材编写完成后，特邀请长期从事动植物检疫工作、拥有丰富经验的国家质量监督检验检疫总局陈仲梅研究员和黄冠胜研究员对全文进行审定，在此谨表衷心感谢！

“继承传统，求实创新”，谨以此书敬献给在中国动植物检疫领域里辛勤耕耘的劳动者！

李志红

2004 年 8 月 12 日

目录 contents

第 1 章

动植物检疫起源与发展

本章简介

动植物检疫迄今已有 300 余年的发展历史，法制性是其基本属性之一。作为预防检疫性动物疫病与植物有害生物传播，保护农林牧渔业生产、人体健康和生态安全，促进经济贸易发展的一种强制性措施，动植物检疫受到世界各国（地区）以及相关国际组织的高度重视。本章在介绍动植物检疫起源的基础上，详细论述了动植物检疫的基本概念、类型和属性，并对我国动植物检疫的主要发展进行了概要性回顾，说明了动植物检疫与检验检疫、国门生物安全的关系。

思维导图

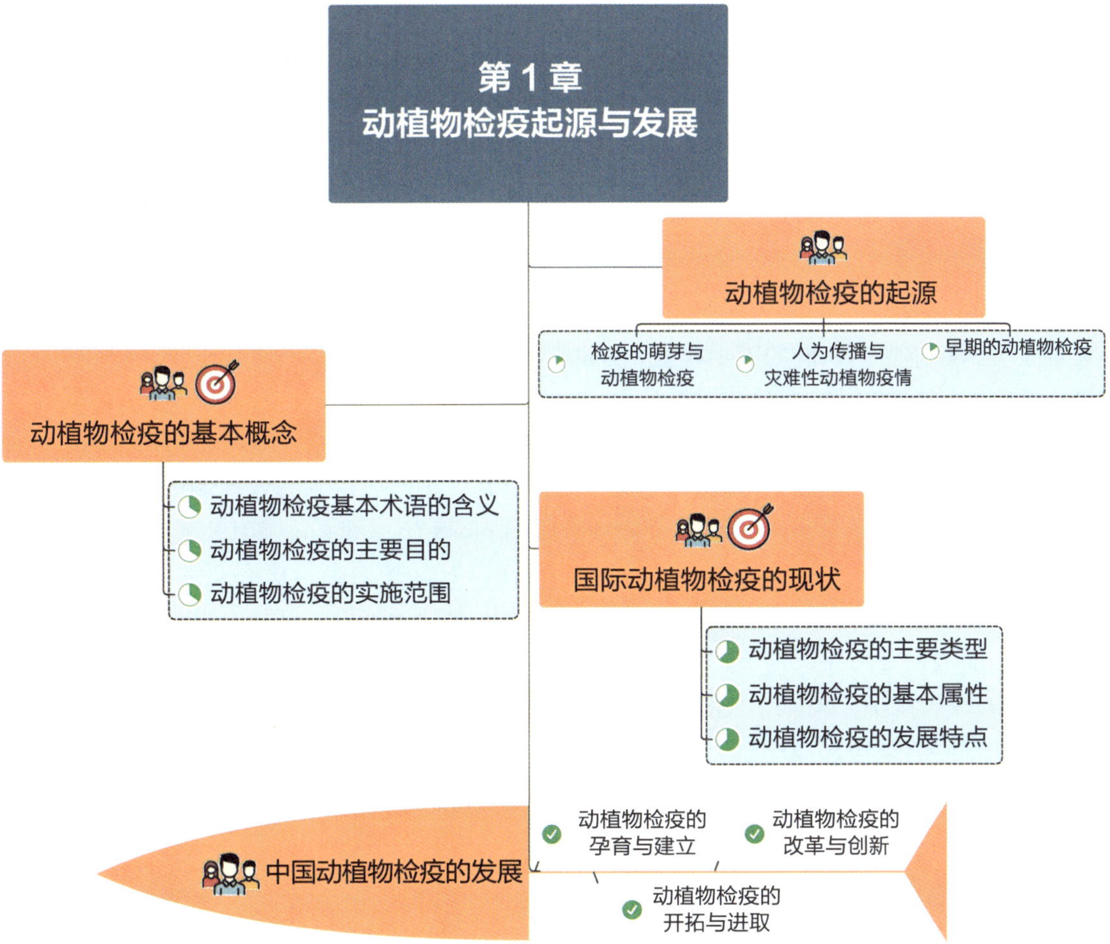

1.1 动植物检疫的起源

学习重点

- 了解卫生检疫与动植物检疫的关系
- 了解人为传播与灾难性动植物疫情的关系
- 掌握动植物检疫最早的范例

在世界范围内，有一项事业与人类的切身健康直接相关，同时又对保护农林牧渔业生产与生态安全、促进经济贸易发展起着重要的作用，这项事业就是检疫。当前，检疫已成为各国（地区）防范人类传染病、动物疫病和植物有害生物入侵的一种法律强制性措施，受到各国（地区）以及相关国际组织的高度重视。

1.1.1 检疫的萌芽与动植物检疫

"检疫"的英文词为"quarantine"，有隔离的含义。一般文献资料认为"quarantine"来源于拉丁文"quarantum"，本意为"四十"或"四十天"；林火亮（1989）指出，"quarantine"来源于意大利语"quarantina"（四十天）和"quaranta"（四十）。检疫的最早萌芽出现在14世纪中叶的欧洲。当时，欧洲大陆流行黑死病（Black death）、霍乱（Cholera）、黄热病（Yellow fever）等严重疾病，威胁着人类的生命安全。为了阻止上述传染病的传入，当时的威尼斯共和国采取了一项强制性措施，即要求外来船舶和人员在进港前必须滞留、隔离40 d。经40 d的观察，证明船上人员没有感染上述传染病时，才允许船舶进港、人员上岸。这是一种针对人类传染病的强制性隔离措施，在当时医学技术尚不发达的条件下，该方法确实对阻止人类传染病的传播蔓延起到了重要的作用。此后，许多国家（地区）陆续效仿这种做法，逐渐发展形成了被国际上普遍认同的卫生检疫（health quarantine）。直至今日，隔离仍是一种预防危险性人类疾病传播和扩散的有效方法。

2003年春，中国、新加坡等国家及部分地区暴发严重急性呼吸综合征（Severe acute respiratory syndrome，SARS），我国也称非典型性肺炎，在该病得到有效控制的过程中，隔离措施起到了至关重要的作用。2019冠状病毒病（Corona virus disease 2019，COVID-19），我国也称新型冠状病毒性肺炎，全球大流行；我国在以习近平同志为核心的党中央的领导下，果断采取科学而有力的防控措施，全国人民众志成城、共同抗疫，取得了世界瞩目的防控效果，其中，隔离措施同样发挥了重要作用。

随着历史与文明的发展，人类逐渐认识到，与人类疾病给人体健康所带来的危害一样，动物疫病、植物有害生物对动物、植物、环境以及人类自身的安全也具有相当大的威胁。如何预防动物疫病和植物有害生物的传播蔓延呢？上述卫生检疫的措施给人类以启迪，并被逐步应用于针对动物疫病和植物有害生物的检疫，进而形成了当今的动植物检疫（animal and plant quarantine）。

1.1.2 人为传播与灾难性动植物疫情

人类在认识到动植物检疫的重要性和必要性之前曾为此付出过特别的代价。历史上一些灾难性的动物疫病和植物有害生物的出现给人类带来了极为惨痛的教训，这些疫情因人为传播（引种、贸易、携带等）且缺乏有效的检疫措施，而在世界范围内或部分地区肆虐横行，给农林业生产、经济贸易造成了巨大的损失，对生态安全造成极大的影响，有的甚至直接危及了数百万人口的生命安全。直至当前，一些重大动植物疫情在局部地区的传入和危害，仍时常给人类敲响警钟。

欧洲于 19 世纪 30 年代从南美洲的秘鲁引进马铃薯进行种植。与此同时，一种致病菌——马铃薯晚疫病菌（*Phytophthora infestans*）也在人类的毫无察觉中潜随而至。这种病菌遇到适宜的气候时便生出大量菌丝体，造成马铃薯腐烂，生成的孢子可再次侵染。当时，人们并未意识到这一潜在的危险，而是被马铃薯诸多的优点所吸引，进行大量种植，特别是在爱尔兰，几乎成为唯一的粮食作物。1845 年，由马铃薯晚疫病引起的一场灾难降临欧洲。这一年的气候条件非常适合该病菌的繁殖，马铃薯还没等到收获就全部枯死，造成了震惊世界的爱尔兰大饥荒，死于饥荒者达 100 多万人，另有 200 万人外出逃荒。

马铃薯甲虫（*Leptinotarsa decemlineata*），也称马铃薯叶甲，原产于墨西哥北部落基山东麓，以野生茄科植物的叶片为食。1817 年，北美地区从智利引入栽培用马铃薯，这使马铃薯甲虫找到了更可口的食粮，从此放弃野生茄科植物，转而以栽培的马铃薯为食。1855 年，在美国的科罗拉多州发现该虫严重危害马铃薯；1874 年，该虫抵达美国东海岸。鉴于马铃薯甲虫的危害，欧洲一直禁止从美国调种。但是，由于第一次世界大战将德国的马铃薯供种基地彻底摧毁，法国迫不得已从美国引进种薯。1921 年，马铃薯甲虫在法国西南部立足；至 1939 年，法国全境发生。该虫借助人为传播及自然传播（每年可飞行约 135 km），在 1975 年时已遍及欧洲大陆的主要部分，20 世纪 90 年代传入我国新疆地区，目前已对我国西北和东北地区的马铃薯产业构成威胁。

舞毒蛾（*Lymantria dispar*）原产欧洲，可危害 500 多种植物，该虫食量大，严重时可将全树叶片吃光。1869 年，一位美国人计划以该幼虫吐的丝来开发一项新兴工业，于是特意将舞毒蛾从欧洲带回美国。从此，舞毒蛾在美国慢慢扩散。1905 年，舞毒蛾在康涅狄格州大暴发，给林果区酿成了大害。有这样的报道形容当时的情景“阔叶林几乎全部受损，6 月出现三冬景象，汽车经过林区路面，因虫尸太厚，比冰面还滑；大量幼虫爬进住房，直接威胁人们的生活”。直至目前，舞毒蛾仍是美国重要的林业害虫，每年需投入大量人力物力加以防治。

非洲猪瘟（African swine fever，ASF），1921 年于肯尼亚首次发现，是由非洲猪瘟病毒（African swine fever virus，ASFV）引起的重大动物疫病，危害猪，致死率高。在非洲，ASF 于 1928 年传入南非，1953 年传入赞比亚，1960 年传入马拉维，大多数西非国家呈地方性流行。ASF 首次传出非洲是在 1957 年，由安哥拉传入葡萄牙。在诸多的跨境传播中，航班残羹（剩饭中的猪肉制品上带有该病毒）成为重要的传播载体之一。例如，在马耳他，仅因一位旅客将飞机上的残羹捡回家喂猪，就致使 ASF 传入了该国；非洲猪瘟病毒很快在马耳他全境蔓延而无法控制，该国政府不得不采取紧急措施，即采用扑杀全国所有生猪的办法来消灭非洲猪瘟。进入 20 世纪以来，ASF 在欧亚地区传播、扩散并造成惨重损失。2007 年，ASF 传入格鲁吉亚、俄罗斯；近年来，向西传入乌克兰、白俄罗斯等。2018 年 8 月，ASF 传入我国辽宁地区；截至2019年4月，非洲猪瘟疫情在我国大陆的31个省（自治区、直辖市）发生。有报道显示，“2019年亚洲12个国家和地区报告疫情528起，扑杀猪只187万余头，欧洲11个国家报告疫情4725起，扑杀猪只28万余头，ASF疫情给亚欧国家造成的损失十分惨重”。截至目前，ASF的发生和严重危害，让更多的民众更加关注动植物检疫。

1.1.3 早期的动植物检疫

动植物检疫在其产生初期就已具备一个非常突出的特征，即运用法律和行政的强制手段，禁止一切带有危险性动物疫病和植物有害生物的动植物及其产品的输入，以保护本国（地区）农林牧渔业生产安全和人体健康。

1）早期的植物检疫

1660年，法国的Leon地区通过一项法令，专门用以铲除小檗并禁止其传入（图1–1）。这是由于小檗的存在与小麦秆锈病（Wheat stem rust）暴发直接相关，该病是危害小麦茎秆的一种真菌病害，对小麦生产造成影响。这是文献记载中植物检疫早期范例，也是人类首次运用法律手段来防止植物有害生物的传入。

图1–1 动植物检疫早期范例
（引自夏红民，2002）

1872年，法国颁布了禁止从国外输入葡萄枝条的法令。这一法令的颁布与葡萄根瘤蚜（*Daktulosphaira vitifoliae*）密切相关。该虫原产美国，是一种严重危害葡萄根部并影响植株生长的害虫。1858年，葡萄根瘤蚜随葡萄枝条的输出传到了欧洲，并于1860年传入法国。在25年的时间里，葡萄根瘤蚜危害并毁坏了法国近1/3（约200万hm^2）的葡萄园，使该国的支柱产业——葡萄酿酒业遭受了沉重打击。为了防范葡萄根瘤蚜在欧洲的进一步扩散，1881年法国等少数国家在瑞士伯尔尼签署《国际葡萄根瘤蚜防治公约》，1889年又签订了《国际葡萄根瘤蚜防治补充公约》。

19世纪70年代，马铃薯甲虫在美国的传播以及造成的危害促使许多欧洲国家先后颁布了各自针对该虫的检疫法令。例如，俄国在1875年颁布的法令中，不但禁止美国的马铃薯进口，而且也不准做包装材料用的马铃薯茎叶进口。又如，英国在1877年在利物浦港码头发现一头活的马铃薯甲虫，该疫情立即引起政府的重视，随即制定和颁布了《毁灭性昆虫法令》（Destructive Insects Act），以防止马铃薯甲虫的传入和扩散。

2）早期的动物检疫

1866年，英国颁布一项法令，批准采取紧急措施，扑杀由于进口种牛带进的牛瘟（Rinderpest，RP）所传染的全部病牛。牛瘟是由牛瘟病毒（Rinderpest virus，RPV）引起牛的一种急性、烈性、败血性、高度接触性传染病，是一种严重的动物传染病。为了预防这一疫病的再发生，英国又于1869年制定了《动物传染病法》，以控制牛的进口。1871年，日本政府采取措施，防止西伯利亚地区流行的牛瘟传入该国，并于1886年制定了《兽类传染病预防法规》。

1879 年，由于在进口的美国肉类制品中发现带有旋毛虫（Trichina）、绦虫（Cestode），意大利下令禁止进口美国的肉类制品。旋毛虫和绦虫都是动物的寄生虫，严重危害动物健康。1881 年，奥地利、德国和法国也相继颁布禁止美国肉类进口的法令。

小结

检疫起源于 14 世纪的欧洲，是一种强制性的措施。早期的检疫只用于控制人类传染病的传入和扩散，即卫生检疫。随着对动植物疫情与人为传播关系认识的不断深入，人类将卫生检疫的做法借鉴到危险性动物疫病和植物有害生物的控制中，从而使动植物检疫得到了发展。早期动植物检疫的突出特点是强行禁止，即采取强行禁止贸易或引进的方法来预防动植物疫情的传入。

1.2 动植物检疫的基本概念

学习重点

- 掌握动植物检疫基本术语的含义
- 掌握动植物检疫的主要目的
- 了解动植物检疫的实施范围

动植物检疫作为具有法律强制性防范动植物疫情传入、传播的屏障，已经成为各国（地区）保护农林牧渔业生产安全、人体健康和生态安全的一项重要工作。同时，在服务和促进对外经济贸易发展，特别是促使创汇农产品打入国际市场、引进动植物优良品种等方面，动植物检疫也做出了重要贡献。认识动植物检疫等相关术语基本含义，结合检疫实例，进一步理解动植物检疫的主要目的和管理范围，是非常必要的。

1.2.1 动植物检疫基本术语的含义

如何理解“动植物检疫”以及相关术语的基本含义呢？在动植物检疫的发展过程中，相关国际组织已有术语方面的国际标准，同时有关国家（地区）也对相关术语进行了一定的描述。参考国际组织的有关界定以及其他相关文献的描述，并综合考虑动植物检疫的特点，现对“动物疫病”“植物有害生物”“检疫性动物疫病和植物有害生物”“动植物检疫”以及“动植物检疫措施”等术语进行概括。

一般的，动物疫病（animal disease），指的是任何对动物或动物产品有害的动物传染病和寄生虫病。植物有害生物（plant pest），指的是任何对植物或植物产品有害的植物、动物或病原体的种、株（品）系、或生物型（any species, strain or biotype of plant, animal, or pathogenic agent, injurious to plants or their products）。那么，动植物检疫所防范的动物疫病和植物有害生物，用什么术语来界定呢？根据国内外动植物检疫研究进展，可以将其归纳为“检疫性动物疫病和植物有害生物”来加以认识。检疫性动物疫病和植物有害生物（animal disease and plant pest for quarantine），是动植物检疫的主要防控对象，是对受其威胁的地区具有潜在经济重要性、但尚未在该地区发生，或虽已发生但流行或分布不广并进行官方防治的动物疫病和植物有害生物。在检疫性动物疫病和植物有害生物中，可以分为两大类，一是动物检疫疫病（也可称为检疫性动物疫病，本教材采用该术语），二是检疫性植物有害生物（也可称为检疫性有害生物，本教材采用该术语）。

检疫性动物疫病和植物有害生物，一旦入侵，将给当地农林牧渔业生产、人体健康和生态安全带来巨大的危害、影响和威胁。例如，有关资料显示，目前人畜共患的传染病近 200 种，其中多种均被列为检疫性动物疫病，受到全球高度关注，牛海绵状脑病（Bovine spongiform encephalopathy，BSE）（俗称疯牛病）是典型代表。在英国，1996 年发生 BSE，病例达 17 余万宗，并有 24 人因食用了病牛肉而感染患上"克－雅氏症"，其中 22 人死亡；一时间，英国人"谈牛色变"。英国是世界牛肉出口大国，许多国家因疯牛病纷纷宣布禁止从英国进口牛、牛肉和奶制品等，这使英国养牛业遭受沉重打击，年损失外汇达 6 亿美元，近 10 万人失业，国民生产总值下降 40 多亿美元。又如，植物有害生物中也有著名的"杀手"，地中海实蝇（*Ceratitis capitata*）正是典型代表，被称为"水果杀手"，严重危害水果、蔬菜果实，全球很多国家（地区）将其列为检疫性有害生物，进行重点管制。在美国，自 1975 年以来，加利福尼亚州发生地中海实蝇入侵，造成的直接经济损失和用于防治的费用每年高达 20 多亿美元。

关于"动植物检疫"这一术语，过去一般是从"动物检疫"和"植物检疫"两个角度分别解释其含义。综合考虑其特点，动植物检疫是旨在防止检疫性动物疫病和植物有害生物的传入或扩散或确保其官方控制的一切活动（all activities designed to prevent the introduction and spread of quarantine animal diseases and plant pests or to ensure their official control）。随着全球化（globalization）的发展，生物入侵（biological invasion）对生物安全（biosecurity）构成了极大的威胁，生物入侵防控需求愈发迫切。动植物检疫作为防控生物入侵的重要手段，在全世界范围内受到了更多的关注，得到了更快速的发展。

动植物检疫拥有一系列的相关措施，这就是动植物检疫措施（sanitary and phytosanitary measures）。那么，动植物检疫措施究竟是什么呢？动植物检疫措施是旨在防止检疫性动物疫病和植物有害生物的传入或扩散的任何法律、法规或官方程序（any legislation, regulation or official procedure having the purpose to prevent the introduction or spread of quarantine animal disease and plant pest）。当今的动植物检疫已成为由官方机构采取相应措施对动植物及其产品等检疫物进行检验、检测、处理及出证等，从而实现动植物检疫主要目的的系统工程。

1.2.2 动植物检疫的主要目的

动植物检疫的主要目的，通常认为包括三个方面：①防止检疫性动物疫病和植物有害生物的传入和扩散；②保护农林牧渔业生产安全、人体健康及生态安全；③促进国际及国内经济贸易的发展。在此基础上，与时俱进，动植物检疫的主要目的也可概括为防止生物入侵、保护生物安全、促进经贸发展，即防入侵、保安全、促发展。

1）防止生物入侵

各国（地区）采取动植物检疫措施，努力防止检疫性动物疫病和植物有害生物在全球的传入和扩散，即防止生物入侵。诸多国家（地区）针对其特点，规定了检疫性动物疫病和植物有害生物，目的就是在动植物检疫工作中对其进行重点防控，防止传入和扩散。我国幅员辽阔，人口众多；与动植物和动植物产品相关的国际贸易、国内调运的数量巨大，防止检疫性动物疫病和植物有害生物的传入和扩散的任务尤为突出。目前，我国的动植物检疫划分为进出境动植物检疫（习称外检）和国内动植物检疫（习称内检）两个部分。2018年机构改革后，主管进出境动植物检疫工作的部级机关是海关总署，主管国内动植物检疫的部级机关有两个，即农业农村部、自然资源部国家林业和草原局（副部级）。针对检疫性动物疫病和植物有害生物，我国制定、发布了进境动物检疫疫病名录、进境植物检疫性有害生物名录、全国动物检疫疫病名单、全国农业检疫性有害生物名单和全国林业检疫性有害生物名单，并定期修订。进境动植物检疫，其主要目的是防止我国所规定的进境检疫性动物疫病和植物有害生物由境外传入；出境动植物检疫，其主要目的是防止他国（地区）所规定的检疫性动物疫病和植物有害生物由我国传出；国内动植物检疫，其主要目的是防控国内检疫性动物疫病和植物有害生物在我国境内各地间的扩散。通过进出境动植物检疫和国内动植物检疫机构的共同努力，截至目前，我国有效防止了诸如牛海绵状脑病、地中海实蝇等检疫性动物疫病和植物有害生物的传入。

2）保护生物安全

各国（地区）采取动植物检疫措施，努力保护农林牧渔业生产安全、人体健康及生态安全，即保护生物安全。我国是一个农业大国，也是人口大国，绿水青山是我们的金山银山。加入世界贸易组织（World Trade Organization, WTO）后，我国的市场进一步开放，动物疫病和植物有害生物的入侵风险随之增加。与此同时，动物疫病和植物有害生物本身也在不断变化，其复杂性、危害性均在不断提高。因此，我国的生物安全面临着更大的威胁。严守国门（图1-2），保护生物安全，使我国免受国际重大动植物疫情灾害的影响，是动植物检疫事业的头等任务。有关资料显示，我国口岸每年都截获大量的存在安全问题的动植物和动植物产品并进行有效的检疫处理，保障进境动植物和动植物产品的安全，从而保护我国的农林牧渔业生产安全、人体健康及生态安全。例如，2010—2012年，我国进境动物检疫检出动物疫病种类分别是17种、18种、22种，检出次数分别是72次、110次、246次。又如，“十二五”期间，我国进境植物检疫截获有害生物8945种351万次；2017年，我国进境植物检疫截获有害生物5956种1053450次，其中检疫性有害生物379种104994次。

3）促进经贸发展

各国（地区）采取动植物检疫措施，努力促进国际及国内经济贸易的发展，即促进经贸发展。动植物、动植物产品进出口，在对外经济贸易中占有特殊地位。动植物检疫是国际性的，各国（地区）对进境动植物和动植物产品的检疫均较严格，不经动植物检疫的相关产品或检疫不合格的产品输入方不允许进口。在世界许多国家（地区），动植物检疫在促进其动植物、动植物产品贸易方面发挥着重要的作用。近年来，通过我国和主要贸易国动植物检疫机构的共同努力，促进了我国动植物、动植物产品出口创汇，同时也促进了国外动植物、动植物产品的进口贸易。例如，根据《中华人民共和国海关总署和克罗地亚共和国农业部关于克罗地亚输华乳品动物卫生和公共卫生条件议定书》，2020年7月23日海关总署发布关于进口克罗地亚乳品检验检疫要求的公告，允许符合相关要求的克罗地亚乳品进口。根据《中华人民共和国海关总署与柬埔寨王国农林渔业部关于柬埔寨鲜食芒果输往中国植物检疫要求议定书》，2020年7月16日海关总署发布关于进口柬埔寨鲜食芒果植物检疫要求的公告，允许符合检疫要求的柬埔寨鲜食芒果进口。又如，来自海关总署官网报道显示，海口海关所属三亚海关发挥技术优势，坚持强化监管优化服务，严防动植物疫情，助力地域特色农产品出口，全力服务全球动植物种质资源引进中转基地建设；2019 年 1—11 月，三亚海关共监管辖区企业出口水果、海产品、苗木、果蔬汁等特色农产品共计 358 批次，货值 6128.6 万美元，同比分别增长 51.7%、77.8%；在全球动植物种质资源引进中转基地建设中，三亚海关大力支持进境动物隔离检疫场和进境植物隔离检疫圃建设，为引进动植物种质资源扎实做好前期工作。

1.2.3 动植物检疫的实施范围

哪些物品必须经过动植物检疫呢？这就是动植物检疫的实施范围。在我国进出境动植物检疫中，其实施范围主要包括 4 大类物品：①动植物及其产品；②装载容器、包装物和铺垫材料；③运输工具；④其他检疫物。现分述如下。

1）**动植物及其产品**

依法检疫的动物指饲养、野生的动物，主要包括 4 类：①通过贸易、科技合作、赠送、援助等方式进出境的动物，主要为种用或饲养的家畜、家禽（如牛、马、猪、羊、鸡、鸭、鹅、兔、鸽等），野生动物数量较少；②旅客携带进境的动物，主要是伴侣动物（如猫、狗等）和观赏动物（如鹦鹉、金鱼等）；③邮寄进境的动物，主要是蜂（王）、蚕（卵）等；④过境动物，主要包括演艺动物、竞技动物和展览的观赏动物（如狮、象、熊、犬等）。

依法检疫的动物产品是指来源于动物未经加工或虽经加工但仍有可能传播动物疫病的产品，主要包括 3 类：①通过贸易、科技合作、赠送、援助等方式进出境的动物产品，主要是肉类、毛类（如羊毛、猪鬃等）以及皮张（猪皮、牛皮、羊皮、兔皮、貂皮等）；②旅客携带进境的动物产品，较多的是皮张、毛类和肉制品（如火腿、香肠等）；③邮寄进境的动物产品，包括多种产品，如肉制品、奶制品、毛类、皮张、动物水产品类（如鱼、虾、蟹等）、动物性药材（如鹿茸、蛇胆等）以及蹄、骨、角类（如牛蹄、虎骨、鹿角等）等。

依法检疫的植物是指栽培植物、野生植物及其种子、种苗和其他繁殖材料等，主要包括 3 类：①通过贸易、科技合作、赠送、援助等方式进出境的植物，其中进境较多的植物主要是我国农业科研单位和生产单位引进的种子、种苗（如水稻、小麦、玉米、棉花、油料、柑橘、苹果、花卉、林木种苗等）；②旅客携带进境的植物，主要有盆栽花卉、绿化和观赏树苗、蔬菜种子以及果树苗木、接穗、插条等；③邮寄进境的植物，主要包括蔬菜、瓜果种子及各种花卉繁殖材料。

依法检疫的植物产品指来源于植物未经加工或虽经加工但仍有可能传播植物有害生物的产品，主要包括 3 类：①通过贸易、科技合作、赠送、援助等方式进出境的植物产品，其中进境较多的有粮谷（如水稻、小麦、玉米等）、水果（如柑橘、苹果、龙眼等）和木材；②旅客携带进境的植物产品，主要包括水果、蔬菜、干果以及粮食、药材、烟叶等；③邮寄进境的植物产品，主要有粮食、干果、中药材等。

2）**装载容器、包装物和铺垫材料**

装载容器是指可多次使用、易受动物疫病和植物有害生物污染并用于装载进出境货物的容器，如笼、箱、桶、筐等。目前，集装箱是应用最广的装载容器（图 1–2）。此外，在国际运输中，大多数动植物产品需要牢固地包装和铺垫物，这些材料多为植物性产品，且为质次又未经特殊加工处理的材料，极易感染和传播植物有害生物。装载容器、包装物、铺垫材料已成为检疫范围中非常重要的内容，具体包括 3 类：①装载进出境动植物、动植物产品和其他检疫物的装载容器、包装物、铺垫材料；②装载过境动物的装载容器；③装载过境植物、动植物产品和其他检疫物的包装物、装载容器。

3）运输工具

依法检疫的运输工具主要包括 4 类：①来自动植物疫区的运输工具（如船舶、飞机、火车等），特别是对可能隐藏病虫的处所（如餐车、配餐间、厨房、储藏室等）进行检疫；②进境的废旧船舶，包括供拆船用的废旧钢船以及我国淘汰的远洋废旧钢船；③装载出境动植物、动植物产品和其他检疫物的运输工具；④装载过境动物的运输工具。

4）其他检疫物

包括动物疫苗、血清、诊断液以及动植物性废弃物等。

图 1-2　停放在货运码头的集装箱

（李志红摄于上海洋山口岸，2017 年）

小结

检疫性动物疫病和植物有害生物是对受其威胁的地区具有潜在经济重要性、但尚未在该地区发生，或虽已发生但流行或分布不广并进行官方防治的动物疫病和植物有害生物。动植物检疫是旨在防止检疫性动物疫病和植物有害生物传入或扩散或确保其官方控制的一切活动，其目的在于防止检疫性动物疫病和植物有害生物的传入和扩散，保护农林牧渔业生产安全、人体健康和生态安全，同时促进经济贸易的发展。动植物检疫措施包括法律、法规和程序。实施进出境动植物检疫的物品范围包括 4 类，即动植物及其产品，装载容器、包装物和铺垫材料，运输工具，以及其他检疫物。

1.3 国际动植物检疫的现状

学习重点

- 掌握动植物检疫的基本类型
- 掌握动植物检疫的基本属性
- 了解动植物检疫的发展特点

动植物检疫是全世界普遍实施的一种强制性措施。经过300余年的不断发展，国际动植物检疫的现状可从其主要类型、基本属性和发展特点三个方面加以认识。

1.3.1 动植物检疫的主要类型

人为传带造成了动物疫病和植物有害生物的远距离传播，特别是进入20世纪以来，随着对外贸易、旅游、科研合作等的飞速发展更使一些疫病和有害生物跨越了高山、大海等自然障碍的阻隔，在世界范围内传播、定殖和危害。动植物检疫是以动物疫病和植物有害生物的生物学特性为基础，采用法律手段和技术手段相结合的方法来防止检疫性动物疫病和植物有害生物传入和传播。历经几百年的发展，各国（地区）根据自身的特点（例如自然条件等）形成了带有一定特色的动植物检疫，从而构成了当前国际动植物检疫的5种基本类型，即环境优越型、发达国家大陆型、经济共同体大陆型、发展中国家大陆型以及工商业城市型。

1）环境优越型

动植物检疫类型属于环境优越型的国家（地区）主要指岛屿型或半岛型国家（地区），例如澳大利亚、新西兰、日本和韩国等。这些国家（地区）具有特殊的地理环境，凭借水域屏障，动物疫病和植物有害生物的自然传播很难对其农林牧渔业生产、人类健康和生态安全构成威胁，因而如何严格地控制动物疫病与植物有害生物的人为传播和入侵在这种动植物检疫类型的国家中变得更为重要。在澳大利亚，动植物检疫特别是进境动植物检疫受到高度重视，通过采取各种先进的检疫措施和技术严格地控制动物疫病与植物有害生物的入侵（图1–3）。在环境优越型的国家（地区）中，一般对进境动植物检疫要求极为严格，出境检疫相对较宽松且根据进口国要求出证。但由于各国（地区）农业生产又有其自身特点，因此各国（地区）的进境检疫要求也有所不同，例如新西兰除引进少数优良品种外基本上不进口农产品，如果进口则制定特别严格的检疫要求；日本进口农产品较多，但一般是从没有相关动物

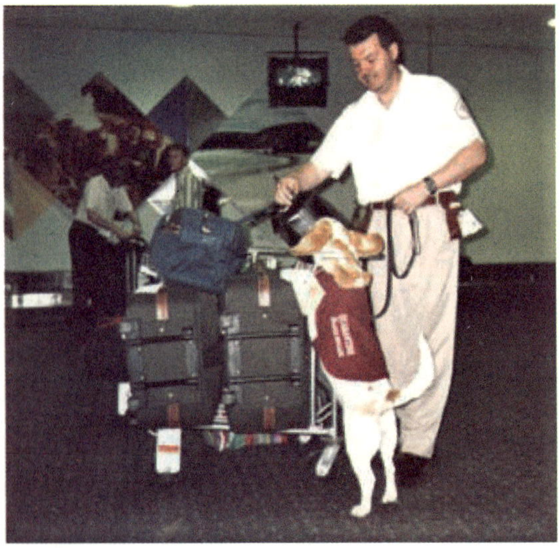

图1–3 澳大利亚的入境旅客携带物检疫
（摄于1995年，悉尼国际机场）

疫病或植物有害生物发生的国家或地区进口。

2）**发达国家大陆型**

动植物检疫类型为发达国家大陆型的，主要指地理位置毗邻的经济发达国家，例如美国和加拿大。从地理环境看，这种类型的国家彼此之间具有很长的边境线，这一自然环境很容易造成动物疫病和植物有害生物的自然传播和人为传播。那么，这些国家之间的检疫应该非常严格才合乎常理，但是，由于这些国家的经济一般均较发达，在足够经费的支持下其彼此的疫情情况均较清楚、检疫技术也都较先进（例如监测技术等），因而，这些国家之间的检疫要求就较为宽松。在对待其他国家时，进境检疫相对非常严格，出境检疫相对宽松且根据进口国要求出证。

3）**经济共同体大陆型**

动植物检疫类型属于经济共同体大陆型的，主要指地理位置相邻且构成了经济共同体的国家（地区），例如欧洲联盟（European Union，EU），简称欧盟，是由欧洲共同体（European Economic Community，EEC）发展来的，是一个集政治与实体和经济实体于一身，在世界上有重要影响的区域一体化的组织。欧盟成员在政治和经济上形成了共同体，就动植物检疫而言，制定了一系列的动植物检疫法规并要求成员实施共同的动植物检疫原则和措施。依据欧盟的规定，成员在执行动植物检疫任务时主要是将动物疫病和植物有害生物控制在共同体之外的原发地。因而，欧盟成员之间的动植物检疫非常宽松，几近取消，但欧盟以外的国家（地区），其进境检疫要求十分严格，出境检疫相对宽松且根据进口国要求出证。

4）**发展中国家大陆型**

经济尚不发达的大陆型国家其动植物检疫类型属于发展中国家大陆型，例如中国、印度、智利、南非及其他部分美洲、非洲国家。这些国家的经济基础较薄弱，与发达国家（地区）相比，农林牧渔业生产特别是动植物疫情管理、监控方面的经费投入较少。这种类型的国家（地区），在进境检疫中，以防止检疫性动物疫病和植物有害生物的传入为主，因此对特殊国家（地区）、特殊物品的检疫相对非常严格；在出境检疫中，由于这些国家的疫情较复杂，因此进口国一般提出较高的检疫要求，从而使这些国家的出境检疫也相对较为严格。

5）**工商业城市型**

以工商业为主的城市化国家（地区），其动植物检疫类型属于工商业城市型，例如新加坡、中国香港等。这些国家（地区）的农林牧渔业较贫乏，其动植物及动植物产品主要依靠进口。在进境检疫中，对动物、动物产品以及种子、种苗实施相对较严格的检疫，但对植物产品检疫较宽松；其出口检疫相对宽松且根据进口国要求出证。

1.3.2 动植物检疫的基本属性

动植物检疫是动物疫病和植物有害生物控制系统工程中的一个重要组成部分，它同一般的动物疫病和植物有害生物防治工作是相辅相成的。没有动植物检疫的防治是被动的防治；没有防治工作相配合的动植物检疫是消极的检疫。动植物检疫具有 5 个较为突出的基本属性，即法制性、预防性、技术性、国际性和综合性。

1）**动植物检疫的基本属性——法制性**

动植物检疫是依法开展工作的，法制性是其与生俱来的基本属性之一。进入 20 世纪后，各国纷纷立法，并陆续组建专门的动植物检疫机构，并由这些机构执行法律所赋予的各种检疫权利。例如，日本在1886年颁布了《兽医传染病法》，1896年制定了《兽医预防法》，1914年以后又陆续制定了《进出口植物检疫取缔法》《家畜传染病预防法》。再如，美国1912年颁布了《植物检疫法》，1935年颁布了《动植物检疫法》。又如，我国于1991年公布了《中华人民共和国进出境动植物检疫法》，并于1997年制定了《中华人民共和国进出境动植物检疫法实施条例》。同时，动植物检疫领域的国际法规、区域性法规、双多边协议等，使动植物检疫工作更加规范、透明和协调。由这些例子可以看出，法制性是动植物检疫最为突出的属性，管理部门的立法和执法是做好动植物检疫工作的基础。同时，实现动植物检疫的主要目的，也离不开公众的知法和守法。“有法必依、执法必严、违法必究”“法律面前人人平等”等被动植物检疫日复一日地实践着。例如，检疫法中规定的检疫物，无论其物主或用途如何，都必须经过检疫。又如，使馆人员从其国内购进食品、水果等动植物产品，这些产品都必须经动植物检疫部门的检疫并证明其合格后才允许进境。

2）动植物检疫的基本属性——预防性

动植物检疫的核心问题是预防本国（地区）以外的检疫性疫病和有害生物的传入和扩散，防患于未然是动植物检疫的基本属性之一。动物疫病与植物有害生物的发生、分布有其自身的生物学特点，亦有其自身的复杂性、隐蔽性和突发性。因此，动植物检疫必须有较为完备的风险分析和疫情预警机制，而这一预警机制的建立正是动植物检疫预防性的特点所决定的。最常见的预警方式是发布警示通报，被列在这一通报上的是那些特别需要预防传入的动物疫病或植物有害生物。例如，根据我国《出入境检验检疫风险预警及快速反应管理规定》等，2019年3月，海关总署动植物检疫司发布了关于加强马铃薯斑纹片病菌［Candidatus *Liberibacter solanacearum*（Lso）］检疫的警示通报。其起因是该病菌在进口的日本、韩国、意大利的胡萝卜及香菜种子中被广州、上海海关等多次截获，该病菌是严重危害茄科、伞形科作物的新病原，2009年首次于新西兰报道，而我国尚无分布。经风险评估，我国认为该病菌随马铃薯种薯和胡萝卜、芹菜、香菜等种子的传入风险高，要求各海关要根据风险布控指令，对进口相关货物实施100%抽样送实验室，开展针对性检测，未完成检测前货物不得放行，如检出病原菌则应对进口货物采取退运或销毁措施。

3）动植物检疫的基本属性——技术性

动植物检疫措施的实施，离不开专业技术的支持，专业性是动植物检疫的基本属性之一。纵观全球动植物检疫的发展，动植物检疫技术包括风险分析技术、检疫抽样技术、检测鉴定技术、检疫处理技术和疫情监测技术等。风险分析技术，主要用于预测动物疫病和植物有害生物的入侵风险、确定检疫性动物疫病和植物有害生物的种类及检疫措施；检疫抽样技术，主要用于确定不同入侵风险的动植物、动植物产品及其他检疫物的抽样方法和数量；检测鉴定技术，主要用于明确检疫物抽样样品中的动物疫病和植物有害生物的种类；检疫处理技术，主要用于根除所检测鉴定出的动物疫病和植物有害生物、扑灭动植物疫情、确保动植物和动植物产品的健康；疫情监测技术，主要用于确定在一定的时间和区域内动物疫病和植物有害生物的发生情况、及时发现动植物疫情。例如，检测鉴定技术的特点是精准和快速，传统的形态、生理生化等技术有一定的局限性，分子生物学技术得到了更快的发展，DNA条形码（DNA barcoding）、聚合酶链式反应（polymerase chain reaction, PCR）、实时荧光PCR（real-time PCR）、芯片（chip）等的研究与应用多见报道。

4）动植物检疫的基本属性——国际性

国际合作与交流对动植物检疫来说具有重要的意义，国际性成为动植物检疫的一个基本属性，特别是对于进出境动植物检疫，其国际性更为突出。从生态系统角度来看，只有在一个较大范围的生物地理区域预防、控制或扑灭动植物疫情，才能使这一区域内的所有国家（地区）得到有效的保护。在 300 余年的动植物检疫发展历程中，人类逐步认识到动植物检疫工作中双边合作、多边合作、区域合作以及全球合作的必要性和紧迫性。一些国际组织应运而生，在动植物检疫国际合作中发挥着重要作用。例如，世界动物卫生组织（Office International des Épizooties，OIE）、联合国粮食及农业组织（Food and Agriculture Organization of the United Nations，FAO）、WTO 等。这些国际组织专门针对动植物检疫制定了相应的法规、标准，有力地促进了各成员的动植物检疫建设和发展，有效地预防或减缓了重大动植物疫情在全球的扩散和危害。我国始终重视动植物检疫领域国际合作，在双多边合作机制上做出了诸多探索。自 2013 年以来，我国相继提出"一带一路"倡议（The Belt and Road Initiative）（图 1–4）、构建人类命运共同体（Building a Human Community with Shared Destiny），受到全球的高度关注，同时也为动植物检疫国际合作指明了前进的方向。

图 1–4　中国一带一路网（https://www.yidaiyilu.gov.cn/）

5）动植物检疫的基本属性——综合性

动植物检疫的综合性主要表现在动植物检疫是一个综合体系，既表现在其管理对象的错综复杂，又表现在其管理手段的有机综合，还表现在其学科专业的广泛交叉。动植物检疫的管理对象既包括法定的检疫性动物疫病和植物有害生物，也包括动物疫病和植物有害生物的各种载体（如动植物、动植物产品、装载容器、包装物、铺垫材料、运输工具等），同时还涉及受检疫法规约束的公民和法人。动植物检疫的管理手段包括法律手段、行政手段和技术手段，并实施于动植物及动植物产品流通的全过程；截至目前，我国动植物检疫工作程序包括检疫申报、现场检验、实验室检测、检疫处理、检疫出证，同时，检疫准入、检疫审批、疫情监测、境外预检、隔离检疫、产地检疫和调运检疫等也已运用到动植物检疫实践中。人才培养，特别是高级专业人才培养，是动植物检疫可持续发展的源泉。我国非常重视动植物检疫相关学科和专业的建设，动物医学、植物保护学、林学一直是我国培养动物检疫、植物检疫专业人才的传统一级学科。

1.3.3 动植物检疫的发展特点

纵观国际动植物检疫的历史，分析其发展特点，编者认为主要体现在 5 个方面：①动植物检疫的法律法规更加综合；②动植物检疫的实施范围不断扩大；③动植物检疫的政策措施及时调整；④动植物检疫的科技水平逐步提高；⑤动植物检疫的宣传教育全面加强。

1）*动植物检疫的法律法规更加综合*

比较世界动植物检疫法规的发展，特别是近年的新动向，我们发现：早期，动植物检疫法规一般为专项法规，即针对某一动物疫病或植物有害生物进行立法；随后，动植物检疫法规逐步发展为针对动物检疫或植物检疫的综合性法规；当前，动植物检疫法规、卫生检疫法规、生物多样性法规等进一步融合，发展为更为综合型的生物安全法规。例如，新西兰 1960 年以后相继公布了《动物保护法》《植物引进条例》和《植物保护法》，1993 年制定了世界上第一部《生物安全法》等；澳大利亚在 1908 年颁布了《港口隔离检疫法》，在 108 年间先后进行了 60 次修订，2015 年该法由新颁布的《生物安全法》所取代；在我国，根据第五十六号主席令，《中华人民共和国生物安全法》由第十三届全国人民代表大会常务委员会第二十二次会议于 2020 年 10 月 17 日通过，自 2021 年 4 月 15 日起施行。

2）*动植物检疫的实施范围不断扩大*

世界经济贸易的发展，特别是全球经济一体化，使动植物、动植物产品以及人员的流动更加频繁，这无疑增加了动物疫病和植物有害生物传入、扩散的机会。动植物检疫的实施范围不断扩大，对动植物疫情的防范更加严密，是国际动植物检疫发展的又一共同点。早期，动植物检疫的范围只是动物、植物及动植物产品；随后，可能传带动物疫病和植物有害生物的其他载体也被列入了动植物检疫范围之内。例如，大多数国家（地区）对入境的交通工具（火车、汽车、轮船、飞机等）进行严格的检疫，特别是对其食品库、压舱水（water ballast）等进行严格监管，对垃圾实行无害化处理。再如，大多数国家（地区）对进境集装箱实施了检查和处理，主要原因是集装箱运输在国际贸易中被频繁地使用，使其已成为传带动物疫病和植物有害生物的常见载体。又如，近些年来，很多国家（地区）对转基因材料实施了更为严格的检疫措施，其主要目的是及时发现那些未经注册的、安全性尚不明确的转基因材料入境。

3）*动植物检疫的政策措施及时调整*

动物疫病和植物有害生物的发生、流行是经常变化的，即疫情是活的，针对这种变化，各国（地区）及时调整检疫政策、措施，并做出科学应对，这已成为国际动植物检疫的一个共同特点。例如，当某一检疫性动物疫病或植物有害生物入侵到新地后，有关国家（地区）均会采取相应的紧急检疫措施对其加以防范，防止从新地传入本国（地区）。1980 年，美国加利福尼亚州发现地中海实蝇，由于该虫是水果的第一大杀手，一方面美国政府投入大量人力、物力在其发生地进行扑灭，另一方面世界上 34 个国家（地区）在当时立即中断了与美国的水果和蔬菜贸易，并明令禁止美国水果、蔬菜的进口。又如，随着动物疫病和植物有害生物的分布、危害以及截获等的发展，大多数国家（地区）都会以风险分析为前提，调整其检疫性动物疫病和检疫性植物有害生物的种类。例如，为了进一步防范动物传染病、寄生虫病传入，保护我国畜牧业及渔业生产安全、动物源性食品安全和公共卫生安全，农业农村部会同海关总署对 2013 年 11 月 28 日发布的《中华人民共和国进境动物检疫疫病名录》进行了修订，并于 2020 年 7 月 3 日发布和生效。新旧名录相比，新名录的动物疫病种类数量增加幅度较大，埃博拉出血热（Ebola hemorrhagic fever，EHF）被增列为一类传染病。

4）**动植物检疫的科技水平逐步提高**

科学技术的进步为动植物检疫提供了先进的仪器、设备和方法，检疫科技水平逐步提高，向着精准、快速、便捷的方向不断迈进，这是当今国际动植物检疫发展的又一共同点。现代生物技术与信息技术的应用，使动植物检疫迈上了新的台阶。动植物检疫风险分析、检疫抽样、检测鉴定、检疫处理和疫情监测等，离不开科学技术的研究与应用。例如，在动物疫病诊断和部分植物有害生物的检测鉴定过程中，PCR 技术已经得到了普遍应用。又如，在动植物疫情的监测预警中，计算机技术特别是网络数据库、地理信息系统（geographical information system，GIS）、全球定位系统（global positioning system，GPS）、遥感系统（remote system，RS）及无人机等正在发挥越来越重要的作用。科学技术的发展与创新，特别是动物疫病和植物有害生物入侵机制的研究，为动植物检疫技术进步提供了坚实的基础；动植物检疫技术进步，特别是组学（omics）、大数据（big data）和人工智能（artificial intelligence，AI）的进一步引入，为实现动植物检疫的目的提供了更为有力的技术保障。

5）**动植物检疫的宣传教育全面加强**

动植物检疫几乎会涉及每一个人，不仅因为贸易、旅游、科研交流等日益发展，而且因为动植物及其产品安全问题正在受到更多的关注。有关动植物检疫的宣传教育在全球范围内得到全面加强，有关的检疫宣传广泛普及，有关的检疫教育迅速发展，企业和公众越来越主动地认知和配合动植物检疫工作，这是当今国际动植物检疫发展的又一共同点。在我国，动植物检疫宣传、教育工作得到特别重视。例如，自 2016 年以来，每年的 4 月 15 日是我国的全民国家安全教育日（National Security Education Day），各地检疫机构走进学校、走进企业、走进社区，开展国门生物安全特别是动植物检疫宣传教育。近年来，海关总署、农业农村部、自然资源部国家林业与草原局及其下属机构利用各类媒体（特别是新媒体）进行广泛、深入的宣传，动植物检疫的宣传标志、宣传手册、微信推送等已走进百姓的生活。又如，进入 21 世纪以来，动植物检疫事业对专业人才提出了更新、更高的要求，基于学科交叉的综合型专业人才的需求尤为突出。部分高水平院校积极响应，相继建设面向本科生和研究生的新课程、新专业，系统性地培养动植物检疫专业人才。作为双一流大学、作为农林业院校的排头兵，中国农业大学非常重视动植物检疫教育的发展，率先于 2001 年创设“动植物检疫概论”课程并面向全校各专业本科生开展动植物检疫教育，率先于 2004 年在植物保护一级学科下自主设置“植物检疫与农业生态健康”研究生专业并下设植物检疫与入侵生物学方向培养硕士和博士；同时，我国其他农林院校，也通过设置“动植物检疫”本科生专业以及生物安全类的研究生专业等，进一步加强动植物检疫专业人才的培养。经过我国高校及科研院所的努力，近 20 年来，为国家动植物检疫领域培养、输送了更多的综合型优秀专业人才。

小结

从自然条件和经济水平角度出发，一般将国际动植物检疫划分为环境优越型、发达国家大陆型、经济共同体大陆型、发展中国家大陆型和工商业城市型5种基本类型。动植物检疫具备法制性、预防性、技术性、国际性和综合性5大基本属性，在其发展过程中体现出5个共同特点，即动植物检疫的法律法规更加综合、实施范围不断扩大、政策措施及时调整、科技水平逐步提高、宣传教育全面加强。

1.4 中国动植物检疫的发展

学习重点

- 了解我国动植物检疫的发展阶段
- 了解我国动植物检疫的重要历史事件

中国的动植物检疫已有近百年的发展历史。认识、了解动植物检疫的重要历史阶段及相关实践，对分析、促进中国动植物检疫的发展具有重要意义。

1.4.1 动植物检疫的孕育与建立（1903—1948年）

1. 中国早期的动植物检疫（1903—1928年）

1）最早的动物检疫

据史料记载，我国最早的动物检疫出现在1903年。由于清政府在1896年允许沙俄在东北修建中东铁路，为解决修路人员的供给，1903年在中东铁路管理局设立了铁路兽医检疫处，检疫来自沙俄的各种肉类食品。我国早期的动植物检疫带有显著的半殖民地色彩，这是由于1840年鸦片战争后欧美各国迫使清政府签订了一系列不平等条约，使中国的对外贸易为各列强所控制，动植物检疫也同样随列强的意愿而为之。例如，1913年，英国为了防止牛羊疫病的传入，禁止病畜皮毛进口，在上海的英国商人为了贸易的需要，聘请英国兽医到上海做出口检验，并签发兽医证书。

我国官方最早的动物检疫机构出现于1927年，在天津成立了“农工部毛革肉类出口检查所”，最早的动物检疫法规是同年制定的《毛革肉类出口检查条例》及与此条例相配套的《毛革肉类出口检查条例实施细则》，可以说是国外的压力及国内商人的强烈要求促使了这一官方机构及法规的出现。1922年，美国曾以中国无国家兽医出口检查机关为由禁止中国肉类的进口；后又颁布关于限制毛革肉类进口的法令，该法令规定自1927年12月1日起，凡未经政府兽医机关检验，没有按规定式样签发兽医证书的猪、羊肠衣禁止进口。迫于这样的压力，中国政府决定在通商口岸建立毛革肉类出口检查所，并配备兽医人员及设备，执行动物检疫。

2）最早的植物检疫

在我国，关于植物检疫的思想和建议，最早出现于1916年，邹秉文先生（中国植物病理学教育的先驱，商品检验局的创始人）撰文《植物病理学概要》，强调植物检疫的重要性。在治病方法中，邹先生指出："治病方法有四：一曰禁病（exclusion），禁止外来病之入境也；二曰除病（eradication），除已在境之致病植也；三曰防病（protection），防护植物不为致病植侵害也；四曰御病（immunization），改良植种使能御病，虽有致病植不能侵入，治植病者所用，不外此也"。同时指出，"禁病，其法有二：一曰检阅，于两省两国交界之间及轮舟口岸，对于生植之运入，非有证明无病之担保，均须派人检阅果不藏有致病植，方准入境。二曰禁入，某国或某省有某种危险病害之发生，或其致病植不易检阅时，则政府宜定一例，凡各种植物为此致病植所可寄生者，均不得入境"。1927—1929 年，我国另一位著名的植物病理学家朱凤美先生在《中国农学会丛刊》上分 3 期发表论文《植物之检疫》，论述植物检疫的必要性和重要性，文中就病虫害问题写到"实民生所关，亦国家命脉之所系，而其灾患之减轻与消弭，乃治国之要计，爱民之真旨也。彼东西方先进诸邦，均以政治学问之全力，从事与此，良有以哉"。针对输入和输出植物检疫，进一步论述到"吾人不欲保护国内农林植物则已，否则不可不行植物输入检疫，以防病虫害之蔓延也；吾人不欲发展国外农产贸易则已，否则不可不行输出检疫，以坚消费国之信用也"。

我国最早的植物检疫机构是 1928 年在上海、广州、天津等地先后成立的"农产物检查所"，最早的植物检疫法规是 1928 年公布的《农产物检查条例》以及 1929 年制定的《农产物检查条例实施细则》《农产物检查所检验病虫害暂行办法》《农产物检查所检查农产物处罚规则》等。当时，我国的棉纺织业已有相当的发展，但国内原棉生产不能满足需要且国产棉花纤维长度不足，因而开始引进美国陆地棉种，在上海、江苏、湖北等地试种成功。考虑到美国一种棉铃象的危害极严重以及其他病害也会因引种而被传入，一些昆虫学家、植物病理学家纷纷撰写文章，建议政府仿照欧美办法，设立口岸检查所，执行植物有害生物检验。同时，英美等国也制定了进口农产品必须进行植物检疫，没有输出国政府专设机关检疫证书的货物不准进口的法令。在上述各方面影响下，中国最早的植物检疫机构和法规得以建立和颁布。

2. 抗日战争前后的动植物检疫（1929—1948 年）

1）最早的商品检验局——统一管理进出口商品检验及动植物检疫

1929 年，当时的工商部在上海、青岛、汉口、天津和广州等地设立了商品检验局。邹秉文先生出任中国第一个商品检验局——上海商品检验局的首任局长。这些机构的主要任务有二：一是检验出口商品质量，维护出口商品信誉，二是防止有毒有害的商品进口。1930 年，工商部颁布《商品检验暂行条例》，将进出口农畜产品列为有害危险的商品应执行病虫害检疫之列。1930 年，农矿、工商两部合并改建为实业部，商品检验局改属实业部领导，各地商检局根据实际情况接管了农产物检查所和肉类检查所，统一管理进出口商品检验，分别设置有蚕丝、化工产品、农产品和畜产品检验处。其中农产品和畜产品检验处分别负责进出口农产品和畜产品的品质检验和病虫害检疫。

1935 年，上海商品检验局将农产品检验处植物有害生物检验组扩建为"植物有害生物检验处"，这是我国植物检疫发展过程中最早的一个专业单位。该处规定检验的植物产品有种子、苗木、粮谷、豆类、水果、蔬菜和中药材等项，设置有植物病理、园艺害虫、粮谷害虫和熏蒸消毒等 4 个实验室。中国动植物检疫历史上第一次熏蒸处理工作就是由上海商品检验局的植物有害生物检验处来完成的，即在 1935 年用二硫化碳对进口的 100 t 美国棉种进行了熏蒸处理。

2）战争期间的动植物检疫——基本处于停顿状态

抗日战争和解放战争给刚刚起步的我国动植物检疫造成了恶劣的影响，在此期间的动植物检疫基本处于停顿状态。1937年，随着天津、上海等城市的沦陷，各商品检验局相继停办。1939年2月于昆明成立商品检验局，3月又于重庆成立相应机构。但当时除了少量的桐油、茶叶和蚕丝外，农畜产品的进出口数量相当少，因而动植物检疫基本处于停办状态。1945年，抗战胜利后，各地商品检验局陆续恢复工作，例如1946年1月，当时的经济部曾训令天津、上海及青岛商检局称“联合国善后经济署供应我国之牲畜奶牛10500头、水牛100头、绵羊200头、军骡1300头，于明年三四月份陆续由各海口输入”，现“抄发前实业部公布之商品检验局牲畜检验施行细则一份，令仰遵照早为准备施验为要”。但是，内战使国民经济日趋衰落，致使动植物检疫工作的原有基础大大削弱，检疫机构形同虚设。

战争直接影响了我国动植物检疫事业的发展，同时也使许多动物疫病和植物有害生物在此期间由境外传入。例如，蚕豆象（*Bruchus rufimanus*）原产埃及，19世纪中叶传入英国，1870年由英国传入美国，1917年又由美国传到了日本；抗日战争期间，该虫被日本侵略军传入我国沿海和长江一带，给我国的蚕豆生产带来了极大的危害。又如，甘薯黑斑病，1937年从日本传入我国辽宁盖平县，随着侵华日军的铁蹄，至1945年该病已蔓延到辽宁、河北、山东、山西、河南、安徽、江苏、陕西等甘薯产区，造成极为严重的损失。

1.4.2 动植物检疫的开拓与进取（1949—1979年）

1. 新中国成立初期的动植物检疫（1949—1963年）

1）动植物检疫主管机构的变化

中华人民共和国的成立，结束了近半个世纪半封建、半殖民地的动植物检疫的屈辱历史，揭开了新中国动植物检疫的崭新一页。1949年10月，中央贸易部国外贸易司设立了商品检验处，并在天津、上海、广州、青岛、汉口、重庆等地恢复设立了商品检验局。1952年，中央对外贸易部成立，设立了商品检验总局，下设畜产品检验处和农产品检验处，分别负责动物检疫和植物检疫工作。1954年，政务院公布了《输出输入商品检验暂行条例》，以国家法规的形式将进出口商品（包括动植物检疫）纳入了国家行政管理的轨道。同时，国内的动植物检疫工作由农业部（现农业农村部，下同）负责。

2）植物检疫工作

新中国成立伊始，随着土地改革的深入，全国农业得到迅速发展，为恢复国民经济、稳定人民生活和出口创汇等奠定了物质基础。1950年，出口粮食122.58万t，花生仁15.78万t，土特产品16万多t；1951年，粮食出口上升到197.11万t，花生仁上升为18.44万t，土特产品达24.5万t。1950—1952年的3年中，农副产品年出口金额分别为3.18亿美元、4.13亿美元和4.88亿美元，分别占当年出口总额的57.5%、54.6%和59.3%。上述农副产品主要是输往苏联和东欧国家，由于这些国家对植物检疫要求比较严格，所以贸易部及时组织各地商品检验局，根据对外贸易的要求，研究确定了进出口商品检验对象，制定了《输出入植物有害生物检验暂行办法》和《输出入植物熏蒸消毒办法》等规定。1951年，贸易部委托北京农业大学（现中国农业大学）举办植物检疫专业培训班，学员毕业后被分配到各地商检局，开展对外植物检疫工作。1954 年，对外贸易部公布《输出入植物检疫暂行办法》和《输出入植物应施检疫种类与检疫对象名单》；对外贸易部与邮电部联合发出《关于邮寄输入植物检疫补充规定的联合通知》并附《邮寄输入植物检疫补充规定》，这为输入邮寄植物及植物产品的检疫奠定了基础。1956 年，对外贸易部通知各口岸商检局参考《安东口岸旅客携带输入植物检疫办法（草案）》，在海关协助下，开展入境旅客携带物植物检疫。1958 年，商品检验总局在上海召开全国植物检疫会议，会议指出“植物检疫工作，根据国家各部门之间的分工，应由农业部门统一办理”。

20 世纪 60 年代初期，植物检疫的工作重点从过去侧重出口检疫逐渐转向于进口检疫，且颇见成效。各地在进境植物检疫中多次截获检疫性病虫害，例如，1960 年，青岛商检局在从锡兰（斯里兰卡）进口的椰子干中发现椰子缢胸叶甲（*Promecotheca cumingii*）；1962 年，青岛商检局在从马里进口的花生仁中截获了谷斑皮蠹（*Trogoderma granarium*）；1963 年，大连商检局在从法国进口的小麦中 3 次发现小麦矮腥黑穗病菌（*Tilletia controversa*），广州商检局在从阿尔巴尼亚进口的烟叶中发现了烟草霜霉（*Peronospora tabacina*）。1963 年，召开输出入植物检疫技术交流会议，会议明确了植物检疫工作中的一些具体问题，并对以后的工作提出了 3 点建议，即加强植物检疫工作的技术组织领导、加强试验研究和资料积累和加强与有关部门的联系工作。

3）动物检疫工作

与出口植物产品一样，在新中国国民经济恢复期，全国出口动物及其产品的数量逐年递增。例如，1950—1952 年年出口活猪分别为 58 万头、76.3 万头和 77.9 万头，年出口冻猪肉分别为 0.79 万 t、0.61 万 t 和 2.88 万 t。此外，中国出口的传统商品猪鬃始终保持在每年 8 万箱左右；出口的其他动物及畜产品还包括活牛、活家禽、鲜蛋、冻兔肉、水海产品、马鬃尾、猪肠衣、绵羊肠衣、绵羊毛、羊绒、驼毛、兔毛、山羊板皮、羽毛等。根据当时的生产发展情况和对外贸易的需要，及时制定了《输出入农、畜产品检验暂行标准》，在对外贸易中发挥了很好的作用。

2.“文化大革命”前后的动植物检疫（1964—1979 年）

1964 年，农业部、对外贸易部联合向国务院上报《关于农业部接管对外植物检疫的请示报告》，经国务院同意，进出境植物检疫正式归属农业部管理。1965 年，国务院同意农业部在国境口岸设立动植物检疫所，负责进出境动植物检疫工作（贸易性出口动物产品检疫除外）。

“文化大革命”期间（1966—1976 年），刚刚步入正轨的我国动植物检疫受到了极大的冲击和破坏，例如农业部负责植物检疫的主管部门——植保局被撤销；初建的口岸动植物检疫所其机构也发生很大变化，有的划归海关，有的回到商检局，有的划到了卫生检疫部门。但是，由于对外贸易的需要，大多数检疫工作者坚守岗位，进行进出境检疫工作，使中国的对外贸易并未因动植物检疫而受到影响。1966 年，农业部对《进口植物检疫对象名单》进行了及时调整；1971 年制定了《口岸动物检疫试行条例》；1974 年制定了《对外植物检疫操作规程》。这些措施对当时的动植物检疫工作起到了一定的指导、统一和规范的作用。

1978 年巴西里约热内卢第 2 次暴发非洲猪瘟，1979 年农林、卫生、外贸等七部一局联合下发《关于严防非洲猪瘟传入我国的紧急联合通知》，有效采取检疫措施，保护了国内养猪业生产的安全。

1.4.3 动植物检疫的改革与创新（1980 年至今）

自 1978 年 12 月十一届三中全会召开后，全国工作的重点转移到了经济建设上来。这次全会的正确决策使我国从此全面振兴，走向富强，也使我国动植物检疫事业进入了一个飞速发展的新时期。

1）**改革开放中的动植物检疫**（1980—1997 年）

改革开放使我国的动植物检疫事业得到了迅速发展。1980 年，口岸动植物检疫工作恢复归口农业部统一领导。1981 年，农业部成立“中华人民共和国动植物检疫总所”（后更名为“中华人民共和国动植物检疫局”），负责全国口岸进出境动植物检疫工作。1991 年《中华人民共和国进出境动植物检疫法》的颁布，1997 年《中华人民共和国进出境动植物检疫法实施条例》的施行。中国动植物检疫真正进入法制建设的轨道。

“加强检疫管理，提高检疫质量”是这一时期口岸动植物检疫工作的重点。据有关统计资料，1991 年出境植物及其产品检疫 33863 批次，重量为 9019803 t；木材 285836 m^3，花卉、种苗 2758154 株；1992 年出境植物及其产品检疫 322036 批次，重量为 37690420 t；木材 772621 m^3，花卉、种苗 9652078 株，比上一年分别增长 8.5、3.17、1.7 和 2.5 倍；到 1995 年，出境植物及其产品检疫增至 533831 批次，比 1992 年增加了 65.76%；进境植物及其产品检疫也在增加，1992 年比 1991 年增长 8.3%，1995 年比 1992 年增加了 187.30%。

各口岸动植物检疫机关认真执法、严格把关，每年在进口的动植物、动植物产品和其他检疫物中发现和截获大量的危险性病虫害。例如，截获的动物传染病达 20 余种，包括口蹄疫（Foot and mouth disease）、新城疫（Newcastle disease）、蓝舌病（Bluetongue）、结核病（Tuberculosis）、鸡白血病（Avian leukosis）等，植物检疫性有害生物有小麦矮腥黑穗病菌、小麦印度腥黑穗病菌（*Tilletia indica*）、烟草霜霉、地中海实蝇、谷斑皮蠹、大家白蚁（*Coptotermes curvignathus*）、假高粱（*Sorghum halepense*）等。

2）**面向 WTO 的动植物检疫**（1998—2017 年）

针对新的形势，我国政府对进出境动植物检疫工作及机构进行了及时的调整。1998 年，中华人民共和国出入境检验检疫局（副部级单位）成立，由原国家商品检验局、国家动植物检疫局、国家卫生检疫局 3 家机构调整后组成，归属海关总署，内设动植物监管司，全面负责进出境动植物检疫工作。2001 年，国家质量技术监督局和国家出入境检验检疫局合并组成“中华人民共和国质量监督检验检疫总局”（正部级单位），进出境动植物检疫工作仍由动植物监管司全面负责。

检验检疫（inspection and quarantine），是出入境商品检验、卫生检疫和动植物检疫的统称。通过本章前面的学习，已经明确了卫生检疫和动植物检疫的职能，那么出入境商品检验的职能如何呢？出入境商品检验，指的是检测、检验出入境商品的质量、规格、数量、重量、包装以及是否符合安全、卫生要求。这里的安全、卫生要求，主要指的是有毒有害物质含量的要求。出入境商品检验、卫生检疫和动植物检疫相辅相成，共同构成了检验检疫。动植物检疫作为检验检疫事业中的一部分，发挥着举足轻重的作用。

加入 WTO 是我国高瞻远瞩、审时度势做出的战略决策，标志着中国的改革开放事业进入一个全新的时代。WTO 总干事麦克摩尔指出，“中国加入 WTO 对中国和国际经济体来说都是一个历史性的事件”。入世对我国经济的巨大影响在中国加入 WTO 后的第一年即显示出来，

2002 年我国国际贸易总量跃居世界第 5 位，进出口总量占世界贸易总量的 3.5%，外来投资首次超过美国，跃居世界第一位。不可忽视的是，入世给我国动植物检疫所属的检验检疫事业发展带来前所未有的机遇，同时，也带来了巨大的挑战。20 年来，我国动植物检疫、检验检疫经受住了考验，坚守职责，预防了入侵、保护了安全、促进了贸易。

3）**面向构建人类命运共同体的动植物检疫**（2018 年至今）

随着全球化的发展，人们越来越认识到，我们同在一个地球，共处一个世界，国际社会日益成为一个你中有我、我中有你的“命运共同体”。2018 年 3 月 11 日，第十三届全国人民代表大会第一次会议通过的宪法修正案，将“发展同各国的外交关系和经济、文化的交流”修改为“发展同各国的外交关系和经济、文化交流，推动构建人类命运共同体”。构建人类命运共同体，是时代的需要，是发展的需要。

构建人类命运共同体，对我国动植物检疫提出了更高的要求。我们更需解放思想，放眼世界，与各国（地区）一起努力，共同做好检疫性动物疫病和植物有害生物的全球防控，为构建人类命运共同体做出应有的贡献。2018 年 3 月，中共中央印发了《深化党和国家机构改革方案》。根据该方案，将国家质量监督检验检疫总局的出入境检验检疫管理职责和队伍划入海关总署，组建农业农村部、自然资源部，我国进出境动植物检疫、全国农业和林业动植物检疫工作分别由这三个部级单位进行管理。

检验检疫是“一带一路”建设的主要内容之一。作为检验检疫的主管机构，海关总署坚决贯彻党中央、国务院关于推进“一带一路”建设的决策部署，立足发挥自身职能作用，致力于保障我国与沿线国家贸易安全与便利，扎实推进与“一带一路”沿线国家开展检验检疫合作，推动贸易便利，保障国门安全。新时代，我国对外开放的大门将越开越大，国门安全面临着许多新的风险和考验。海关作为进出境监督管理机关，守好国门是海关的天职，也是扩大对外开放的前提和保障。

国门生物安全（port biosecurity），属于非传统安全，是国家安全体系的重要组成部分，指的是没有危险性生物因子进出口岸的状态，即通过口岸的人员、物品和运输工具等没有传带危险性生物因子，从而不会对人体健康、农林牧渔业生产和生态环境产生危害的客观状态。那么，动物疫病病原、植物有害生物均属危险性生物因子，特别是检疫性动物疫病和植物有害生物，因此，动植物检疫在维护国门生物安全中占有特殊的地位和重要的作用。当前，海关的卫生检疫、动植物检疫和进出口食品安全检验，口岸监管、口岸缉私和出入境监管，边防检查与海事查验工作，是维护国门生物安全的核心。在“一带一路建设”“构建人类命运共同体”的过程中，我国的动植物检疫事业将不断前进，蓬勃发展。

学习、分析动植物检疫新实例，能够提高对现阶段我国动植物检疫工作的认识水平。针对动物检疫和植物检疫，选取两个近期实例并分析如下：

检疫实例 1-1：我国动植物检疫保障国外优质种用动物安全引进

实例简介：2020 年 1 月，一艘装载有 4000 头澳大利亚优质种牛的远洋货轮抵达福州口岸。福州海关所属马尾海关进行登轮现场查验（图 1-5），并采用“车船直取”的零等待接卸作业模式，整个过程牛蹄不接触地面、直接从临时搭建的空中通道登上卡车，实现口岸至隔离场“两点一线”运输。为减少运输途中检疫风险，隔离场所在地南平海关连续奋战近 50 h 完成监督卸运工作，确保运输及卸运过程规范、安全、有序。随后，该批种牛在隔离场中进行隔离检疫（图 1-6）。南平海关按照有关规定在 3 天内完成血样采集及送检，并严格执行 24 h 驻场监管；同时为严防新冠肺炎疫情，南平海关做好隔离场进出人员、车辆登记、消毒和体温测量工作，提高隔离场消毒频率并轮换使用不同药剂，切实严控隔离场内工作人员感染疫情的风险。2020 年 3 月，经过 45 d 的隔离检疫，3968 头种牛检疫合格准予放行；南平海关对检疫不合格的动物进行无害化处理，并监督企业对隔离场做全面清扫和防疫消毒处理。

图 1-5　输华种牛的登轮现场查验（福州海关供图）

图 1-6　输华种牛的隔离检疫（福州海关供图）

检疫依据：《中华人民共和国进出境动植物检疫法》《中华人民共和国进出境动植物检疫法实施条例》《进境动物隔离检疫场使用监督管理办法》。

检疫意义：近年来，由于产业结构调整和国家政策的扶持，从国外引进种牛、种猪等种用动物数量连创新高，同时国际上非洲猪瘟、口蹄疫等动物疫病疫情频发，进口种用动物的卫生和质量风险不断加大，进境动植物检疫工作尤显重要。我国海关建立了“一条防线、三道关口、十项制度”的进境种用动物检验检疫监管体系，一条防线指国门生物安全防线，指基于风险评估基础上的以防止动物疫病传播为核心内容的动物检疫准入机制；三道关口指境外预检关、口岸查验关和隔离检疫关；十项制度指检疫审批制度、产地预检制度、口岸查验制度、沟通协调制度、持证上岗制度、培训教育制度、隔离检疫制度、风险预警制度、应急管理制度和检疫处理制度。针对进境种用动物，我国严格实施动物检疫措施，在防入侵、保安全、促发展中发挥着重要作用。

检疫实例 1-2：我国动植物检疫为大批珍稀兰花入境参展保驾护航

实例简介：近年来，异域奇兰和兰文化在我国大中城市引起市民高度关注。为了搭建一个展示兰花艺术、生态、文化的国际化交流平台，我国于 2013—2018 年先后举办了四期上海国际兰展，由上海辰山植物园主办，汇聚来自泰国、厄瓜多尔、马来西亚、日本、德国等国家和地区的上万株珍稀濒危兰花，我国动植物检疫为其入境参展保驾护航。进境兰花在现身兰展前，需要办理一系列手续。上海辰山植物园向原国家林业局申请《野生动植物允许进出口证明书》、向上海林业总站申请《引进林木种子、苗木及其他繁殖材料检疫审批单》，并向原上海出入境检验检疫局申请办理进境展品备案。为保证进境参展兰花的鲜活性、时效性，进出境检疫部门专门开辟了绿色通道，准许入境花材在机场初检合格后，直接密封运至上海辰山植物园内的隔离苗圃，检疫人员在第一时间赶赴隔离苗圃，对入境兰花及其携带的栽培介质（水苔、椰壳、树皮、竹炭等）等进行现场查验（图 1-7）和实验室检测，排查是否夹带检疫性的害虫、真菌、细菌、病毒、线虫和杂草等，确保合格后准予展出，否则进行无害化处理。展会期间，检疫人员对展区植物进行全程监管。展览结束后，入境参展兰花及其栽培介质、包装材料等被运至检疫部门指定场所进行销毁或无害化处理。在 2018 年第四届上海国际兰展中，为了使一些极其珍稀的兰花品种在展后免于被销毁，进出境检疫部门首次尝试了对部分参展兰花办理回运；在明确了拟回运兰花的品种、数量、规格、来源及对方国家（地区）的回运要求后，对来自中国台湾的 14 个品种共计 28 株兰花进行展后现场查验和实验室检测，确认符合回运要求后，出具《植物检疫证书》和《再出口证明》，完成回运。

图 1-7　进境兰花现场查验（上海辰山植物园供图）

检疫依据：《中华人民共和国进出境动植物检疫法》及其实施条例、《进境植物繁殖材料检疫管理办法》《进境植物繁殖材料隔离检疫圃管理办法》《引进林草种子、苗木检疫审批与监管办法》。

检疫意义：兰花具有很高的观赏价值和经济价值，在国内外花卉市场中极受欢迎。很多珍稀的兰花品种，尤其是原生种，只在境外才有分布和种植。上海国际兰展的成功举办，让广大爱兰人士能欣赏到世界奇兰和了解异域文化，推动兰花产业发展和科研合作交流，推进“一带一路”建设。在兰花植株及其携带的栽培介质上，含有植物病原物、害虫和杂草的风险高，动植物检疫部门依据检疫相关法律法规并根据兰展实际需求，调整检疫工作具体方案，不断加强检疫监管力度，完善覆盖展前、展期和展后的全过程风险管控体制，严防检疫性有害生物传入。针对进境参展植物，我国严格实施植物检疫措施，在防入侵、保安全、促发展中发挥着重要作用。

我国动植物检疫事业的发展，需要检疫管理机构、教育科研部门、国内外企业及广大民众的共同参与、团结协作，更需要一代又一代检疫人不忘初心、砥砺前行。面向人类命运共同体、面向未来，我国动植物检疫事业任重而道远。

小结

我国的动植物检疫已有百余年的历史，经历了 1949 年以前的无权、无为的痛苦历程，于新中国成立后才得到新生，并在改革开放时期获得飞速发展。加入 WTO，“一带一路”倡议、构建人类命运共同体，为我国动植物检疫事业带来了新的机遇和挑战。我国的动植物检疫现已成为一个捍卫国家动植物检疫主权，防止检疫性动物疫病和植物有害生物传入和扩散，保护农林牧渔业生产安全、人体健康和生物安全，促进经济贸易发展的重要体系，并为动植物检疫全球化、一体化奠定了坚实的基础。

【思考题】

1. 请以典型的历史事件为例简述动植物检疫的起源。
2. 什么是动物疫病、植物有害生物？什么是检疫性动物疫病和植物有害生物？
3. 什么是动植物检疫？请简述动植物检疫的主要目的。
4. 请结合当今世界动植物检疫的现状简述其基本类型。
5. 请结合新的实例，分析、阐述动植物检疫具有哪些基本属性。
6. 请结合新的实例，分析、论述动植物检疫的发展特点。
7. 请简述我国动植物检疫的发展阶段及个人感悟。

【参考文献】

[1] 于大海，崔砚林．中国进出境动物检疫规范．北京：中国农业出版社，1997.

[2] 万方浩，侯有明，蒋明星．入侵生物学．北京：科学出版社，2015.

[3] 中华人民共和国北京动植物检疫局．中国植物检疫性害虫图册．北京：中国农业出版社，1999.

[4] 王春林．植物检疫理论与实践．北京：中国农业出版社，1999.

[5] 朱水芳．植物检疫学．北京：科学出版社，2019.

[6] 许志刚．植物检疫学．北京：高等教育出版社，2008.

[7] 李志红，杨汉春，沈佐锐．动植物检疫概论．北京：中国农业大学出版社，2004.

[8] 李尉民．国门生物安全．北京：科学出版社，2020.

[9] 陈仲梅，黄冠胜．中国植物检疫大事年表（1914—1991). 植物检疫，1992,6(3):226-236.

[10] 陈仲梅，黄冠胜．中国植物检疫大事年表（补遗）(1914—1991). 植物检疫，1992,6(5):400-401.

[11] 陈仲梅，黄冠胜．中国植物检疫大事年表（续）(1914—1991). 植物检疫，1992,6(4):318-321.

[12] 夏红民．中国的进出境动植物检疫．北京：中国农业出版社，1998.

[13] 夏红民．图说动植物检疫．北京：新世界出版社，2002.

[14] 黄冠胜．中国外来生物入侵与检疫防范．北京：中国质检出版，2014.

[15] 黄冠胜．中国特色进出境动植物检验检疫．北京：中国质检出版，2014.

[16] 商鸿生．植物检疫学．北京：中国农业出版社，1997.

[17] 曹骥．试论植物检疫综合治理的涵义与措施．植物检疫，1994,8(6):355-357.

第 2 章

动植物检疫法规

本章简介

法制性是动植物检疫的基本属性之一。针对动植物检疫，各国（地区）以及有关国际组织相继制订和实施了相关法规。本章在概述动植物检疫法规基本知识和发展规律的基础上，介绍了 WTO 与《实施卫生与植物卫生措施协定》、OIE 与《陆生动物卫生法典》及《水生动物卫生法典》、FAO 与《国际植物保护公约》等国际性动植物检疫相关法规，并阐述了中国及有关国家动植物检疫的相关法规及其实施。

思维导图

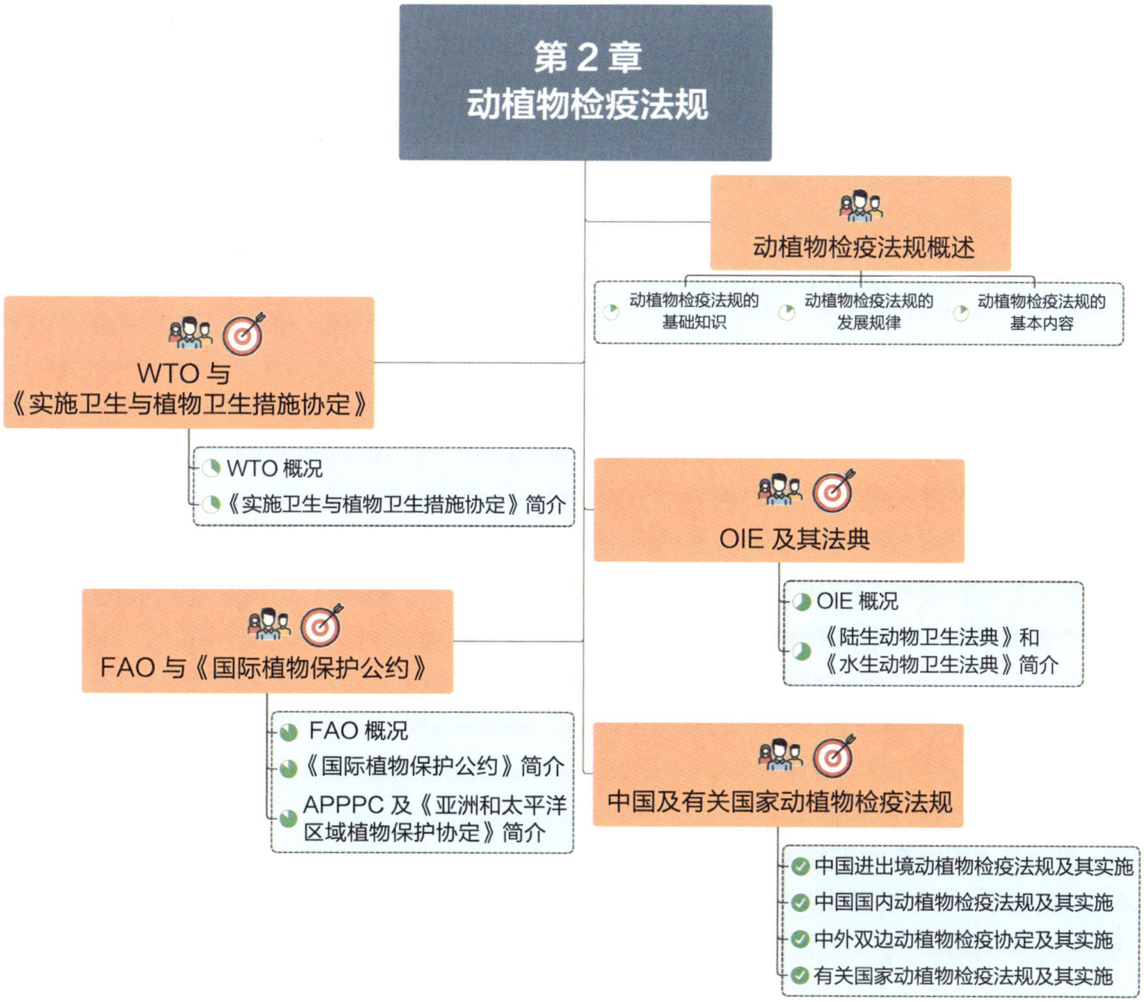

2.1 动植物检疫法规概述

学习重点

- 掌握动植物检疫法规的基本概念和发展特点
- 了解动植物检疫法规的基本内容框架

法制性是动植物检疫的基本属性之一，动植物检疫从其诞生之日起就与法规的强制实施密切相连。法律是由国家制订或认可并以国家强制力保证实施的行为规范的总称。法律有狭义和广义之分，其中狭义的法律是由国家立法机构制订、国家政权保证执行的行为规则；广义的法律除了上述由国家立法机构制订的行为规则外，还包括由其他国家机关根据宪法和法律，依照法定程序制订的具有法律效力的规范性文件。从世界范围看，广义的动植物检疫法规既包括各国自身制订的法规，也包括由国际组织或双（多）边制订并由该国认可的相关公约、协定和议定书等。了解、掌握有关动植物检疫法规的基础知识、发展特点等是学习本章的必备条件，对全面把握动植物检疫法规具有重要作用。

2.1.1 动植物检疫法规的基础知识

1）立法的一般程序

一般地，一部法的形成要经过 2 个阶段、6 个步骤（图 2–1）。立法的第一个阶段为法律文件的准备阶段，即从提出立法的倡议到形成规范性文件草案的过程。在此阶段中一般包括 3 个步骤：①提出立法的倡议；②草拟法律文件的草案；③报送法律文件的草案。准备阶段的主要目的是形成法律文件的草案并向立法机关提出，使该草案列入议事日程，成为立法机关的讨论、审议的对象。立法的第二个阶段为法律的确定阶段，在此阶段中立法机关根据法定程序对已经形成的法律文件草案进行审议、讨论，并修改或补充，最后确定法律文件，予以通过、颁布、生效，即第二阶段包括的 3 个步骤为：①讨论法律文件草案；②通过法律；③颁布法律。

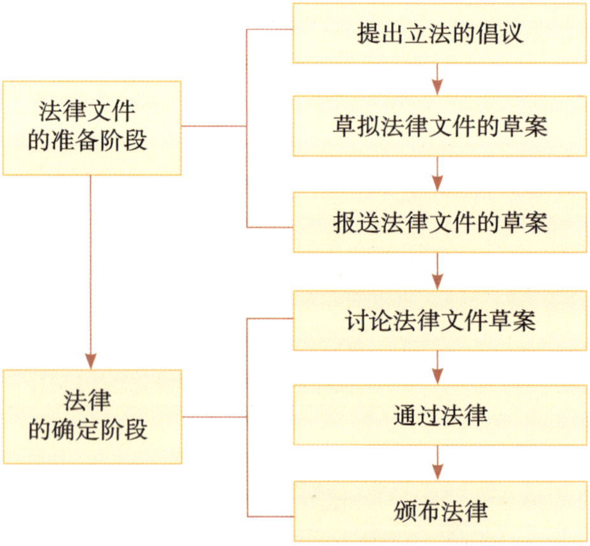

图 2-1 立法的一般程序

2）相关名词的基本含义

在学习动植物检疫相关法规的过程中，掌握诸如“动植物检疫法规”“动植物检疫法规主体”“动植物检疫法规客体”“行政执法”“行政执法监督”以及“行政复议”等相关名词的含义是非常必要的。

（1）动植物检疫法规　依据相关国际组织的定义和解释，结合当今动植物检疫的发展，编者认为动植物检疫法规（animal and plant quarantine regulations）是为了防止检疫性动物疫病和植物有害生物的传入和扩散而限制动植物、动植物产品以及其他物品的生产、流通或储存，或人员的正常活动，并建立检疫出证体系的官方规定，包括法律、法规和部门规章。

（2）动植物检疫法规主体与客体　动植物检疫法规主体指从事与动植物检疫相关的生产经营和管理活动，并依据法规享有经济权利和承担经济义务的当事者。动植物检疫法规主体分为管理主体和经营主体两大类别，例如目前主管我国动植物检疫工作的海关总署、农业农村部、国家林业和草原局等属于管理主体，从事动植物、动植物产品以及相关物品生产、贸易的单位等属于经营主体。动植物检疫法规客体是指动植物检疫法规主体享有的经济权利和承担的经济义务所共同指向的对象，包括行为、物和非物质财富。

（3）行政执法与行政执法监督　动植物检疫执法属于行政执法的范畴。行政执法是指行政主体依照法律法规的规定，对行政相对人采取的直接影响其权利义务，或者对行政相对人的权利义务的行使和履行情况直接进行监督的行政行为。行政执法包括行政许可、行政处罚、行政强制、行政征收、行政给付、行政确认、行政裁决、行政补偿、行政奖励和行政监督检查等。例如，动植物检疫人员对动植物、动植物产品以及相关物品等进行查验的行为属于行政检查；根据申请审查并决定是否批准同意签发进境动植物检疫许可证的行为等属于行政许可。

根据监督主体享有监督权的属性不同，行政执法监督可以分为国家监督和社会监督。国家监督是指负有监督职责的国家机关（我国包括党组织）对于行政执法主体实施的行政执法行为，是否符合行政法律规范进行监察和督促，并对违法行为予以纠正的活动。这些机关内部的某些非执法性质的日常工作和有关事务，不在监督之列。社会监督又称非国家机关的监督，通常是指政党（我国指民主党派）、社会团体和社会组织、新闻舆论媒体、人民群众等对行政机关及其工作人员的行政执法行为实施的监督。其最主要的特点是，监督权不具有“国家权力”的属性，只是一种具有法律影响力的活动。其中，行政复议是一种有效的行政执法监督方式。行政复议指行政机关根据行政相对人的请求，对认为侵犯其合法权益的具体行政行为再次审查并做出裁决的制度和活动。在动植物检疫工作中，行政复议的情况较少发生，行政执法监督主要采取的是上级部门对下级部门的执法监督检查方式。

2.1.2　动植物检疫法规的发展规律

在动植物检疫三百余年的历史中，动植物检疫法规呈现出一定的发展规律，即：①动植物检疫法规在与动物疫病和植物有害生物长期斗争中应运而生；②动植物检疫法规由单项禁令向综合性法规方向发展；③动植物检疫法规由个别国家法规向国际性法规方向发展；④动植物检疫法规不断地进行必要的补充和完善。

1）在与动物疫病和植物有害生物的长期斗争中应运而生

最早的动植物检疫法规当属 1660 年法国颁布的铲除小檗植株的法令，动植物检疫法规是人类在与动物疫病和植物有害生物的长期斗争中得以制订和发展的。19 世纪中叶至 20 世纪初，在世界范围内发生了一系列由于危险性动物疫病和植物有害生物的人为传播而造成的重大经济损失事件，例如葡萄根瘤蚜的传播和为害使法国的酿酒业遭受了沉重的打击，又如牛瘟的传入使英国不得不扑杀遭受传染的全部病牛。动物疫病和植物有害生物的这种国际性传播、蔓延促使一些受害国家开始关注动植物检疫工作，并有针对性地制订相关的法令，禁止从发生疫情的地区进口某种动植物或动植物产品。例如，英国于1869年制定了《动物传染病法》；法国在1872年颁布了禁止从国外输入葡萄枝条的法令；印度尼西亚于1877年颁布了亚洲地区最早的一个动植物检疫禁令，即禁止从锡兰（现在的斯里兰卡）进口咖啡植物和咖啡豆；意大利于1879年下令禁止进口美国的肉类制品；奥地利、德国和法国于1881年相继宣布禁令，禁止美国肉类产品的进口。

2）由单项禁令向综合性法规方向发展

随着经济贸易的发展以及科学技术的进步，人类逐步认识到上述带有“禁运”特征的法令，即禁止疫区的动植物及其产品的输入以防止危险性动物疫病和植物有害生物的入侵、传播，确有一定的局限性。这种局限性突出表现在两个方面：一是严重影响了国际贸易的发展，二是忽略了人类本身对危险性动物疫病和植物有害生物的控制能力。于是，动植物检疫从笼统的“禁运”发展到对动物疫病和植物有害生物的检验、检测与处理，动植物检疫法规也由最初的单项禁令向针对性、灵活性统一的综合性法规方向发展。例如针对马铃薯甲虫的危害，英国于1877年制订和颁布了禁止马铃薯进口的《毁灭性昆虫法令》，并于1907年和1927年两次对该法令进行修订和补充，1965年颁布了一部综合性的植物检疫法规，即《植物健康法令》。

3）由个别国家法规向国际性法规方向发展

在动植物检疫的发展过程中，最初的动植物检疫法规一般都是某个国家根据本国自身的需要而制订的。随着人类对动植物检疫认识的深入，一些双（多）边协定以及国际公约形式的国际性动植物检疫法规逐步出现。为什么会出现这样的现象呢？究其原因，主要在于两方面的因素。首先，生物地理区域的概念使人类认识到属于同一个生物地理区域的国家其疫情是紧密相关的，必须努力将该区域作为整体设法免受某种动物疫病和植物有害生物的危害，才能使区域内各个国家的农林牧渔业生产、人类健康、生态安全得到有效的保护。其次，国际间贸易的飞速发展、人员的频繁往来，使动物疫病和植物有害生物在世界范围内的传播风险大大提高，这就要求国家之间进行密切合作，采取共同的检疫措施降低动物疫病与植物有害生物的传播风险，以大力促进国际贸易的发展。

一些区域性动物卫生组织或植物保护组织应运而生（表2-1），这些组织制订了相应的国际性动植物检疫法规，并要求签约成员遵守和实施。例如，OIE制定的《陆生动物卫生法典》等，FAO制定的《国际植物保护公约》等。此外，国际贸易的发展与需求促进了WTO的产生，为了协调各成员的动植物检疫措施以使其不对贸易产生不必要的壁垒，该组织制定了《实施卫生和植物卫生措施协定》（简称SPS协定）。

表2-1　与动植物检疫相关的主要国际组织一览表

中文名称	英文缩写及全称	建立年份	总部所在地
世界贸易组织	WTO (World Trade Organization)	1995	瑞士日内瓦
联合国粮食及农业组织	FAO（Food and Agriculture Organization of the United Nations)	1945	意大利罗马
世界动物卫生组织（国际兽医局）	OIE (Office International des Epizooties)	1925	法国巴黎
欧洲和地中海区域植物保护组织	EPPO (European and Mediterranean Plant Protection Organization)	1951	法国巴黎
泛非植物检疫理事会	IAPSC (Inter–African Phytosanitary Council)	1954	喀麦隆雅温得
亚洲和太平洋区域植物保护委员会	APPPC (Asia and Pacific Plant Protection Commission)	1956	泰国曼谷
近东地区植物保护委员会	NEPPC (Near–East Region Plant Protection Commission)	1993	摩洛哥拉巴特

续表 2-1

中文名称	英文缩写及全称	建立年份	总部所在地
加勒比海区域植物保护委员会	CPPC (Caribbean Plant Protection Commission)	1967	巴巴多斯
中南美洲植物保护组织（又称卡塔赫拉协定委员会）	CA（Comunidad Andina）	1969	秘鲁
北美洲植物保护组织	NAPPO (North American Plant Protection Organization)	1976	加拿大渥太华
南锥体区域植物保护组织	COSAVE（Comite Regional de Sanidad Vegetal Parael ConoSur）	1980	巴拉圭
太平洋植物保护组织	PPPO（Pacific Plant Protection Organization）	1995	斐济

4）法规的不断补充和完善

动植物检疫法规制订、实施后，由于疫情及贸易等的发展、变化，原有的检疫法规需要进行修订和完善。动植物检疫法规无论是国际性的，还是区域性的以及各国自身的，都存在不断补充和完善的需求。以日本为例，2010 年之前日本无检疫性有害生物名录，制订的是非检疫性有害生物名录，也就是该名录以外的有害生物都是日本关注的检疫性有害生物。后为了与国际接轨，2010—2019 年间日本多次对植物保护法实施条例进行修订，新修订条例主要涉及检疫性有害生物名单、需在出口成员种植地进行检验的植物名单等。又例如，我国的进境植物检疫性有害生物名录，1954—2007 年先后共发布了 6 个，之后又以部门公告的形式增加了几种检疫性有害生物；比较这些名录可以发现，新名录都是根据疫情的变化以及贸易的发展在原有名录的基础上进行修订而形成的，名录中所包含的检疫性有害生物种类发生了较大的变化，由最初的 30 个种（属）发展为现在的 441 个种（属）（表 2-2）。

进一步分析上述我国 6 个名录中的检疫性有害生物，能够发现这样一些特点：①有些有害生物在上述名录中都存在，如高粱瘿蚊（*Contarinia sorghicola*）、马铃薯甲虫（*Leptinotarsa decemlineata*）、葡萄根瘤蚜（*Daktulosphaira vitifoliae*）和苹果实蝇（*Rhagoletis pomonella*）等；②有些有害生物仅在最初的名录中出现，如马铃薯块茎蛾（*Phthorimaea operculella*）等；③有些有害生物在某个名录中曾被删除但在最新的名录中又被恢复，如美国白蛾（*Hyphantria cunea*）、可可盲蝽象（*Sahlbergella singularis*）等；④有些有害生物是在最新的名录中才被列入，如红火蚁（*Solenopsis invicta*）、比萨茶蜗牛（*Theba pisana*）等。

表 2-2 中国进境植物检疫性有害生物名录比较

法规名称	颁布年份	颁布部门	有害生物总数	病原物数目	害虫数目	杂草数目
《输出输入植物检疫对象名单》	1954	对外贸易部	30	16	14	0
《进口植物检疫对象名单（草案）》	1966	农业部	34	16	17	1
《进口植物检疫对象名单》	1980	农业部	58	30	27	1
《中华人民共和国进口植物检疫对象名单》	1986	农牧渔业部	61	30	28	3
《中华人民共和国进境植物检疫危险性病、虫、杂草名录单》	1992	农业部	84	40	40	4
《中华人民共和国进境植物检疫性有害生物名录》	2007	农业部	435	242	152	41

注：2007 年名录之后，又先后增加了 6 种（属）检疫性有害生物。

2.1.3 动植物检疫法规的基本内容

动植物检疫法规一般由国际组织或各个国家（地区）负责制订、颁布和实施，这些法规的具体内容有所不同，但基本框架趋于一致。1983 年，FAO 向各成员下发了《制订植物检疫法须知》，介绍了制订植物检疫法规时应考虑的 11 项基本内容。作为动植物检疫法规，基本内容及主要要求如下：

（1）法规名称：法规的名称如有变动，必须指明新、旧法规各自的名称。

（2）立法宗旨：法规中的立法宗旨应开门见山，简单明了。

（3）执法的主管部门和各级执法机构：应说明这些部门和机构的主要职责、权利和义务。

（4）名词术语解释：对本法规所涉及的名词、术语应进行特别的说明。

（5）检疫法规分项和检疫范围：分项具体说明进境检疫、出境检疫、过境检疫、携带与邮寄物检疫、运输工具检疫等的检疫范围。

（6）规定禁止进口或限制进口物品：列明禁止进境物或需检疫的动植物及其产品。

（7）检疫程序：说明检疫的步骤，一般包括许可、报检、检验与检测、处理和监管等。

（8）奖惩和法律责任：应明确指出违反法规视情节严重程度给予相应等级的惩处。

（9）法规的公布日期和生效日期。

（10）根据法规制订具体规章的办法。

（11）其他规定：阐明法规中上述各部分尚没有包含的内容。

小结

动植物检疫法规是为了防止检疫性动物疫病和植物有害生物的传入和扩散而限制动植物、动植物产品以及其他物品的生产、流通或储存，或人员的正常活动，并建立检疫出证体系的官方规定，包括法律、法规和部门规章。动植物检疫法规在与动物疫病和植物有害生物长期斗争中应运而生，由单项禁令向综合性法规方向发展，由个别国家法规向国际性法规方向发展，并且不断地进行必要的补充和完善。

2.2 WTO 与《实施卫生与植物卫生措施协定》

学习重点

- 了解 WTO 与动植物检疫的关系
- 掌握《实施卫生与植物卫生措施协定》的目标与主要内容
- 了解《实施卫生与植物卫生措施协定》的实施与协调

在当今世界，WTO 几乎无人不晓。WTO 是具有法人地位的国际组织，在国际贸易全球自由化的进程中，发挥着重要作用。在 WTO 的一系列协定中，《实施卫生与植物卫生措施协定》（Agreement on the Application of Sanitary and Phytosanitary Measures，简称 SPS Agreement，中文简称 SPS 协定），是直接涉及如何实施动植物检疫措施的重要协定。了解 WTO 的基础知识、掌握 SPS 协定的主要内容，对于动植物检疫法规的学习具有特别的意义。

2.2.1 WTO 概况

1）GATT 与 WTO 的关系

《关税与贸易总协定》（General Agreement on Tariffs and Trade，GATT，中文简称关贸总协定）是 WTO 的前身。GATT 是关于规范关税和贸易准则的多边国际协定，最早签署于 1947 年。GATT 的宗旨是通过实施多边无条件最惠国待遇，削减关税，取消非关税壁垒和歧视待遇，提高各国生活水平，扩大就业，使实际收入和有效需求持续增长，扩大世界资源的充分利用和发展商品生产与交换。

第二次世界大战使国际经济萧条且国际贸易秩序混乱，在这样的历史背景下，由 44 个国家参加的国际货币与金融会议于 1944 年 7 月在美国召开，会议建议成立国际货币基金组织、国际复兴开发银行（即世界银行）和国际贸易组织，以作为支撑全球经济的三大支柱来调节世界经济贸易关系，推动全球经济的复苏与发展。1946 年，联合国理事会决定召开国际贸易与就业会议，并成立了一个筹备委员会负责起草国际贸易组织章程。1947 年 4—10 月，在瑞士日内瓦召开的第二次筹备委员会会议同意将正在起草中的国际贸易组织宪章草案中涉及关税与贸易的条款抽取出来，构成一个单独的协定，即《关税与贸易总协定》。当时，共有 23 个国家和地区签署了这份协定，协定自 1948 年 1 月 1 日起生效。1947—1994 年，GATT 共举行了 8 轮多边贸易谈判，成员达 130 余个。就动植物检疫而言，GATT 为其设置了例外条款，规定不得禁止缔约成员为保障人民、动植物的生命或健康而采取的必需措施。这一规定给予了缔约方可以采取动植物检疫措施，以限制或禁止其他国家那些可能传带危险性动物疫病和植物有害生物的动植物及其产品的输入。

1994 年 4 月 15 日，GATT 第 8 轮（乌拉圭回合）多边贸易谈判在摩洛哥签署了《建立世界贸易组织的协定》。依据此协定，WTO（图 2-2）于 1995 年 1 月 1 日正式成立，总部设在瑞士日内瓦。WTO 的成员已由最初的 104 个发展为 2020 年 8 月时的 164 个，中华人民共和国于 2001 年 12 月 11 日成为其正式成员。WTO 被称为当今世界的经济联合国，与世界银行、国际货币基金组织共同组成世界经济的“三架马车”，其中又以 WTO 发挥的作用最大，由此可见 WTO 的重要性非同一般。与其前身 GATT 相比，WTO 在调解成员间争端方面具有更高的权威性和有效性。

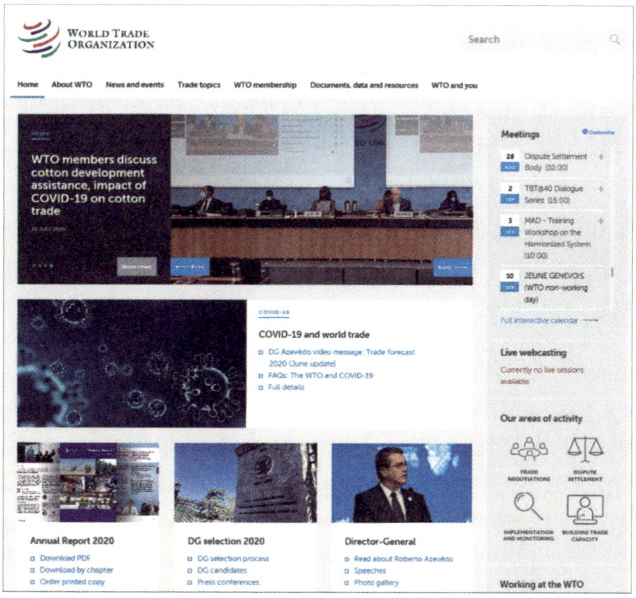

图 2-2　WTO 网站主页（http://www.wto.org）

2）WTO 的宗旨与目标

WTO 的宗旨主要包括 5 个方面的内容：①提高人民生活水平，保证充分就业，保证实际收入和有效需求的大幅稳定增长；②扩大货物和服务的生产和贸易；③按照可持续发展的目标，最优运用世界资源，保护和维护环境；④积极努力以确保发展中国家，尤其是最不发达国家，在国际贸易增长中获得与其经济发展需要相称的份额；⑤通过互惠互利安排，实质性削减关税和其他贸易壁垒，消除国际贸易关系中的歧视待遇。

WTO 的具体目标是建立一个完整的（包括货物和服务贸易、与贸易有关的投资及知识产权等在内）、更有活力和持久的多边贸易体制，包括以往贸易自由化努力的所有成果，实现全球贸易自由化。WTO 将促进 GATT 乌拉圭回合所谈成的一切协定和其他法律文件的实施，并与国际货币基金组织和世界银行保持密切合作，实现世界经济三大支柱在全球经济决策上的更大一致性和权威性。

3）WTO 的职能与组织结构

WTO 的职能主要包括 6 个方面的内容，即：①管理职能。负责 WTO 多边协定的实施、管理和运作，同时为诸边贸易协定的实施、管理和运作提供框架。②谈判职能。为其成员就多边贸易关系进行的谈判和部长会议提供场所。③争端解决职能。通过贸易争端解决机制来解决成员间产生的贸易争端。④政策评审职能。审议各成员的贸易政策，促进所有成员遵守多边贸易协定。⑤合作职能。处理与其他国际经济组织的合作关系。⑥援助职能。对发展中国家和最不发达国家提供技术援助和相关培训。

在 WTO 的基本组织结构中，部长级会议（Ministerial Conference）是最高权力机构，部长级会议由所有成员的代表组成，至少每两年召开一次。在部长级会议之间，其职能由总理事会（General Council）代为行使。根据所辖的具体问题，WTO 设立了 3 个理事会，即货物贸易理事会（Council for Trade in Goods，CTG）、服务贸易理事会（Council for Trade in Services，CTS）和知识产权理事会（Council for Trade-related Aspects of Intellectual Property Rights, Council for TRIPs）。在 WTO 中，有 3 个比较重要的委员会，即贸易与发展委员会（Committee on Trade and Development，CTD）、国际收支限制委员会（Committee on Balance of Payments Restrictions）以及预算、财务与行政委员会（Committee on Budget，Finance and Administration）。WTO 总干事由部长级会议任命，总干事直接领导 WTO 秘书处。

在 WTO 的决策程序中，首先由各成员“一致同意”，若无一致意见，则进行投票表决，WTO 每个成员各一票。决定通常由参加投票成员的简单多数作出，但是对于新成员加入的决定需经 WTO 成员的 2/3 多数同意；对于解释协定条款和免除成员义务的决定，需经 WTO 成员的 3/4 多数通过；对于最惠国待遇原则的修改必须由所有成员批准。

4）WTO 的相关协定

经过 GATT 乌拉圭回合，形成了现在的《WTO 协定》，该协定包括《马拉喀什建立世界贸易组织协定》及其 4 个附件（结构如图 2-3）。其中，附件 1A 是货物贸易多边协定，附件 1B 是服务贸易协定，附件 1C 是与贸易有关的知识产权协定；附件 2 是关于争端解决规则与程序的谅解；附件 3 是贸易政策审议机制；附件 4 是诸边贸易协定。相关的附件中又包括若干个具体的协定，例如附件 1A 中包括《1994 年关税与贸易总协定》（GATT 1994）以及 12 个领域协定，即《农业协定》《实施卫生与植物卫生措施协定》《纺织品与服装协定》《技术性贸易壁垒协定》《与贸易有关的投资措施协定》《关于实施 1994 年关税与贸易总协定第 6 条的协定》（即《反倾销协定》）《关于实施 1994 年关税与贸易总协定第 7 条的协定》（即《海关估价协定》）《装船前检验协定》《原产地规则协定》《进口许可程序协定》《补贴与反补贴措施协定》和《保障措施协定》。2017 年 2 月 22 日，《贸易便利化协定》正式生效并对已批准协定的成员正式实施。上述诸协定是世界上多数贸易国或地区通过谈判签署的，为国际贸易提供了基本的法律规范。2017 年 2 月 22 日，《贸易便利化协定》正式生效并对已批准协定的成员正式实施。

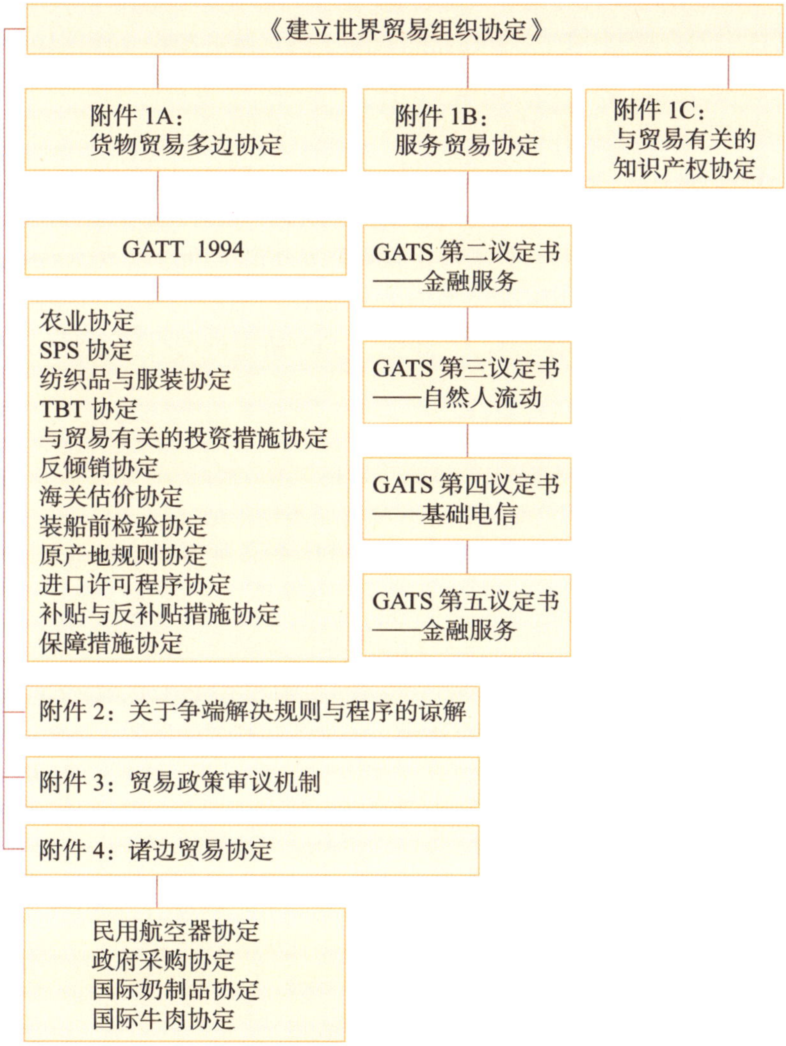

图 2–3 《马拉喀什建立世界贸易组织协定》法律结构（傍达斯，2000）

2.2.2 《实施卫生与植物卫生措施协定》简介

《实施卫生与植物卫生措施协定》（下称 SPS 协定）是 WTO 针对动植物安全与检疫问题而专门制订和实施的一个国际准则，对世界动植物检疫具有深远的影响，掌握并运用该协定的相关规则对各国均具有重要的现实意义。

1）协定的产生背景

SPS 协定的产生与《关税与贸易壁垒协定》《技术性贸易壁垒协定》（下称 TBT 协定）以及《农业协定》等有着密切的关系。GATT 自生效之日起，对于影响贸易的食品安全问题和动植物检疫问题就有相关的限定。GATT 第 I 条（最惠国条款）要求从各国进口的商品都实行无差别待遇，确立了无差别原则；考虑到进口商品的销售会受到国内相关法规的不利影响，第

Ⅲ条规定进口商品应与国内商品享受同等的待遇，即国民待遇原则。在 GATT 条款中包含例外条款，这一条款规定，只要有证据证明不存在国家差别，即不蓄意设计对贸易起限制作用，就可以采取保护国民及动植物生命和健康的措施。由上述规则可以看出，动植物检疫作为一种保护安全的措施是可以使用的，但其使用是受限制的。

在 GATT 乌拉圭回合谈判中，关于农业的谈判其焦点始终集中于削减用于保护国内市场的壁垒问题。与此同时，一些国家担心处于削减中的贸易壁垒（如关税的降低等）或许会被伪装的保护主义措施以卫生和植物卫生措施（Sanitary and Phytosanitary Measures，简称 SPS 措施）的形式所取代。正是这一担心，促使谈判在讨论农业贸易问题的同时，考虑建立一个针对 SPS 措施的国际性协定。在 SPS 协定的谈判进行以前，许多涉及食品和动植物健康的措施属于 1979 年 TBT 协定的管理范畴。TBT 协定很有限地允许为保护人类、动植物健康，保护环境和国家安全等，而合法地采用一些对贸易有限制作用的技术或卫生和植物卫生措施，但在如何实施这些措施方面没有具体的规定。因此，SPS 协定的制订成为时代与贸易发展的一个必然要求。

2）协定的总体目标

SPS 协定的总体目标是维护各成员政府所规定的其认为合适的健康水平的主权，但保证这种主权不得滥用于保护主义的目的，同时不对国际贸易形成不必要的壁垒。在协定中，重申不应阻止各成员采用或实施为保护人类、动物或植物的生命或健康所必需的措施，但这些措施的实施不应在情形相同的成员之间构成任意或不合理的歧视（arbitrary or unjustifiable discrimination），或其实施方式不对国际贸易构成变相的限制（disguised restriction）。

SPS 协定期望改善各成员的人类健康、动物健康和植物卫生状况（human health，animal health and phytosanitary situation）；并期望通过建立多边规则和纪律框架（multilateral framework of rules and disciplines）以指导 SPS 措施的制订、采用和实施，从而使其对贸易的消极作用降到最小；同时也期望进一步推动各成员使用统一的 SPS 措施，这些措施是以有关的国际组织所制订的国际标准、准则和建议为基础的。另外，SPS 协定承认发展中国家成员在遵守进口成员的 SPS 措施方面可能遇到的特殊困难，以及在市场准入（access to markets）、制订和实施国内 SPS 措施方面遇到的困难，因此期望在这些方面给予发展中国家成员以帮助。

3）协定的内容框架

SPS 协定的内容框架主要包括下述 14 条和 3 个附件：

第一条：总则（Article 1：General Provisions）

第二条：基本权利和义务（Article 2：Basic Rights and Obligations）

第三条：协调（Article 3：Harmonization）

第四条：等效（Article 4：Equivalence）

第五条：风险评估以及适当的卫生与植物卫生保护水平的确定（Article 5：Assessment of Risk and Determination of the Appropriate Level of Sanitary or Phytosanitary Protection）

第六条：适用区域条件，包括有害生物与疫病非疫区和低度流行区（Article 6：Adaptation to Regional Conditions，Including Pest or Disease-Free Areas and Areas of Low Pest or Disease Prevalence）

第七条：透明度（Article 7：Transparency）

第八条：控制、检查和批准程序（Article 8：Control，Inspection and Approval Procedures）

第九条：技术援助（Article 9：Technical Assistance）

第十条：特殊和差别待遇（Article 10：Special and Differential Treatment）

第十一条：磋商和争端解决（Article 11：Consultations and Dispute Settlement）

第十二条：管理（Article 12：Administration）

第十三条：实施（Article 13：Implementation）

第十四条：最后条款（Article 14：Final Provisions）

附件 A：定义（Annex A：Definitions）

附件 B：动植物卫生检疫规定的透明度（Annex B：Transparency of Sanitary and Phytosanitary Regulations）

附件 C：控制、检查和批准程序（Annex C：Control，Inspection and Approval Procedures）

4）协定的主要内容

关于对 SPS 协定主要内容的理解，编者认为可从下述科学合理原则、非歧视原则、协调一致原则、等效性原则、风险评估原则、非疫区原则和透明度原则这 7 个方面得以进一步的认识。

（1）科学合理原则（justification） 科学合理原则是 SPS 协定的核心，实施任何 SPS 措施必须有科学依据。WTO 成员制定和实施 SPS 措施时，如果存在国际标准，则应当依照国际标准的要求实施；如果不存在国际标准，或者采取的 SPS 措施所达到的保护水平高于国际标准，则必须以风险评估的结果为依据；如果采取临时性措施，则必须符合相关科学证据不充分、措施依据了可获得的科学证据、在适当期限内对其措施进行评估审议等三个条件。例如，随着 1996 年疯牛病造成的恐慌，在缺少足够的科学证据的情况下，允许成员立即出台紧急禁令，禁止与疯牛病有关的产品进口。但是，这些紧急措施仅是临时性的，成员应寻求获取必要的补充信息，以便在合理的期限内评价这些临时的 SPS 措施。当一成员有理由认为另一成员制订或维持的某种 SPS 措施正在限制或潜在限制其产品出口，而这种措施不是以有关国际标准、准则或建议为依据，则可要求其解释采用这种 SPS 措施的理由。

（2）非歧视原则（non-discrimination） 非歧视原则是世界贸易组织的一项基本准则，也是 SPS 协定的首要原则。非歧视原则包括最惠国待遇和国民待遇两个方面的含义。最惠国待遇是指某一 WTO 成员提供给其他成员的任何利益、优惠、特权或豁免，均应立即无条件地给予全体世界贸易组织其他成员的国民。国民待遇是指一国在经济活动和民事权利方面给予其境内的外国国民的待遇不低于其给予本国国民的待遇。

（3）协调一致原则（harmonization） 坚持与国际标准、准则或建议协调一致是 SPS 协定的基本要求。SPS 协定在鼓励成员积极采用国际标准、准则和建议时，给出多种选择途径，即可以完全符合、也可以依据、还可以高于。这些途径可以简捷地表述为符合 SPS 协定的三种情形：①等同采用（conform to）。采取的 SPS 措施完全依照国际标准、准则和建议的要求实施；②等效采用（based on）。依据国际标准、准则和建议制定和实施 SPS 措施，并基于风险分析，则该措施应视为符合 SPS 协定；③不采用（ignore）。实施的 SPS 措施没有国际标准或保护水平高于国际标准、准则和建议时，必须基于科学性原理并进行风险分析，则该措施也符合 SPS 协议。要求各成员应尽其所能全面参与有关的国际组织及其附属机构，如三姐妹组织（The Three Sister Organizations），即世界卫生组织（World Health Organization, WHO）的食品法典委员会（Codex Alimentarius Commission, CAC）、OIE 以及 FAO《国际植物保护公约》框架下运行的有关国际组织。

（4）等效性原则（equivalence） 等效性原则是在适当动植物卫生保护水平的基础上得以产生的。适当的动植物卫生保护水平（Appropriate Level of Protection，ALOP），是指 WTO 成员在采取 SPS 措施以保护其境内人类、动物和植物的生命或健康时认为适当的保护水平或可接受的最低风险。因为在不同国家可以有多种方法来确保食品安全或保护动植物健康，即达到同一保护水平的 SPS 措施可以多种多样。SPS 协定承认这种事实，并规定：如果出口成员对出口产品所采取的 SPS 措施，客观上达到了进口成员的 ALOP，则进口成员就应当接受这种措施，即允许这种产品进口，哪怕这种措施不同于自己所采取的措施，或不同于从事同一产品贸易的其他成员所采用的措施。等效性原则要求成员在不危及本国 ALOP 的前提下，增强贸易合作方对其卫生与全标准的信心。

（5）风险评估原则（risk assessment） 风险评估是一个成员制定或实施 SPS 措施的科学基础或决策依据。各成员在制定 SPS 措施时，应以风险分析为基础，同时考虑有关国际组织制定的风险分析技术。在采取 SPS 措施时，成员有两种选择：一种是依据国际标准，二是自己进行风险评估来评价风险以及可能产生的后果。

（6）非疫区原则（pest or disease free area） 非疫区和低度流行区进一步增加了 SPS 协定的可行性。SPS 协定要求各成员应当承认不以行政区划对有害生物的分布进行界定的非疫区原则，即非疫区可以是一个国家的部分地区，也可以是涵盖若干个国家的部分地区。确定一个非疫区，要考虑地理、生态系统、流行病监测，以及 SPS 措施的效果等因素。各成员在接受非疫区原则的同时也要接受低度流行区的概念。如果出口成员声明其领土内全部或部分地区是非疫区或低度流行区，那么就必须承担相应的举证责任，向进口成员提供必要的证据。

（7）透明度原则（transparency） 透明度原则是非歧视原则的前提和基础，也是一个成员诚信度的重要标志。透明度原则直接影响是否构成歧视的判断，因此 SPS 协定要求 WTO 成员设立国家通报机构、成立国家咨询点，按照通报程序通报相关信息，以确保其境内的 SPS 措施透明。咨询点应该能够解答所有与 SPS 措施有关的合理的质询，并且能够提供向 WTO 进行通报的新的或修订过的法规以及其他相关文件。中国 WTO/SPS 通报咨询局设在商务部，国家 WTO/SPS 通报咨询中心设在海关总署国际检验检疫标准与技术法规研究中心。各业务主管部门经国家 WTO/SPS 通报咨询中心以固定格式通过中国 WTO/SPS 通报咨询局向 WTO 通报我国与 SPS 相关的法律法规、技术规范、标准等技术性贸易措施。

此外，SPS 协定给予发展中国家特殊和差别待遇。针对发展中国家成员（developing country members），WTO 各成员同意向其提供技术援助，以使其得以维持和扩大相关产品市场准入的机会；在适宜的 SPS 保护水平允许分阶段采用新的 SPS 措施时，应给予发展中国家成员有利害关系的产品较长的适应期，以维持其出口机会；为确保发展中国家成员遵守 SPS 协定，SPS 措施委员会（负责管理 SPS 协定的实施）有权根据这些成员的要求并视其财政、贸易和发展的需要，允许这些国家对于 SPS 协定所规定的义务的全部或部分享有特殊的和有限的例外（specified，time-limited exceptions in whole or in part from obligations under this Agreement）；同时各成员应鼓励和促进发展中国家成员积极参加有关的国际组织；在由于缺乏技术知识、技术性基础设施或资源而妨碍现行的 SPS 措施实施时，发展中国家成员可在 WTO 协定生效之日起推迟 2 年执行本协定的规定，但第五条第 8 款和第七条的规定除外。对于最不发达国家成员（the least-developed country members）的 SPS 措施，可在 WTO 协定生效之日起推迟 5 年执行本协定的规定。此外，面向发展中国家成员 WTO 组织进行相关的培训，其中 SPS 协定是 WTO 培训课的主要内容。

SPS 协定还明确了争端解决机制。在国际贸易中，面对双方关于 SPS 措施的分歧，SPS 协定规定应遵循 WTO 统一的争端解决程序（unified WTO dispute settlement procedures）。SPS 协定鼓励通过双边磋商（bilateral consultations）解决争端，但是如果没有满意的结果，争端原告方可以要求在 60 天的正式磋商阶段过后成立专家组（panel）。在对 SPS 措施进行整体考虑时，专家组可以根据其认为适当的方式就科学与技术问题征求意见，这种意见可以来自个人专家、技术专家组或某个相关的国家组织。此外，SPS 协定并不限制成员使用 WTO 外的其他争端解决程序，例如 SPS 领域的一些国际标准化机构制订了自己的争端解决程序，各成员可以通过这些程序来解决彼此间的贸易争端。

5）协定的实施与措施的协调

WTO 通常以部长级会议、货物贸易理事会会议、贸易政策审议会议、SPS 委员会会议、非正式会议、专题研讨会等形式加强成员们对 SPS 协定的理解、督促对协定规定的义务的履行，提升成员的政策透明度和协定的执行力。WTO 设立了 ePingalart 平台，发布 WTO 成员的技术性贸易措施，各相关政府部门、高校、科研院所、行业协会、企业、个人都可以及时了解 WTO 成员的政策制定和措施出台的情况，向国家 WTO/SPS 通报咨询中心提出评议意见；中心每年也组织专家有针对性地对 WTO 通报的措施进行评议，第一时间对 WTO 成员方措施进行合规分析，争取在措施制定阶段协调解决分歧，使措施对贸易的影响降至最小。SPS 委员会每年召开 3 次大会（通常称之例会），“特别贸易关注”是其中一项重要议题。WTO 成员将其他成员已实施或拟实施的，不符合 SPS 协定原则、对贸易造成障碍的技术性贸易措施撰写成“特别贸易关注”，在大会此议程下提出质疑，敦促相关成员澄清、修改、废止、推迟实施等，会对措施实施方造成一定的压力，有利于推动相关问题的解决。越来越多的 WTO 成员援引这种方式在 SPS 委员会例会上提出特别贸易关注。WTO 提供磋商谈判场所。成员方在大会期间可以组织灵活多样的双边会议，交流和磋商彼此的贸易政策和技术问题，促进对彼此措施的理解、增信释疑，扩大合作，很大程度上也推动了贸易纠纷的解决。自 WTO 成立以来，在 SPS 领域里的贸易纠纷中，绝大多数在磋商阶段就得到了解决，只有少数案例经历了专家组和上诉程序，例如加拿大和美国诉澳大利亚禁止进口鲑鱼案（见检疫实例 2-1）、美国诉日本限制水果进口案等。

检疫实例 2-1：加拿大、美国诉澳大利亚禁止鲑鱼进口

实例简介：1996 年 10 月 SPS 委员会第 6 届会议上，美国向大会报告，澳大利亚以进口鲑鱼可能造成病原传播为由禁止从北美进口新鲜、冰鲜或冰冻鲑鱼。澳大利亚于 1994 年发布了风险评估报告草案，该报告表明从北美进口鲑鱼几乎没有风险。然而，澳大利亚并没有调整其检疫政策，使其政策与风险评估结果一致，而是重新进行了一次风险评估，该风险评估报告于 1996 年 5 月完成，该报告也没有找到支持其现行政策的科学依据。因此，美国希望澳大利亚在发布其最终风险分析报告时能取消禁令。

对此，澳大利亚代表解释说，在收到大量的反馈意见后，澳大利亚对 1995 年的风险评估报告草案进行了修改。在 1996 年的风险评估报告草案发布后，收到了包括美国和加拿大在内的反馈意见，该报告于 1996 年年底完成。澳大利亚代表称，OIE 的标准不能满足澳大利亚适宜的风险保护水平。1997 年 3 月第 7 届 SPS 委员会会议上，加拿大和美国再次向大会报告此事称，澳大利亚已决定维持禁止进口鲑鱼政策。加拿大向争端解决机构（DSB）申请成立专家组，进入 WTO 争端解决程序。专家组在 1998 年 6 月 12 日向 WTO 成员方发布了专家组报告，做出澳大利亚禁止进口北美鲑鱼的措施违背了 SPS 协定有关规定的裁决，要求澳大利亚立即对检疫措施做出调整，使其措施回到符合 SPS 协定的权利和义务的轨道上来。此后，澳大利亚对有关方面的裁决提出上诉，DSB 上诉机构进行了审理。1998 年 11 月 6 日，DSB 通过了上诉机构的报告和修改后的专家组报告，DSB 判决要求澳大利亚修订有关措施，使其与根据 SPS 协定所承担的义务相符。本案历时一年有余，于 2000 年 1 月 31 日结案。在本案审理过程中，专家组在收集双方的大量证词、多次举行听证会、向有关鱼类疾病专家及风险分析专家咨询的基础上做出了公正裁决。澳大利亚与加拿大于 2000 年 5 月达成一致解决意见。

检疫依据：SPS 协定第 5 条第 1 款和第 2 条第 2 款，SPS 协定第 5 条第 5 款、第 2 条第 3 款，SPS 协定第 5 条第 6 款。

检疫意义：本案是 WTO/SPS 领域最著名的争端案例之一。澳大利亚从 20 世纪 70 年代中期开始发展自身的鲑鱼工业，到 80 年代中后期已发展到相当水平，为了保护本国鲑鱼工业的切身利益，澳大利亚自 1986 起开始逐步调整进口鲑鱼产品的检疫政策，并且越来越严厉，直到要求鲑鱼产品必须进行热处理或烟熏后方能进口，这大大限制了北美对澳大利亚的冰冻鲑鱼的贸易。然而，澳大利亚在采取这一严厉措施的同时，却允许从其他地区进口疾病风险更高的活的观赏鱼和整条冷冻作为鱼饵的鲱鱼等产品。因此，澳大利亚禁止从北美进口太平洋捕捞的野生去内脏冰冻鲑鱼的检疫卫生措施不仅没有科学依据，同时，弃合理的风险评估结果于不顾，采取不公正、不合理的其他措施，严重违背了 WTO 和 SPS 协定的有关权利和义务，违背了 WTO、SPS 协定相关条款。

小结

SPS 协定是 WTO 针对动植物安全与检疫问题而专门制订和实施的一个国际准则，与《关税与贸易壁垒协定》、TBT 协定和《农业协定》等有着密切的联系。SPS 协定规定了若干规则，以实现维护各成员政府所规定的其认为合适的健康水平的主权、但保证这种主权不得滥用于保护主义的目的、同时不对国际贸易形成不必要壁垒的总体目标。科学合理原则、非歧视原则、协调一致原则、等效性原则、风险评估原则、非疫区原则和透明度原则，以及给予发展中国家的特殊和差别待遇、争端解决机制等，是 SPS 协定阐述的主要内容。WTO 通过适当的方式协调、促进成员彼此对 SPS 协定的理解和共同遵守。

2.3 OIE 及其法典

学习重点

- 了解 OIE 与动物检疫的关系
- 掌握《陆生动物卫生法典》和《水生动物卫生法典》的主要内容

在动物检疫领域，OIE 在有关国际标准、准则和建议的制订中发挥着重要的作用，其制订的《陆生动物卫生法典》和《水生动物卫生法典》对全球的动物检疫工作具有权威性的指导作用。因此，了解 OIE 的概况、掌握《陆生动物卫生法典》和《水生动物卫生法典》的主要内容是非常必要的。

2.3.1 OIE 简介

1）OIE 的创建

OIE 成立于 1924 年，总部设在法国巴黎，我国曾称之为国际兽医局。近年来，一般称国际兽医局为世界动物卫生组织的前身，该组织的建立至少可以追溯到 19 世纪末期，并与一种严重的动物疫病——牛瘟的暴发有着密切的联系。

1872 年，欧洲大面积暴发牛瘟，奥地利召集欧洲多个国家在维也纳召开会议，协商各国采取统一的行动以控制牛瘟的传播。这次会议是多个国家为控制动物疫病而做的一次尝试，具有重要的历史意义。1920 年，巴西进口的巴基斯坦瘤牛从比利时安特卫普过境时引起比利时再次暴发牛瘟，该事件引起欧洲各国的极大关注。1921 年 5 月 27 日，法国发起召开国际动物流行病学大会，与会代表一致认为，应建立一个控制动物传染病的国际机构。这时，OIE 的建立初见端倪。1924 年 1 月 25 日，来自阿根廷、比利时、巴西、保加利亚、丹麦、埃及、西班牙、芬兰、法国、大不列颠、希腊、危地马拉、匈牙利、意大利、卢森堡、摩洛哥、墨西哥、摩纳多、荷兰、秘鲁、波兰、葡萄牙、罗马尼亚、泰国、瑞典、瑞士、捷克斯洛伐克和突尼斯等 28 个国家的代表，再次聚会巴黎，一致认为根据 1921 年国际动物流行病学大会通过的决定，有必要建立 OIE，并代表各国政府签署了《关于在巴黎建立世界动物卫生组织的国际协定》，并附带签署了《世界动物卫生组织组织法》，正式宣告了世界动物卫生组织的成立。

OIE 是动物卫生的国际组织，同时还是负责处理国际动物卫生协作事务的政府间组织（图 2–4）。OIE 管理着一个庞大的动物疫情信息系统，负责制订有关的动物及其产品国际贸易的卫生标准。OIE 成立后，立即引起了国际社会的普遍

图 2–4 OIE 网站主页（http://www.oie.int）

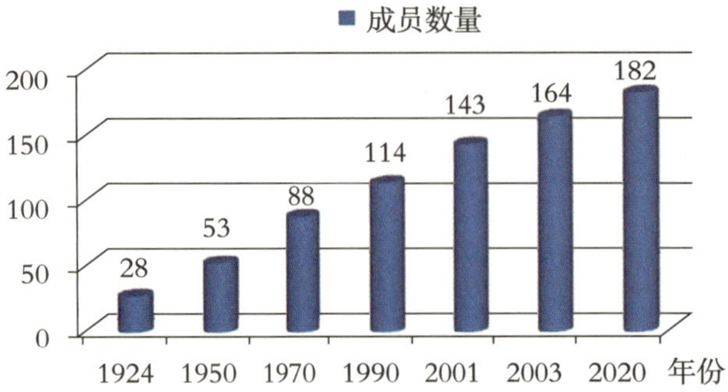

图 2–5　OIE 成员数量增长示意图

关注，目前已发展成为影响力最大的国际动物卫生组织。自成立起，OIE 的成员数量在不断增加，最初为 28 个，1950 年为 53 个，1990 年为 114 个，2003 年为 164 个，至 2020 年 8 月成员为 182 个（图 2–5）。2007 年 5 月 25 日，第 75 届 OIE 国际委员会大会以压倒多数通过决议，确认中华人民共和国作为主权国家加入 OIE，中国台湾以非主权地区身份参与 OIE 活动。OIE 还与 FAO、WTO 和 WHO 等多个国际和区域组织签署了协议，建立了合作关系。鉴于 OIE 的权威性，WTO 指定其为唯一负责制订国际动物卫生标准规则的国际组织，各国间开展动物及动物产品贸易都遵循 OIE 的规定。

2）OIE 的主要任务与目标

作为最具权威的国际动物卫生组织，OIE 的主要任务包括：①收集并向各成员通报全世界动物疫病的发生、发展情况，以及相应的控制措施；②促进并协调各成员加强对动物疫病监测和控制的研究；③协调各成员之间动物及动物产品贸易的规定。

OIE 的主要目标可以归纳为下述 3 个方面的内容：

（1）实现动物疫情的透明化　动物疫病常常使畜牧业遭受严重的损失，而且对人类健康和环境也会产生严重的影响。作为一个国家的兽医管理部门，其主要职责是对动物疫病，特别是动物传染病（包括人畜共患病）进行监测和防治。许多国家的兽医管理部门还负责食品安全、兽药监测、动物产品贸易法规、科研和其他领域的工作。为了实现提高畜牧和渔业水平、保护本国消费者和环境的目的，各国兽医管理部门就必须了解世界各地动物疫情动态。为各成员兽医机构提供危及人畜安全的动物疫情的发生和发展进程，是 OIE 的首要任务。OIE 专门组建了世界动物卫生信息系统（WAHIS）（图 2–6），定期向各成员发布《疫情信息》《疫情快报》《世界动物卫生》和《科学技术评论》等。

图 2–6　WAHIS 界面（https://www.oie.int/wahis_2/）

（2）实现国际贸易中的动物卫生安全　动物及其产品的国际贸易已成为世界经济发展的一个重要方向。为维持这一方向稳定发展，制订合理的兽医法规以防止人畜共患病传播，制订合理的贸易协调机制以解决非公平贸易争端，均是非常必要的。针对动物卫生的管理措施，SPS 协定特别推荐使用 OIE 制订的标准、准则和建议，如《陆生动物卫生法典》《陆生动物诊断试验和疫苗手册》《水生动物卫生法典》和《水生动物诊断试验手册》等。

（3）提供动物卫生专业知识　动物卫生是一个专业性较强的领域，为了促进并协调各成员加强对动物疫病监测和控制的研究工作，OIE 组建了相应的部门予以支持。同时，OIE 还就某些科技议题，组织有关专家召开专题会议，并发行科技出版物以推广、普及动物卫生的专业知识。

3）OIE 的组织机构

在 OIE 的组织机构中，国际委员会（The International Committee）是 OIE 的最高权力机构，下设行政委员会（The Administrative Commission）、专业委员会（Specialist Commissions）、地区委员会（Regional Commissions）和 OIE 中央局（Central Bureau）。

国际委员会由所有成员代表组成，负责选举产生行政委员会和 OIE 主席，并对有关 OIE 的大政方针及运作方面的所有问题做出决策。行政委员会是 OIE 的重要管理机构，主要负责国际委员会工作的筹备工作。专业委员会是 OIE 为了解决某一特殊问题而设立的，其主要任务是研究动物疾病的流行病学及控制方面的问题及统一的有关国际法规；目前由 4 个委员会组成，即口蹄疫委员会（成立于 1946 年）、标准委员会（成立于 1949 年）、鱼病委员会（成立于 1960 年）和国际动物卫生法典委员会（成立于 1960 年）。OIE 设立有地区委员会，计 5 个，即亚洲、远东和大洋洲地区委员会（成立于 1952 年），欧洲地区委员会（成立于 1961 年），美洲地区委员会（成立于 1962 年），非洲地区委员会（成立于 1964 年）和中东地区委员会（成立于 1989 年）。其目的在于加强本地区各成员的动物疫病控制技术，同时促进各成员的合作。OIE 中央局由国际委员会任命的总干事领导，下设科学与技术部等 4 个部门，主要负责实施和协调信息、技术合作和科学活动。

此外，为了探讨特定的技术或科学论题，在特定时期，OIE 设立相关的工作组；为了加强协作，OIE 设立了地区代办处和协作中心；为了加强疫病检测、控制标准化技术的研究与应用，OIE 成立有参考实验室。

2.3.2 《陆生动物卫生法典》和《水生动物卫生法典》简介

1）产生背景

自 20 世纪 60 年代以来，国际间动物及动物产品贸易飞速发展，同时也使动物传染性疾病的传播显著增强。因此需要制订必要的法规用以防止传染性疾病危害动物或人类健康，并避免不公正的贸易壁垒。《陆生动物卫生法典》（Terrestrial Animal Health Code）应运而生，由 OIE 编写出版，是国际动物卫生法典委员会的专家们在各成员的有关法规资料的基础上编写的，首版见于 1968 年，并于 1971 年、1976 年、1982 年、1986 年、1992 年和 1998 年发行了后续版本，1999 年后改为每年发行新版。

OIE 的标准、准则和建议最初由 OIE 的陆生动物卫生标准委员会（国际动物卫生法典委员会）负责制订。法典委员会由从 OIE 各区域吸收的 6 位兽医法学方面的专家组成，每年举行 2 次工作计划会议，报告其工作计划，组织国际著名专家起草法典新增文本，并根据兽医领域的新进展对现有文本进行修订。法典委员会还与鱼病委员会（水生动物卫生标准委员会）、生物标准委员会和动物疫病科学委员会在内的 OIE 其他专家委员会密切合作，确保依据最新的科学信息撰写法典。

1986 年，OIE 首次在《陆生动物卫生法典》中涵盖水生动物疫病。随后，为加强水生动物疫病防控，OIE 专门成立了鱼病委员会（后更名为水生动物卫生委员会），并于 1995 年公布了首版《水生动物卫生法典》。有的学者或资料使用“国际动物卫生法典”这个名称，在 1995 年之前仅指《陆生动物卫生法典》，1995 年之后是《陆生动物卫生法典》和《水生动物卫生法典》的统称。

在语言方面，1992 年，OIE 以英、法和西班牙文发行了新版《陆生动物卫生法典》。目前，OIE 每年用其三种官方语言出版《陆生动物卫生法典》和《水生动物卫生法典》，OIE 还可应要求提供非官方的俄文翻译版。在 OIE 官方网站可查看和下载两部法典。

OIE 被 WTO 指定为动物及动物产品贸易卫生法规的国际参考机构，OIE 制订的《陆生动物卫生法典》和《水生动物卫生法典》及其他标准已成为全球动物检疫、防疫工作的权威性法规和标准，既是成员的行为准则，也是非成员的重要参考法规。

2）术语定义

《陆生动物卫生法典》和《水生动物卫生法典》均规定了一些术语的定义，其意义在于为 OIE 成员在制订动物卫生法律规范和技术标准的过程中，提供统一、科学的术语。有关 OIE 的术语如中央局（Central Bureau）指世界动物卫生组织的常设秘书处，法典（code）指《陆生动物卫生法典》或《水生动物卫生法典》、手册（manual）指《陆生动物诊断试验和疫苗手册》《水生动物诊断试验手册》等。有关成员的术语如兽医行政管理部门（veterinary administration）是指在成员境内有绝对权威、执行、监督或审查《陆生法典》推荐动物卫生措施和出证过程的国家兽医机关；兽医当局（veterinary authority）是指在兽医行政部门管辖下，直接负责实施动物卫生措施及监督境内各地签发兽医卫生证书的兽医机关；检疫站（quarantine station）指在兽医当局的监督之下使动物完全保持隔离、不与其他动物有任何直接或间接接触的设施，以便进行一段时间的观察，必要时需作试验和治疗。有关专业术语如水产养殖，指养殖水生动物，在饲养过程中进行某种干预以提高产量，如定期放养、喂养，并保护水生动物不受捕食者侵害等。有关贸易术语如商品，指水生动物、水生动物产品、生物制品及病理材料。

3）《陆生动物法典》主要内容

《陆生动物卫生法典》共分上下卷，15 个章节。上卷包括动物疫病的诊断、监测和通报、风险分析、关于疫病预防和控制的一般性建议、贸易措施、进口／出口程序和签发兽医证书、兽医公共卫生、动物福利；下卷则包括关于 OIE 疫病名录及其他对国际贸易有重大意义的其他动物疫病的建议。

总体上，该法典的内容主要体现在下述 4 个方面：

（1）成员的义务和责任　各成员在动物及动物产品的国际贸易中必须遵守本规则；各成员应尽可能在其领域内建立口岸检疫机构和隔离检疫站；各成员应及时报告其管辖区内流行性动物疾病的发生情况、诊断方法、控制措施及结果，并通报动物检疫等相关法规；OIE 有责任提供和协调进出口双方的检疫和防疫标准。

（2）列入 OIE 的重要动物疫病和人畜共患病名录　法典最初从潜在的危害角度，将检疫性动物疫病分为 A 类、B 类疫病。《水生动物卫生法典》从《陆生动物卫生法典》中独立出来之后，两部法典对动物疫病的标准和名录也都进行了调整，特别是 2007 年修订时取消了 OIE 关于 A 类和 B 类疫病名录的分类，原 A 类和 B 类疫病全部分列在多种动物共患病和各单种动物疫病名录中。

目前，《陆生动物卫生法典》将列入 OIE 名录的陆生动物疫病分为 9 大类，分别是：①多种动物共患疫病，如口蹄疫（Foot and mouth disease）、狂犬病（Rabies）等；②牛疫病，如牛海绵状脑病（Bovine spongiform encephalopathy）；③绵羊、山羊疫病，如痒病（Scrapie）；④马疫病，如马传染性贫血（Equine infectious anaemia）；⑤猪疫病，如非洲猪瘟（African swine fever）；⑥禽疫病，如新城疫（Newcastle disease）；⑦兔疫病，如黏液瘤病（Myxomatosis）；⑧蜜蜂疫病，如蜜蜂盾螨病（Acarapisosis of honey bees）；⑨其他疫病，如利什曼病（Leishmaniosis）。2020 年颁布的 OIE 疫病名录包括 117 种动物传染病和寄生虫病。OIE 疫病名录的颁布，指明了全世界动物疫病的主要关注对象，受到了全世界动物卫生领域的重视，形成了有据可依的动物疫病名录权威的指南。

（3）疫情信息通报　OIE 的所有成员必须承认，OIE 中央局有直接与该国兽医行政管理部门联络的权利。OIE 寄送给兽医行政管理部门的所有通报和信息即视为已向有关成员寄送，由兽医行政管理部门寄送给 OIE 的通报和信息即视为有关成员寄送。各成员应通过 OIE 向其他国家提供限制疫病扩散以及更好地控制疫病所必需的信息。各成员除报告新的疫情情况，还应通报为防止疫病传播所采取的措施，包括对动物和动物制品及其他有传播动物疫病特性的物品所采取的流通限制措施等。

兽医行政管理部门应向 OIE 通报其检疫法规的条文内容，同时应随时通报法规的修订情况。在发生下列情况时，兽医行政管理部门应在 24 h 内通过一定的方式（如电传、电报、传真或电子邮件等）向 OIE 通报：①在某国或某地区属于首次发生或重新发生的须通报疫病；②有重要新发现，对其他成员有流行病学意义的须通报疫病；③临时诊断到某种须通报疫病，并对其他成员有流行病学意义的重要信息；④非须通报疫病，但对其他成员有特别流行病学意义的新发现。在收到各成员的通报后，OIE 中央局也以一定的方式（如电传、电报、传真或电子邮件等）向各兽医行政管理部门发布所接收的所有通报。

（4）国际贸易出证　在动物及其产品的国际贸易中，既要确保不阻碍贸易正常进行，又要确保对人和动物健康无不可接受的危险。为了达到这一目的，《陆生动物卫生法典》规定，出口成员应按要求向进口成员提供下述信息资料：①有关动物卫生状况和成员动物卫生信息系统的信息，以确定该成员是否为无某种动物疫病国家或地区，信息还应包括保持无疫病状态所实施的措施及方法；②传染病发生的常规信息及快报；③国家预防和控制某种动物疫病采取措施能力的详细情况；④兽医服务机构和主管当局的信息；⑤技术资料，特别是该成员全部或部分地区应用的生物学试验和疫苗。

4）《水生动物卫生法典》主要内容

《水生动物卫生法典》与《陆生动物卫生法典》一样也是每年进行修订，至 2020 年 8 月时的版本为 2019 年第 87 届全体代表大会审核通过的第 22 版。

与《陆生动物卫生法典》相似，《水生动物卫生法典》共分为 11 章节，包括水生动物疫病的监测和通报、风险分析、水生动物兽医服务质量、关于疫病预防和控制的一般性建议、贸易措施、进口／出口程序和签发兽医证书、水生动物抗生素使用、水生动物福利以及两栖类、甲壳类、鱼类及软体动物疫病的建议。《水生动物卫生法典》第 8 章至第 11 章中的各项建议是以最新科学信息及现有技术资料为依据制定而成，旨在根据商品性质和出口成员水生动物的卫生状况，为防止法典所涉及的相关疫病传入进口成员提出指导。其正确实施可确保进口动物商品达到最佳卫生安全水平。

此外，《水生动物卫生法典》中的成员的责任和义务、疫情信息通报及国际贸易出证等内容与《陆生动物卫生法典》基本一致。因水生动物与陆生动物品种的差异，水生动物疫病名录内容有所不同。《水生动物卫生法典》将列入 OIE 名录的水生动物疫病分为 4 类，分别是：①鱼类疫病，如锦鲤疱疹病毒病（Koi herpesvirus disease）；②软体动物疫病，如牡蛎包拉米虫感染（Infection with *Bonamia ostreae*）；③甲壳动物疫病，如白斑综合征（White spot syndrome）；④两栖动物疫病，如蛙病毒感染（Infection with ranavirus）。

《陆生动物卫生法典》和《水生动物卫生法典》均制订了动物检疫证书的格式；并要求出口国（或地区）的兽医行政管理部门须以上述的格式为标准，根据进口成员所提出的检疫要求对每批动物和动物产品出具证书，否则进口成员（或过境成员）有权拒绝其货物入境。在提出进口要求时，进口成员应遵循下述原则：①所提要求限于证明动物和动物产品卫生的要求，即这些要求是为避免一种或几种疫病风险转移或至少把风险降到可接受水平而必需的；②出证要求应简明准确，清楚传达进口成员的意愿；③出证应尽可能建立在最高道德标准基础上，其中最重要的是尊重和保护出证兽医的职业诚实性；④兽医行政管理部门向出口成员的非兽医行政管理部门人员传送证书或通告进口许可要求时须将文件副本寄送给出口成员兽医行政管理部门。

5）OIE 法典的主要作用

（1）确定进口规则 《陆生动物卫生法典》和《水生动物卫生法典》是国际动物及其产品贸易的主要指南，不仅表明 OIE 在动物健康和人畜共患病方面的职责，也包含动物福利和食品安全的新的 OIE 要求。在新的 OIE 框架要求下，法典旨在“提高全球动物健康状况”。OIE 法典中的卫生标准主要考虑了出口成员的动物卫生状况，SPS 协定鼓励成员应当以 OIE 的国际标准、准则和建议作为其采取卫生措施的依据，并在此科学的风险分析基础上制定其相关进口规则，保障动物及其产品的进口安全，避免致病因子在动物或人类中传播，并最终确保国际贸易卫生安全。在缺乏相关国际标准或某一成员选用比 OIE 更严格的标准的情况下，成员可以运用科学的风险分析来确定特定的进口商品是否对人或动物健康造成重大卫生威胁，从而确立相关进口规则。

（2）进行争议仲裁 《陆生动物卫生法典》和《水生动物卫生法典》汇总了进出口成员双方的责任，并明确了双方作为 OIE 和 WTO 成员应当履行的相关义务，最小化不公平的贸易限制，减少贸易伙伴间冲突。OIE 为成员的贸易冲突提供了一种自愿仲裁机制，与 WTO 框架下的仲裁方式不同，这是一种基于科学的方法，提供用于减少分歧的可选性的解决方案，旨在协助各方达成科学、健康的一致性结论。当成员认为另一成员未能尽到法典所述的成员义务，或没有遵从 WTO/SPS 协定时，可递交正式或非正式申诉，在各方参考条款和仲裁范围内达成新的协议。

小结

OIE 作为最具权威的国际动物卫生组织，其制订的《陆生动物卫生法典》《水生动物卫生法典》和其他标准已成为全球动物检疫、防疫工作的权威性法规和标准。该法典强调各成员应尽可能在其领域内建立口岸检疫机构和隔离检疫站，应及时报告其管辖区内流行性动物疫病的发生情况、诊断方法、控制措施及结果，并通报动物检疫相关法规。

2.4 FAO 与《国际植物保护公约》

学习重点

- 了解 FAO 与植物检疫的关系
- 掌握《国际植物保护公约》的主要内容
- 了解《亚洲和太平洋区域植物保护协定》的基本内容

FAO 在收集传播有关粮食、农业、林业、渔业和营养信息，向各成员政府提供咨询和技术援助，促进对世界重大粮农问题的讨论与交流方面发挥了重要作用。有关植物检疫国际法规建设，FAO 专门制定了《国际植物保护公约》以规范、促进全球范围内植物检疫的发展。本节在介绍 FAO 及其作用的基础上，对《国际植物保护公约》的发展史和主要内容进行了详细阐述，并对与我国直接相关的 APPPC 及其《亚洲和太平洋区域植物保护协定》进行了简介。

2.4.1 FAO 及其作用

1）FAO 概况

FAO（图 2–7），成立于 1945 年 10 月 16 日。1946 年 FAO 与联合国签订协议，成为联合国系统内的一个专门组织，总部设在意大利的罗马。FAO 既是一个国际粮农信息中心、一个国际粮农论坛，也是一个国际农业咨询与支持机构。其宗旨是提高人类的营养和生活水平，提高生产能力，使农村人口的生活条件得以改善。

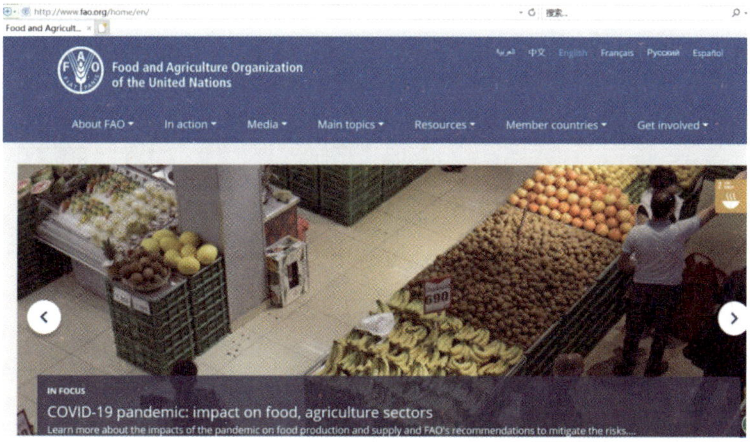

图 2–7　FAO 网站主页（http://www.fao.org）

在 FAO 的组织机构中，主要包括 FAO 大会、理事会和秘书处。FAO 大会是该组织的最高权力机构，每两年召开一次会议，由所有成员参加。理事会隶属 FAO 大会，由大会选出的独立主席和 49 个理事国组成，每两年举行 4 次会议，负责大会休会期间执行大会所赋予的权力。理事会下设 9 个专业委员会，即计划、财政、章法、农业、渔业、林业、商品、粮食安全及粮食和农业遗传资源委员会。秘书处是大会、理事会的执行机构，其行政首脑为总干事，由大会选出，任期 6 年。总干事在大会和理事会的指导下负责开展具体工作。秘书处总部下设 8 个部、28 个司、98 个处，有 1450 多名专业人员。秘书处还包括 5 个区域办事处、5 个分区域办事处、5 个联络处和 80 个驻国家代表处。

至 2020 年 5 月，FAO 拥有 194 个成员、1 个成员组织（欧盟 European Union）和 2 个准成员（法罗群岛和托克劳），各成员通过大会、理事会行使权力。中国是FAO的创始成员之一，1973 年中华人民共和国的合法席位得到恢复，并于同年召开的第 17 届大会上当选为理事国且连选连任至今。

2）FAO 的宗旨和职能

FAO 的宗旨是提高成员各自管辖下的人民的营养水平和生活标准，提高一切农产品的生产和分配效率，改善农村人口的状况，促进世界经济的发展并保证人类免于饥饿。

FAO 主要包括 3 方面的职能：①搜集、整理、分析和传播世界粮农生产、贸易和技术信息，跟踪监测世界粮农生产和粮食安全形势，促进成员之间的粮农信息交流。FAO 建立的全球信息与早期预警体系在监测世界粮食安全和紧急形势方面具有重要的作用。②讨论国际粮农领域中的重大问题，制定有关国际行为准则和法规，加强成员之间的磋商与合作。③向成员提供技术援助和政策咨询，执行捐赠国、国际开发和金融机构的农业开发援助项目。FAO 利用其专业优势，执行了大量的联合国开发计划署、世界银行、亚洲开发银行、联合国人口基金会、国际农发基金等国际机构和捐赠者的农业援助项目。

3）FAO 与植物检疫的关系

从其建立伊始，FAO 就致力于通过促进农业发展以减轻贫穷和饥饿，改善营养并追求食物的安全。为了促进世界植物检疫的发展，FAO 于 1950 年通过了《国际植物保护公约》（International Plant Protection Convention，IPPC）（图 2-8）。IPPC 是存放于 FAO 总干事之处的多边条约，同时也被认为是全球协调植物卫生措施的权威法规。IPPC 是通过与区域植物保护组织（Regional Plant Protection Organizations, RPPOs）和国家植物保护组织（National Plant Protection Organizations, NPPOs）进行合作来实施的。由设在 FAO 植物保护局的 IPPC 秘书处负责管理。

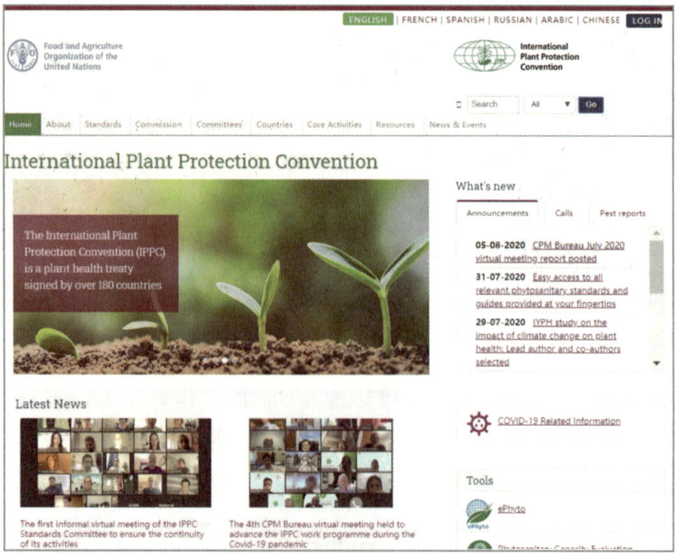

图 2-8　IPPC 网站主页（https://www.ippc.int/en/）

2.4.2 《国际植物保护公约》简介

1）IPPC 的由来

在动植物检疫的历史上，第一个国际公约当属 1881 年 11 月 3 日在瑞士伯尔尼签署的《国际葡萄根瘤蚜防治公约》，其主要目的是采取必要措施控制葡萄根瘤蚜在签约国之间的传入和传播。1889 年 4 月 15 日，有关国家又签订了《国际葡萄根瘤蚜防治补充公约》。1929 年 4 月 16 日，在意大利罗马，一些国家在《国际葡萄根瘤蚜防治公约》和《国际葡萄根瘤蚜防治补充公约》的基础上签署了《国际植物保护公约》。1951 年，FAO 召开第 6 次大会，IPPC 被正式通过。

IPPC 是植物保护领域中参加国家最多、影响最大的一个国际公约，其主要任务是加强国际间植物保护的合作、更有效地防止危险性植物有害生物的传播、便利各国贸易、促进国际植物保护信息的交流。至 2020 年 8 月，IPPC 公约有 184 个缔约国。中华人民共和国于 2005 年 10 月 20 日加入《国际植物保护公约》，成为第 141 个缔约国。

2）IPPC 内容框架

《国际植物保护公约》最早于 1952 年生效，FAO 于 1979 年和 1997 年先后两次对 IPPC 进行了修订。目前，FAO 成员遵照执行的是 1997 年修订的 IPPC。其内容框架主要包括下述 25 个部分：

序言（Preamble）

第一条：宗旨和责任（Article Ⅰ：Purpose and responsibility）

第二条：术语使用（Article Ⅱ：Use of terms）

第三条：与其他国际协定的关系（Article Ⅲ：Relationship with other international agreements）

第四条：与国家植物保护组织安排有关的一般性条款（Article Ⅳ：General provisions relating to the organizational arrangements for national plant protection）

第五条：植物检疫证书（Article Ⅴ：Phytosanitary certification）

第六条：限定性有害生物（Article Ⅵ：Regulated pests）

第七条：对输入的要求（Article Ⅶ：Requirements in relation to imports）

第八条：国际合作（Article Ⅷ：International cooperation）

第九条：区域植物保护组织（Article Ⅸ：Regional plant protection organization）

第十条：标准（Article Ⅹ：Standards）

第十一条：植物检疫措施委员会（Article Ⅺ：Commission on Phytosanitary Measures）

第十二条：秘书处（Article Ⅻ：Secretariat）

第十三条：争端的解决（Article XⅢ：Settlement of disputes）

第十四条：代替以前的协定（Article XⅣ：Substitution of prior agreements）

第十五条：适用的领土范围（Article XⅤ：Territorial application）

第十六条：补充协定（Article XⅥ：Supplementary agreements）

第十七条：批准和加入（Article XⅦ：Ratification and adherence）

第十八条：非缔约方（Article XⅧ：Non-contracting parties）

第十九条：语言（Article XⅨ：Languages）

第二十条：技术援助（Article XX：Technical assistance）

第二十一条：修正（Article XXI：Amendment）

第二十二条：生效（Article XXII：Entry into force）

第二十三条：退出（Article XXIII：denunciation）

附录：植物检疫证书样本（ANNEX: Model Phytosanitary Certificate）和转口植物检疫证书样本（Model Phytosanitary Certificate for Re-export）

3）IPPC 主要内容

IPPC 的主要内容可从下列 5 个方面进行理解：

（1）治理与战略　IPPC 秘书处负责协调国际植物保护公约工作计划，从以下方面考虑未来的不同战略：战略框架（2012—2019 年）、国家能力发展战略、资源筹措战略、宣传战略、国家报告义务战略、标准和实施框架。

（2）标准制定　IPPC 主持下制定的国际植物检疫措施标准（International standards for phytosanitary measures，ISPMs）是植物健康的唯一国际标准，ISPMs 是由 IPPC 的委员会通过，一旦生效后，就要在各个缔约国开始实施。IPPC 的标准被公认为 WTO 成员在贸易中实施植物检疫措施的基础，但 ISPMs 不是强制性的标准。截至 2020 年 8 月，IPPC 已经发布了 43 项 ISPMs，包括缔约国权利与义务、有害生物状况、非疫区建立、有害生物风险分析、检疫处理、商品标准等多方面的标准。在这些 ISPMs 中，各国使用最广泛的是 ISPM15-《国际贸易中木质包装材料管理准则》，全球已经有 100 多个国家采用和实施该标准，该标准规范了国际贸易中货物木质包装质量，以防止农林有害生物随木质包装在世界范围内传播和扩散。

（3）执行与能力建设　IPPC 缔约方同意促进向其他缔约方提供技术援助，以促进公约的实施。公约特别鼓励向发展中国家提供支助，以提高其国家植物保护组织的能力，并增加它们实现安全贸易利益的潜力。公约还鼓励缔约国参加区域植物保护组织，以此作为在区域一级实现 IPPC 目标的合作基础。

（4）贸易便利化　是指进出口过程的简化、现代化和协调，已成为世界贸易体系的一个重要问题。《世贸组织贸易便利化协定》载有加快货物（包括过境货物）的流动、放行和清关的规定。

（5）沟通宣传与伙伴关系　传播和宣传活动旨在提高人们对植物健康重要性的认识，IPPC 和合作伙伴为保护植物免受有害生物所做的工作，还包括致力于确保其所在地区植物健康和环境保护的区域植物保护组织。我国从 2003 年以来就开始关注 IPPC 的相关工作及 ISPMs 情况，主要包括：参加 IPPC 国际植保年会、APPPC 植保大会、APPPC 标准评议会和技术专家组活动等；参与国际标准的制修订工作，我国已向 IPPC 推荐 10 余项国际标准主题立项并参与多项国际标准的制订工作；参与国际标准评议工作等。

2.4.3　APPPC 及《亚洲和太平洋区域植物保护协定》简介

1）APPPC 简介

为了通过一致的行动以防止危险性植物有害生物传入亚洲和太平洋地区并进行扩散，1956 年签订了《亚洲和太平洋区域植物保护协定》，随之成立了 APPPC，我国是其成员之一。APPPC 是依据 IPPC 的规定而成立的一个区域性植物保护组织，与 CPPC、EPPO 同为 FAO 秘书处的直属机构，其最高权力机构是成员大会，设秘书处并由 FAO 直接派遣植物保护官员主持日常工作。

近年来，APPPC 秘书处和地区各成员已认识到制定地区植物卫生标准的重要性。2000 年，APPPC 秘书处专门召开成员会议，讨论地区植物卫生标准的制定问题，就制定标准的原则、程序等内容进行磋商，提出了制定标准的基本机制。APPPC 制定地区植物卫生标准的程序主要包括下述 6 个步骤：

（1）国家植物保护组织向 APPPC 秘书处提出制定、修订标准的建议；

（2）APPPC 秘书处将制定、修订标准的建议提交 APPPC，由 APPPC 确定标准制定的优先顺序；

（3）APPPC 秘书处起草标准说明，提交 APPPC 标准委员会，并分发各成员讨论（为期 60 天），后经 APPPC 标准委员会讨论定稿；

（4）APPPC 标准委员指定工作组根据标准说明起草标准，并提交 APPPC 标准委员审查批准形成讨论稿；

（5）APPPC 秘书处将标准讨论稿分发给各成员和 IPPC 秘书处评议（为期 120 天），评议意见书面提交 APPPC 秘书处；

（6）APPPC 秘书处对标准讨论稿进行修改，定稿后交 APPPC 审议通过并实施。

2）《亚洲和太平洋区域植物保护协定》简介

（1）内容框架　《亚洲和太平洋区域植物保护协定》共包括 12 项条款和 2 个附件：

第一条：定义

第二条：区域性事务委员会

第三条：关于从区域外进口植物的办法

第四条：防范从南美传入橡胶叶疫病的办法

第五条：关于区域内植物流动的办法

第六条：一般豁免

第七条：解决争执

第八条：不属于国际植物保护公约成员的签约国政府的权利与义务

第九条：修改

第十条：签署和参加

第十一条：开始生效

第十二条：协定的废止和终结

附件一：亚洲和太平洋区域危险性有害生物名录

附件二：防范橡胶叶疫病的措施

（2）主要内容　《亚洲和太平洋区域植物保护协定》的主要内容体现在下述 3 个方面：

①建立区域性事务委员会。建立亚洲和太平洋区域植物保护委员会负责协定的实施，其主要任务包括：决定必需的程序和安排以贯彻本协定，并向签约政府提出建议；评论签约政府所提供的关于执行本协定进展情况的报告；考虑需要的区域性合作问题和相互帮助的措施。

②植物进口及植物流动的办法。各签约成员应最大努力采取相应措施以防止危险性有害生物（特别是附件一中所列举的）传入本区域及在本区域内传播。对从区域外任何地区进口的任何植物，及在区域内流通的任何植物，均包括其包装材料和容器，可以采取禁止进口、开具证明、检查、消毒和销毁等措施。

③协定的管理。位于本区域的各国政府，或对本区域内领土负有国际关系责任的其他任

何政府，可通过3种方式中的任一种成为参与本协定的一员，即签署；草签后待批准，随后正式批准；参加。本协定经3个政府签署或者草签后待批准即可生效；当成员少于3个时，本协定自动终结。

小结

FAO是联合国粮食与农业组织的简称，其通过的IPPC《国际植物保护公约》对全球的植物检疫工作具有重要的指导作用。IPPC是通过与RPPOs和NPPOs进行合作来实施的，例如亚洲和太平洋地区建立了APPPC，专门负责《亚洲和太平洋区域植物保护协定》在本区域内的实施等。

2.5 中国及有关国家动植物检疫法规

学习重点

- 掌握《中华人民共和国进出境动植物检疫法》以及实施条例的主要内容
- 掌握《中华人民共和国动物防疫法》和《植物检疫条例》的基本内容
- 了解有关国家的动植物检疫法规概况

自开展动植物检疫工作以来，我国先后颁布了若干与动植物检疫相关的法规。根据法规的适用范围，中国的动植物检疫法规可以分为两大类，一是进出境动植物检疫法规，二是国内动植物检疫法规。《中华人民共和国进出境动植物检疫法》是我国第一部由国家最高权力机构颁布的以动植物检疫为主题的法律，对动植物检疫领域具有深远的影响，在动植物和动植物产品的进出境贸易中发挥着重要的作用。

近年来，我国高度重视生物安全立法工作。2020年10月17日，《中华人民共和国生物安全法》由第十三届全国人民代表大会常务委员会第二十二次会议通过，并由主席令予以公布，自2021年4月15日起施行。该法包括十章八十八条，即总则（第一条至第九条），生物安全风险防控体制（第十条至第二十六条），防控重大新发突发传染病、动植物疫情（第二十七条至第三十三条），生物技术研究、开发与应用安全（第三十四条至第四十一条），病原微生物实验室生物安全（第四十二条至第五十二条），人类遗传资源与生物资源安全（第五十三条至第六十条），防范生物恐怖与生物武器威胁（第六十一条至第六十五条），生物安全能力建设（第六十六条至第七十一条），法律责任（第七十二条至第八十四条），附则（第八十五条至第八十八条）。针对卫生检疫和动植物检疫等重大新发突发传染病、动植物疫情防控工作，该法有多项具体规定，如“国家建立首次进境或者暂停后恢复进境的动植物、动植物产品、高风险生物因子国家准入制度。进出境的人员、运输工具、集装箱、货物、物品、包装物和国际航行船舶压舱水排放等应当符合我国生物安全管理要求。海关对发现的进出境和过境生物安全风险，应当依法处置。经评估为生物安全高风险的人员、运输工具、货物、物品等，应当从指定的国境口岸进境，并采取严格的风险防控措施”，又如“国务院卫生健康、农业农村、林业草原、海关、生态环境主管部门应当建立新发突发传染病、动植物疫情、进出境检疫、生物技术环境安全监测网络，组织监测站点布局、建设，完善监测信息报告系统，开展主动监测和病原检测，并纳入国家生物安全风险监测预警体系”，再如“国家加强国境、口岸传染病和动植物疫情联合防控能力建设，建立传染病、动植物疫情防控国际合作网络，尽早发现、控制重大新发突发传染病、动植物疫情”。同时，在我国其他一些相关法规中也涉及动植物检疫的内容。例如，《中华人民共和国邮政法》第三十款规定“依法应当施行卫生检疫或者动植物检疫的邮件，由检疫部门负责拣出并进行检疫，未经检疫部门许可，邮政企业不得运递”；《中华人民共和国铁路法》第五十六款规定“货物运输的检疫，按国家规定办理”；《中华人民共和国森林法》第二十八条规定“林业主管部门负责规定林木种苗的检疫对象，划定疫区和保护区，对林木种苗进行检疫”；《中华人民共和国农业法》《中华人民共和国种子法》等也包含动植物检疫的内容。此外，各地方政府也制订了一些有关动植物检疫实施办法等相关规定。

有关国家，如美国、日本、澳大利亚等，其动植物检疫法规立法较早。

2.5.1 中国进出境动植物检疫法规

目前，主管我国进出境动植物检疫的部级机关是中国海关总署。涉及进出境动植物检疫的主要法规包括《中华人民共和国进出境动植物检疫法》《中华人民共和国进出境动植物检疫法实施条例》，此外还有若干具体的办法和名录，如《中华人民共和国禁止携带、邮寄进境的动植物及其产品名录》《中华人民共和国进境动物检疫疫病名录》《中华人民共和国进境植物检疫禁止进境物名录》《中华人民共和国进境植物检疫性有害生物名录》等。

1）进出境动植物检疫法及其实施条例

（1）进出境动植物检疫法与相关法规的比较　《中华人民共和国进出境动植物检疫法》于1991年10月30日由主席令公布，并于1992年4月1日起开始施行；《中华人民共和国进出境动植物检疫法实施条例》于1996年12月2日以国务院令形式发布，并于1997年1月1日起开始施行。与《中华人民共和国进出境动植物检疫法》密切相关的其他法规主要有《中华人民共和国海关法》《中华人民共和国进出口商品检验法》和《中华人民共和国国境卫生检疫法》等。表2–3简要比较了上述法规的立法目的、公布时间、最早的施行时间，除了进出境动植物检疫法之外，其他法规均已经过了修订。

表2-3　中国进出境动植物检疫相关法律的比较

法规名称	公布时间	施行/修订时间	立法主要目的
《中华人民共和国海关法》	1987年1月22日	2017年11月4日第五次修正，2017年11月5日施行	维护国家的主权和利益，促进对外经济贸易，保护国内经济稳定发展
《中华人民共和国进出口商品检验法》	1989年2月21日	2018年12月29日第四次修正并施行	保证进出口商品的质量，维护对外贸易有关各方的合法权益
《中华人民共和国国境卫生检疫法》	1986年12月2日	2018年4月27日第三次修正并施行	防止传染病由国外传入或由国内传出，保护人体健康
《中华人民共和国进出境动植物检疫法》	1991年10月30日	1992年4月1日	防止动物传染病、寄生虫病和植物危险性有害生物传入、传出国境，保护农林牧渔业生产和人体健康

（2）主要内容　《中华人民共和国进出境动植物检疫法》共8章50条，包括总则、进境

检疫、出境检疫、过境检疫、携带和邮寄物检疫、运输工具检疫、法律责任及附则等。《中华人民共和国进出境动植物检疫法实施条例》共10章68条，包括总则、检疫审批、进境检疫、出境检疫、过境检疫、携带和邮寄物检疫、运输工具检疫、检疫监督、法律责任及附则等。在主要内容上，《中华人民共和国进出境动植物检疫法》和《中华人民共和国进出境动植物检疫法实施条例》阐述了下述3个方面的重要问题：

①检疫职权问题。检疫机关依法享有检疫职权。凡进境、出境、过境的动植物、动植物产品和其他检疫物，装载动植物、动植物产品和其他检疫物的装载容器、包装物、铺垫材料，来自动植物疫区的运输工具，进境拆解的废旧船舶，有关法律、行政法规、国际条约规定或者贸易合同约定应当实施动植物检疫的其他货物、物品，均应接受动植物检疫。检疫人员可登船、登车、登机实施检疫；可进入港口、机场、车站、邮局以及检疫物的存放、加工、养殖、种植场所实施检疫，并依照规定采样；可根据检疫需要，进入有关生产、仓库等场所，进行疫情监测、调查和检疫监督管理；可查阅、复制、摘录与检疫物有关的运行日志、货运单、合同、发票及其他单证等。

②检疫措施问题。针对进境、出境和过境的检疫物，检疫机关和人员依据一定的程序和方法进行检疫，这些程序主要包括检疫许可、检疫申报、现场检验和实验室检测、检疫处理、检疫放行等（详见第3章）。动植物检疫是一项系统工程，在实施检疫的前、中、后期，必要时还需采取一些相关的重要措施，如有害生物风险分析、划分相关区域、产地检疫与预检、隔离检疫和检疫监督管理等。

③法律责任问题。违反本法规定将依法予以罚款、吊销检疫单证、注销检疫注册登记或取消其从事检疫消毒、熏蒸资格的处罚；构成犯罪的，依法追究刑事责任。检疫人员滥用职权，徇私舞弊，伪造检疫结果，或者玩忽职守，延误检疫出证，构成犯罪的，依法追究刑事责任；不构成犯罪的，予以行政处分。

下列行为处以罚款处罚，即未报检或未依法办理检疫许可手续的或报检的物品与实际不符的，处5000元以下罚款；擅自将动植物、动植物产品或其他检疫物卸离运输工具或运递的，或擅自调离或处理正在隔离检疫中的动植物的，或擅自将过境物品包装开拆或卸离运输工具，或擅自抛弃过境动物尸体、排泄物、铺垫材料或其他废弃物的，处3000～30000元罚款。下列行为之一追究刑事责任，即引起重大动植物疫情的；伪造、变造检疫单证、印章、标志、封识的；尚不构成犯罪或情节显著轻微的依法不需判处刑罚的处20000～50000元的罚款。

针对行政复议，当事人若不服检疫机关的处罚决定，可在接到处罚通知之日起15日内向其上一级机关申请复议，也可直接向人民法院起诉；复议机关应在接到申请之日起60日内做出复议决定；当事人若对复议决定不服，可在接到复议决定之日起15日内向人民法院起诉；复议机关逾期不做出复议决定的，当事人可在复议期满之日起15日内向法院起诉；当事人逾期不申请复议也不向法院起诉、又不履行处罚决定的，检疫机关可申请法院强制执行。

2）进出境动植物检疫相关名录

（1）《中华人民共和国禁止携带、邮寄进境的动植物及其产品名录》 1992年6月11日，原农业部发布《中华人民共和国禁止携带、邮寄进境的动物、动物产品和其他检疫物名录》。该名录经过修订后，由原农业部、原国家质量监督检验检疫总局于2012年1月13日发布（第1712号公告），同时更名为《中华人民共和国禁止携带、邮寄进境的动植物及其产品名录》。

该名录包括七类动物及动物产品、四类植物及植物产品和五类其他检疫物。动物及动物产品类具体包括：①活动物（犬、猫除外），包括所有的哺乳动物、鸟类、鱼类、两栖类、爬行类、昆虫类和其他无脊椎动物，动物遗传物质。②（生或熟）肉类（含脏器类）及其制品；水生动物产品。③动物源性奶及奶制品，包括生奶、鲜奶、酸奶，动物源性的奶油、黄油、奶酪等奶类产品。④蛋及其制品，包括鲜奶、皮蛋、咸蛋、蛋液、蛋壳、蛋黄酱等蛋源产品。⑤燕窝（罐头装燕窝除外）。⑥油脂类，皮张、毛类、蹄、骨、角类及其制品。⑦动物源性饲料（含肉粉、骨粉、鱼粉、乳清粉、血粉等单一饲料）、动物源性中药材、动物源性肥料。植物及植物产品类包括：①新鲜水果。②烟叶（不含烟丝）。③种子（苗）、苗木及其他具有繁殖能力的植物材料。④有机栽培介质。其他检疫物类包括：①菌种、毒种等动植物病原体，害虫及其他有害生物，细胞、器官组织、血液及其制品等生物材料。②动物尸体、动物标本、动物源性废弃物。③土壤。④转基因生物材料。⑤国家禁止进境的其他动植物、动植物产品和其他检疫物。其中，通过携带或邮寄方式进境的动植物及其产品和其他检疫物，经国家有关行政主管部门审批许可，并具有输出国家或地区官方机构出具的检疫证书，不受此名录的限制。具有输出国家或地区官方机构出具的动物检疫证书和疫苗接种证书的犬、猫等宠物，每人仅限一只。

（2）《中华人民共和国进境动物检疫疫病名录》 1979 年 3 月 13 日，原农林部发出《关于从国外进口畜禽及其产品有关检疫事项的通知》，首次规定中国进口动物检疫对象名单，共 54 种疫病，其中一类病 32 种，二类病 22 种。同年 4 月 1 日，《中华人民共和国淡水鱼类检疫暂行规定》颁发，第一次正式规定中国进口鱼类的检疫对象，共 8 种疫病。1982 年 6 月 30 日，原农牧渔业部公布《中华人民共和国进口动物检疫对象名单》，共 75 种疫病，分严重传染病 24 种和一般传染病 51 种。1986 年 7 月 7 日，原农牧渔业部重新修订进口动物检疫对象名单，确定严重传染病（22 种）和一般传染病（62 种），共 84 种疫病。

1991 年 10 月，进出境动植物检疫法颁布实施，根据进出境动植物检疫法的规定：1992 年 6 月 8 日，原农业部发布《中华人民共和国进境动物一、二类传染病、寄生虫病名录》，该名录包括 2 类 97 种传染病和寄生虫病，其中一类传染病计 15 种，二类传染病和寄生虫病共计 82 种。2013 年 11 月 28 日，由原农业部和原国家质量监督检验检疫总局联合发布第 2013 号公告，公布《中华人民共和国进境动物检疫疫病名录》，共含 206 种疫病，其中一类传染病、寄生虫病 15 种，二类传染病、寄生虫病 147 种，其他传染病、寄生虫病 44 种。2020 年 7 月 3 日，农业农村部、海关总署发布第 256 号公告，对《中华人民共和国进境动物检疫疫病名录》进行修订，修订后的《中华人民共和国进境动物检疫疫病名录》包括一类传染病、寄生虫病 16 种；二类传染病、寄生虫病 154 种；其他传染病、寄生虫病 41 种。农业农村部和海关总署将在风险评估的基础上对名录实施动态调整。

在我国的进境动物检疫实践中，截获了诸多检疫性动物疫病（见检疫实例 2-2 及第 5 章），在防止入侵、保护安全、促进贸易方面发挥了重要作用。

检疫实例 2-2：从南美进境羊驼多次截获 Q 热

实例简介：随着“萌宠”外号的走红，羊驼的国内市场行情逐渐走俏，近年来北京口岸货运渠道多次进境羊驼。2014 年、2015 年经由北京口岸分别进境南美洲羊驼 211 头和 946 头，其中后者创下了全国单批次进口羊驼的历史最高纪录。北京口岸依法在指定的进境动物检疫

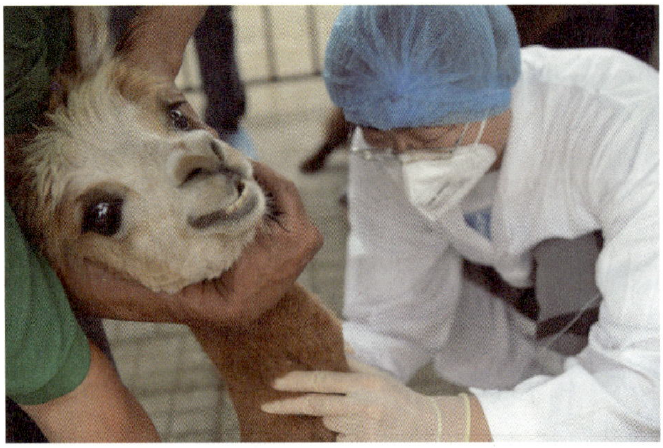

图 2-9　对南美进境羊驼采集血样（北京海关供图）

隔离场内，对其进行为期为 30 d 的隔离检疫，期间执法人员 24 h 驻场监管，每天临床巡查，了解羊驼整体状态；并对所有羊驼个体进行逐一采样（图 2-9），血样送交实验室进行口蹄疫、Q 热等疫病检测和结核菌素皮试。2014 年实验室检测发现 13 头羊驼 Q 热 ELISA 阳性。2015 年检出 3 头羊驼 Q 热 ELISA 试验阳性，6 头羊驼牛病毒性腹泻抗原捕获 C-ELISA 试验阳性。北京口岸依法对阳性动物进行了扑杀销毁处理，并对相关场地及用具进行了无害化处理，同群其他动物经隔离检疫合格后放行。

检疫依据：①《中华人民共和国动植物检疫法实施条例》第二十四条：输入其他动物的，应当在口岸动植物检疫机关指定的动物隔离检疫场所隔离检疫 30 日。②《中华人民共和国动植物检疫法》第十六条：输入动物，经检疫不合格的，由口岸动植物检疫机关签发《检疫处理通知单》，通知货主或者其代理人做如下处理：检出二类传染病、寄生虫病的动物，退回或者扑杀，同群其他动物在隔离场或者其他指定地点隔离观察。③《进境动物隔离检疫场使用监督管理办法》第二十四条：口岸动植物检疫机关按照有关规定，对动物进行临床观察和实验室项目的检测，根据检验检疫结果出具相关的单证，实验室检疫不合格的，应当尽快将有关情况通知隔离场使用人并对阳性动物依法及时进行处理。

检疫意义：Q 热传染能力强，人类对 Q 热普遍易感，猪、马、牛、羊、鸡、鸭等畜禽、野生哺乳动物、鸟类和猫都是该病的易感动物。该病传播途径很广，通常通过吸入排泄物的传染性气雾和污染的尘埃感染，与发病动物密切接触以及蜱叮咬也可造成感染，还可能因饮食发病动物的乳汁、被污染的水而受到感染。北京口岸通过检疫阻断了进境羊驼传播 Q 热的可能，向全国口岸提示南美洲羊驼的 Q 热携带风险，保障国门生物安全。与此同时，同群其他羊驼经隔离检疫合格后予以放行，为经济贸易发展保驾护航。

（3）《中华人民共和国进境植物检疫禁止进境物名录》　该名录于 1992 年 7 月 25 日由原农业部发布，并于 1997 年 7 月 29 日修订并一直使用。名录中共包括 11 类禁止进境物，分别为玉米（种子）、大豆（种子）、马铃薯（种用块茎及其他繁殖材料）、榆属（苗、插条）、松属（苗、接穗）、橡胶属（芽、苗、籽）、烟属（繁殖材料、烟叶）、小麦（商品）、水果及茄子、辣椒、番茄果实、植物病原体及害虫等有害生物体和其他转基因生物材料、土壤。在列出禁止进境物的同时，分别注明了禁止进境的原因（即防止传入的危险性有害生物）和禁止的国家或地区，例如禁止大豆种子进境的原因是大豆疫病菌，禁止的国家或地区分别为日本、英国、法国、独联体、德国、加拿大、美国、澳大利亚和新西兰。

（4）《中华人民共和国进境植物检疫性有害生物名录》　该名录于 2007 年 5 月 28 日由原农业部发布，包括 435 种（属）有害生物。其中昆虫类 146 种（属）（如菜豆象 *Acanthoscelides obtectus* 等）、线虫类 20 种（如马铃薯金线虫 *Globodera rostochiensis* 等）、真菌类 125 种（如小麦矮腥黑穗病菌等）、原核生物类 58 种（如梨火疫病菌 *Erwinia amylovora* 等）、病毒及类病毒

39 种（如番茄环斑病毒 Tomato ring spot virus 等）、杂草类 41 种（属）（如菟丝子属 *Cuscuta* 等）以及软体动物 6 种（如非洲大蜗牛 *Achatina fulica* 等）。此后，原农业部和原国家质量监督检验检疫总局先后增加了 5 种检疫性有害生物，分别是扶桑绵粉蚧（*Phenacoccus solenopsis*）、向日葵黑茎病菌（*Leptosphaeria lindquistii*，无性态 *Phoma macdonaldii*）、木薯绵粉蚧（*Phenacoccus manihoti*）、异株苋亚属（*Subgen Acnida*）和地中海白蜗牛（*Cernuella virgata*）。2013 年 3 月 6 日，原农业部、原国家质量监督检验检疫总局、原国家林业局发布公告，将白蜡鞘孢菌（*Chalara fraxinea*）列入植物检疫性有害生物名录，至此，植物检疫性有害生物名录有 441 种（属）。截至 2020 年 11 月，该名录未进行新修订。

在我国的进境植物检疫实践中，截获了诸多检疫性有害生物（见检疫实例 2-3 及第 6 章），防止了检疫性有害生物的入侵，保护了农林业生产安全、人体健康和生态安全，促进了植物和植物产品贸易。

检疫实例 2-3：从进口大豆中截获多种检疫性有害生物

实例简介：2019 年 7 月 24 日，烟台海关驻港口办事处的关员对停泊于山东烟台港检疫锚地的“公主雅典娜”轮上 6.5 万吨巴西输华大豆实施表层检验检疫（图 2-10）。在确保熏蒸残留剂有效清除及熏蒸残留气体浓度在安全限量内后，下舱重点查验了该批大豆是否有种衣剂、水湿霉变、检疫性害虫、蜗牛、杂草、活老鼠等动物及尸体等；根据有关标准扦取样品送实验室进行病虫杂草等项目检测；经表层检验检疫无异常后，准予靠港卸货。在靠港卸货期间，烟台海关关员按照规定对每个货舱中层、下层的大豆再次实施现场查验，并扦取样品，送实验室做病虫杂草、水分及杂质等项目检测。该批货物经实验室检测，检出假高粱、刺蒺藜草等检疫性杂草籽，烟台海关出具《检验检疫处理通知书》，要求加工企业在该批大豆的接卸、运输、储存、加工等过程中采取防疫措施防止撒漏，对下脚料进行无害化处理。同时，按照海关总署国门生物安全监测指南，做好进口巴西大豆携带杂草等外来疫情的监测工作。

图 2-10　进口大豆的现场查验（烟台海关供图）

检疫依据：《中华人民共和国进出境动植物检疫法》及其实施条例、《中华人民共和国食品安全法》及其实施条例、《中华人民共和国进出口商品检验法》及其实施条例、《农业转基因生物安全管理条例》《进出境粮食检验检疫监督管理办法》。

检疫意义：大豆进口在我国对外经济贸易中拥有重要地位。在大豆收获、储藏过程中，夹带植物病原物、害虫、杂草的风险高，其中夹带检疫性杂草的风险更为突出。为了预防检疫性有害生物传入和扩散，为了保护农林业生产安全、人体健康和生态安全，为了促进国际经济贸易发展，海关总署及其直属、隶属海关不断加强进口大豆等粮谷的检疫监管力度，建立覆盖现场检验、实验室检测、加工监管、疫情监测等全过程的风险管理体制，严防有害生物传入与扩散。

2.5.2 中国国内动植物检疫主要法规

为了防止检疫性动物疫病和植物有害生物在国内的传播和扩散，我国立法机构及其他政府机关出台了与国内动植物检疫直接相关的众多规范性文件。目前，对我国国内动物检疫具有法律约束力的当属《中华人民共和国动物防疫法》，而对植物检疫影响最大的法规是《植物检疫条例》。

1)《中华人民共和国动物防疫法》简介

《中华人民共和国动物防疫法》于 1997 年 7 月 3 日公布，自 1998 年 1 月 1 日起施行，适用于在我国领域内的动物防疫活动。该法于 2007 年 8 月 30 日通过修订，修订后的动物防疫法于 2008 年 1 月 1 日起施行。该法自修订实施以来，我国动物防疫工作不断加强，在保障养殖业生产安全、动物源性食品安全、公共卫生安全及生态环境安全方面发挥了重要作用。但是，由于我国大多数生产经营主体养殖方式比较落后，基层动物防疫体系薄弱，加上动物及动物产品国际贸易活动频繁，动物防疫面临着复杂、严峻的形势，需要对动物防疫法再次进行修订。

动物防疫法所称的动物防疫，包括动物疫病的预防、控制、扑灭和动物、动物产品的检疫，主要的内容包括动物疫病的预防；动物疫情的报告、通报和发布；动物疫病的控制和扑灭；动物和动物产品的检疫；动物诊疗；监督管理；保障措施和法律责任等。新动物防疫法的修订内容主要包括调整完善动物防疫方针，即实行预防为主，预防与控制、净化、消灭相结合的方针；完善管理，构建完整动物防疫管理制度链条，包括建立健全动物及其产品调动监管制度、建立病死动物及病害动物产品无害化处理制度、对非食用性利用野生动物实行严格审批和检疫检验制度等；构建责任明确、各负其责、各尽所能的防疫责任体系，压实生产经营者的主体责任、行业部门的监管责任和地方政府的属地管理责任；强化保障，将重点动物疫病净化、消灭补助及管理经费纳入政府预算等。

2)《植物检疫条例》简介

《植物检疫条例》于 1983 年 1 月 3 日由国务院发布，并于 1992 年 5 月 13 日第一修订，2017 年 10 月 7 日《国务院关于修改部分行政法规的决定》(国务院令第 687 号)第二次修订，并自发布之日起施行，适用于在我国领域内的植物检疫活动。该条例共包括 24 条，涉及 10 项制度，即调运检疫制度、产地检疫制度、国外引种检疫制度、划定疫区和保护区制度、植物检疫对象审定制度、国内植检收费制度、疫情发布管理制度、疫情监督制度、植物检疫奖惩制度和紧急防治制度。

《植物检疫条例》的主要内容包括：①调运检疫。被列入应施检疫的植物和植物产品名单的，运出发生疫情的县级行政区域之前必须经过检疫；种子、苗木和其他繁殖材料在调运前都必须经过检疫。②产地检疫。针对种子、苗木和其他繁殖材料等须进行产地检疫。③国外引种检疫。引进种苗的单位向所在地省级植物检疫机构提出申请办理审批手续；国务院有关部门所属的在京单位向国务院农业主管部门所属的植物检疫机构申请办理审批手续。经隔离试种证明确实不带危险性病虫的方可分散种植。④紧急防控。对新发现的检疫性有害生物采取紧急防控措施，包括封锁、控制和扑灭。

3）全国检疫性动物疫病和植物检疫性有害生物名单

（1）全国检疫性动物疫病名录　1999 年《一、二、三类动物疫病病种名录》由原农业部发布，2008 年 12 月 11 日修订，自发布之日起施行，截至目前未再进行调整。该名录包括一类动物疫病 17 种；二类动物疫病 77 种，其中多种动物共患病 9 种、牛病 8 种、绵羊和山羊病 2 种、猪病 12 种、马病 5 种、禽病 18 种、兔病 4 种、蜜蜂病 2 种、鱼类病 11 种、甲壳类病 6 种；三类动物疫病 63 种，其中多种动物共患病 8 种、牛病 5 种、绵羊和山羊病 6 种、马病 5 种、猪病 4 种、禽病 4 种、蚕及蜂病 7 种、犬猫等动物病 7 种、鱼类病 7 种、甲壳类病 2 种、贝类病 6 种、两栖与爬行类病 2 种。

（2）全国农业植物检疫性有害生物名单　1957 年国务院授权原农业部公布了我国第一个《国内植物检疫对象和应施检疫的植物、植物产品名单》，自 1958 年起施行，其中包括 32 种植物检疫对象，该名录分别于 1966 年、1983 年、1995 年作了修订。2006 年，原农业部发布了《全国植物检疫性有害生物名单》，包括检疫性有害生物 43 种，后又增加了 2 种。2009 年，根据检疫形势的变化，《全国植物检疫性有害生物名单》进一步修订发布，包括 29 种检疫性有害生物；后又增加了扶桑绵粉蚧，涉及昆虫 10 种、线虫 2 种、细菌 6 种、真菌 6 种、病毒 3 种、杂草 3 种；2020 年 11 月，农业农村部发布了新修订的《全国植物检疫性有害生物名单》，包括 31 种检疫性有害生物，其中昆虫 9 种、线虫 3 种、细菌 7 种、真菌 6 种、病毒 3 种、杂草 3 种，新增种类包括梨火疫病菌等。

（3）全国林业检疫性有害生物名单　1964 年，原林业部发布了国内第一个森林植物检疫办法《中华人民共和国林业部森林植物检疫暂行办法（草案）》，提出了 19 种国内森林植物检疫对象。1984 年，原林业部发布了《国内森林植物检疫对象和应施检疫的森林植物、林产品名单》，森林植物检疫对象为 20 种。1996 年，原林业部公布《森林植物检疫对象名单》，名单上的有害生物为 35 种。1998—2001 年，开展全国林业检疫性有害生物普查，查清了 35 种林业检疫性有害生物在国内的发生、分布和危害等情况。2004 年 8 月 12 日，原国家林业局以公告形式公布了《全国林业检疫性有害生物名单》，包括 19 种检疫性有害生物，后调整为 21 种。2013 年，原国家林业局对名单进行了修订，包括林业检疫性有害生物 14 种，其中昆虫 10 种、病原物 3 种、杂草 1 种；截至 2020 年 11 月，该名单未见新修订。

2.5.3　中外双边动植物检疫协定及其实施

自改革开放以来，特别是加入世界贸易组织之后，中国对外贸易迅速增长，对外开放的程度越来越高，中国加入了越来越多的国际组织，也成为许多国际公约的成员。

在扩大对外贸易的过程中，为了适应改革开放、农产品贸易和动植物检疫的需要，中国同世界上许多国家签订了双边动植物检疫协定、协议、议定书、备忘录等，通过双边协议、议定书等的签订和实施，在防止危险性动物疫病和植物有害生物跨境传播的同时，促进了双边农产品贸易的发展，同时在配合政治外交、丰富农产品供应、优化资源品种等方面都发挥了重要作用。

双边检疫协定、议定书是国际条约的一种，是两个国家政府间就其检疫业务达成一致的意见，是两国应共同信守和实施的国际文本，在两个国家内具有法律性效力。备忘录是双方就某事经过协商，最后以文字形式记录表述其结果，内容反映双方协商后的一致意见和不同意见，没有法律效力，但可做参考，同时也是签署协定和议定书的过渡性质的文本。

从我国的宪法、法律、司法解释以及对外声明中的一致的规定或内容看，以及从我国缔结和履行国际条约的实际情况看，凡是根据国际法对我国生效的国际条约，均无须另外通过法律将其转化为国内法就直接并入我国的法律体系，就可以在中国国内适用。《中华人民共和国进出境动植物检疫法》第四十七条规定：中华人民共和国缔结或者参加的有关动植物检疫的国际条约与本法有不同规定的，适用该国际条约的规定。但是，中华人民共和国声明保留的条款除外。因此，中国参加的 SPS 协定等国际条约，以及动植物检疫双边协定，都是中国动植物检疫法律体系的重要组成内容，也都应得到遵守和实施。

2.5.4 有关国家动植物检疫法规概述

动植物检疫最主要的目的是保护本国农林牧渔业生产安全和人体健康，为了实现这一目的，各国均以法律、法规为保障切实加强动植物检疫工作。现以澳大利亚、美国和日本为例，对其动植物检疫法规进行概要介绍。这些国家动植物检疫立法较早，在执行过程中法规几经修改、补充，不断完善；同时还有若干配套法规、检疫规程等，保证了执法的严肃性和可操作性。

1）澳大利亚的动植物检疫法规

澳大利亚早在 1908 年就颁布了《检疫法》（Quarantine Act），此外在 1998 年发布了《检疫公报》（Quarantine Proclamation），2000 年发布《检疫条例》（Quarantine Regulations）。《检疫法》共分 7 个部分，87 条，内容包括动物检疫、植物检疫和卫生检疫。澳大利亚检疫法的立法机关是国会，其他检疫法规、规定由部级单位制订，议定书、检疫手册、规程等由澳大利亚动植物检疫局制订。联邦政府立法局派出律师常驻检疫局，负责联邦政府检疫立法的修改和完善。澳大利亚检疫法的修改首先由澳大利亚动植物检疫局提出修改草案给律师，经律师审核交部长，部长审批修改后交国会，由议员表决通过。澳大利亚每个州根据具体情况，都有权制订本州的检疫法规。州的检疫法规在重大原则问题上必须符合联邦检疫法。在实施过程中，州检疫法规与联邦检疫法有联系，但有时也会发生矛盾。针对这些矛盾，一般通过州与联邦之间的协调委员会定期研究解决。

为适应生物安全风险的变化及日益严峻的疫病或有害生物传入风险，2015 年 6 月，澳大利亚颁布了新的《生物安全法》并于 2016 年 6 月正式生效，取代了沿用 100 多年的《检疫法》。该法从 2008 年就开始正式启动修订工作，在制修订过程中贯彻了“一个生物安全，一个工作伙伴”理念。《生物安全法》共包括 11 篇 66 章，每章前面均有本章内容简介。框架性内容按“总－分－总”方式展开，第一部分为第一篇，确定本法定位及范围；第二部分包括第二至九篇，为主体部分，前半部分围绕人类健康、货物、运输工具、压舱水沉积物等对象展开，后半部分按风险管理行为表述，如监测、控制、应急响应、风险管理方案批准、紧急事件应对、合规执法等内容；第三部分包括第十、十一篇，主要涉及行政部门内部管理，包括公务员管理、行政复议、信息保密、成本效益核算、特殊情况处理等。在《生物安全法》之下，澳大利亚 2016 年还制定出台了《生物安全条例》，并配套其他法规。

与《检疫法》相比，《生物安全法》所辖范围更广，管理理念也更加先进。该法的管理对象包括所有可能损害人类、动植物或环境安全健康的疫病或有害生物，管理范围包括可能携带疫病人员、货物、运输工具及船舶压舱水沉淀物的管理，涉及澳大利亚境内有害生物、从事生物安全活动人员、生物安全突发事件的管理等。《生物安全法》的颁布，标志着澳大利亚的生物安全工作翻开了新篇章，成为其今后相当长时期内生物安全工作的基本法律依据。澳大利亚《生物安全法》对于全世界检疫相关法规体系建设与检疫实践也具有一定的引领与借鉴价值。

2）美国的动植物检疫法规

美国联邦层面的动植物检疫法律法规分为法律（Act）、法规（Regulation、Rule、Notice、Order、Directive）、手册（Manual）三个层次。其中，法律主要收录在《美国法典》（United States Code，USC）中；法规主要收录在《联邦法典》（Code of Federal Regulation，CFR）中，专项的手册一般单行发布。美国州政府制定、实施的农业法规（包括动植物检疫法规）一般都收录于各州的法典中。

1912 年，美国国会通过《植物检疫法》；1930 年，通过动物检疫法规。在植物检疫方面，1944 年制定了《生物法典》，主管部门被赋予制定有害生物策略，对已有或新传入的有害生物进行调查，组织大规模防治，还可以州或联邦的名义对外出具检疫证书。1957 年，制订了《联邦植物保护法》，授权农业部为了防止危险性有害生物传入和扩散，可以采取紧急行动。美国农业部根据上述 3 个骨干法案，陆续制定了一系列的单项检疫法规，如《联邦植物有害生物法》《联邦有害杂草法》等。美国涉及植物检疫的法律法规主要包括美国农业部《2008 年农业法案》。所有这些法规均收录在《美国法规总汇编》的第七篇（农业）第三章的 319 目中。在动物检疫方面，美国动物检疫法规载入《联邦法典》第 9 卷，其 91 ～ 97 是有关进出口动物和动物产品检疫的规定。

3）日本的动植物检疫法规

1914 年，日本制订《输出入植物管制法》，开始执行出入境植物检疫制度；1950 年，日本颁布《植物保护法》及其实施条例；1978 年修订为当前的检疫法（出入境植物检疫和国内植物检疫均包含在其中），包括 7 章 22 条 121 款。1951 年，颁布《家畜传染病预防法》及其实施细则；日本动植物检疫的立法机关是国会，具体的实施条例、检疫操作规程等由相关部门颁布实施，如《家畜传染病预防法》由农林水产省颁布实施条例，《狂犬病预防法》等由厚生劳动省颁布实施条例。日本动物检疫和植物检疫法规的共同特征是以动植物恶性传染病和有害生物为由，采取以禁止进口为主体的检疫制度。日本动植物检疫的立法除了立法早、配套完善的特点外，还有一个突出的特点就是执法严格。法律中规定的禁止进口品除科研等特殊需要经农林水产大臣特许批准外，其他用途的一律禁止进口，即使是天皇或国家元首也不例外。

小结

动植物检疫法规的建设受到全社会的普遍关注。中国的动植物检疫法规分为进出境动植物检疫法规和国内动植物检疫法规两大类，涉及进出境动植物检疫的主要法规包括《中华人民共和国进出境动植物检疫法》《中华人民共和国进出境动植物检疫法实施条例》以及若干具体的办法和名录，涉及国内动植物检疫法规主要有《中华人民共和国动物防疫法》和《植物检疫条例》等。澳大利亚、美国和日本等国，动植物检疫立法较早，在执行过程中法规几经修改、补充，不断完善。《生物安全法》的颁布对于动植物检疫法规体系建设与检疫实践具有一定的引领和借鉴价值。

【思考题】

1. 什么是动植物检疫法规？并请结合动植物检疫举例说明行政执法、行政执法监督和行政复议的关系。

2. 请举例简述动植物检疫法规的发展特点。

3. 请简要说明 GATT、WTO 及 SPS 的中文含义，并在此基础上简述《实施卫生与植物卫生措施协定》的重要性。

4. 请简述 OIE 及其制订的《陆生动物卫生法典》和《水生动物卫生法典》。

5. FAO、IPPC、APPPC 之间的关系如何？并简要说明 IPPC 的主要内容。

6. 中国动植物检疫的主要法规包括哪些类别？并请结合我国动植物检疫实际阐述《中华人民共和国进出境动植物检疫法》的重要性。

7. 请分析《中华人民共和国生物安全法》与动植物检疫的关系。

8. 请简述澳大利亚、美国、日本等国家的主要动植物检疫法规。

【参考文献】

[1] 世界动物卫生组织（OIE）. 水生动物卫生法典 . 农业部兽医局组，译 . 北京：中国农业出版社，2016.

[2] 世界动物卫生组织（OIE）. 陆生动物卫生法典（上、下卷）. 农业部兽医局组，译 . 北京：中国农业出版社，2014.

[3] 对外贸易经济合作部国际经贸关系司译 . 世界贸易组织乌拉圭回合多边贸易谈判结果法律文本 . 北京：法律出版社，2000.

[4] 达斯 . 世界贸易组织协议概要 . 刘钢，译 . 北京：法律出版社，2000.

[5] 朱水芳 . 植物检疫学 . 北京：科学出版社，2019.

[6] 许志刚 . 植物检疫学 . 北京：中国农业出版社，2008.

[7] 李志红，杨汉春，沈佐锐 . 动植物检疫概论 . 北京：中国农业大学出版社，2004.

[8] 李尉民 . 有害生物风险分析 . 北京：中国农业出版社，2003.

[9] 陈向前，汪明 . 动物卫生法学 . 北京：中国农业大学出版社，2002.

[10] 夏红民 . 中国的进出境动植物检疫 . 北京：中国农业出版社，1998.

[11] 夏红民 . 图说动植物检疫 . 北京：新世界出版社，2002.

[12] 夏红民 . 主要贸易国家植物检疫法规概要 . 北京：中国农业出版社，2005.

[13] 黄冠胜 . 中国特色进出境动植物检验检疫 . 北京：中国质检出版社，2014.

[14] 黄冠胜 . 国际植物检疫规则与中国进出境植物检疫 . 北京：中国质检出版社，2014.

[15] 葛志荣 .《实施卫生与植物卫生措施协定》的理解 . 北京：中国农业出版社，2001.

第 3 章

动植物检疫程序

本章简介

动植物检疫程序是动植物检疫重要措施之一。依据国际、双(多)边以及各国(地区)动植物检疫法规，动植物和动植物产品等须经官方一系列检疫程序，被证明安全后才准许进出境或国内调运。结合动植物检疫国际通行程序及我国具体流程，本章在概述动植物检疫程序基本概念和类别的基础上，详细阐述了检疫准入、检疫审批、检疫申报、现场查验、实验室检测、检疫处理、出证放行以及疫情监测、境外预检、隔离检疫、产地检疫和调运检疫的基本含义和作用，并通过实例进一步说明了动植物检疫程序的主要应用。

思维导图

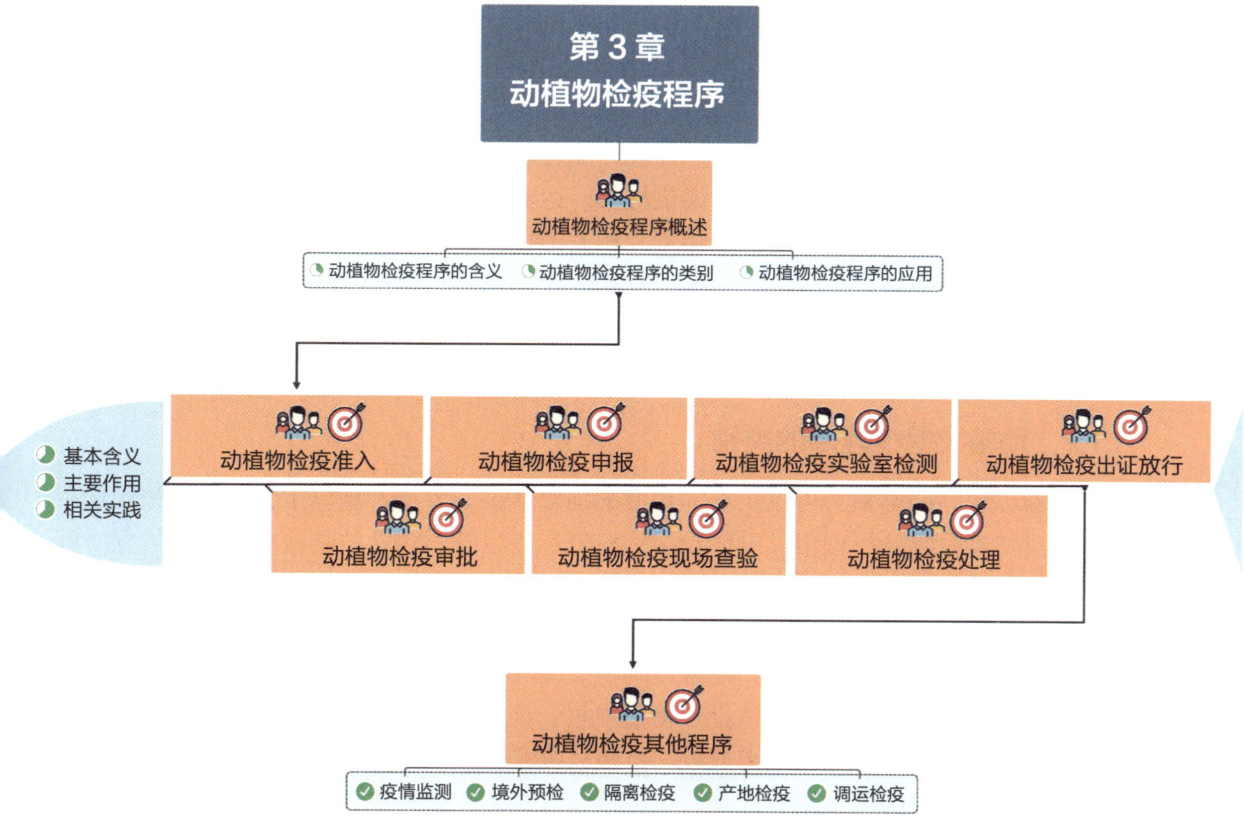

3.1 动植物检疫程序概述

学习重点

- 掌握动植物检疫程序的基本概念
- 了解动植物检疫程序的基本类别及应用概况

动植物检疫程序是官方规定的方法，学习、掌握动植物检疫程序的基本概念，了解、认识动植物检疫程序的基本类别和应用概况，可为进一步深入学习动植物检疫具体程序打下基础。

3.1.1 动植物检疫程序的含义

通过第 1 章，认识到动植物检疫措施包括动植物检疫法规和动植物检疫程序；通过第 2 章，又进一步认识到，在国际、双（多）边以及各国（地区）动植物检疫法规中，对动植物检疫程序均有相关规定。根据国内外动植物检疫法规并结合动植物检疫实际工作，对动植物检疫程序的基本含义进行相应的概括。动植物检疫程序（sanitary and phytosanitary procedure），是官方规定的执行动植物检疫措施的任何方法，包括与检疫性动物疫病和植物有害生物有关的检查、检测、监测或处理的方法（any official method for implementing sanitary and phytosanitary measures including the performance of inspections, tests, surveillance or treatments in connection with quarantine animal diseases and plant pests）。

动植物检疫程序包含一系列的方法，体现为配套的流程。这些方法和流程，被用于动植物及动植物产品，装载容器、包装物及铺垫材料，运输工具等检疫物的进境检疫、出境检疫及国内检疫工作中，主要目的是使检疫物符合相关的检疫要求。例如，从国外引进或在国内调运种畜、种子等动植物繁殖材料时，输出方和输入方的动植物检疫部门均需通过相关的动植物检疫程序，完成检验、检测以及处理等，保障其不带有检疫性动物疫病和植物有害生物等，以符合输入方所规定的检疫要求。

3.1.2 动植物检疫程序的类别

动植物检疫程序的类别，可以从不同角度来加以认识。依据管理分工，可将动植物检疫程序划分为进境动植物检疫程序、出境动植物检疫程序以及国内动植物检疫程序。依据时间顺序，可将动植物检疫程序划分为输入或输出前、输入或输出中、输入或输出后的程序。依据检疫物范围，又可将动植物检疫程序划分为动植物检疫程序、动植物产品检疫程序、集装箱检疫程序、运输工具检疫程序、其他检疫物检疫程序等。依据检疫流程内容，也可将动植物检疫程序划分为检疫准入、检疫审批、检疫申报、现场查验、实验室检测、检疫处理、出证放行、疫情监测、境外预检、隔离检疫、产地检疫及调运检疫等具体程序；其中，检疫申报、现场查验、实验室检测、检疫处理、出证放行是基本工作程序；检疫准入和境外预检是进出境动植物检疫所规定的程序，产地检疫和调运检疫是国内动植物检疫所规定的程序，其他则为进出境及国内动植物检疫均涉及的程序。

3.1.3 动植物检疫程序的应用

在动植物检疫实际工作中，需根据相关动植物检疫法规的具体规定，应用相关的动植物检疫程序。例如，在进出境动植物检疫中，需根据双（多）边动植物检疫协议中所规定的程序来实施检疫。不同类别的检疫物，其动植物检疫程序有差别。例如，从国外引进种畜时，在输入方一般需经过检疫准入、检疫审批、境外预检、检疫申报、现场查验、实验室检测、检疫处理、隔离检疫、出证放行、疫情监测程序；从国外首次进口某一鲜食水果时，在输入方一般需经过检疫准入、检疫审批、境外预检、检疫申报、现场查验、实验室检测、检疫处理、出证放行、疫情监测程序；比较这两类检疫物的检疫程序，能够发现其最大区别，即进口鲜食水果不需隔离检疫。

随着全球经济贸易发展以及我国新时代的发展需要，在我国动植物检疫实践中，动植物检疫程序得到广泛应用和进一步优化，受到国际更多关注，促进了全球动植物检疫事业的发展。

小结

动植物检疫程序是官方规定的执行动植物检疫措施的任何方法，包括与检疫性动物疫病和植物有害生物有关的检查、检测、监测或处理的方法。动植物检疫程序划分为不同的类别。在动植物检疫实践中，根据动植物检疫法规的具体规定，应用相关的动植物检疫程序开展检疫工作。

3.2 动植物检疫准入

学习重点

- 掌握动植物检疫准入的基本含义和主要作用
- 掌握动植物检疫准入实践的主要要求

检疫准入是动植物检疫程序之一，应用于进出境动植物检疫领域。在动植物及动植物产品进出口贸易之前，根据相关法律法规的要求，输入方和输出方检疫部门启动对应产品的检疫准入评估程序。

3.2.1 动植物检疫准入的基本含义

动植物检疫准入（sanitary and phytosanitary access），是输出方检疫部门向输入方检疫部门提出动植物或动植物产品贸易申请，在风险分析的基础上，双方经协商就检疫议定书或入境检疫要求达成一致意见的法定程序。检疫准入是进出境动植物检疫领域规定的程序，是在动植物及动植物产品进出口贸易之前需完成的程序。传统贸易的动植物产品一般不适用检疫准入程序，但经双边协商，可以参照检疫准入程序的做法把相关动植物及动植物产品纳入检疫准入范畴管理。

在进出境动植物检疫领域，如第 2 章所述，我国同许多国家（地区）签订了双边动植物检疫协定、协议、备忘录等。近年来，多为动植物检疫要求和议定书的形式。当前，在海关总署官方网站上，可以检索、下载近期签订的动植物检疫议定书和动植物检疫要求。例如，2020 年 8 月 26 日海关总署发布公告，根据我国相关法律法规和《中华人民共和国海关总署与多米尼加共和国农业部关于多米尼加鲜食鳄梨输华植物检疫要求的议定书》规定，自本公告发布之日起，允许符合相关要求的多米尼加鲜食鳄梨进口，同时公布了多米尼加鲜食鳄梨输华的检疫要求。

3.2.2 动植物检疫准入的主要作用

动植物检疫准入是 WTO/SPS 的重要措施，是国际通行的有效的动植物检疫源头风险管控的手段，也是输出方动植物、动植物产品进入输入方的第一个程序。动植物检疫准入的主要作用包括三个方面：①能够及时开展针对拟输出动植物、动植物产品的风险分析工作，并预测风险大小及降低风险可能的措施；②能够明确动植物进境检疫要求，能够确定输出方和输入方的具体动植物检疫措施；③能够加强输入方和输出方检疫部门及企业的合作，减少对正常贸易的非必要干扰。

3.2.3 动植物检疫准入的相关实践

在动植物检疫实践中，检疫准入通常包含准入评估、确定动植物检疫要求、境外企业注册和境内企业注册等 4 个方面的主要要求。

1）准入评估

首次输出某种动植物及动植物产品或者提出解除禁止进境物申请，输出方动植物检疫部门需向输入方动植物检疫部门提出书面申请，并提供开展风险分析的必要资料。输入方收到申请后，应组织专家根据 OIE、IPPC 的有关规定，遵循以科学为依据，透明、公开、非歧视以及对贸易影响最小等原则，并执行或者参考有关国际标准、准则和建议，开展风险分析。

通过书面问卷调查或实地考察的方式，详细了解拟输出方的动植物检验检疫法律法规体系、机构组织形式及其职能、防疫体系及预防措施、质量安全管理体系、安全卫生控制体系、残留监控体系、有害生物和疫病发生和监测体系及其运行状况，检疫技术水平和发展动态以及动植物及动植物产品的生产方式等情况，并了解拟输出产品的名称、种类、用途、进口商、出口商等信息。同时，采用定性、定量或者两者相结合的方法与技术，对输入方动植物检疫体系以及潜在危害因素的进行综合分析，做出风险预测，以确定需要关注的来自输出方的检疫性动物疫病和植物有害生物种类，以及可能采取的配套检疫措施。

2）确定检疫要求

在风险分析的基础上，输入方与输出方就动植物及动植物产品的检疫要求进行协商，达成一致后双方签署检疫议定书、确定检疫证书内容和格式，作为开展进出境动植物检疫工作的依据。例如，我国海关总署向直属海关通报允许进口的国家或地区的检疫准入信息，包括允许该农产品进境的国家和地区的议定书、检疫要求、卫生证书模板、印章印模等，有的进境产品还需要通报国外签证官的签字笔迹。

3）境外企业注册

输入方对高风险动植物及动植物产品的境外生产加工企业实施注册登记制度，进境动植物及动植物产品必须来自注册登记的境外生产企业。例如，我国实施境外企业注册的进境产品及企业范围包括水果果园、包装厂和除害处理单位，植物繁殖材料种植场、栽培介质生产、加工和存放单位，饲料、饲料添加剂和动物遗传物质的生产企业，肉类、水产品的生产加工企业等。

4）境内企业注册

输入方针对进境动植物及动植物产品的后续监管，对部分进境动植物及动植物产品的境内生产经营企业实施注册登记或指定管理提出明确要求。例如，我国对进境动物肉类、脏器、肠衣、原毛、原皮，生的骨、角、蹄、蚕茧、水产品，以及动物源性中药材等实行生产、加工和存放企业定点管理；对进口肉类产品、水产品的收货人实施备案管理；对进境粮食、植物源性饲料等植物及植物产品的生产、加工、存放企业也实行备案管理。

随着全球经济一体化的发展以及我国深化改革开放的要求，近年来，动植物检疫准入已在我国进出境动植物检疫领域广泛应用，涉及亚洲、欧洲、非洲、大洋洲、北美洲、南美洲多个国家（地区），涉及进境和出境，涉及动物、植物、动物产品和植物产品等。通过学习、分析动植物检疫实例（检疫实例3-1），能够更好地认识动植物检疫程序特别是检疫准入程序所发挥的作用。

检疫实例3-1：两国元首见证签署议定书，巴拿马菠萝经检疫进入中国市场

实例简介：巴拿马金菠萝被称为“世界最甜菠萝”，2018年11月第一届中国国际进口博览会（简称进博会）在上海召开，巴拿马菠萝亮相。当时，巴拿马菠萝尚未获得我国检疫准入，不能实现正常贸易，参展的巴拿马金菠萝经海关总署授权上海海关特许审批得以进入进博会参展。对于尚未获得准入、未签订输华议定书的水果，现场按照《中华人民共和国进出境动植物检疫法》及其实施条例、《进境水果检验检疫监督管理办法》实施现场检疫并抽样送检。在进博会期间，该菠萝仅做展示、试吃，不得进行销售，在上海海关监督下对包装、果皮等废弃物进行收集，连同展览剩余的菠萝实施了销毁处理。

巴拿马金菠萝令国内消费者一尝倾心，也赢得进口商的关注，大大推动了检疫准入程序进展。巴拿马随即向我国提出准入申请，双方检疫部门投入议定书签署准备工作。2018年12月，习近平主席访问巴拿马期间，在两国元首的见证下，中巴双方正式签署《中华人民共和国海关总署与巴拿马共和国农业发展部关于巴拿马鲜食菠萝输华植物检疫要求的议定书》，这是第一个参加进博会后实现正式准入中国市场的水果。

图3-1 对巴拿马菠萝实施现场检疫（上海海关供图）

2019年7月，第一批巴拿马菠萝到达上海浦东国际机场；2019年9月，第二批随后抵达。上海海关通过提前无纸化申报，设立绿色通道，立即组织水果检疫专家，严格按照巴拿马菠萝输华植物检疫要求实施现场检疫（图3-1）。该批菠萝包装独立、标签合规、表观检查和剖果检查均未截获有害生物，现场查验合格后快速放行。

检疫依据：《中华人民共和国进出境动植物检疫法》及其实施条例、《进境水果检验检疫监督管理办法》《中华人民共和国海关总署与巴拿马共和国农业发展部关于巴拿马鲜食菠萝输华植物检疫要求的议定书》《进口巴拿马鲜食菠萝植物检疫要求》。

检疫意义：2017 年 6 月中巴正式建交，菠萝是巴拿马输华水果的第二个品种，此前巴拿马香蕉已经进入中国市场。我国是巴拿马第二大贸易合作伙伴、科隆自由贸易区第一大供货国，而巴拿马是首个同中方签署“一带一路”合作谅解备忘录的拉美和加勒比国家。巴拿马菠萝的输华议定书在两国元首的见证下签订，巴拿马菠萝得以进入中国市场，是首届进博会“溢出效益”的真实体现，是两国农业领域合作的一个重要里程碑，也是中巴两国经贸合作的可喜成果，更是在“一带一路”倡议下中巴两国互利合作共赢的成功实践和中巴贸易务实合作的典范。

小结

检疫准入是指输出方检疫部门向输入方检疫部门提出动植物或动植物产品贸易申请，在风险分析的基础上，双方就检疫议定书或入境检疫要求经协商达成一致意见的法定程序。动植物检疫准入是输出方动植物及产品进入输入方的第一个程序，在明确动植物进境检疫要求、确定输出方和输入方具体动植物检疫措施、加强输入方与输出方检疫部门及企业的合作等方面发挥了重要作用。

3.3 动植物检疫审批

学习重点

- 掌握动植物检疫审批的基本含义和主要作用
- 掌握动植物检疫审批实践的主要要求

检疫审批是动植物检疫程序之一，应用于进境动植物检疫及国内动植物检疫领域。某些动植物及动植物产品在进境、过境及调运前，根据相关法律法规的要求，货主或其代理向输入方检疫部门申请办理检疫审批程序。

3.3.1 动植物检疫审批的基本含义

动植物检疫审批（sanitary and phytosanitary permit），也称检疫许可，是指风险较高的动植物及动植物产品在进境、过境或国内调运前，货主或其代理向输入方检疫部门提前提出申请，检疫部门审查并决定是否批准输入的法定程序。那么，输入方检疫部门做出决定的依据是什么呢？依据的正是动植物检疫法律法规相关规定，以及相关的动植物检疫要求。检疫审批是国际通行做法，主要目的是为了降低外来有害生物的传入风险，保护农林牧渔业生产安全、人体健康和生态安全。

依据动植物及动植物产品的范围，检疫审批分为两种基本类型，即一般审批和特许审批。针对动物、动物产品，植物种子、种苗及其他繁殖材料等的审批为一般审批，针对禁止进境物的审批为特许审批。在一般审批中，审批范围主要包括 3 类：一是通过贸易、科技合作、赠送、援助等方式输入的动物、动物产品，植物种子、种苗及其他繁殖材料，以及风险较高的水果和粮食等；二是携带、邮寄输入的植物种子、种苗及其他繁殖材料；三是运输过境的动物。在特许审批中，审批范围主要包括两大类。一是那些因科学研究等特殊需要而引进的国家规定的禁止进境物，在我国，禁止进境物主要包括 4 类：①动植物病原体（包括菌种、毒种等）、害虫及其他有害生物；②动植物疫情流行国家和地区的有关动植物、动植物产品和其他检疫物；③动物尸体（如动物标本等）；④土壤。二是因展览等特殊需要引进还未经我国准入的动植物及动植物产品。

3.3.2 动植物检疫审批的主要作用

检疫审批是动植物检疫的法定程序之一，其主要作用表现在 3 个方面（图 3–2）：

（1）避免盲目输入或过境，减少经济损失　作为货主，其对输出方动植物疫情的了解较为局限，同时对输入方动植物检疫法规的掌握也不一定全面。因此，极可能出现直接输入或过境某些物品的情况，而这些物品是需要经过检疫审批程序才可入境的。一旦这样的货物抵达口岸，则会因违反动植物检疫法规而被退回或销毁，造成不必要的经济损失。经过检疫审批，能够明确所需输入或过境的物品是否可以进境，从而避免输入或过境的盲目性。

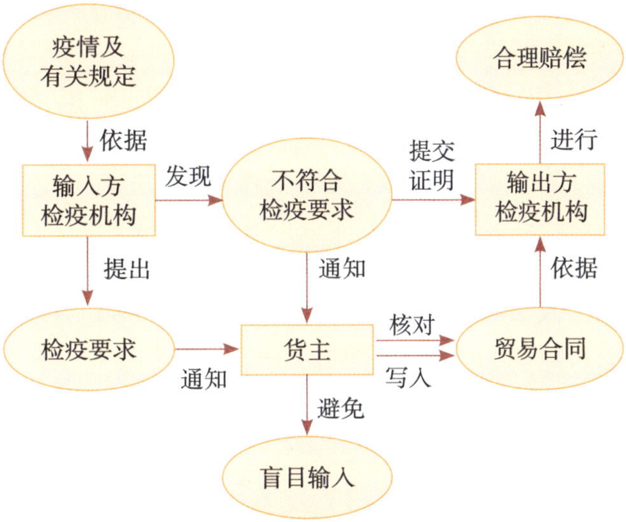

图 3–2　检疫审批主要作用示意图

（2）提出检疫要求，加强预防传入　在办理检疫审批的过程中，动植物检疫部门依据有关规定和输出方的疫情和已准入情况来决定是否批准输入。如果允许输入，则会进一步提出相应的检疫要求，例如要求该批货物不准带有某些动物疫病和植物有害生物等。因此，检疫审批能够有效地预防动物疫病和植物有害生物，特别是检疫性动物疫病和植物有害生物传入输入方。

（3）依据贸易合同，进行合理索赔　检疫审批一般都是事先审批，审批许可的检疫条款便于货主告知输出方并将其写入贸易合同或协议中。当检疫物到达并被输入方动植物检疫部门确定不符合检疫要求时，例如截获某些不准输入的检疫性动物疫病和植物有害生物，货主可依据贸易合同中的检疫要求条款向输出方提出索赔。

3.3.3 动植物检疫审批的相关实践

在我国，目前主要由海关总署及其授权的直属海关、农业农村部所属植物检疫部门、自然资源部所属国家林业和草原局的植物检疫部门负责办理检疫审批手续。其中，海关总署及其授权的直属海关负责动物、动物产品、水果、粮食以及禁止进境物等的进境审批；农业农村部、自然资源部所属国家林业和草原局的植物检疫部门负责植物种子、种苗及其他繁殖材料的国外引进审批，以及动物及植物种子、种苗及其他繁殖材料的国内调运审批。例如，从国外引进蔬菜良种前需要在农业农村部所属植物检疫部门办理检疫审批手续（图 3–3）。

图 3–3 蔬菜种子的检疫审批（引自夏红民，2002）

在我国高校、科研院所，常有从国外引入未获检疫准入的动植物及其产品或者某些禁止进境物开展科学研究与技术开发的特殊需求，办理特许审批是必需的。引进禁止进境物的单位或个人必须事先向海关总署或其授权的动植物检疫部门提出申请，办理特许审批；引进单位或个人需提供上级主管部门的证明以详细说明禁止进境物确属科学研究等特殊需要；引进单位还应提供具有符合检疫要求的监督管理措施。

办理检疫审批后，遇有下列情况货主或其代理应当重新申请办理检疫审批，即：①变更输入物的品种或者数量；②变更输出国家或者地区；③变更进境口岸；④超过检疫审批有效期。

目前，为进一步提高审批速度，海关总署已实现了电子审批程序，开发应用了“进境动植物检疫审批管理系统”，提高了行政审批工作效率，增加检疫审批的透明度，提高了进境货物的通关效率。办理动植物检疫审批主要包括 2 个步骤：①直属海关初审。货主或其代理在签订贸易合同或协议前，申办《中华人民共和国进境动植物检疫许可证》和相关资料，填报内容包括拟进口商品、数量、进境口岸、运输路线等，由入境口岸直属海关初审合格后，上报海关总署。②海关总署终审。海关总署根据对申请材料的审核、输出国家的动植物疫情以及中国有关检疫规定等实际情况，决定是否签发《中华人民共和国动植物进境检疫许可证》。通过学习、分析动植物检疫实例（检疫实例 3–2），能够更好地认识动植物检疫程序特别是检疫审批程序所发挥的作用。

检疫实例 3–2：销毁未按要求进行检疫审批的入境榴莲

实例简介：2020 年 8 月 20 日，水口海关及缉私分局在广西南宁市对一批重达 18.88 t、案值约 30 万元的涉嫌走私入境榴莲进行销毁处理。被销毁的榴莲未办理检疫审批手续，也无输出国家出具的植物检疫证书，来源及检疫安全风险状况不明，存在极大隐患，如入境流入市场将会严重危害我国农林业生产、生态环境安全和消费者健康安全。

检疫依据：《中华人民共和国进出境动植物检疫法》及其实施条例、《进境水果检验检疫监督管理办法》《进境动植物检疫审批管理办法》。

检疫意义：带壳榴莲在壳上存在携带植物有害生物的风险，在采摘过程中可能沾染土壤进而存在进一步遭受有害生物污染的可能，因此对带壳榴莲需要有较高的进境检疫要求。对于有检疫审批要求的动植物及动植物产品，申请单位在签订贸易合同或者协议前，需向检疫部门提出申请并取得《中华人民共和国进境动植物检疫许可证》。审批机构通过对企业申报信息的审核来确认相关产品是否在准予输华的产品名单内、生产加工存放单位是否是已经审核或考察的注册登记企业等信息，以在保障贸易的同时，通过体系管理降低货物携带疫情的风险和保障食品安全。

小结

检疫审批是在输入或过境某些风险较高的动植物及动植物产品前，货主或其代理向检疫部门提前提出申请，检疫部门根据动植物检疫法规相关规定及检疫要求审查并决定是否批准输入的法定程序。检疫审批主要包括两种类型，即一般审批和特许审批。通过检疫审批程序，第一可避免货主盲目进境、减少经济损失；第二可向输出方提出检疫要求、加强预防传入；第三货主可依据贸易合同，进行合理索赔，促进贸易便利化。

3.4 动植物检疫申报

学习重点

- 掌握动植物检疫申报的基本含义和主要作用
- 掌握动植物检疫申报实践的主要要求

检疫申报是进出境及国内动植物检疫的必经程序。检疫物在到达前或到达时，货主或其代理必须及时向检疫部门进行检疫申报。

3.4.1 动植物检疫申报的基本含义

动植物检疫申报（sanitary and phytosanitary declaration），是动植物、动植物产品及其他检疫物进出境、过境或国内调运时由货主或其代理向检疫部门及时声明并申请检疫的法律程序。该程序涉及进出境动植物检疫部门，也涉及国内动植物检疫部门。

在进出境动植物检疫和国内动植物检疫中，所有的检疫物均需经过检疫申报程序，但检疫物的类别在内外检中有差别。在进出境动植物检疫中，下述4类检疫物需进行检疫申报：①输入、输出的动植物、动植物产品及其他检疫物；②装载动植物、动植物产品及其他检疫物的装载容器、包装物；③来自动植物疫区的运输工具；④过境的动植物、动植物产品及其他检疫物。执行检疫申报任务的检疫部门主要是各直属海关及其隶属海关。货主在进口动植物、动植物产品和其他检疫物时，应向申报地海关申报；输出动植物、动植物产品和其他检疫物时，应向申报地海关申报；运输动植物、动植物产品和其他检疫物过境时，向进境口岸海关申报，出境口岸不再申报。在国内动植物检疫中，需要申报的主要检疫物是需要调运的动物、植物繁殖材料以及来自疫区的动植物产品等。

3.4.2 动植物检疫申报的主要作用

检疫申报是动植物检疫法定程序之一，是动植物检疫的必经环节，由货主或其代理与查验人员共同完成。动植物检疫申报的主要作用包括 3 个方面：①能够使查验人员及时核对相关单证，避免违规申报（如错报、瞒报等）所造成的检疫风险；②能够使查验人员为实施检疫提前做好必要准备，提高动植物检疫效能、加快货物流通速度、促进经济贸易发展；③能够促进动植物检疫工作人员与货主或其代理的合作，协同做好动植物检疫工作。

3.4.3 动植物检疫申报的相关实践

在动植物检疫实践中，检疫申报程序的具体流程和要求一直在优化、完善，在保障安全的前提下，朝着越来越便于贸易的方向发展。例如，在我国进出境动植物检疫领域，目前在办理检疫申报时，货主或其代理已可通过“中国国际贸易单一窗口”系统，更为快捷地完成电子申报（图 3–4），然后将报关单、进境许可证（需办理检疫审批的检疫物提供）、检疫证书（由输出方官方动植物检疫部门出具）、产地证书、贸易合同、信用证、发票等必要电子单证一并交海关。同时，某些检疫物需提前进行检疫申报，例如种用大动物及其精液、胚胎需提前 30 d 申报；小动物等需提前 15 d 申报；植物种子、种苗及其他繁殖材料需提前 7 d 申报。

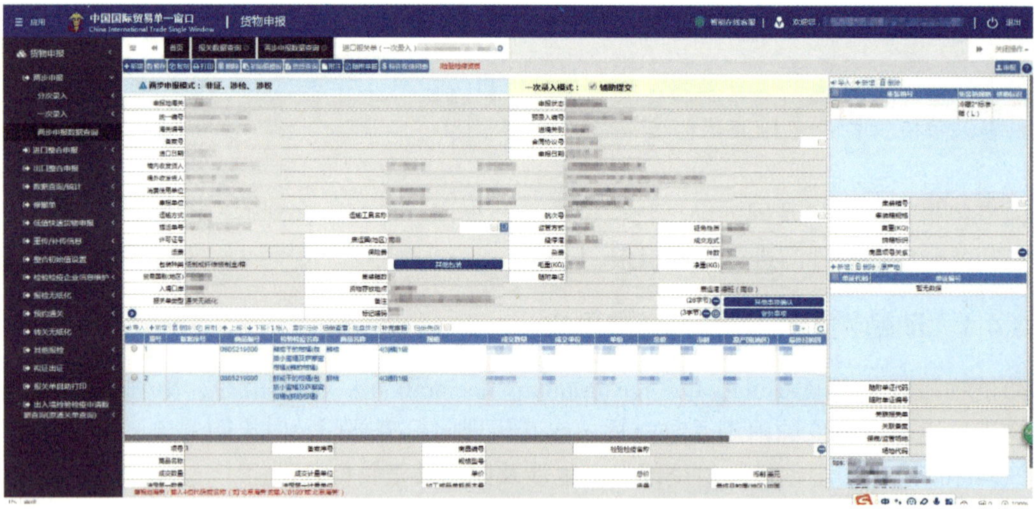

图 3–4 “单一窗口”货物申报界面（上海海关供图）

通过学习、分析动植物检疫实例（检疫实例 3–3），能够更好地认识动植物检疫程序特别是检疫申报程序所发挥的作用。

检疫实例 3–3：检疫申报过程中出现的申报内容不符

实例简介：2018 年，济南海关驻机场办事处关员在海关监管作业场所巡查过程中，对一批舱单申报为保健食品的货物进行核查，截获实际为羽扇豆种子。我国对进口植物种苗采取检疫审批制度和指定入境口岸的措施，当时山东省仅青岛港、烟台港和青岛流亭机场三个口岸为植物种苗指定入境口岸，山东省内其他口岸暂不可进口植物种苗。海关依法对该批货物实施销毁处理。

检疫依据：《中华人民共和国进出境动植物检疫法》及其实施条例、《进境植物繁殖材料检疫管理办法》。

检疫意义：根据进境动植物及动植物产品风险等级的不同，采用不同的检疫措施或要求，是合理分配检疫资源、提高检疫成效的必要手段。动植物检疫申报环节提供的大量基础信息，实现对产品及上游企业的分析，便于对产品风险级别的初判及采取后续相应的检疫措施。因此申报不合规或者逃避申报，可能造成检疫风险的扩大。此次截获避免了违规申报造成的检疫风险。

小结

检疫申报是动植物、动植物产品及其他检疫物输入、输出或过境时由货主或其代理向检疫部门及时声明并申请检疫的法律程序。检疫申报能够使检疫人员及时核对相关单证，避免违规申报所造成的检疫风险；能够使检疫人员为实施检疫提前做好必要准备，提高动植物检疫效能、加快货物流通速度；能够促进动植物检疫工作人员与货主或其代理的合作，共同做好动植物检疫工作。动植物检疫申报程序涉及一些必要单证，如进境许可证、官方检疫证书、原产地证书、贸易合同、信用证、发票等。

3.5 现场查验

学习重点

- 掌握动植物检疫现场查验的基本含义和主要作用
- 掌握动植物检疫现场查验实践的主要要求

现场查验是进出境和国内动植物检疫的必经程序，也是预防动物疫病和植物有害生物，特别是检疫性动物疫病和植物有害生物传入或扩散的关键程序。在现场环境中，查验人员对检疫物进行检查和抽样，并初步确认是否符合相关检疫要求。

3.5.1 动植物检疫现场查验的基本含义

动植物检疫现场查验（sanitary and phytosanitary inspection），也称为现场检验，是查验人员在现场环境中对进出境、过境及国内调运的检疫物进行检查和抽样，并初步确认是否符合相关检疫要求的法定程序。现场查验涉及所有检疫物，是进出境和国内动植物检疫的必经程序，也是动植物检疫的关键程序，受到国际组织、多双边以及各国（地区）特别关注。例如在 OIE《陆生动物卫生法典》和《水生动物卫生法典》、FAO《国际植物保护公约》中都有对现场查验的规定；又如，在双边动植物检疫要求中，也特别规定了现场查验的具体要求；再如，我国的动植物检疫国家标准和行业标准中，均有对现场查验的具体规定。

针对货物及存放场所、携带物及邮寄物、运输及装载工具等检疫物进行现场查验，现场检查和抽样是其主要任务。在现场检查中，需根据相关技术标准进行检查，主要包括货证检查以及检疫物的肉眼观察（图 3–5 左）、过筛检查、过机检查、检疫犬嗅查（图 3–5 右）、初筛鉴定等。在现场抽样中，也需根据相关技术标准中规定的方法进行抽样，如随机抽样法等，所采集的样品送到指定实验室进入下一步程序。

图 3–5　检疫物的现场查验（引自夏红民，2002）

3.5.2　动植物检疫现场查验的主要作用

现场查验是动植物检疫法定程序之一，也是关键程序之一。动植物检疫现场查验的主要作用包括 4 个方面：①能够及时截获患病动物及植物有害生物，预防动物疫病和植物有害生物，特别是检疫性动物疫病和植物有害生物传入或扩散；②能够按规定完成现场抽样，获取检疫物样品，为后续实验室检测提供材料，保障检疫物符合动植物检疫要求；③现场查验合格的某些检疫物，能够直接放行，这促进了检疫物快速通关和贸易便利化；④能够评估输出方对检疫物的出口检疫管控效果及水平，为输出方动植物及产品的检疫准入提供依据。

3.5.3　动植物检疫现场查验的相关实践

现场查验是动植物检疫实践中的重要内容，涉及货物检疫、木包装检疫、旅客携带物检疫、邮寄物检疫、运输工具检疫及装载容器检疫等。针对不同的检疫物，现场查验的具体要求也有不同。

需要特别指出，根据我国相关法律法规要求，为满足动植物疫病疫情防控需要，海关对特定进境高风险动植物及其产品如进口肉类、冰鲜水产品、食用水生动物、水果、粮食、种苗、木材、宠物等实施现场查验时，需在符合条件的海关监管作业场所内实施。

同时，为提高现场查验工作的质量和效能，对检疫人员有岗位资质要求。海关动植物检疫现场查验岗位需要具备一定的资质，分为动物检疫现场查验岗位和植物检疫现场查验岗位。根据各类检疫业务的风险高低、复杂程度以及对专业能力的要求等因素，对现场查验岗位实行分级管理。现场查验岗位又分为专家查验岗位和普通查验岗位，专家查验岗可查验普通查验岗位的所有产品。其中，动物检疫专家查验岗的查验范围为活动物；普通查验岗的查验范围为动物源性饲料，动物遗传物质，陆生动物肉类及其制品，肠衣，食用陆生动物类油脂，乳品，蜂产品，禽蛋及其制品，燕窝及其制品，动物源性水产品，动物源性中药材，非食用动物产品，动物源性饲料添加剂，动物源性生物材料及肥料，运输工具（含船舶、飞机、汽车、火车、集装箱等），出入境人员携带或寄递动物产品等检疫；植物检疫专家岗查验范围包括植物种子，种苗及其他繁殖材料（含花卉），新鲜水果，新鲜及冷藏蔬菜，原木（含板材、锯材），饲草，烟叶，粮谷类，油籽等；普通查验岗的查验范围为栽培介质，棉麻，冷冻水果，竹木草制品，蔬菜制品，粮食加工品和制品，茶叶类，食用植物油及其加工油脂，水果制品，干坚果，花生，咖啡豆，可可豆，啤酒花，植物源性调料，植物源性水产品，植物源性中药材，木制包装，废旧物品，植物源性饲料添加剂及其他植物产品（含植物源性生物材料、植物源性生物质燃料、植物源性肥料等），植物源性包装铺垫材料，运输工具（含船舶、飞机、汽车、火车、集装箱等），出入境人员携带或寄递植物及其产品等。

在查验货物时，查验人员首先核查各类相关单证，如许可证、检疫报关单、输出方官方出具的检疫证书等，检查与货物及申报情况是否相符，文件是否合规；然后对货物进行仔细检查和科学抽样。针对动物和植物，重点检查其是否有病征，有无外伤和死亡，是否携带检疫性有害生物。针对动物产品，重点查验外包装是否完整、有无散包和开裂，产品是否裸露、变质、腐败等，必要时进行动物检疫，需要进行实验室检验的，根据相关规定采取样品，并送实验室检测。针对植物产品，重点检查货物及其存放的仓库或场所，特别是货物表层、堆角及包装外部和袋角，通过肉眼或过筛的方法检查有无菌瘿、杂草、害虫及害虫痕迹等，必要时进行植物检疫；需要进行实验室检测的，也同样根据相关规定采样送实验室检测。

在检查旅客携带物和邮寄物时，采取人工、X 光机、CT 机和检疫犬来检查行李中的携带物。检验人员可通过 X 光机及 CT 机查看旅客所携带包裹中的物品，在截获可疑物品时，检验人员可要求旅客打开包裹并根据物品的类型再进一步检查。检疫犬在查验人员的带领下，依靠其灵敏的嗅觉对旅客携带包裹进行检查，如截获包裹中有可疑物品（如水果、肉制品等），检疫犬会立即以训练出的固定姿态告知查验人员，查验人员可进一步开包检查。

在检查运输工具及装载容器时，查验人员在机场、码头（锚地）、车站，登机、登船、登车执行检疫任务，着重检查装载货物的船舱或车厢内外上下四壁、缝隙边角以及包装物、铺垫材料、残留物等有害生物容易潜伏的地方；如果检查到有害生物则装入样品袋或瓶中送实验室检测鉴定。

通过学习、分析动植物检疫实例（检疫实例 3-4），能够更好地认识动植物检疫程序特别是现场查验程序所发挥的作用。

图 3-6　海关关员对进境原木进行现场查验（上海海关供图）

检疫实例 3-4：进境原木现场查验截获活体检疫性林木害虫

实例简介：2020 年 1—4 月，我国石家庄、南京、上海、大连、深圳等海关，从进口加拿大原木中多次截获天牛、小蠹等活体检疫性林木害虫（图 3-6）。此外，其他来自北美的原木中，也连续截获有害生物。例如黄埔海关在一批从北美进口的白冷杉原木中，截获有害生物皱翅白点墨天牛；江阴海关在一批来自加拿大的进口原木中截获数十头白蜡窄吉丁活成虫；北仑海关在一批美国进口的南方松原木中，截获 15 头南部松齿小蠹成虫等。

检疫依据：《中华人民共和国进出境动植物检疫法》及其实施条例、《对进口原木的检疫要求》。

检疫意义：现场查验是对动植物及动植物产品是否符合中国检疫要求的最直接的核实环节。现场查验的意义不止于截获患病动物和植物有害生物实体，还在于评估境外对相关产品的检疫处理情况，以及进行针对性取样以供实验室进一步检测。在该实例中，多个海关多次从进境原木现场查验过程中截获多种有害生物，避免了害虫随原木传入或扩散后可能造成的对国内农林业的破坏，保护生态安全，促进贸易发展。

小结

现场查验，也称为现场检验，是查验人员在现场环境中对进出境、过境及国内调运的检疫物进行检查和抽样，并初步确认是否符合相关检疫要求的法定程序。现场查验是动植物检疫的关键程序，能够及时截获患病动物及植物有害生物，能够按规定完成现场抽样、获取检疫物样品；现场查验合格的某些检疫物能够直接放行，促进经济贸易发展；能够评估输出方对检疫物的出口检疫管控效果及水平。

3.6 实验室检测

学习重点

- 掌握动植物检疫实验室检测的基本含义和主要作用
- 掌握动植物检疫实验室检测实践的主要要求

实验室检测是动植物检疫的程序之一，与现场查验紧密相连、相辅相成，有时甚至与现场查验融为一体。经现场查验后，某些检疫物或查验出的疑似患病动物血样和植物有害生物需要送实验室进行进一步检测，以确定疫病或有害生物的种类。

3.6.1 动植物检疫实验室检测的基本含义

动植物检疫实验室检测（sanitary and phytosanitary test），是对现场查验所获检疫物样品按照标准，使用检测仪器设备等进行检查检测，并鉴定动物疫病和植物有害生物种类的法定程序。在现场查验后，某些检疫物或查验出的疑似患病动物血样和植物有害生物，送实验室进一步检测。检疫人员依据相关的法规以及输入方所提出的检疫要求，对输出或输入的动植物、动植物产品和其他检疫物进行实验室检测。实验室检测是动植物检疫的重要程序，也是关键程序，这一程序对专业技能的要求很高，需要经培训和能力评估的高级专业人员利用专业仪器设备、方法与技术对动物病原、植物病原物、昆虫、杂草和软体动物进行快速而准确的检测鉴定（图 3–7）。

图 3–7 检疫物样品的实验室检测（李志红摄、上海海关供图）

实验室检测是对现场查验的重要技术支持，甚至与现场查验密不可分。现场查验和实验室检测，既有区别、又有联系。二者均是动植物检疫程序中非常重要的环节，二者之间在实施顺序、实施场所、主要任务、方法、所需设备以及对人员的要求等方面均有一定的差异（表 3–1）。

表 3-1 现场查验和实验室检测的比较

比较内容	现场查验	实验室检测
实施顺序	先	后
实施场所	现场（机场、车站、码头、邮局、货场等）或现场工作室	实验室（检疫部门、检测中心等）
主要任务	核查单证、抽取样品、初筛鉴定	制备样品、检测鉴定
主要方法	肉眼检查、镜检等	镜检、生化检测、分子生物学检测等
所需设备	放大镜、解剖镜、多孔筛、X 光机、CT 机、检疫犬、远程鉴定系统等	解剖镜、显微镜、无菌操作台、离心机、PCR 仪、远程鉴定系统等
人员要求	应具备专业基础知识和现场经验，经培训符合相应查验岗位资质	应具备扎实的专业知识、掌握检测方法与技术，经培训和能力评估达到检测鉴定资质

3.6.2 动植物检疫实验室检测的主要作用

实验室检测是动植物检疫法定程序之一，也是关键程序之一。动植物检疫实验室检测的主要作用包括 3 个方面：①能够快速、准确地鉴别检疫物样品中是否有动物疫病病原和植物有害生物及其种类；②经实验室检测符合检疫要求的，能够直接出证放行，保障了安全、促进了发展；③能够反映一个国家（地区）动植物检疫人才、设备和技术方面的综合实力和水平。

3.6.3 动植物检疫实验室检测的相关实践

实验室检测在动植物检疫实践中发挥重要作用，涉及动物性样品和植物性样品的实验室检测，其具体要求分述如下：

1）动物性样品的实验室检测

在动物检疫中，实验室检测的主要内容是确定动物及动物源性样品是否感染以及感染何种检疫性动物疫病，例如中国在动物进境检疫中，实验室重点检测中国所规定的检疫性动物传染病和寄生虫病。目前，病原检测、血清学检测、病理学检测以及 PCR 检测（详见第 4 章）等是动物检疫实验室检测的主要方法。

病原形态检测主要对各类病原进行分离、培养以及种类的鉴定，包括病毒、细菌的分离培养和鉴定，寄生虫病检验等。分离培养方法如单层细胞培养分离病毒、鸡胚或鸭胚接种分离病毒、实验动物接种分离病毒等；目前主要的鉴定方法是利用显微镜（光学显微镜和电子显微镜）进行的形态学鉴定。

血清学检测依据动物的免疫应答反应机制，利用抗原和抗体之间特异性结合现象研制的各种血清学试验试剂和方法，来诊断动物体内是否有病原体或相对应抗体的存在。主要方法包括中和试验、琼脂凝胶免疫扩散试验、血凝抑制试验、试管凝集试验、平板凝集试验、补体结合试验、间接血凝试验、对流免疫电泳试验、免疫荧光染色试验和过氧化物酶染色试验等。

病理学检测主要通过对患病或死亡动物的病理解剖、病理组织学检查，截获动物各器官组织的形态学变化，进而对疾病做出诊断或为疾病的综合诊断提供科学依据。目前主要的方法是形态学鉴定，对组织进行切片，经过染色，再利用显微镜（光学显微镜或透射电镜）进行鉴定。

PCR 检测主要是提取疑似样品核酸，并对 DNA/RNA 进行病原核酸序列特异性扩增，将 PCR 产物进行测序和序列比对，得到最终的结果。

2）植物性样品的实验室检测

植物检疫实验室检测的主要内容是确定植物性样品是否感染以及感染哪种（属）检疫性植物有害生物。在中国植物进境检疫中，实验室重点检测的是中国所规定名录和双边议定书内关注以及经风险分析评估高风险的检疫性有害生物。实验室检测的主要方法包括形态学检测、比重检测、染色检测、洗涤检测、保湿萌芽检测、分离培养与接种检测、鉴别寄主接种检测、噬菌体检测、血清学检测、分子生物学检测等。有的方法可以同时检测病原物、昆虫、杂草和软体动物，有的方法则只适用或专用于检测某类有害生物。

形态学检测一般用于检测鉴定检疫性真菌、昆虫、杂草和软体动物。不同物种的形态特征不同，利用鉴别特征能够实现检疫性有害生物的鉴定。在形态鉴定过程中，对专业知识和技能的要求高，不同类群的有害生物鉴定一般需有该领域的专业人员。

比重检测一般用于检验种子、粮谷、豆类中的钻蛀性昆虫，也可检验其中的菌瘿、菌核和病秕籽粒及菟丝子等杂草籽。其原理是含有害虫的籽粒及菌瘿、菌核、病秕粒、草籽比健康籽粒轻，浸入一定浓度的食盐水或其他溶液中，前者会浮于液面。捞取浮物，再结合解剖、镜检，即可鉴定种类。

染色检测的原理是某些植物或植物器官，被害虫危害或病原物感染后，或某些病原物本身，常可被特殊的化学药品染上特有的颜色，以帮助检出病虫和区分病虫的种类。例如，谷象、米象等危害的粮谷或种子可通过高锰酸钾或品红染色法予以检测。又如，落叶果树感染病毒病后，常积累多酚体；多酚体与氢氧化钠起化学反应能显现深蓝色，因此可用染色法检出病株。

洗涤检测主要用于检查附着在种子表面的各种真菌孢子、细菌或颖壳上的病原线虫。其主要步骤是取适量样品两份，分别放入三角瓶内，各注入无菌水并振荡，使附着在种子表面的病菌孢子洗下来；然后将悬浮液分别倒入无菌的离心管内离心，使病原物完全沉于底管；去除上清液，直接用手摇动离心管，让孢子重新均匀地悬浮起来，再将两管合并；立即用无菌的细玻璃棒，将悬浮液滴于载玻片上，盖上盖玻片，用显微镜检查，鉴定病原种类。

鉴别寄主检测依据的基本原理是许多不同种类的病毒和一些细菌，接种到某些特定的染病植物上可以产生特定的症状。根据这些症状的特点，可以判断是否有某种病原物存在。对特定病原物有特殊反应或表现特定症状的植物称为鉴别寄主。

血清学检测和分子生物学检测（如 PCR、DNA 条形码等，详见第 4 章）也已用于植物有害生物的实验室检测中，随着科学技术的进步，该类方法的应用越来越广泛。分子生物学检测，已从检疫性病原物拓展到了昆虫、杂草及软体动物。

通过学习、分析动植物检疫实例（检疫实例 3–5），能够更好地认识动植物检疫程序特别是实验室检测所发挥的作用。

检疫实例 3–5：在芫荽种子中截获马铃薯斑纹片病菌

实例简介：2019 年 1 月，上海海关在一批芫荽种子中截获马铃薯斑纹片病菌 Candidatus *Liberibacter solanacearum*。该批货物从洋山口岸入境，由洋山海关对该批货物实施现场检疫查验并采集样品送上海海关食品中心进行实验室检测，通过 DNA 检测最终确定其携带马铃薯斑纹片病菌。该种有害生物可能通过虫媒传播到其他类似的伞形花科植物，如胡萝卜或者芹菜、芫荽（香菜）；还有可能传到比较重要的经济作物和蔬菜作物，如马铃薯、番茄。上海海关依法对这批种子监管实施退运处理。

检疫依据：《中华人民共和国进出境动植物检疫法》及其实施条例、《进境植物繁殖材料检疫管理办法》。

检疫意义：马铃薯斑纹片病菌对茄科、伞形花科作物会产生严重危害。2009 年首次在新西兰发病时，使得当地番茄品质下降、产量大幅降低甚至绝收。此后，这种病菌又被传播到美国、墨西哥、澳大利亚、芬兰等地，对当地农业生产影响巨大。此次上海口岸及时拦截，采用分子生物学检测技术进行准确鉴定，防止了马铃薯斑纹片病菌传入、扩散的风险。

小结

实验室检测是对现场查验所获检疫物样品进行非直观检查，并鉴定动物疫病和植物有害生物种类的法定程序。现场查验和实验室检测是动植物检疫程序中的重要环节，二者之间既有区别又有联系。实验室检测能够快速、准确地鉴别动物疫病病原和植物有害生物的种类，能够直接出证放行经实验室检测符合检疫要求的检疫物，能够反映一个国家（地区）动植物检疫人才、设备和技术方面的综合实力和水平。

3.7 检疫处理

学习重点

- 掌握动植物检疫处理的基本含义和主要作用
- 掌握动植物检疫处理实践的主要要求

动植物及动植物产品等经过现场查验和实验室检测程序后，若发现其感染了动物疫病或带有植物有害生物，则需根据实际情况和法规要求，进行不同方式的检疫处理（也称检疫处置）。退回、销毁、除害处理是检疫处理的常见方式，除害处理常用方法包括消毒、熏蒸处理、辐照处理、热处理、冷处理等物理化学方法。

3.7.1 动植物检疫处理的基本含义

动植物检疫处理（sanitary and phytosanitary treatment），是检疫部门根据现场查验和实验室检测的结果以及相关规定，对检疫物监管实施退回、销毁及除害处理的法定程序。例如，我国针对进出境的动植物和动植物产品，如截获动物疫病和植物有害生物，则应区分情况对货物分别进行检疫处理，以严防检疫性动物疫病和植物有害生物的传入或扩散。

（1）进出境动物和动物产品的检疫处理　对于进境的动物，如果截获一类疫病的，连同其同群的其他动物全部退回，或全群扑杀并销毁尸体；截获二类疫病的，患病动物退回或扑杀并销毁尸体；截获其他疫病的，根据危害程度做除害处理。对于进境的动物产品，检疫截获动物疫病的则进行除害处理；不能进行除害处理或虽经除害处理仍不合格的，做退回处理；不能退回的，做销毁处理。对于出境动物及动植物产品，检疫截获疫病的进行除害处理；不能进行除害处理或虽经除害处理仍不合格的，不得出境。

（2）进出境植物和植物产品的检疫处理　对于进境的植物和植物产品，如果是截获检疫性有害生物或议定书中列明的有害生物，在无有效的除害处理方法时做退回或销毁处理；截获一般性植物有害生物，其危害严重并已失去使用价值时做退回或销毁处理；否则，进行除害处理。对于出境的植物和植物产品，截获进境国检疫要求中所规定不能进境的有害生物，并无有效除害处理方法时不得出境；截获一般性植物有害生物，危害严重并已失去使用价值时不得出境；否则，进行除害处理。

3.7.2 动植物检疫处理的主要作用

检疫处理是动植物检疫把关的重要环节，是防范有害生物和疫情疫病传入、传出或扩散的必要手段，直接关系到把关有效性，关系到农林牧渔业生产安全，关系到人体健康和生态环境安全，关系到外贸发展。检疫处理的主要作用表现在3个方面：①能够及时退回、销毁严重感染动物疫病和植物有害生物的检疫物，防止传入、传出或扩散；②能够及时灭活或杀灭动物疫病病原和植物有害生物，保证处理后的检疫物在市场流通中的生物安全性；③能够履行SPS协定等国际义务，在一定的保护水平下促进国际贸易的发展。

3.7.3 动植物检疫处理的相关实践

在动植物检疫实践中，退回、销毁、除害处理均有应用，其中除害处理更为常见。除害处理主要包括常规消毒（图 3–8）、熏蒸处理（图 3–9）、辐照处理、热处理、冷处理等常规方法，不同方法有其具体要求。

图 3–8　入境车辆在进行消毒（仿夏红民，2002）

图 3–9　澳大利亚的集装箱熏蒸处理（李志红供图）

熏蒸处理被广泛应用于动植物检疫的除害处理实践中，如原木、板材、粮谷、水果、皮张等；该方法对熏蒸剂、投药量、熏蒸温度、持续时间、空间气密性等有严格的要求。热处理和冷处理也是被广泛应用的除害处理方法，如水果、板材等的除害，该方法对处理温度、处理时间及处理后品质等有严格的要求。辐照处理是近年来备受关注的除害处理方法，在动植物检疫中已有一定程度的应用，如水果，对辐照装置、辐照剂量及辐照处理后品质等要求严格。在第 4 章中，将进一步学习除害处理主要技术的研究与应用。

目前，动植物检疫处理的实施，需在检疫部门的监管下，由具备检疫处理资质的技术服务类企业和人员操作。检疫部门要对检疫处理的全过程进行监管，特别是对检疫处理场所（图 3–10）、仪器装置、技术指标、处理效果等。

图 3–10　江苏太仓口岸进境原木熏蒸处理场（李志红摄）

通过学习、分析动植物检疫实例（检疫实例 3-6），能够更好地认识动植物检疫程序特别是检疫处理的作用、实验室检测与检疫处理之间的联系。

检疫实例 3-6：海关监管下对澳大利亚原木实施熏蒸处理

实例简介：2020 年 3 月，上海海关所属洋山海关在对一批澳大利亚进境原木实施口岸检疫时，截获大量白蚁活虫，经实验室检测鉴定为检疫性有害生物乳白蚁属（非中国种）*Coptotermes*（non-Chinese）。染疫原木在洋山海关监管下实施溴甲烷熏蒸除害处理（图 3-11）。

图 3-11 海关关员监督实施动植物检疫处理
（上海海关供图）

检疫依据：《中华人民共和国进出境动植物检疫法》及其实施条例、《对进口原木的检疫要求》《关于发布“出入境检疫处理管理工作规定”的公告》。

检疫意义：乳白蚁属（非中国种）是中国进境检疫性有害生物，常筑巢于木材的表皮、裂缝中等隐蔽处，广泛危害伐倒木、病树，是已知全世界范围内危害严重且极易传播蔓延的最具威胁性白蚁类群。该属在中国仅有少部分地区分布，一旦传入可能造成大面积扩散。溴甲烷熏蒸除害处理能够杀灭染疫原木中的活体昆虫。该实例进一步说明，原木携带检疫性有害生物的风险高，检疫处理是保障安全、促进贸易的重要措施。

小结

检疫处理是检疫部门根据查验、检测的结果以及相关规定，采用一定的方式对检疫物监管实施处理的法定程序。检疫处理的主要方式包括监管实施退回处理、销毁处理和除害处理等。熏蒸处理、辐照处理、控温处理等是检疫除害处理的常用技术和方法，被世界各国广泛应用。

3.8 出证放行

学习重点

- 掌握动植物检疫出证放行的基本概念及含义和主要作用
- 掌握动植物检疫出证放行实践的主要要求

获得检疫准入的农产品，按规定进行检疫申报，经过现场查验和实验室检测后，未截获输入方关注或双边协定中禁止进境的有害生物，可按规定予以出证放行。

3.8.1 动植物检疫出证放行的基本含义

动植物检疫出证放行（sanitary and phytosanitary certification），是检疫部门根据现场检验、实验室检测及除害处理的结果，判断检疫物合格后签发相关单证并准予输入、输出的法定程序。对于输入方检疫部门来说，其签发的是检疫证明等放行类的单证；对于输出方检疫部门来说，其签发的是检疫证书。

在检疫证书中，按照国际标准的要求，需注明检疫物符合输入方的检疫要求。例如，俄罗斯向中国出口大麦，在2019年公布的《进口俄罗斯大麦植物检疫要求》中，严格规定每批输华大麦，俄方在完成出口检疫后，依照ISPM12出具植物检疫证书，并在附加声明中注明："The consignment of barley complies with the requirements specified in the Protocol between the General Administration of Customs of the People's Republic of China and the Federal Service for Veterinary and Phytosanitary Surveillance (the Russian Federation) on phytosanitary requirements for barely exported from the Russian Federation to the People's Republic of China."（该批大麦符合《中华人民共和国海关总署与俄罗斯联邦兽医和植物检疫监督局关于俄罗斯大麦输华植物检疫要求议定书》要求）。又如，赞比亚鲜食蓝莓输华，在2020年公布的《进口赞比亚鲜食蓝莓植物检疫要求》中规定：经检疫合格的蓝莓，由赞比亚共和国农业部的植物检疫局签发植物检疫证书；在植物检疫证书中注明果园和包装厂名称或代码、冷处理的温度和处理时间、处理设施名称或编号、集装箱号码及封识号码等信息，并填写附加声明说明该批蓝莓符合赞比亚鲜食蓝莓输华植物检疫要求的议定书，不带中方关注的检疫性有害生物。

3.8.2 动植物检疫出证放行的主要作用

出证放行是动植物检疫的重要程序之一，其主要作用表现在3个方面：①能够对检疫合格的检疫物及时出具检疫证书或检疫证明，准予输出或输入；②能够有效地防止经现场查验、实验室检测及除害处理不合格的检疫物输入或输出；③检疫证书模板促进了国际动植物检疫的标准化建设，目前IPPC倡导推出国际通用的标准化电子植物检疫证书ePhyto。

3.8.3 动植物检疫出证放行的相关实践

在中国动植物检疫实践中，出证放行涉及进出境动植物检疫和国内动植物检疫。例如，在进出境动植物检疫中，对进境、出境及过境检疫的放行条件均有具体要求：①进境检疫放行条件。经检疫合格的进境检疫物，由入境口岸海关签发入境货物检疫证明，予以放行、准许进境。②出境检疫放行条件。经现场查验合格、或经现场查验和实验室检测合格、或经除害处理合格的出境检疫物，由出境口岸海关签发动物检疫证书或植物检疫证书，准予出境。输入方规定本批货物必须检疫处理后出口并要求签发检疫处理证书的，经检疫处理后复查未截获活虫的，由出境口岸海关签发检疫证书，准予出境。超过出境货物检疫有效期限的，应进行复检，合格后签发检疫证书。③过境放行条件。过境动植物、动植物产品及其他检疫物，经检疫（动物需查验许可证）及除害处理合格的准予过境。

通过学习、分析动植物检疫实例（检疫实例3-7），能够更好地认识动植物检疫程序特别是出证放行的作用，理解检疫审批、现场查验、实验室检测与出证放行之间的联系。

检疫实例 3-7：新西兰猕猴桃获海关出证放行

实例简介：2020 年 4 月 1 日，装载了 4487 t 新一季新西兰猕猴桃的散货船在上海洋山南港码头开仓卸货。海关会同代理、港口等各方，提前部署、制定预案。一系列措施保障新鲜水果快速通关：海关快捷审批通道，企业申请的进境动植物检疫许可证“随报随批”；海关关员在装卸现场 24 h 驻守，对靠港猕猴桃“随到随查”；对送实验室检测的样品“即到即检”。经现场查验和实验室检测合格后，予以签发“入境货物检验检疫证明”并放行。

图 3-12　2020 年中国首船新西兰猕猴桃签证放行（上海海关供图）

检疫依据：《中华人民共和国进出境动植物检疫法》及其实施条例、《进境水果检验检疫监督管理办法》。

检疫意义：动植物检疫既要保障国门生物安全，又要推进贸易便利化。在该实例中，新西兰猕猴桃属新鲜水果，企业快速通关需求强烈，海关采取一系列措施落实严格把关与优质服务。新冠疫情防控背景下，动植物检疫工作有序高效开展。该批猕猴桃经检疫审批、现场查验和实验室检测等程序，检验检疫合格，海关予以出证放行，是海关严守安全风险底线、服务促进贸易发展的典型案例。

小结

动植物检疫出证放行是检疫部门根据现场检验、实验室检测及除害处理的结果，判断检疫物合格后签发相关单证并准予输入、输出的法定程序。进境动植物检疫合格后，签发入境货物检疫证明；出境动植物检疫合格后，签发动物检疫证书、植物检疫证书。

3.9 动植物检疫其他程序

学习重点

- 掌握疫情监测、境外预检、隔离检疫、产地检疫与调运检疫的基本含义和作用。

疫情监测、境外预检、隔离检疫、产地检疫与调运检疫，是动植物检疫中比较特殊的程序，在这些程序中包含现场查验、实验室检测以及检疫处理的内容。其中，境外预检仅用于进出境动植物检疫领域，产地检疫和调运检疫仅用于国内动植物检疫领域。

3.9.1 疫情监测

疫情监测（survey and monitoring），是动植物检疫程序的重要组成部分，指在一个地区、生产地或生产点，为确定动物疫病和植物有害生物的存在与否或种群的边界或特性，而在规定期限内连续采取的官方程序。疫情监测既用于进出境动植物检疫领域，也用于国内动植物检疫领域。

疫情监测是动植物检疫的重要程序之一。通过该程序，能够确定某一地区、生产地或生产点动物疫病和植物有害生物的发生和分布情况，为风险分析，检疫要求确定，议定书签署，疫区、非疫区、非疫生产地、非疫生产点及低度流行区的划定，提供基础数据和科学依据。通过该程序，能够及时发现检疫性动物疫病和植物有害生物，并采取有效措施进行根除或除害处理，从而弥补现场查验特别是抽样检疫的不足，从而更有效地防控检疫性动物疫病和植物有害生物的传入、传出或扩散。

3.9.2 境外预检

境外预检（pre-inspection），是进出境动植物检疫程序，指在动植物及动植物产品入境前，输入国（地区）检疫部门指派相关人员到输出国（地区）配合其检疫部门实施出境动植物检疫的官方程序。预检是在动植物及动植物产品生长或生产期间进行，包含现场查验、实验室检测以及必要的检疫处理等。

在境外预检工作期间，预检人员与输出国家（地区）官方主管部门联系，商订检疫计划，了解输出国家和地区，尤其是输出动植物及动植物产品所在地和农场的动植物疫情，参与农场检疫或产品抽查检验。对于活动物、植物种苗还需确认隔离场所资质，落实隔离检疫要求，掌握实验室检测情况，落实动物运输路线、运输要求等，对预检过程中发现的问题应按照检疫协议的规定及时与输出国家或地区有关方面协商解决，最后确认出口检疫证书内容，以全面反映协议规定要求。

进境动植物境外预检是国际通行的行之有效的进出境动植物检疫工作中的重要措施。通过境外预检，能够及时了解和掌握输出国（地区）动植物检疫制度与防疫体系，为学习和借鉴其先进的动植物检疫方法、技术、设施和经验提供了条件和机会，从而促进输入国（地区）动植物检疫制度建设和动植物检疫工作体系优化；能够为输入国（地区）和输出国（地区）动植物检疫准入谈判、修订双边检疫协议提供及时、准确和详尽的参考资料；能够为输入国（地区）和输出国（地区）提供动植物检疫的工作平台，促进双方的检疫合作。能够帮助在国际范围内从源头管控动植物检疫风险，推动动植物检疫安全风险的国际协同共治。

3.9.3 隔离检疫

隔离检疫（post-entry quarantine），指将进出境的动物、植物繁殖材料或国内调运的动物限定在指定的隔离场圃内饲养或种植，在其饲养或生长期间进行现场查验、实验室检测和检疫处理的官方程序。隔离检疫是一项强制性措施，是有效控制高风险的动植物传染病、寄生虫病和植物有害生物传入或扩散，保护农林牧渔业生产安全、人体健康和生态安全，促进经济贸易发展的检疫程序，既用于进出境动植物检疫领域，也用于国内动植物检疫领域。

1）进境动物隔离检疫

在我国，进境种用大中动物应报经海关总署批准在国家隔离场进行隔离检疫。相关海关应实地核查隔离场设施和环境卫生条件，保证动物进入隔离场前 10 d，所有场地、设施、工具必须保持清洁，并采用海关认可的有效方法进行不少于 3 次的消毒处理。同时，供动物隔离期间使用的饲草、饲料需由海关认可的单位进行熏蒸消毒处理。

经入境口岸现场查验合格的进境动物方可运往隔离场进行隔离检疫。大中动物隔离检疫期为 45 d，其他动物隔离检疫期为 30 d。海关关员对进境种用大中动物在隔离检疫期间实行 24 h 驻场监管。隔离动物样品采集工作在动物进入隔离场后 7 d 内完成。对动物进行临床观察和实验室检测，根据结果出具相关的单证，实验室检测不合格的，应当尽快将有关情况通知隔离场使用人并对阳性动物依法及时进行处理。

2）进境植物繁殖材料隔离检疫

在我国，从事进境植物繁殖材料隔离工作的隔离检疫圃须通过检验检疫部门的考核和核准。依据隔离条件、技术水平和运作方式划分，隔离检疫圃分为国家隔离检疫圃、专业隔离检疫圃和地方隔离检疫圃 3 类。国家隔离检疫圃承担进境高、中风险植物繁殖材料的隔离检疫工作；专业隔离检疫圃承担因科研、教学等需要引进的高、中风险植物繁殖材料的隔离检疫工作；地方隔离检疫圃承担中风险进境植物繁殖材料的隔离检疫工作。

隔离检疫圃严格按照所在地海关核准的隔离检疫方案按期完成隔离检疫工作，并定期向所在地海关报告隔离检疫情况，接受检疫监管。负责隔离检疫的机构应根据目标有害生物的生物学特性，确定隔离检疫期间的疫情调查时间和次数。采取重点检查和随机抽查相结合的方法进行。采集的样品要及时送实验室进行检测。如发现疫情，须立即报告所在地检疫部门，有害生物超过有关规定且无有效处理方法的，销毁全部植物繁殖材料；可进行有效处理的，按照相关规定处理。

通过学习、分析动植物检疫实例（检疫实例 3-8），能够更好地认识动植物隔离检疫程序的作用。

检疫实例 3-8：销毁处理隔离检疫不合格的荷兰马铃薯种薯

实例简介：2017 年原齐齐哈尔出入境检验检疫局对辖区首次引进的荷兰马铃薯种薯实施销毁处理。该批种薯在隔离检疫期间检出检疫性有害生物—苜蓿黄萎病菌，原齐齐哈尔出入境检验检疫局对隔离种植场的全批萨罗迪品种近 4000 株马铃薯植株及种薯销毁处理实施现场监管，由检疫处理单位对隔离种植场土壤、农器具等进行消毒处理。

检疫依据：《中华人民共和国进出境动植物检疫法》及其实施条例、《进境植物繁殖材料隔离检疫圃管理办法》《进境植物繁殖材料检疫管理办法》《质检总局关于进口荷兰马铃薯微型薯植物检验检疫要求的公告》。

检疫意义：苜蓿黄萎病是由苜蓿轮枝菌（*Verticillium alfalfae*）引起的毁灭性真菌病害，对欧洲、北美洲的苜蓿产业造成了巨大的经济损失，该病菌是中国进境检疫性植物真菌。对国外引进的植物繁殖材料进行隔离检疫，以观察它们在生长期间病、虫、草害的发生情况，这是非常必要的。在隔离检疫期间，如发现植物繁殖材料带有检疫性有害生物，应及时进行检疫处理，以防止传入、确保安全。

3.9.4 产地检疫

产地检疫（quarantine in producing area），是国内动植物检疫程序，指应检疫的动物、动物产品及植物种苗在出售或调运离开饲养、生产场地前，由国内动植物检疫部门指派工作人员在生产地实施检疫，确定是否有检疫性动物疫病和植物有害生物，并决定是否签发产地检疫合格证的官方程序。在产地检疫程序中，涉及检疫申报、现场查验、实验室检测、检疫处理及出证放行。产地检疫是国内动植物检疫的重要程序，是防止染疫动植物及动植物产品进入流通环节的关键措施。

产地检疫的主要作用包括：①以检促防。动物、动物产品及植物种苗必须开具产地检疫合格证后，才可出售和调运。②以防为主。产地检疫是到场到户的检疫，在检疫中如果截获动物疫病和植物有害生物则需及时采取措施，把疫病疫情控制在源头的最小范围，确保农林牧渔业生产安全和人体健康。③掌握信息。在实施产地检疫过程中，通过与农户的交流，能及时了解当地农林业的生产水平和市场信息，能准确掌握当地的生产状况和潜力及需求趋势。

随着国内经济贸易的发展，我国产地检疫规模越来越大、任务越来越重，受到更多关注。例如，农业农村部 2018 年共签发产地检疫合格证 54988 份，产地检疫总面积达到 186.21 万 hm^2，种子总产量达 1487.87 万 t，苗木为 228.11 亿株，共有申请单位和个人 8349 个，全年产地检疫涉及 1003 种作物、92014 个品种。

3.9.5 调运检疫

调运检疫（quarantine for the movement），是指应检疫的动植物及动植物产品在调出原产地之前，运输途中、到达新的种植或使用地之后，由国内动植物检疫部门对其实施检疫，确定是否有国内检疫性动物疫病和植物有害生物，并决定是否允许调运的官方程序。调运检疫分调出检疫和调入检疫，包括检疫申报、现场查验、实验室检测、检疫处理和出证放行。调运检疫是国内动植物检疫的核心程序，也是防止检疫性动物疫病和植物有害生物随动植物及动植物产品在国内人为传播的关键措施。

产地检疫合格的动物、动物产品及植物种苗，可以直接换证调运，主要因为产地检疫已经从源头上掌握了检疫性动物疫病和植物有害生物的发生状况。应施检疫的动植物产品直接申请调运检疫，动植物检疫部门检疫合格后，允许调运。调运检疫的基本单位是县级行政区，划分两种情况，同一省级区划内的调运检疫为省内调运检疫，省际的调运检疫为省间调运检疫，最终开具的证书也有所不同。

随着我国国内经济贸易发展，动植物及动植物产品调运越来越频繁，调运检疫的任务越来越艰巨。例如，农业植物检疫 2018 年共签发省内调运检疫合格证 148462 批次，省内调运检疫种子总产量达 103.63 万 t，苗木为 11.34 亿株；签发省间调运检疫合格证 142267 批次，省间调运检疫种子总产量达 203.83 万 t，苗木为 63.44 亿株。综上，2018 年全年共签发调运检疫证书 290729 份，调运检疫种子总产量达 307.46 万 t，苗木为 74.78 亿株。经去重，2018 年全年调运检疫共有申请单位和个人 95513 个，涉及 1193 种作物、95513 个品种。

又如，自 2018 年 8 月中国首次发生非洲猪瘟以来，国务院、农业农村部和各省相关部门按照“疏堵结合，科学防控”的原则，多次下发了有关加大流通环节监督检查，规范生猪跨省调运活动的文件；2019 年发布《国务院办公厅关于加强非洲猪瘟防控工作的意见》，要求建立产地检疫风险评估机制，促进种猪规范有序调运，稳定生猪生产发展；2018 年及 2019 年，发布《农业农村部关于规范生猪及生猪产品调运活动的通知》《农业农村部关于印发〈生猪产地检疫规程〉〈生猪屠宰检疫规程〉和〈跨省调运乳用种用动物产地检疫规程〉的通知》《农业农村部关于加强动物疫病风险评估做好跨省调运种猪产地检疫有关工作的通知》，均进一步明确了对产地检疫和调运检疫的要求，要求进一步做好非洲猪瘟重大疫情防控工作。

小结

疫情监测、境外预检、隔离检疫、产地检疫及调运检疫，是进出境和国内动植物检疫工作中的程序，在防控检疫性动物疫病和植物有害生物由境外传入和在国内扩散方面发挥着积极有效的作用。

【思考题】

1. 什么是检疫准入和检疫审批？其主要作用体现在哪些方面？

2. 结合动植物检疫实例，分析检疫申报、现场查验、实验室检测、检疫处理及出证放行的主要作用和要求。

3. 分别结合进出境动植物检疫和国内动植物检疫的实例，分析疫情监测、境外预检、隔离检疫、产地检疫及调运检疫的主要作用和要求。

4. 中国 A 公司拟通过澳大利亚 B 公司引进其种牛，试分析所需经过的主要动植物检疫程序及要求。

5. 中国 A 公司拟通过美国 B 公司进口其柑橘，试分析所需经过的主要动植物检疫程序及要求。

6. 结合全球经济贸易发展，试分析动植物检疫程序所存在的不足，突出优化动植物检疫程序的建议。

【参考文献】

[1] 万方浩，侯有明，蒋明星．入侵生物学．北京：科学出版社，2015.

[2] 王春林．植物检疫理论与实践．北京：中国农业出版社，1999.

[3] 王晓亮，秦萌，李潇楠，朱莉，姜培，冯晓东．农业植物产地检疫和调运检疫现状分析．中国植保导刊，2018,38（12）:74–77.

[4] 朱水芳．植物检疫学．北京：科学出版社，2019.

[5] 许志刚．植物检疫学．北京：高等教育出版社，2008.

[6] 李志红，杨汉春，沈佐锐．动植物检疫概论．北京：中国农业大学出版社，2004.

[7] 李尉民．国门生物安全．北京：科学出版社，2020.

[8] 郑文波，李凯伦．动物防疫检疫技术与法规．北京：中国农业大学出版社，2003.

[9] 夏红民．图说动植物检疫．北京：新世界出版社，2002.

[10] 黄冠胜．中国特色进出境动植物检验检疫．北京：中国质检出版，2014.

第 4 章

动植物检疫技术

本章简介

现代生物技术和现代信息技术的飞速发展给动植物检疫带来了深刻的影响，促进了风险分析、检测鉴定、检疫处理和疫情监测等动植物检疫技术的进步。本章在概述动植物检疫技术基本类别和主要特点的基础上，针对动植物检疫风险分析技术、检测鉴定技术、检疫处理技术和疫情监测技术，分别阐述了其基本含义和主要作用，并结合科研实例和检疫实例分析了其研究与应用的主要进展。

思维导图

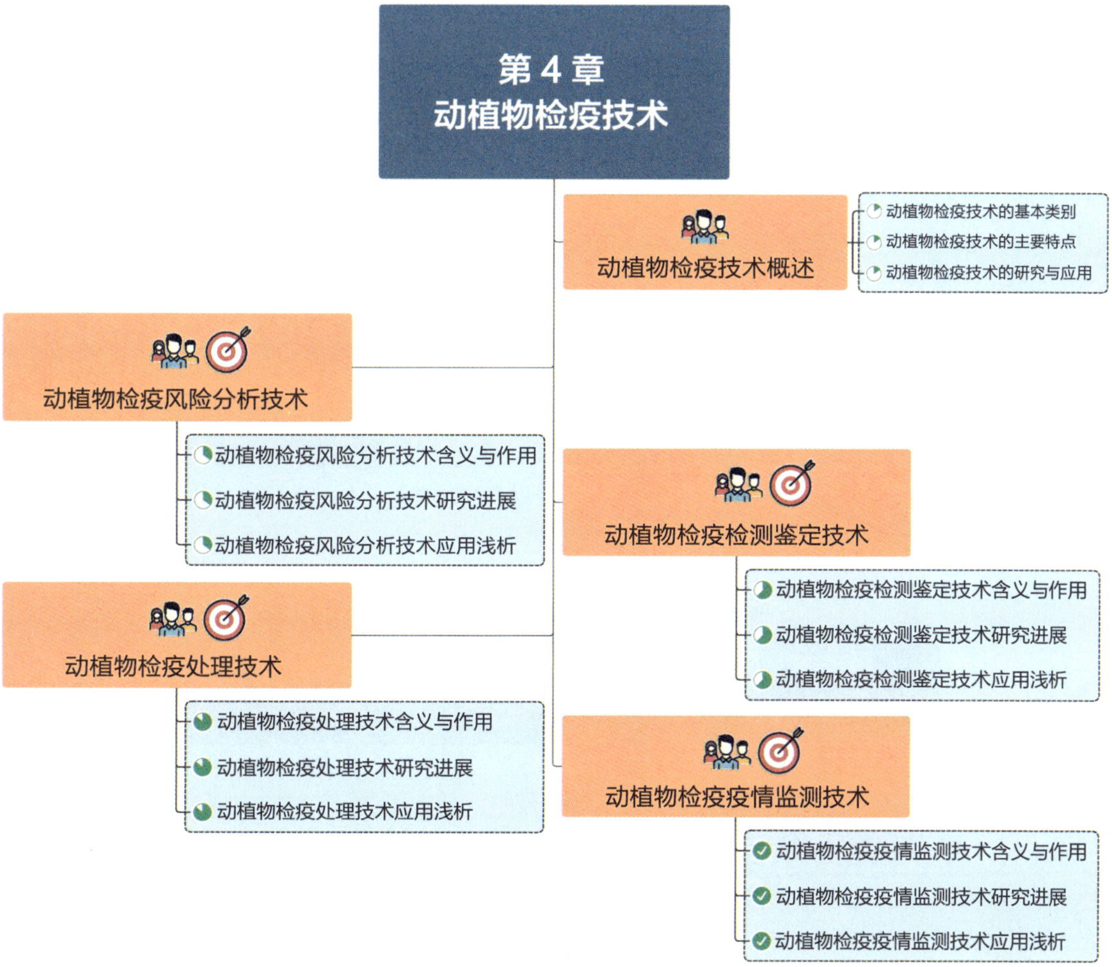

4.1 动植物检疫技术概述

学习重点

- 了解动植物检疫技术的基本类别和主要特点
- 了解动植物检疫技术研究与应用的基本情况

技术性是动植物检疫的基本属性之一，动植物检疫技术受到 OIE、FAO 等国际组织及各国（地区）的特别关注。了解动植物检疫技术的类别、特点、研究与应用，是学习、掌握动植物检疫技术的基础。

4.1.1 动植物检疫技术基本类别

通过第 1 章动植物检疫起源与发展的学习，明确了技术性是动植物检疫的基本属性之一；通过第 2 章动植物检疫法规、第 3 章动植物检疫程序的学习，进一步掌握了动植物检疫技术（technology of animal and plant quarantine）是动植物检疫工作的重要支撑。在动植物检疫执法的各个程序中，动植物检疫技术均发挥着重要的作用。

从不同的角度，对动植物检疫技术的基本类别有不同的划分。从动植物检疫专业方向类别来看，可以分为动物检疫技术（animal quarantine techniques）和植物检疫技术（plant quarantine techniques）；从技术发展阶段和特点出发，可以分为传统技术（traditional techniques）和现代技术（modern techniques），或生物技术（biological techniques）和信息技术（informatic techniques），或定性技术（qualitative techniques）和定量技术（quantitative techniques）；从技术研究与应用角度来划分，动植物检疫技术主要包括风险分析技术（risk analysis techniques）、检测鉴定技术（detection and identification techniques）、检疫处理技术（treatment techniques）和疫情监测技术（surveillance techniques）。在动植物检疫领域，通常从动植物检疫风险分析技术、检测鉴定技术、检疫处理技术和疫情监测技术来进行研究和应用（图 4–1），为动植物检疫的检疫准入、现场查验、实验室检测、检疫处理、疫情监测等具体工作提供技术支持，为动植物检疫措施的实施提供技术保障。

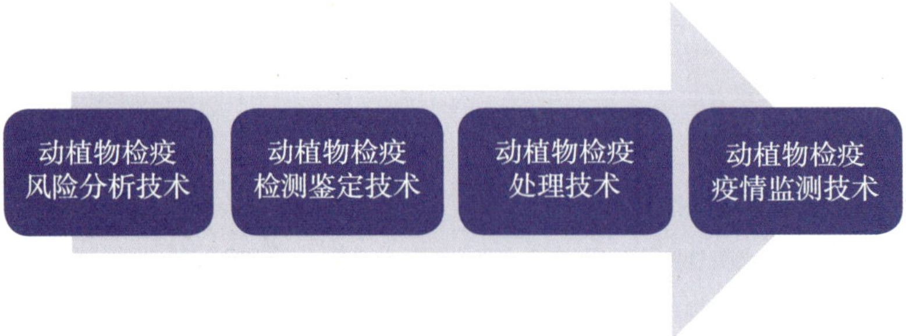

图 4–1　动植物检疫基本技术及其关系

4.1.2 动植物检疫技术的主要特点

动植物检疫技术必须满足动植物检疫工作的实际需要，从而形成了其特点。动植物检疫技术的主要特点，可以从以下三个方面来认识：

（1）准确与快速相统一　动植物检疫技术既要准确又要快速，准确是基本特点，快速是当代经济贸易发展背景下的又一特色；针对动物疫病和植物有害生物的风险分析、检测鉴定、检疫处理和疫情监测等，准确与快速相统一，这是动植物检疫技术主要特点之一。

（2）传统与现代相结合　动植物检疫技术离不开传统技术，也离不开现代技术，涉及生物技术、信息技术中的传统技术与现代技术，也涉及定性技术和定量技术；在当代动植物检疫实际工作中，针对动植物、动植物产品、动物疫病和植物有害生物的不同类别，现代技术与传统技术相结合，这是动植物检疫技术主要特点之二。

（3）研究与应用相联系　动植物检疫技术研究是其应用的基础，动植物检疫技术应用是其研究的目的，研究与应用共同促进了动植物检疫技术的发展；在当代动植物检疫实际工作中，开展了诸多的研究与应用，动植物检疫技术研究与动植物检疫技术应用相联系，这是动植物检疫技术主要特点之三。

4.1.3 动植物检疫技术的研究与应用

动植物检疫技术研究与应用紧密相连，相互促进。从全球来看，OIE、FAO 等国际组织以及各国（地区）采取多种方式鼓励、支持动植物检疫技术的研究与应用。现代生物技术和信息技术的新发展，为动植物检疫技术的研究与应用注入新活力。通过全球科技工作者以及动植物检疫工作者的共同努力，动植物检疫技术研究与应用蓬勃发展、合作共享。

在动植物检疫技术研究方面，一般通过国际项目、国家项目、行业项目等开展动植物检疫科学研究与技术开发，研究成果一般以论文（综述论文、研究论文、学位论文等）、专利（如发明专利、实用新型专利等）等方式来体现；高等院校、科研机构等是动植物检疫科学研究与技术创新的主体，通过对一些研究实例的分析，我们能够认识动植物检疫技术研究的总体进展。

在动植物检疫技术应用方面，一般通过谈判、磋商、检测鉴定、检疫处理、疫情监测等，将动植物检疫科学技术的研究成果进行应用；应用成果一般以法规（如双边或多边协议）、标准（如国际标准、国家标准、行业标准）及官方记录（如截获记录、监测记录）等方式来体现；动植物检疫执法机构及其授权的第三方（如高等院校、科研机构、企业等）是动植物检疫技术应用的主体，通过对一些应用实例的分析，让我们同样能够认识动植物检疫技术应用的基本情况。

小结

动植物检疫风险分析技术、检测鉴定技术、检疫处理技术和疫情监测技术等，构成了动植物检疫技术，并形成了一个技术体系。动植物检疫技术的主要特点表现在准确与快速相统一、传统与现代相结合、研究与应用相联系等三个方面。通过探索和实践，全球动植物检疫技术的研究与应用蓬勃发展，为动植物检疫提供了技术保障。

4.2 动植物检疫风险分析技术

学习重点

- 掌握动植物检疫风险分析技术的含义与作用
- 掌握动植物检疫风险分析技术的研究与应用

动植物检疫措施建立于风险分析基础之上，动植物检疫风险分析技术的研究与应用受到全球高度关注。通过动植物检疫风险分析技术，能够科学地开展风险分析工作，评估动物疫病和植物有害生物的入侵风险，确定检疫性动物疫病和植物有害生物以及降低入侵风险的检疫措施。现代信息技术的发展，进一步促进了动植物检疫风险分析技术的进步。

4.2.1 动植物检疫风险分析技术含义与作用

1）基本含义

风险（risk）指可能发生的危险，即由于某些因素而引致损失事件发生的可能性。风险具有4个主要特征：①未来性。所有的风险都是将来可能发生的导致损失的事件造成的；②损害性。损害是风险发生的后果，所有风险都会对人类的利益造成损害；③不确定性。不确定性是风险的最根本特性，其来源主要是对风险因素认识的不足以及风险因素自身的变化；④可预测性。一定时空中的风险其发生频率和损失可以通过数理统计原理（如概率论等）进行预测。从上述风险的特征来看，风险不可能完全排除，但在一定条件下，风险的发生是带有规律性的，这种规律性能使人类获得将风险降低到最小限度的可能性。随着科学和技术的进步，人类认识、管理风险的能力在不断增强。研究风险发生和变化规律，评估风险对社会、经济和生活等可能造成损失的程度，并选择有效的手段，有计划有目的地处理风险，以期用最小的成本代价，获得最大的安全保障，这就是风险分析。

在动植物检疫领域中，针对动物和动物产品、植物和植物产品的输入和输出，通常将风险识别或危害确认（risk identification/hazard identification）、风险评估（risk assessment）、风险管理（risk management）和风险交流（risk communication）的过程称之为风险分析。在植物检疫领域，称为有害生物风险分析（pest risk analysis，PRA）。动植物检疫风险分析技术，是用于支持实现动物疫病、植物有害生物及其载体的风险识别、风险评估、风险管理和风险交流的技术。其中，动植物检疫风险评估技术受到国内外更多关注，包括定性风险评估技术（qualitative risk assessment techniques）和定量风险评估技术（quantitative risk assessment techniques）；两类技术均可预测动物疫病、植物有害生物及其载体风险的有无和高低，主要区别表现在后者涉及数理分析、数学模型及软件工具等（李志红等，2018）。

2）主要作用

SPS协定是动植物检疫领域中具有重要影响力的国际法规之一，该协定特别强调了风险分析的必要性和重要性。协定要求各成员应确保其所采取的SPS措施是建立在风险评估的基础之上，在设定SPS保护水平时应尽最大努力减少对贸易的不利影响，而风险评估是风险分析的重要组成部分，是科学设定适宜的 SPS 保护水平的基础。通过动植物检疫风险分析技术，包括定性分析或定量分析，明确哪些疫病和有害生物是应被予以检疫的，并计算出其风险程度的度量值，从而制定切实可行的、配套的检疫程序和措施，用以降低风险程度。这使动植物检疫更具科学性，从根本上保障动植物检疫工作的开展并提高其水平。

我国的动植物检疫风险分析开始于 20 世纪 80 年代，原农业部植物检疫实验所开展了危险性植物有害生物的检疫重要性探索。1995 年，我国成立了植物有害生物风险分析工作组。加入 WTO 以来，中国动植物检疫面临着巨大的压力，风险分析工作时间紧、任务重。2002 年，原国家质量监督检验检疫总局成立了跨部门的中国进出境动植物检疫风险分析委员会。委员会通过不定期举行会议等方式，研究和讨论我国进出境动植物检疫风险分析方面的重大事宜，审议重要的进出境动植物检疫风险分析报告，及时就有关进出境动植物检疫决策问题征求专家们的意见和建议。通过委员会的工作，使我国的进出境动植物检疫风险分析工作再上新台阶，使我国进出境动植物检疫在保护我国人民身体健康、农林牧渔业生产和生态环境安全，跨越和打破国外的技术性贸易壁垒，促进我国农产品出口等方面发挥更好的作用。当前，在动植物检疫风险分析技术支撑之下，我国的动植物检疫风险分析结果正在市场准入谈判中发挥重要的作用。

4.2.2 动植物检疫风险分析技术研究进展

1）国内外总体情况

通过文献检索与分析，可以发现自 20 世纪 80 年代以来，国内外开展了大量动植物风险分析方法、模型及软件的研究探索，涉及定性风险评估技术和定量风险评估技术，涵盖进入和定殖可能性、潜在地理分布、潜在经济损失与影响等内容，部分发达国家研究起步早、定量风险评估技术领先，我国研究起步相对晚、半定量风险评估技术及定量风险评估集成技术研究进步明显。例如，美国、澳大利亚等的研究开展较早、较为深入，研究了专家打分法、合并矩阵法、场景分析法，建立了 CLIMEX、MaxEnt、@RISK 等软件和模型。又如，我国于 20 世纪 90 年代中期研究、建立了多指标综合评判方法和技术（详见研究实例 4–1），近年来研究、提出了有害生物风险分析定量评估集成技术体系（图 4–2）。

2）我国研究实例分析

文献检索信息显示，国内外关于动植物检疫风险分析技术研究的实例众多。在此选择了来自我国的 2 个研究实例进行初步分析，进一步认识我国动植物检疫风险分析技术研究的进展。

研究实例 4–1：有害生物风险分析多指标综合评判技术的研究

20 世纪 90 年代，我国原农业部植物检疫实验所、原国家动植物检疫局等合作建立了用于植物有害生物风险分析的多指标综合评判技术，涉及有害生物危险性评判指标体系、指标评判标准和评判模型。该技术确立了 PRA 指标体系（表 4–1）、指标评判标准（表 4–2）以及评判模型（表 4–3）。该技术属于半定量风险分析技术，在我国动植物检疫风险分析技术研究中地位突出，发挥了引领作用，并被广泛应用至我国的动植物检疫工作中。

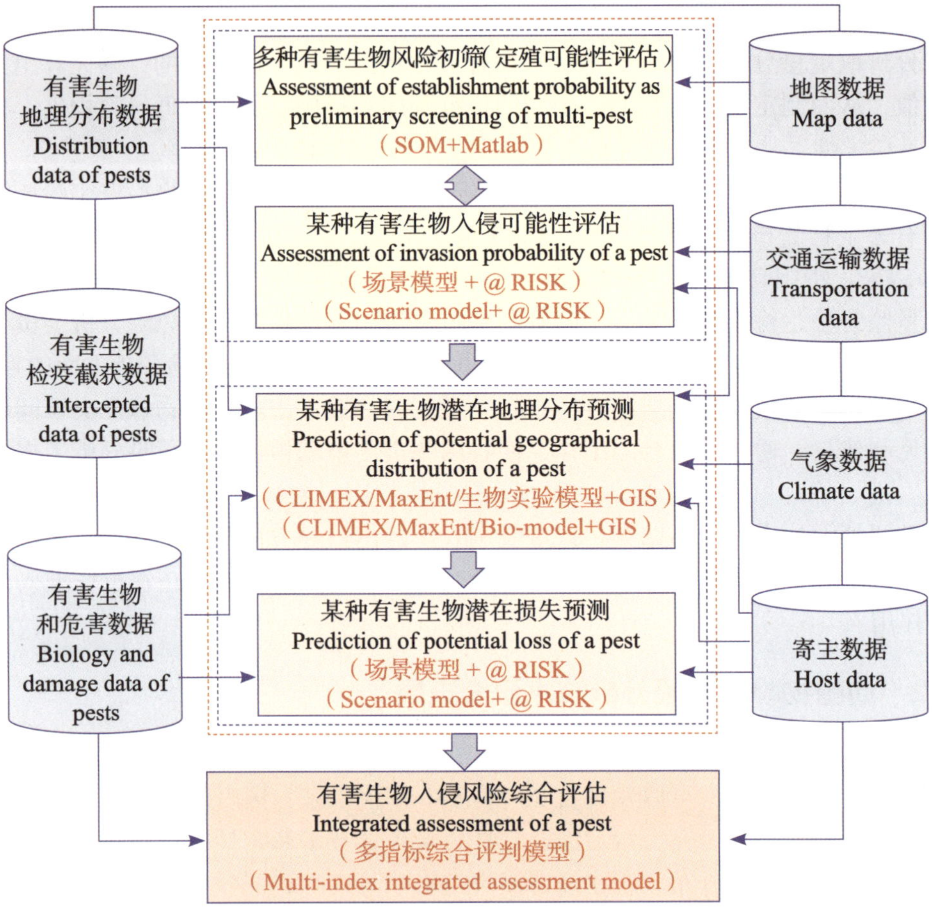

图 4-2　有害生物风险分析定量评估集成技术体系（引自李志红和秦誉嘉，2018）

表 4-1　PRA 指标体系

总指标	一级指标	二级指标
有害生物危险性 R	1. 国内分布状况（P_1）	
	2. 潜在的危害性（P_2）	（1）潜在的经济危害性（P_{21}）
		（2）是否为其他检疫性有害生物的传播媒介（P_{22}）
		（3）国外重视程度（P_{23}）
	3. 受害栽培寄主的经济重要性（P_3）	（1）受害栽培寄主的种类（P_{31}）
		（2）受害栽培寄主的种植面积（P_{32}）
		（3）受害栽培寄主的特殊经济价值（P_{33}）
	4. 移植的可能性（P_4）	（1）截获难易（P_{41}）
		（2）运输过程中有害生物的存活率（P_{42}）
		（3）国外分布广否（P_{43}）
		（4）国内的适应范围（P_{44}）
		（5）传播力（P_{45}）
	5. 危险性管理的难度（P_5）	（1）检疫鉴定的难度（P_{51}）
		（2）除害处理的难度（P_{52}）
		（3）根除难度（P_{53}）

表 4-2 PRA 指标评判标准

评判指标	指标内容	数量指标
P_1	国内分布状况	国内无分布，P_1=3；国内分布面积占 0%～20%，P_1=2；占 20%～50%，P_1=1；大于 50%，P_1=0
P_{21}	潜在的经济危害性	据预测，造成的产量损失达 20% 以上，和 / 或严重降低作物产品质量，P_{21}=3；产量损失在 20%～5%，和 / 或有较大的质量损失，P_{21}=2；产量损失在 5%～1%，和 / 或较小的质量损失，P_{21}=1；产量损失小于 1%，且对质量无影响，P_{21}=0。（如难以对产量 / 质量损失进行评估，可考虑用有害生物的危害程度进行间接的评判）
P_{22}	是否为其他检疫性有害生物的传播媒介	可传带 3 种以上的检疫性有害生物，P_{22}=3；传带 2 种，P_{22}=2；传带 1 种，P_{22}=1；不传带任何检疫性有害生物，P_{22}=0
P_{23}	国外重视程度	如有 20 个以上的国家把某一有害生物列为检疫性有害生物，P_{23}=3；19～10 个，P_{23}=2；9～1 个，P_{23}=0
P_{31}	受害栽培寄主的种类	受害的栽培寄主达 10 种以上，P_{31}=3；9～5 种，P_{31}=2；4～1 种，P_{31}=0
P_{32}	受害栽培寄主的面积	受害栽培寄主的总面积达 350 万 hm^2 以上，P_{32}=3；350 万～150 万 hm^2，P_{32}=2；小于 150 万 hm^2，P_{32}=1；无，P_{32}=0
P_{33}	受害栽培寄主的特殊经济价值	根据其应用机制，出口创汇等方面，由专家进行判断定级，P_{33}=3, 2, 1, 0
P_{41}	截获难易	有害生物经常被截获，P_{41}=3；偶尔被截获，P_{41}=2；从未截获或历史上只截获过少数几次，P_{41}=1；因现有检验技术的原因，本项不设“0”级
P_{42}	运输中有害生物的存活率	运输中有害生物的存活率在 40% 以上，P_{42}=3；在 40%～10%，P_{42}=2；在 10%～0，P_{42}=1；存活率为 0，P_{42}=0
P_{43}	国外分布广否	在世界 50% 以上的国家有分布，P_{43}=3；在 50%～25%，P_{43}=2；在 25%～0，P_{43}=1；0，P_{43}=0
P_{44}	国内的适生范围	在国内 50% 以上的地区能够适生，P_{44}=3；在 50%～25%，P_{44}=2；在 25%～0，P_{44}=1；适生范围为 0，P_{44}=0
P_{45}	传播力	对气传的有害生物，P_{45}=3；由活动力很强的介体传播的有害生物，P_{45}=2；土传传播力很弱的有害生物，P_{45}=1。该项不设 0 级
P_{51}	检疫鉴定的难度	现有检疫鉴定方法的可靠性很低，花费的时间很长，P_{51}=3；检疫鉴定方法非常可靠且简便快速，P_{51}=0；介于之间，P_{51}=2, 1
P_{52}	除害处理的难度	现有的除害处理方法几乎不能杀死有害生物，P_{52}=3；除害率在 50% 以下，P_{52}=2；除害率在 50%～100%，P_{52}=1；除害率为 100%，P_{52}=0
P_{53}	根除难度	田间的防治效果差，成本高，难度大，P_{53}=3；田间防治效果显著，成本很低，简便，P_{53}=0；介于之间的，P_{53}=2, 1

注：引自蒋青等，1995。

表 4-3 PRA 计算公式

评判指标	指标计算公式
R	$R=\sqrt[5]{P_1\times P_2\times P_3\times P_4\times P_5}$
P_1	P_1 根据评判标准确定
P_2	$P_2=0.6P_{21}+0.2P_{22}+0.2P_{23}$
P_3	$P_3=\mathrm{Max}\,(P_{31}, P_{32}, P_{33})$
P_4	$P_4=\sqrt[5]{P_{41}\times P_{42}\times P_{43}\times P_{44}\times P_{45}}$
P_5	$P_5=\dfrac{P_{51}+P_{52}+P_{53}}{3}$

注：引自蒋青等，1995。

研究实例 4-2：境外引进玉米种子风险分析研究

为了防范和降低境外引种带来的检疫性有害生物传入的风险，我国农业农村部植物检疫机构一直高度重视引进种子有害生物风险分析工作，以利于引进种子的检疫监管。近年来，全国农业技术推广服务中心与中国农业大学合作，针对国外玉米种子输华进行了较为系统的有害生物风险分析研究。该研究在收集、整理国内外玉米有害生物相关信息的基础上，采取有害生物风险分析定量评估集成技术体系进行风险评估。利用“SOM+Matlab”技术对 1251 种玉米主要有害生物进行了风险初筛（即定殖可能性排序），并根据 SOM 风险初筛结果利用 Maxent 模型对 5 种代表性玉米种子病原物进行了潜在地理分布预测研究，并采用“场景模型 +@RISK”的技术模式，预测了这 5 种代表性玉米种子病原物对我国玉米产业造成的潜在经济损失。同时，以上述风险评估为基础，进一步开展了境外引进玉米种子检疫风险管理的研究，对不同来源国家或地区的玉米种子进行风险分级，实行分级管理。该研究是我国首次系统开展的进境玉米种子风险分析，对于提高我国玉米引种检疫监管水平、开展其他引进种子的风险分析、研究引进种子的风险分析方法、提高引种风险分析技术的水平等，具有参考借鉴价值。

4.2.3 动植物检疫风险分析技术应用浅析

1）主要标准

20 世纪 90 年代以来，FAO、OIE 等相关国际组织分别着手有关植物检疫领域和动物检疫领域风险分析国际标准的制定工作，以适应当代社会对国际贸易和安全保障的双重需求。例如，OIE 法典为动物、动物产品进口风险分析提出了指导性原则和规定。又如，FAO-IPPC 为植物、植物产品进口风险分析提出了配套标准，其中，ISPM No. 2《有害生物风险分析准则》（Framework for Pest Risk Analysis）、ISPM No. 11《检疫性有害生物风险分析》（Pest Risk Analysis for Quarantine Pests）等是指导各成员开展 PRA 工作的基本标准，风险分析包括 4 个相关的步骤，即风险识别、风险评估（图 4-3）、风险管理和风险交流。

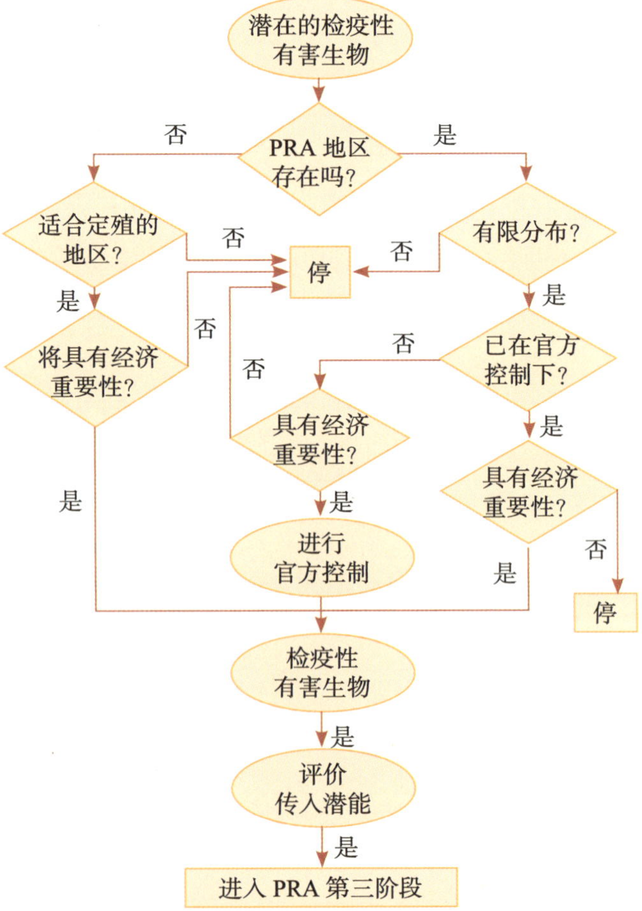

图 4-3　PRA 风险评估工作流程

进入 21 世纪以来，我国已发布、实施了针对动植物检疫风险分析的国家标准和行业标准，如《进出境植物和植物产品有害生物风险分析技术要求》(GB/T 20879—2007)、《杂草风险分析技术要求》(SN/T 1893—2007)、《外来昆虫风险分析技术规程：椰心叶甲》(NY/T 1705—2009)等。

2)我国检疫实例分析

我国动植物检疫措施建立在风险分析基础之上，动植物检疫风险分析技术得到了广泛应用，在动物检疫疫病和检疫性有害生物名录制定、市场准入谈判、动植物检疫要求及检疫许可等过程中发挥着越来越重要的作用。我国动植物检疫风险分析技术应用的实例众多，在此，选择了 2 个代表性检疫实例分析如下：

检疫实例 4-1：印度尼西亚输华燕窝风险分析

实例简介：印度尼西亚向我国提出出口其燕窝的需求，原国家质量监督检验检疫总局组织考核评估团于 2010 年 5 月 17—23 日赴印度尼西亚，对其燕窝官方检疫及卫生控制体系进行准入评估。评估团全面了解印度尼西亚燕窝卫生控制体系及其执行情况，涉及法律法规体系、标准体系、主管部门、行业协会、禽流感控制、加工卫生控制、实验室检测情况等卫生控制状况。随后，考察团采用定性风险评估方法与技术开展输华燕窝风险分析工作，对印度尼西亚燕窝的形成、加工和储存全过程进行风险评估，确定禽流感等动物疫情随产品传入的风险级别，并提出相应风险管理措施，形成了风险分析报告。根据对印度尼西亚燕窝产品风险分析结果，经协商，两国检疫主管部门签署了《中华人民共和国国家质量监督检验检疫总局和印度尼西亚农业部关于从印度尼西亚输入燕窝产品的检验检疫和卫生条件议定书》。2014 年 11 月 20 日，《质检总局关于进口印度尼西亚燕窝产品检验检疫要求的公告》发布，准予符合要求的印度尼西亚燕窝产品进口，并明确了准予进境的产品范围、燕屋及加工企业注册要求、建立质量管理体系要求、输华燕窝产品杀灭禽流感病毒要求、输华燕窝产品检疫审批要求、输华燕窝产品证书要求、输华燕窝产品标识要求等内容。

检疫依据：SPS 协定，《中华人民共和国进出境动植物检疫法》及其实施条例，《中华人民共和国国家质量监督检验检疫总局和印度尼西亚农业部关于从印度尼西亚输入燕窝产品的检验检疫和卫生条件议定书》等。

检疫意义：印度尼西亚是世界最大的燕窝生产国，燕窝产量占全球的 80% 以上。针对印度尼西亚燕窝输华，我国检疫机构采用定性风险评估方法与技术，通过风险识别、风险评估、风险管理和风险交流等完成了风险分析报告，并为相关议定书的签署奠定了坚实基础。同时，随着中国市场燕窝需求迅速增长，印度尼西亚输华燕窝增长迅猛，这进一步促进了我国与东盟战略合作伙伴关系的深化。

检疫实例 4-2：柬埔寨输华芒果风险分析

实例简介：柬埔寨向中国提出出口芒果的需求，原国家质量监督检验检疫总局于 2016 年成立专家组启动柬埔寨输华芒果风险分析程序。①风险分析起点。我国检疫部门要求柬埔寨检疫部门——柬埔寨国家农林渔业部提供有关材料，包括随芒果可能传带的有害生物名单或芒果在产地发生的有害生物名单、进行官方防治的措施及风险分析所需的相关资料。②风险评估。查阅文献资料，对柬埔寨提供的有害生物名单进行核查与补充。提出可能随柬埔寨输华芒果传带的有害生物名单，并根据检疫性有害生物的定义逐个审核归类，确定潜在检疫性有害生物名单。对每一种潜在的有害生物逐个进行包括进入可能性、定殖可能性、扩散可能性和潜在经济影响的风险评估。③风险管理。就中方关注的潜在检疫性有害生物的风险，提出可以将进口芒果的风险降低到可接受水平的风险管理措施，并征求有关专家和管理者的意见。④风险交流。2018 年中方向柬埔寨通报了我国芒果风险分析进展情况，中方与柬方进一步就我国关注的潜在检疫性有害生物名单的确定进行了磋商。2019 年中方组织专家对柬埔寨芒果进行了实地考察和风险交流。考察结束后，中方根据实际考察情况，如芒果果园的生产和管理、病虫害种类和防治水平、包装和处理厂的安全卫生情况等，进一步完善风险分析报告，尤其是中方关注有害生物的名单及风险管理措施的相关内容。2020 年中柬双方签订了《中华人民共和国海关总署与柬埔寨王国农林渔业部关于柬埔寨鲜食芒果输往中国植物检疫要求议定书》，我国允许符合检疫要求的柬埔寨鲜食芒果进口。

检疫依据：《中华人民共和国进出境动植物检疫法》及其实施条例、《进境水果检验检疫监督管理办法》、ISPM No. 2《有害生物风险分析框架》、ISPM No. 11《检疫性有害生物风险分析》、ISPM No. 21《限定的非检疫性有害生物风险分析》、ISPM No. 28《限定性有害生物的植物检疫处理》、ISPM No. 32《基于有害生物风险的商品分类》《有害生物风险分析框架》（GB/T 27616—2011）、《进出境植物和植物产品有害生物风险分析技术要求》（GB/T 20879—2007）、《进出境植物和植物产品有害生物风险分析工作指南》（GB/T 21658—2008）。

检疫意义：本实例依据相关法规，采用 PRA 技术，完成了 PRA 报告；在此基础上，签订了双边议定书。PRA 为市场准入的双边或多边植物检疫协定的谈判提供了科学依据，为打破检疫限制扩大农产品出口，发挥了重要作用。PRA 已成为植物和植物产品市场准入和解禁等检疫决策工作中必不可少的环节，为国家检疫政策制定提供技术支持。

小结

动植物检疫风险分析技术是用于支持实现动物疫病、植物有害生物及其载体的风险识别、风险评估、风险管理和风险交流的技术，包括定性风险评估技术和定量风险评估技术。OIE、FAO 及有关国家（地区）开展了诸多的动植物检疫风险分析技术研究与应用的探索。澳大利亚、美国等国家提出、建立了多种风险评估模型和软件，用于定殖可能性、潜在地理分布、潜在经济损失的预测；我国建立了多指标综合评判指标体系、评判标准和评判模型，提出了有害生物风险分析定量评估集成技术体系，并积累了实践经验。

4.3 动植物检疫检测鉴定技术

学习重点

- 掌握动植物检疫检测鉴定技术的含义与作用
- 掌握动植物检疫检测鉴定技术的研究与应用

检测鉴定（detection and identification），也称诊断（diagnosis），是动植物检疫实验室检测的主要内容，离不开传统技术和现代技术的支撑，因此，动植物检疫检测鉴定技术的研究与应用受到了国内外的特别重视。通过动植物检疫检测鉴定技术，能够快速、准确发现并确定动物疫病和植物有害生物的种类，特别是检疫性动物疫病和植物有害生物。现代生物技术和信息技术，特别是分子生物学（molecular biology）、生物信息学（bioinformatics）技术的发展，进一步促进了动植物检疫检测鉴定技术的进步。

4.3.1 动植物检疫检测鉴定技术概述

1）基本含义

通过第 3 章动植物检疫程序的学习，我们了解到现场查验在前，实验室检测在后。查验，更强调官方的直观检查（official visual examination）以确定是否存在动物疫病和植物有害生物、是否符合具体动植物检疫要求，而检测更强调非直观的官方检查（official examination other than visual）以确定是否存在动物疫病和植物有害生物、鉴定（identify）动物疫病和植物有害生物、确定是否符合具体动植物检疫要求。因此，非直观检查、明确动物疫病和植物有害生物的种类，这是检测和查验的主要区别。

在动植物检疫领域，检测鉴定也称为诊断，是为确定是否存在动物疫病和植物有害生物、确定动物疫病和植物有害生物种类或确定是否符合具体动植物检疫要求而对动植物、动植物产品及其他载体进行的非直观的官方检查。动植物检疫检测鉴定技术，也称为动植物检疫诊断技术，是用于支持确定动植物、动植物产品及其他载体是否存在动物疫病和植物有害生物，并确定这些动物疫病和植物有害生物种类的技术。动植物检疫检测鉴定技术，可从传统技术（如形态学鉴定、生理生化鉴定等）和现代技术（如免疫学鉴定、分子生物学鉴定等），特别是免疫学技术、分子生物学技术两个角度来进一步加强认识。

免疫学技术是指利用抗原、抗体、免疫组织、免疫细胞、免疫分子等相互作用时发生的特异性反应，同时结合反应组分的特性、标记技术、图像处理技术等建立的检测和分析方法，因而具有较强的特异性和敏感性。此类检测方法在动植物检疫检测工作中的应用较为成熟，可根据不同技术的优缺点和实际情况，联合应用多种方法开展检测。根据反应组分的不同可分为两大类：一是抗原和抗体参与的免疫血清学技术；二是免疫组织、细胞或分子参与的细胞免疫学技术。其中免疫血清学技术在动植物检疫中应用最广泛，主要包括中和试验、凝集试验、沉淀试验、补体结合试验、免疫荧光抗体技术、放射免疫技术、免疫酶标记技术、胶体金标记技术、免疫电镜技术、免疫转印技术等。

近年来，分子生物学技术中的成簇规律性间隔短回文重复序列（clustered regularly interspaced short palindromic repeats, CRISPR），改变了科学家对 DNA 进行特定改变的方式。CRISPR－Cas 系统的起源是细菌和古细菌的防御机制，由于宿主细胞及其入侵者之间的共同进化，导致了 Cas 蛋白的多样性。到目前为止，已发现 6 种类型和超过 20 种的 CRISPR/Cas 系统亚型，其中 CRISPR/Cas9、CRISPR/Cas12a、CRISPR/Cas13a 系统应用最为广泛。CRISPR/Cas9 系统需要 CRISPR RNA（crRNA）和反式激活 RNA（tracrRNA）的协助来发挥基因编辑作用，而 Cas12a 和 Cas13a 仅需 crRNA 协助便可完成基因切割，基于 CRISPR/Cas13a 系统的病毒核酸检测工具 SHERLOCK（specific high sensitivity enzymatic reporter unlocking）和基于 CRISPR/Cas12a 系统的 DETECTR（DNA endonuclease targeted CRISPR trans reporter）核酸检测系统相继问世，在病毒性疫病的快速检测诊断领域具有巨大的应用价值。

集成流路（integrated fluidic circuit，IFC）芯片是一种以高分子硅橡胶为材料基础的纳升量级微流控生物芯片，利用专门设计的流路和阀门，通过计算机控制，在芯片上自动完成生物样品和反应试剂的分液，快速准确地将反应液分成若干独立的纳升量级反应单元，实现多步平行进行的通量高、体积小的 PCR 反应平台。基于集成流路芯片的实时荧光 PCR 技术不仅具备传统实时荧光 PCR 技术特异性强、检测效率高、无污染的优点；同时，IFC 芯片简化了传统实时荧光 PCR 的操作步骤；其升级的反应体系（每个微反应室的总体系约为 0.2μL）比传统 PCR 和实时荧光 PCR 反应（每个反应体系一般为 20 ～ 25μL）的试剂耗费减少 100 倍。在当大量样品需要被检测的实际应用中，基于集成流路芯片的实时荧光 PCR 技术将发挥更大的作用。

2）主要作用

动植物检疫检测鉴定技术，无论是传统检测鉴定技术，还是现代检测鉴定技术，其主要作用都是完成对动物疫病和植物有害生物的诊断，确定动物疫病和植物有害生物的有无和具体种类。经济贸易的发展和人员流动的增加，对动植物检疫检测鉴定技术也提出了更高要求，现代检测鉴定技术更具快速、准确、灵敏的特点。两类技术所研究和应用的对象是一致的，即动物疫病病原（如病毒、细菌和寄生虫等）和植物有害生物（如真菌、卵菌、细菌、植原体、病毒、类病毒、线虫、昆虫、螨类、杂草和软体动物等）；但二者的鉴别依据、借助的主要仪器设备、步骤与方法有区别。例如，形态学鉴定是以动物疫病病原体和植物有害生物的形态特征为鉴别依据，借助解剖镜、显微镜（光学显微镜、电子显微镜）等仪器，观察、记录（描述、测量、绘图、拍照等）和比较形态特征，从而判断动物疫病病原体和植物有害生物的种类；分子生物学鉴定则是以动物疫病病原和植物有害生物的基因序列特征等为鉴别依据，借助高速离心机、核酸扩增仪、电泳仪等仪器设备，通过核酸提取、基因扩增、扩增产物检测、基因测序、序列分析等步骤来确定动物疫病病原体和植物有害生物的种类。

纵观国内外，动植物检疫检测鉴定技术在实验室检测程序中发挥了重要作用，支撑了对动植物、动植物产品及其他载体的检疫，鉴定并截获了诸多的检疫性动物疫病和植物有害生物。动植物检疫检测鉴定技术的研究与应用，始终受到特别的关注，引领着动植物检疫技术的发展。

4.3.2　动植物检疫检测鉴定技术研究进展

1）国内外总体情况

动植物检疫检测鉴定技术研究离不开现代生物技术的支持，特别是免疫学技术和分子生物学技术的进步，使动植物检疫检测鉴定技术得以快速发展，使检疫性动物疫病和植物有害生物的诊断和检疫水平得到极大的提高。国内外相关研究显示，美国、澳大利亚等国家率先开展现代动植物检疫检测鉴定技术的研究；近 20 年来，我国高度重视，在国家级重点科技项目的支持下，大力开展现代动植物检疫检测鉴定技术研发和创新，并取得诸多研究成果。

分子生物学技术的飞速发展使动物疫病和植物有害生物的诊断和检疫迈上了一个新台阶。常规的病原物分离鉴定技术和抗原抗体的免疫学检测技术在动物疫病和植物有害生物的诊断和检疫中发挥了极其重要的作用，针对愈来愈多的动物疫病和植物有害生物建立了更加灵敏和特异的分子生物学诊断技术，使诊断和检疫进入基因序列直接测定的分子生物学水平。目前，基于分子生物学的动植物检疫检测鉴定技术研究，主要涉及 DNA 条形码（DNA barcoding）、聚合酶链式反应（polymerase chain reaction, PCR）、DNA 芯片（DNA chip）等。动植物检疫检测鉴定技术在常规 PCR 方法的基础上，根据应用目的不同又衍生出一系列 PCR 方法，包括反转录 PCR（reverse transcription–PCR，RT–PCR）、巢式 PCR（nested PCR）、多重 PCR（multiplex PCR）、实时荧光定量 PCR（quantitative real–time PCR, qPCR）、微滴数字 PCR（droplet digital PCR, ddPCR）、环介导等温扩增（loop–mediated isothermal amplification，LAMP）、重组酶聚合酶扩增技术（recombinase polymerase amplification, RPA）、重组酶辅助扩增技术（recombinase aided amplification, RAA）等。

与此同时，现代信息技术的发展，也为动植物检疫检测鉴定技术的研究注入活力。在传统的形态学鉴定以及现代分子鉴定技术的基础上，通过引入计算机专家系统技术（expert system technology）、网络数据库技术（network database technology）、图像识别技术（image recognition technology）等，并结合基因编辑技术（gene editing technology）和高通量测序技术（high throughput sequencing technology）等，美国、澳大利亚、中国等研究出了针对检疫性动物疫病和植物有害生物的辅助鉴定专家系统、DNA 条形码系统、自动识别系统和智能鉴定系统。

2）**我国研究实例分析**

我国开展了大量的动植物检疫检测鉴定技术研究，实例非常丰富。在此，选择近期的 2 个实例进行分析，进一步认识我国动植物检疫检测鉴定技术研究的新进展。

研究实例 4–3：基于 RAA–CRISPR/Cas12a 的非洲猪瘟检疫技术研究

2019 年，我国科研团队将 CRISPR/Cas12a 系统与重组酶辅助扩增（RAA）和免疫层析试纸相结合，开发了可用于非洲猪瘟病毒现场快速检测的技术。研究人员选择了 ASFVp72 基因中的保守序列并制备 crRNA，RAA 扩增后激活 Cas12a 的 DNase 活性，切割带有荧光报告基团的单链 DNA，释放荧光信号指示特定的 DNA 是否存在，检测灵敏度低至 10 aM 水平。针对现场检疫检测条件限制，在 RAA–Cas12a 荧光检测方法的基础上，与商品化侧流层析试纸条技术相结合，可供现场即时检测，该方法灵敏度高，特异性强，无须专业设备即可在现场快速读取结果，使得非洲猪瘟的现场快速精准检测成为可能（图 4–4）。

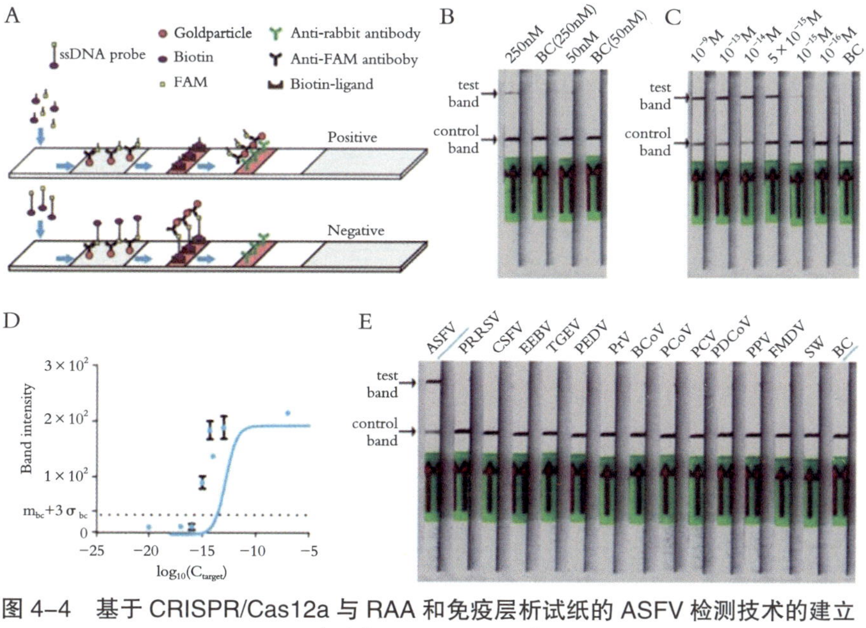

图 4–4 基于 CRISPR/Cas12a 与 RAA 和免疫层析试纸的 ASFV 检测技术的建立
（引自 Bai et al., 2019）

目前在检验检疫、流行病学调查、疫病监测等各类应用场景下，现有的血清学以及分子生物学诊断技术在灵敏度、特异性、成本和速度上都需要权衡取舍，极少有检测方法可以满足各种场景下非洲猪瘟等重要动物疫病的防控需求。因此，将多种生物学技术进行融合，研究开发不需要昂贵复杂的实验设备，同时成本较低且快速灵敏的新型检疫检测技术，在现场检疫等领域将具有极高的应用前景。

研究实例 4-4：检疫性实蝇集成流路芯片检测鉴定技术研究

2015 年，中国农业大学与中国检验检疫科学研究院等合作，针对我国 27 种重要检疫性实蝇，开展了基于集成流路芯片技术的高通量检测鉴定技术研究。通过对 27 种实蝇的 COI 条形码进行多序列比对，寻找种内保守且种间变异的种特异性位点，人工设计种特异性引物和 TaqMan-MGB 探针；对所设计的 27 种检疫性实蝇种特异性引物和探针组合，在集成流路芯片的反应平台下的特异性进行检测；通过不断调整反应试剂中引物和探针的浓度以及生物样品中模板 DNA 的浓度，最终确定我国检疫性实蝇集成流路芯片鉴定技术的反应体系。反应结束后，通过直接查看 Heat Map 即可判断结果（图 4-5）。

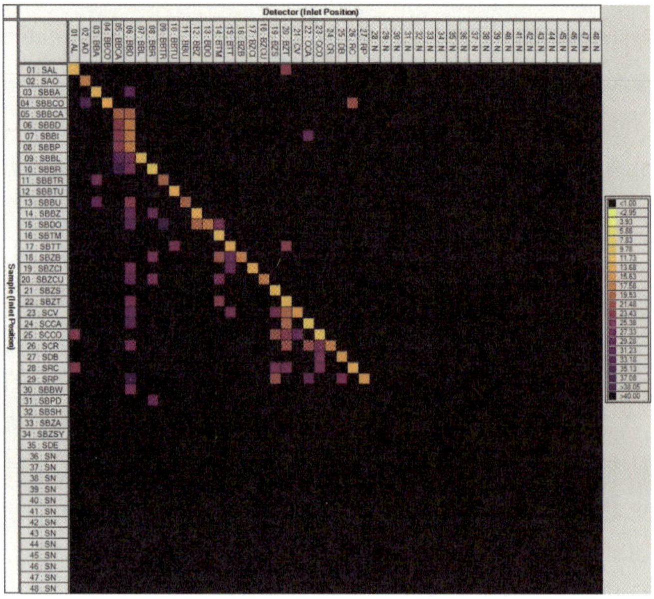

图 4-5 检疫性实蝇引物和探针组合集成流路芯片特异性检测结果（姜帆、李志红供图）

此项研究建立了我国检疫性实蝇集成流路芯片检测鉴定技术方法，设定 CT ≤ 20.0 为阳性扩增。从 DNA 提取（用时约 5 h），到芯片初始化、反应试剂和样品混合液配制、上样及分液（用时约 1.5 h），最后通过两步法实时荧光 PCR 扩增得出检测结果（用时约 1 h），整个鉴定流程只需 7.5 h 左右即可完成。该方法可一次性检测上述 27 种检疫性实蝇，具有良好的特异性，结果准确可靠。

4.3.3 动植物检疫检测鉴定技术应用浅析

1）主要标准

针对动物疫病和植物有害生物的诊断技术，OIE 及 FAO 通过的国际标准受到全球动植物检疫领域的特别关注。这些动物疫病和植物有害生物的国际诊断标准体系完善、内容科学，有分布于全球的参考实验室及科学研究成果作为技术后盾，这些诊断技术代表了全世界动植物检疫工作的最高水平，是世界各国（地区）在兽医工作和植物保护工作，特别是动植物检疫工作技术能力建设上所参照的国际标准。例如，据马贵平等 2012 年报道，OIE 已有 15 种禽类疫病的诊断标准，涉及禽流感（Avian influenza，AI）、新城疫（Newcastle disease，

ND）、鸡传染性支气管炎（Avian infectious bronchitis，AIB）等，禽流感诊断的标准包括病毒分离和毒力评价，血清学实验的琼脂免疫扩散试验、血凝和血凝抑制试验、ELISA，分子生物学技术包括 RT-PCR、实时荧光 RT-PCR、依赖核酸序列的扩增技术（necleic acid sequence based amplification, NASBA）以及 LAMP。又如，截至 2019 年 12 月，FAO-IPPC 通过了 42 个 ISPM，其中 ISPM No.27 是关于管制性植物有害生物的检测鉴定标准（Diagnostic Protocols for Regulated Pests），包括 29 个附件。

近 20 年来，我国动植物检疫检测鉴定标准的制修订工作有了一定的发展，针对检疫性动物疫病和植物有害生物，发布、实施了一系列的国家标准和行业标准。例如，2002 年发布的非洲猪瘟诊断技术（GB/T 18648—2002）规定了 PCR 和 ELISA 的技术要求，适用于生猪和野猪等易感动物及其产品 ASF 的诊断和检疫；2018 年的统计信息显示，我国动物疫病诊断技术标准体系对一、二、三类动物疫病的覆盖率为 92.6%，其中 80% 的标准有 PCR 和（或）ELISA 检测方法，对我国进境动物检疫名录疫病的覆盖率为 87.7%，其中 73% 的标准有 PCR 和（或）ELISA 检测方法。又如，针对检疫性植物病原物、害虫和杂草的检测鉴定，我国相继发布、实施了多项国家标准和行业标准，如《小麦印度腥黑穗病菌检疫鉴定方法》（GB/T 28080—2011）、《瓜类果斑病菌检疫鉴定方法》（GB/T 36822—2018）、《地中海实蝇检疫鉴定方法》（GB/T 18084—2000）、《非洲大蜗牛检疫鉴定方法》（GB/T 29576—2013）、《大家白蚁检疫鉴定方法》（SN/T 1105—2019）及《刺茄检疫鉴定方法》（GB/T 28087—2011）等。

动植物检疫检测鉴定技术国际标准、国家标准和行业标准的通过、发布和实施，进一步促进了相关技术在动植物检疫实际工作中的应用。

2）我国检疫实例分析

动植物检疫检测鉴定技术在现场查验、实验室检测等中发挥着至关重要的作用，为及时发现、确定动物疫病和植物有害生物，特别是检疫性动物疫病和植物有害生物，提供了技术支撑。我国动植物检疫检测鉴定技术应用的实例丰富，在此，选择 4 个代表性实例初步分析如下：

检疫实例 4-3：海南口岸从进口亲虾中检出传染性皮下及造血组织坏死病毒

实例简介：2003 年 12 月，海南某生物科技有限公司从美国进口南美白对虾亲虾。海南口岸检疫人员对 523 尾南美白对虾亲虾实施现场检疫，并采样按照 OIE 规定的方法进行实验室检测，检出传染性皮下及造血组织坏死病毒阳性。该病是 OIE《水生动物卫生法典》规定的甲壳动物疫病之一，危害严重。海南口岸检疫人员根据有关规定，对该批进口亲虾出具《检验检疫处理通知书》并做了销毁处理。

检疫依据：OIE《水生动物卫生法典》、《中华人民共和国进出境动植物检疫法》及其实施条例。

检疫意义：传染性皮下及造血组织坏死病毒能够感染多种对虾，对幼虾危害尤为明显，至今尚无有效防治方法，一旦侵入并蔓延，对养虾业造成较大影响。分子生物学诊断技术广泛应用于进境亲虾检疫，降低了进口亲虾隔离检疫期内传播疫病的风险，为防止传染性皮下和造血器官坏死病病毒随美国进口南美白对虾亲虾传入我国提供了有效的保障，为确保国家和企业的利益与安全提供了重要的技术支撑。在该案例及其他案例的基础上，我国于 2010 年发布了《对虾传染性皮下及造血组织坏死病毒（IHHNV）检测 PCR 法》（GB/T 25878—2010）。

检疫实例 4-4：广州海关截获海水鱼新发传染病真鲷虹彩病毒病

实例简介：2019 年 5 月 24 日，广州口岸某贸易公司从坦桑尼亚进口一批观赏鱼，共 9 个品种、71.35 kg，全部为海水观赏鱼，广州海关隶属荔湾海关按规定对其实施 14 d 的隔离检疫并抽样送检。广州海关技术中心采用分子生物学诊断技术对送检样品进行检测，从慈鲷科布鲁剑沙鱼中检出真鲷虹彩病毒。真鲷虹彩病毒病作为海水鱼新发传染性疾病，其传染方式主要以水平感染为主，由发病鱼通过水体或饵料传染给健康鱼，染病后造成鱼类造血组织坏死，患病死亡率为 30%～100%。该病是 OIE 通报性疫性，同时也被我国列为《中华人民共和国进境动物检疫疫病名录》中的二类动物疫病，是我国 2019 年进境水生动物疫病重点检测项目。

检疫依据：《中华人民共和国进出境动植物检疫法》及其实施条例、《中华人民共和国进境动物检疫疫病名录》《真鲷虹彩病毒病检疫技术规范》（SN/T 1675—2014）。

检疫意义：广州市荔湾区是我国最大的观赏鱼养殖贸易集散地，有 12 家进境观赏水生动物隔离场，每年从东南亚、非洲、美洲等 13 个国家和地区进口观赏水生动物约 1500 批次，占全国进口总量的一半以上。广州海关针对进境观赏水生动物品种繁多、来源复杂、检疫风险较高等情况，严格落实进境观赏水生动物许可制度，积极开展疫病监测和定期隔离检疫监管，落实各项检验检疫措施，实现“管得住、检得出、检得准、检得快”工作目标，在规范管理、科学把关的前提下，为进境观赏水生动物贸易健康安全发展提供了保障。

检疫实例 4-5：海南口岸首次截获检疫性有害生物八点楔天牛（楔天牛属非中国种）

实例简介：2008 年 5 月，海南口岸检疫人员从罗马尼亚进境椴木锯木中检出若干天牛成虫，经实验室技术人员使用解剖镜对天牛成虫外部形态初步鉴定，并送样给天牛分类专家，鉴定为八点楔天牛（*Saperda octopunctata* Scopoli, 1772），这是全国首次截获。八点楔天牛属寄主是阔叶树，主要危害椴木 *Tilia*，常以幼虫取食寄主。检疫人员根据相关规定，对该批木材出具《检验检疫处理通知书》，做了无害化销毁处理。

检疫依据：《中华人民共和国进出境动植物检疫法》及其实施条例、《中华人民共和国进境植物检疫性有害生物名录》。

检疫意义：检疫性有害生物的截获，对我国动植物检疫工作具有突出意义。在对截获的八点楔天牛鉴定基础上，检疫技术人员进行了楔天牛属近似种的外部形态分类、雄性外生殖器解剖等研究（图 4-6），并于 2016 年发布了国家标准《八

图 4-6　八点楔天牛 *Saperda octopunctata* Scopoli，1772（徐卫供图）

左图为成虫形态图（标尺 = 2 mm）；右图为雄性交尾器：A. 第八腹节背板（背面观），B. 第八腹节背板（腹面观）、第八腹节腹板（腹面观），C. 长骨片（腹面观），D. 长骨片（侧面观），E. 阳茎基（背面观），F. 阳基侧突（背面观），G. 阳茎基（腹面观），H. 阳基侧突（腹面观），I. 阳茎基（侧面观），J. 中茎（背面观），K. 中茎（腹面观），L. 中茎（侧面观），M. 内囊、骨针（背面观）。标尺 = 0.5 mm。

点楔天牛检疫鉴定方法》(GB/T 33034—2016),为该类害虫的检测鉴定提供了重要依据,为防止该类害虫的入侵提供了有力的技术保障。

检疫实例 4-6:我国口岸从进境苹果中多次截获苹果牛眼果腐病菌

实例简介:2009 年 4—9 月,广州(佛山高明)口岸检疫人员从进口美国苹果中发现多批症状相似的病果,表现为果洼部呈褐色至黑褐色腐烂状,以果柄基部为中心扩展至果肩部,腐烂组织表面可见奶油色分生孢子团或少许菌丝。原广东出入境检验检疫局技术中心专家通过形态学观察与系统发育分析,将其病原菌鉴定为 *Neofabraea perennans*,为美国华盛顿州及俄勒冈州苹果和梨重要的采后真菌病害——苹果牛眼果腐病的主要病原真菌,系全国首次截获该病。迄今为止,广东、上海、辽宁、天津、深圳、宁波、厦门、江苏等多个口岸先后从进口美国、智利、新西兰、法国苹果或入境旅客携带的苹果中检出苹果牛眼果腐病的多种病原菌,包括 *N. malicorticis*(无性型:*Cryptosporiopsis curvispora*)、*N. perennans*(无性型:*C. perennans*)、*N. alba*(现学名:*N. vagabunda*,无性型:*Phlyctema vagabunda*)和 *N. kienholzii*(无性型:*C. kienholzii*)。为此,原国家质量监督检验检疫总局和海关总署动植司多次发布预警通报,要求加强进境苹果的检疫查验,防止苹果牛眼果腐病菌传入我国。

检疫依据:《中华人民共和国进出境动植物检疫法》及其实施条例、《进口美国苹果植物检验检疫要求》《进口新西兰苹果植物检验检疫要求》《进口智利苹果植物检验检疫要求》《进口法国苹果植物检验检疫要求》。

检疫意义:苹果牛眼果腐病菌上述四个种地理分布重叠,*N. malicorticis* 与 *N. perennans* 在枝条上的症状有差异,分别引起苹果树炭疽溃疡病和苹果枝条多年生溃疡病,但在果实上引起的症状相同,并且病原菌的培养性状也相似,形态特征差别细微,rDNA ITS 区碱基序列的差别微小,给病原菌种类的准确鉴定带来极大的困难。我国在症状检查、病原菌的形态学和分离物的培养性状观察以及致病性测定的基础上,基于 *β-tubulin* 基因的系统发育分析,将从进境美国华盛顿州苹果中截获的腐烂病果诊断为苹果牛眼果腐病,将其病原菌准确鉴定为 *N. perennans*,并且构建的进化树可以将上述四个种完全区分开。将截获的有害生物准确鉴定到种的水平,可为海关部门制定进境水果检疫监管政策、解决进境水果中的检验检疫问题提供科学依据和技术支持,达到有效防控有害生物随进境水果传入我国的风险,对保护我国农林业和果树生产安全、维护国家主权具有重要意义。

小结

动植物检疫检测鉴定技术是用于明确动植物、动植物产品及其他载体是否存在动物疫病和植物有害生物,并确定这些动物疫病和植物有害生物种类的技术,包括传统技术和现代技术。OIE、FAO 及各国(地区)开展了诸多的动植物检疫检测鉴定技术研究与应用的探索,并以研究论文、技术标准等形式予以报道。我国动植物检疫检测鉴定技术研究与应用发展迅速,进步显著,针对检疫性动物疫病和植物有害生物已形成了检测鉴定技术体系,在 DNA 条形码、PCR 或 RT-PCR、实时荧光 PCR、LAMP、集成流路芯片等研究与应用方面积累了丰富的经验。

4.4 动植物检疫处理技术

学习重点

- 掌握动植物检疫处理技术的含义与作用
- 掌握动植物检疫处理技术的研究与应用

动植物检疫处理技术，能够有效地杀灭、灭活和消除动植物及动植物产品中的有害生物或者使其丧失繁育能力，从而在保证安全的前提下促进贸易的顺利进行。因此，检疫处理技术同时受到动植物检疫机构和企业的高度关注。相对于其他动物疫病和植物有害生物类群，针对昆虫和线虫的动植物检疫处理技术研究与应用更为广泛、系统和深入。

4.4.1 动植物检疫处理技术含义与作用

1）基本含义

检疫处理是动植物检疫程序之一，是在预检或产地检疫、现场查验、实验室检测、隔离检疫等过程中发现动物疫病和植物有害生物，特别是检疫性动物疫病和植物有害生物时，对动植物、动植物产品所采取的重要措施。检疫处理的主要方式包括退回动植物和动植物产品，扑杀或销毁动植物、动植物产品并进行无害化处理，以及对植物和动植物产品进行除害处理。动植物检疫处理技术，指用于有效地杀灭（killing）、灭活（inactivation）和消除（removal）动植物、动植物产品中的病原物、害虫和杂草或使其丧失繁育能力或失去活力（rendering pests infertile or for devitalization）的技术。动植物检疫处理技术，可划分为两大类，即化学处理技术（chemical treatment techniques）和物理处理技术（physical treatment techniques）；也可以划分为熏蒸处理技术（fumigation treatment techniques）、消毒处理技术（disinfection treatment techniques）、控温处理技术（temperature treatment techniques）、辐照处理技术（irradiation treatment techniques）、气调处理技术（modified atmosphere treatment techniques）等类别，其中控温处理技术又可划分为热处理技术（heat treatment techniques）和冷处理技术（cold treatment techniques）。在动植物检疫工作中，熏蒸处理技术、消毒处理技术、控温处理技术和辐照处理技术是常见的检疫处理技术。

在动植物检疫处理技术研究与应用中，科学地评价检疫处理的有效性至关重要。20 世纪 30 年代，Bliss 提出了概率值（probit）及剂量死亡率曲线，Baker 提出了死亡概率值 9（probit 9）的检疫处理有效性，即有害生物死亡概率为 99.9968%（95% 置信水平），并以此作为检疫处理有效性评价标准。使用此标准，意味着有害生物要达到 99.9968% 死亡概率，需要处理 93616 个有害生物个体而且全部死亡。如果严格按照死亡概率值 9 的标准来评价检疫处理的有效性，则意味着供试有害生物个体数量达不到 100000 个就无法研发出新的检疫处理技术标准。在生物入侵压力越来越大的背景下，高效地开展检疫处理技术与方法的研究并形成有效的检疫处理技术标准是世界各国必须面对的挑战。为了应对这些挑战，近年来国际社会又提出了检疫处理“有效性等同评价标准”概念，并逐步应用于检疫处理有效性评价。当前，在动植物检疫处理技术研究与应用中，死亡概率值 8.7（对应的死亡概率为 99.99%，95% 置信水平，需处理 30000 个有害生物个体）也已被采用。

2）主要作用

动植物检疫处理技术用于染疫动物的扑杀及无害化处理，用于动物产品（如羊毛、皮张等）、植物及植物产品（如原木及其制品、木质包装、竹制品、粮谷类、干果、水果、蔬菜、花卉、繁殖材料等）的除害处理及无害化处理，其主要作用表现在有效地杀灭、灭活和消除动物产品、植物及植物产品中的有害生物或者使其丧失繁育能力，实现防入侵、保安全、促发展的目的。动植物检疫处理技术，特别是熏蒸处理技术、消毒处理技术、控温处理技术及辐照处理技术，在守护国门生物安全中发挥了重要作用。

熏蒸处理技术是一种利用熏蒸剂在密闭的场所或容器内杀死有害生物的检疫处理技术。国际上常用的熏蒸剂有 10 余种，如溴甲烷（CH_3Br，methyl bromide）、磷化铝（AlP，aluminium phosphide）、环氧乙烷（$(CH_2)_2O$，ethylene oxide）、硫酰氟（SO_2F_2, sulphuryl fluoride）等。熏蒸处理技术包括常压熏蒸和真空熏蒸两种类型，与常压熏蒸相比较，真空熏蒸最突出的优点是有利于熏蒸剂蒸汽分子的迅速扩散和渗透，从而缩短熏蒸所需的时间，发挥毒杀有害生物的作用。熏蒸处理技术是一种化学检疫处理技术，效率高，在动植物检疫工作中已被广泛应用。鉴于环境保护的要求，当前溴甲烷替代技术研究与应用受到特别重视。

消毒处理在动物检疫处理中较为常见，主要分为预防性消毒、紧急消毒（又称临时消毒）和终末消毒。预防性消毒是在未发现传染源的情况下，经常采用一定的消毒措施，杀灭、清除动物体、动物产品及货物或外部环境可能污染的病原微生物，达到防止动物传染病发生的目的；紧急消毒（又称临时消毒）是在发生动物传染病时，为了及时清除、消灭从患病动物体内排出的病原体而采取的应急性消毒措施；终末消毒是在病畜解除隔离、痊愈或死亡后，或者在疫区解除封锁之前，对可能残留的病原体进行的全面彻底的消毒。

控温处理技术是一种通过温度控制来杀灭有害生物的检疫处理技术，一般分为冷处理和热处理。冷处理，主要是指 0 ℃以上的冷藏处理，通常在冷藏集装箱、冷藏库或冷藏室中进行。热处理技术，包括热水处理、干热处理、湿热处理等，通常在热水浸泡处理装置、干热室或蒸热设备中进行。在动植物检疫工作中，贸易水果在集装箱运输途中的冷处理应用十分常见，木质包装热处理、水果蒸热处理、热水处理等也有广泛应用。

辐照处理技术是一种利用电离辐射照射有害生物，使之不能完成正常的生活史或丧失繁育能力的除害技术。常用的电离辐射包括 γ 射线、X 射线、电子束等，辐照处理技术是一种颇具前景的物理检疫处理技术，目前在一些发达国家已有实际应用，在我国动植物检疫工作中也正在受到更多关注。

4.4.2 动植物检疫处理技术研究进展

1）国内外总体情况

从国内外动植物检疫处理技术研究进展来看，部分发达国家（如美国、澳大利亚、新西兰等）和发展中国家（如中国等）非常重视该技术的研究工作。熏蒸处理技术、控温处理技术、辐照处理技术等主要技术越来越成熟，溴甲烷替代技术已成为近年研究热点，物理类检疫处理技术研究得到更多关注，研究成果越来越多地被 ISPM、国家标准或行业标准所采纳或参考。为应对全球经济一体化及生物入侵的严峻形势，国际社会普遍加大了检疫处理新技术和新装备的研发，未来的检疫处理技术在保留其经济有效、绿色环保特点的同时，正向着多元化、精细化和综合化的方向发展。

关于溴甲烷的使用，由于其对臭氧层的破坏，要求加速淘汰的呼声越来越高。目前，欧盟及巴西等已经全面禁止溴甲烷的使用；考虑到禁止溴甲烷在检疫及装运前（quarantine and pre-shipment treatment，QPS）的使用会对全球国际贸易造成极大影响，一些国家仍豁免用于QPS用途的溴甲烷消费，例如中国等。但作为《蒙特利尔议定书》的缔约国，减少溴甲烷的使用是各成员应尽的责任和义务，所以积极开展高效、环保、快速、经济、安全的溴甲烷替代技术、替代药剂和减排技术研究十分重要，如硫酰氟、氰、氧硫化碳、甲酸乙酯、碘甲烷等新型熏蒸剂的开发、溴甲烷回收再利用技术的开发应用等。来自 2018 年 UNEP 的有关资料显示，目前的替代技术已可替代 30%～45% 的 QPS 用途的溴甲烷的使用。

动植物检疫处理技术研究，注重在保证杀灭有害生物的同时对货物品质的影响最小，因此，必须同时关注有害生物和货物对相应处理的反应。不同的检疫处理技术各有优点，也各有不足；综合型检疫处理技术的研发已有相关报道，涉及物理处理技术之间的组合，也涉及物理处理技术与化学处理技术之间的结合，例如热处理与冷处理的结合、冷处理与辐照处理的结合、冷处理与熏蒸处理的结合、熏蒸与气调处理的结合等。

2）我国研究实例分析

文献检索信息显示，国内外开展了大量的动植物检疫处理技术研究。我国检疫处理技术研究工作始于 20 世纪 20 年代，随着改革开放的不断深化和对外贸易的快速增长，近二十年来动植物检疫处理技术研究得到了不断加强。在这些研究中，主要涉及熏蒸处理、辐照处理、热处理、冷处理、气调处理以及综合处理技术。在我国的动植物检疫技术研究实例中，有关水果、原木等植物产品的研究实例较多，有关动物产品的研究实例很少。在此，选择近年与蝇类害虫检疫处理技术相关的 3 个研究实例进行分析，分别涉及熏蒸处理技术、辐照处理技术和控温处理技术，通过实例分析，进一步认识我国动植物检疫处理技术研究的新进展。

研究实例 4-5：进口盐湿生牛皮携带酪蝇的检疫处理技术研究

酪蝇（*Piophila casei*）主要以幼虫危害，喜食脂肪，在多油质的乳酪、肉等食品或腐败动物残体中繁殖，对相关产业造成了严重影响。生牛皮，根据其原皮的形态，可分为盐湿生牛皮、风干生牛皮、盐干生牛皮和盐水浸渍生牛皮。为了全面了解口岸常用熏蒸剂对进口盐湿生牛皮携带酪蝇的检疫处理效果，2016 年，原茂名出入境检验检疫局等单位合作采用不同浓度的溴甲烷、硫酰氟和磷化氢对盐湿生牛皮进行了熏蒸处理技术研究。结果表明，使用 48 g/m^3 溴甲烷熏蒸 24 h，对酪蝇各虫态均可 100% 杀灭；使用 35 g/m^3 硫酰氟熏蒸 24 h，或使用 7.8 g/m^3 磷化氢熏蒸 72 h，对酪蝇成虫与幼虫均有良好的杀虫效果，但对卵与蛹仅有部分杀灭作用。

研究实例 4-6：南瓜携带南亚果实蝇检疫辐照处理技术研究

南亚果实蝇（*Zeugodacus tau*）被我国列为进境检疫性害虫，主要以幼虫为害南瓜等瓜类作物的果实。在国际贸易中，从南亚果实蝇疫区出口的农产品一般被要求采取有效的检疫处理措施，以避免其在世界范围内扩散。2015 年，中国检验检疫科学研究院等单位合作，使用 γ 射线辐照技术对南亚果实蝇不同日龄的幼虫和卵开展了剂量–响应试验。通过概率值分析等发现，南亚果实蝇对辐照的耐受性随虫龄和发育阶段的增加而增强；使老熟 3 龄幼虫

99.9968% 不能羽化所需的剂量为 70.9 Gy（95% 置信水平）。研究人员进行了 2 次大规模验证试验，对南瓜中 107135 头老熟 3 龄幼虫进行了 70 Gy 辐照处理。结果显示，最低吸收剂量为 85 Gy（效能为 99.9972%）和 72 Gy（效能为 99.9938%）时均能阻止成虫羽化，该指标可以作为南亚果实蝇寄主产品检疫辐照处理的最低吸收剂量。该研究受到国内外动植物检疫领域的关注，正在征求意见中的相关 ISPM 已引用该论文的主要研究结果。

研究实例 4-7：脐橙携带橘小实蝇检疫冷处理技术研究

橘小实蝇（*Bactrocera dorsalis*）被我国列为进境检疫性害虫，主要以幼虫为害柑橘、番石榴、芒果、桃等水果以及番茄、辣椒等蔬菜作物的果实。脐橙是我国南方的重要经济水果，由于受到橘小实蝇的危害，其出口贸易受到影响。为了明确脐橙中橘小实蝇检疫冷处理技术指标，中国农业大学、天津海关动植物与食品检测中心、中国检验检疫科学研究院等单位合作开展研究。对橘小实蝇不同虫态幼虫和卵在 1.7 ℃条件下处理一定天数后的存活率研究，结果显示，4 日龄幼虫是其最耐受虫态，在 1.7 ℃条件下使 4 日龄幼虫死亡概率达 99.9968% 所需的天数为 11.3 d（95% 置信水平）。在 1.7 ℃持续 15 d 条件下进行大规模验证试验以及该技术指标对脐橙果实品质的影响评估，结果显示，1.7 ℃持续 15 d 处理 37792 头橘小实蝇 4 日龄幼虫后，未发现活虫，处理效能为 99.9921%（95% 置信水平），且该冷处理对脐橙果实品质没有不良影响。因此，该研究认为 1.7 ℃持续 15 d 可以作为脐橙中橘小实蝇的冷处理技术指标。

4.4.3 动植物检疫处理技术应用浅析

1）主要标准

在动植物检疫处理技术领域，FAO-IPPC 通过的国际植物检疫处理标准受到全球动植物检疫领域的特别关注，并在全球范围内得到广泛应用。截至 2019 年 12 月，在所通过的 42 个 ISPM 中，有 4 个检疫处理方面的标准，即 ISPM No.18《辐射用作植物检疫措施的准则》（Guidelines for the Use of Irradiation as a Phytosanitary Measure），ISPM No. 42《使用温度处理作为植物检疫措施的要求》（Requirements for the Use of Temperature Treatments as Phytosanitary Measures），ISPM No. 43《熏蒸用作植物检疫措施的要求》（Requirements for the Use of Fumigation as a Phytosanitary Measure），以及 ISPM No. 28《管制性植物有害生物的检测处理标准》（Phytosanitary Treatments for Regulated Pests）。其中，ISPM No. 28 包含有 32 个附件，涉及辐照处理、控温处理及熏蒸处理等技术，涉及水果和木材等产品，涉及昆虫和线虫等有害生物。通过这些附件，我们能够了解相应的检疫处理技术的指标要求。例如，2009 年通过的第一个附件是关于墨西哥按实蝇的辐射处理技术（PT 1: Irradiation treatment for *Anastrepha ludens*），技术指标显示，70 Gy 的最低吸收剂量可以阻止墨西哥按实蝇成虫羽化，置信水平为 95%，按此方案进行的处理可阻止 99.9968% 以上墨西哥按实蝇成虫羽化。又如，2017 年通过的第 23 个附件是针对线虫和昆虫的去皮木材硫酰氟熏蒸（PT 23: Sulphuryl fluoride fumigation treatment for nematodes and insects in debarked wood），其技术指标如表 4-4。又如，2018 年通过的第 32 个附件是针对橘小实蝇的番木瓜蒸热处理（PT32：Vapour heat treatment for *Bactrocera dorsalis* on *Carica papaya*），其技术指标包括：①暴露在蒸汽加热室内；②在最大相对湿度 80% 条件下，用不少于 3 h 的时间使气温在从室温升至 47 ℃或更高；③随后在相对湿度 90% 以上条件下，使气温保持在 47 ℃或更高；

在此期间，加热室内的所有果实中心温度保持在 46 ℃或更高至少 70 min；采用本处理方案，在 95% 置信水平下，橘小实蝇卵和幼虫死亡概率不低于 99.9841%。

表 4-4 采用硫酰氟熏蒸去皮木材 24 h 或 48 h 期间的最低浓度 – 时间组合效应（CT）

温度 / ℃	持续时间 / h	最低 CT 值 / [（g · h）/m³]	最低浓度 /（g/m³）
20 或以上（低于 30）	48	3000	29
30 或以上	24	1400	41

注：引自 PT23。

我国在动植物检疫处理技术研究的基础上，开展了相关标准的制修订工作，发布、实施了一系列的国家标准和行业标准。例如，《进出境动物重大疫病检疫处理规程》（SN/T 2858—2011），规定了进出境动物检疫中发现重大动物疫病时的检疫处理技术要求，进境动物检出其他疫病的检疫处理可参照本标准；《刺桐姬小蜂检疫处理技术标准》（SN/T 2587—2010），规定了刺桐姬小蜂熏蒸处理和药剂浸泡处理所使用的设备、仪器、药剂、剂量及操作程序，适用于出入境刺桐属植物中携带刺桐姬小蜂的熏蒸处理和药剂浸泡处理；2018 年发布、2019 年实施的《竹制品检疫处理技术规程》（GB/T 36773—2018），规定了竹制品溴甲烷或硫酰氟常压熏蒸、蒸热和辐照等处理的技术方法，适用于各类竹制品的熏蒸、蒸热和辐照等检疫除害处理。

2）我国检疫实例分析

在我国，动植物检疫处理技术在进出境动植物检疫领域的应用更为广泛、系统和深入，进一步保障了口岸检疫除害处理的顺利实施。动植物检疫处理技术应用涉及动物产品（如羊毛、皮张等）、植物（如繁殖材料、观赏植物等）和植物产品（如原木、粮谷、水果、花卉等），实例丰富。在此，选择了 3 个代表性实例分析如下：

检疫实例 4-7：从进境种猪中检出二类动物疫病并做扑杀及无害化检疫处理

实例简介：我国某企业 2016 年从丹麦进口 983 头种猪，入境口岸为海口美兰机场。该批种猪于 2016 年 4 月 25 日从丹麦运抵海口美兰国际机场，检疫人员实施现场检疫，种猪精神状态良好，无传染病临床症状。接卸前后，检疫人员对运输车辆、飞机笼具、装卸器具、接卸场地、铺垫材料等进行消毒处理，并出具《运输工具检疫处理证书》。现场检疫合格，运猪车辆经检疫人员押运，前往进境种猪指定隔离场，按大中型种用动物检疫规定实施 45 d 隔离检疫。隔离检疫期间，检疫人员按议定书要求检测规定项目，采集血样、肛拭子，实施猪痢疾、布氏杆菌病、猪传染性胸膜肺炎、猪繁殖与呼吸综合征（俗称“蓝耳病”）等 4 种疫病检测，检出 4 头种猪呈现猪传染性胸膜肺炎和猪繁殖与呼吸综合征阳性，为海南口岸首次检出。检疫人员按规定出具《检验检疫处理通知书》，对检出二类动物疫病的种猪实施扑杀，并采用填埋方法和技术做无害化处理；对污染场地、用具和物品，进行了彻底消毒；对其余经检疫合格的种猪出具《入境货物检验检疫证明》，准予放行。

检疫依据：《中华人民共和国进境动物传染病、寄生虫名录》（原质检总局和原农业部 2013 年第 2013 号联合公告）将猪传染性胸膜肺炎和猪繁殖与呼吸综合征列为二类传染病；《中华人民共和国进出境动植物检疫法》第十六条“输入动物，经检疫不合格的，由口岸动植物检疫机关签发《检疫处理通知单》，通知货主或者其代理人做如下处理：（二）检出二类传染病、寄生虫病的动物，退回或者扑杀，同群其他动物在隔离场或者其他指定地点隔离观察。”；《中华人民共和国质量监督检验检疫总局和丹麦农业渔业部关于中国从丹麦输入种猪的检疫和卫生条件议定书》（2009 年签署）；《进出境种猪检验检疫操作规程》（SN/T 1696—2006）。

检疫意义：动物检疫处理严格执行相关规定和要求，以保证检疫处理的法定性和一致性。扑杀和无害化处理技术，为动物检疫处理的有效实施提供了保障。本实例中，从丹麦进口的种猪中检出猪传染性胸膜肺炎和猪繁殖与呼吸综合征二类动物疫病，并做扑杀及无害化检疫处理，进一步防止了相关疫病的扩散，保护我国畜牧业安全，促进了进出口贸易的发展。

检疫实例 4-8：从进境高粱中检出检疫性杂草并对下脚料进行无害化处理

实例简介：2014 年 9 月，海南海口港检疫人员对一批来自澳大利亚的高粱实施入境检疫查验。经现场查验、实验室检测，截获了 18 种杂草，其中包括刺蒺藜草（*Cenchrus echinatus*）、黑高粱（*Sorghum almum*）、南美苍耳（*Xanthium cavanillesii*）、法国野燕麦（*Avena ludoviciana*）4 种检疫性杂草，黑高粱、南美苍耳为海南口岸首次截获。依据相关法规，海南口岸检疫人员对该批进境高粱实施全过程监管，出具《检验检疫处理通知书》，采用无害化处理技术对 1025 kg 下脚料进行了焚烧，有效阻断了有害生物的传入、保护了海南岛生态安全。

检疫依据：《中华人民共和国进出境动植物检疫法》及其实施条例、《中华人民共和国食品安全法》及其实施条例、《中华人民共和国进出口商品检验法》及其实施条例、《农业转基因生物安全管理条例》《进出境粮食检验检疫监督管理办法》。

检疫意义：在高粱收获、储藏过程中，夹带植物病原物、害虫、杂草的风险高，其中夹带检疫性杂草的风险更为突出。近年来，海南口岸从进境高粱中频繁截获多种杂草，一些杂草在我国尚未有发现报道，海南岛气候条件优越，所截获的有害杂草，存在当地定殖的风险，易对当地农林业造成危害。海关总署及其直属、隶属海关不断加强进口高粱等粮谷的检疫监管力度，建立覆盖现场查验、实验室检测、加工监管、疫情监测等全过程的风险管理体制，预防检疫性有害生物传入和扩散，保护农林业生产安全、人体健康和生态安全，支持促进国际经济贸易发展。

检疫实例 4-9：冷处理技术在葡萄牙输华鲜食葡萄检疫中的应用

实例简介：2019 年 9 月 19 日，海关总署发布《关于进口葡萄牙鲜食葡萄植物检疫要求的公告》，允许符合相关要求的葡萄牙鲜食葡萄进口，标志着鲜食葡萄成为该国首个获准出口中国的鲜果品项。葡萄牙是我国多种进境检疫性水果果实害虫的疫区，根据双方植物检疫议定书的要求，葡萄牙输华鲜食葡萄在出口前或运输途中须经过有效的冷处理检疫措施，确保入境葡萄不携带中方关注的检疫性有害生物（如地中海实蝇、葡萄花翅小卷蛾、葡萄根瘤蚜等）。所采用的冷处理技术指标为：1.11 ℃或以下，15 d；1.67 ℃或以下，17 d；2.22 ℃或以下，21 d。葡萄牙输华葡萄装箱前，包装好的果实在冷藏室中存放（预冷）至果肉温度达 4 ℃或以下；每个集装箱至少安插 5 个经过校正的温度探针，包括 3 个果实温度探针、2 个箱体空间温度探针；探针温度在 −3.0 ℃到 +3.0 ℃，精确到 ±0.15 ℃。探针安插位置为：1 号果温探针安插在集装箱内货物首排顶层中央位置；2 号果温探针安插在距集装箱门 1.5 m（40 英尺集装箱）或 1 m（20 英尺集装箱）的中央，并在货物高度一半的位置；3 号果温探针安插在距集装箱门 1.5 m 或 1 m 的左侧，并在货物高度一半的位置；2 个空间温度探针分别安插在集装箱的入风口和回风口处。只有当所有的果温探针都达到指定的温度时，才能正式开始计算处理时间。每小时至少记录一次所有探针的温度，记录显示应满足探针要求的精度。入境植物检疫证书中必须注明冷处理的温度、处理时间和集装箱号码及封识号。在葡萄入境时，葡方向我方海关提供植物检疫证书、冷处理报告、果温探针校正记录，我方核查相关报告和记录，特别是冷处理的报告。

检疫依据：《中华人民共和国进出境动植物检疫法》及其实施条例、《中华人民共和国食品安全法》及其实施条例、《进境水果检验检疫监督管理办法》《中华人民共和国海关总署与葡萄牙共和国农业、林业与农村发展部关于葡萄牙鲜食葡萄输华植物检疫要求的议定书》和《水果中实蝇类害虫冷处理技术指南》（SN/T 4862—2017）等。

检疫意义：冷处理技术是可在运输过程中采用的检疫处理技术，适用于鲜食水果进出口贸易中的除害处理。冷处理技术不仅可有效防范检疫性有害生物的传入、保障水果果品质量，还可在水果运抵中国入境口岸时，已随航完成长时间的低温处理，降低成本、提高效率，从而促进贸易便利化。

小结

动植物检疫处理技术是用于有效地杀灭、灭活和消除动物产品、植物及植物产品中的有害生物或使其丧失繁育能力或失去活力的技术，包括熏蒸处理技术、辐照处理技术、控温处理技术等。在进出境动植物检疫领域，国内外开展了更为广泛、系统和深入的动植物检疫处理技术研究与应用的探索。

4.5 动植物检疫疫情监测技术

学习重点

- 掌握动植物检疫疫情监测技术的含义与作用
- 掌握动植物检疫疫情监测技术的研究与应用

动植物检疫疫情监测技术，为疫情监测措施的实施提供了支持和保障。通过疫情监测技术，能够明确一定的时间和空间范围内检疫性动物疫病及植物有害生物的发生情况，包括种类、来源及分布等。现代信息技术和生物技术的进步，为动植物检疫疫情监测技术的研究与应用助力。

4.5.1 动植物检疫疫情监测技术含义与作用

1）基本含义

在动植物检疫领域，疫情监测包括调查和监测。调查，是为确定在一定地域范围内动物疫病和植物有害生物的存在或不存在以及种群边界或特性，而在一定时期采取的官方程序，其特点在于时间性和地域性；监测，是为核查动植物检疫状况而持续进行的官方活动，其特点在于连续性。动植物检疫疫情监测技术，是用于明确一定时间和地域范围内动物疫病和植物有害生物发生状况的技术。动植物检疫疫情监测技术可分为一般监测技术和专项监测技术，前者是通过各种来源收集某一区域相关动物疫病和植物有害生物信息的技术，后者是在某一特定时期内获得某一区域所关注动物疫病和植物有害生物信息的技术。专项监测技术，主要用于确定某一区域内发生或未发生动物疫病和植物有害生物的种类和程度。专项监测技术，一般包括三类调查技术：①发生调查技术（detection survey techniques）。用以确定一个区域内动物疫病和植物有害生物是否发生的技术。②定界调查技术（delimiting survey techniques）。用以划定认为受到某种动物疫病和植物有害生物侵染或无某种动物疫病和植物有害生物的区域边界的技术。③监测调查技术（monitoring survey techniques）。用以核实动物病原体和植物有害生物种群特性的持续调查技术。

在动植物检疫疫情监测过程中，通常不可能对整个总体的全部个体进行调查。因此，各国（地区）动植物检疫机构可以决定对取自总体的一个样本进行监视。可单独使用也可组合使用常见抽样方法，如简单随机抽样（simple random sampling）、系统抽样（systematic sampling）、分层抽样（stratified sampling）、整群抽样（cluster sampling）和目标抽样（targeted sampling）。

国内外动植物检疫疫情监测技术研究与应用实践显示，监测涉及三项主要技术，即①监测时间和监测点的设置：主要涉及在一定的区域、一定的时间，设置一定数量的监测点；②动物疫病和植物有害生物的调查与鉴定：主要涉及现场调查与采样、样品鉴定与溯源等；③监测数据的统计分析与管理：主要涉及数据统计、制图、数据库及网络系统建设等。在动植物检疫疫情监测技术中，免疫抗体监测技术和诱捕监测技术的研究与应用受到更多关注，发展迅速；免疫抗体监测技术用于动物疫病的监测，诱捕监测技术用于植物有害生物的监测。

2）主要作用

动植物检疫疫情监测技术能够为动植物疫情监视措施的实施提供支持和保障，其作用主要表现在 3 个方面：①及时发现和确定动物疫病和植物有害生物的情况。通过动植物检疫监视技术，能够明确一定时间和地域范围内动物疫病和植物有害生物的传入和扩散情况，包括有无发生、种类、来源及分布等。②及时为进出境和国内动植物检疫工作提供重要依据。根据动植物检疫疫情监测结果，能够为风险分析、市场准入、双边或多边议定书签署、预检、产地检疫、调运检疫等提供重要依据。③及时预警和加强动植物检疫相关措施。根据动植物检疫疫情监测结果，能够确定需要预警的动物疫病和植物有害生物种类、来源国（地区）及分布区域，同时能够确定所需加强的动植物检疫措施，如预防从国外传入的措施或防控在国内扩散的措施。

4.5.2 动植物检疫疫情监测技术研究进展

1）国内外总体情况

由于防控生物入侵和发展经济贸易的需要，促使更多国家（地区）重视动植物检疫疫情监测技术研究。从国内外研究进展来看，美国、澳大利亚、新西兰、中国等，在动植物检疫疫情监测技术研究方面积累了更多实践经验。例如，针对动物免疫抗体监测和植物有害生物诱捕监测的研究，有关疫苗、接种、诱剂、诱芯及诱捕器的研发多见报道；针对监测时间和地域的研究，有关动物免疫程序、有害生物潜在地理分布的研究常见报道；针对监测数据管理的研究，近 20 年来开展了基于网络数据库和 3S 技术的远程监测系统的研发；针对监测溯源技术的研究，近年来取得了更新的进展，基于种群遗传结构和稳定同位素分析的溯源研究已引起更多关注。

澳大利亚出版的《亚太地区植物有害生物监控指南》(Guidelines for Surveillance for Plant Pests in Asia and the Pacific)，介绍了植物有害生物疫情监测的方法与技术（McMaugh，2013）。其中，记述了疫情监测的21个步骤，特别强调了监测实施前准备工作的重要性：

第1步：选择题目和设计人。

第2步：确定调查的目的：如植物有害生物名录、寄主名录、早期发生、非疫区、低度流行区、田间治理等。

第3步：确定靶标有害生物：详细描述该有害生物，如学名、生活史、传播方式、诊断特征等。

第4步：确定靶标寄主：详细描述寄主，如学名、生活史、分布等。

第5步：确定靶标转主寄主：详细描述转主寄主。

第6步：回顾前人的调查计划：综述相似情况下的任何其他调查、文献等。

第7步：确定调查区域：记录区域的特征。

第8步：确定调查地区：记录地区的特征。

第9步：确定调查场所、田间位置、取样位置、取样点：记录相关特征。

第10步：明确如何选择取样点：记录选择方法。

第11步：计算样本大小：特别在需要统计学手段时，如发生调查、监测调查。

第12步：确定调查时间：记录何时进行调查、调查频率等。

第13步：确定所要收集的数据：设计田间数据记录表等。

第14步：采集有害生物标本的方法：记录采集、制作、鉴定有害生物标本的方法。

第15步：电子数据存储方法：设计电子数据表或数据库以便存储数据。

第16步：确定调查人员：选配调查人员、技术培训、装备配置等。

第17步：获取许可：进入调查地点的许可和任何其他所需的许可。

第18步：预备调查：进行预备性调查、完善调查方案等。

第19步：执行调查：实施调查，如田间数据/标本采集、鉴定等。

第20步：分析数据：统计分析所调查的数据，如图表等。

第21步：报告结果：撰写调查报告。

在动植物检疫领域，重要经济实蝇疫情监测技术的研究得到全球高度重视，发展迅速。实蝇监测旨在了解和掌握本国（地区）实蝇发生的基本情况，发现入侵的国外危险性实蝇并采取根除措施，保护本国（地区）水果及蔬菜生产，促进对外贸易的发展。实蝇监测采取诱捕技术开展工作，主要应用实蝇诱剂、诱饵，将相应的实蝇种类引诱到诱捕器中并杀死（主要有黏着、水溺或药食），然后对捕获的标本进行鉴定，以确定疫情。自20世纪80年代起，我国开展地中海实蝇等重要经济实蝇的疫情监测方法与技术的引进和创新研究，积累了较为丰富的经验。1980年，由原国家动植物检疫局引进国外实蝇监测诱捕技术，采用地中海实蝇引诱剂（trimedlure）、橘小实蝇引诱剂（methyl eugenol）、瓜实蝇引诱剂（cuelure）以及Steiner诱捕器，在广东等南方部分地区开展了对实蝇的监测诱捕工作。自1994年起，为适应国际植物检疫的新形势，在全国口岸大面积开展对地中海实蝇的监测。从2000年起，原国家质量监督检验检疫总局决定进一步建立和完善全国实蝇监测预防体系，在明确了实蝇监测技术要素（如引诱物及诱捕器、诱捕点的选择、监测时间及频率、诱捕器的悬挂、诱捕器的维护、记录与数据管理、诱捕体系的监管）的基础上，在全国范围内开展实蝇监测工作。原广东出入境检验检疫局技术中心与中国农业大学等机构合作，编程开发了全国实蝇监测快速反应网络系统用以支持实蝇疫情监测数据与信息的实时传输、查询、统计和管理，设计研制了新型的诱捕器用以支持各类诱剂和诱饵的使用，研究确定了不同省（自治区、直辖市）每年的监测时间和频次，研究探索了基于基因序列和稳定同位素的监测溯源新技术等，这些新技术研究促进了我国实蝇监测水平的再提高。截至目前，20 余年的全国实蝇监测为及时发现、确定重要经济实蝇特别是检疫性实蝇的有无发生、种群边界及特性发挥了极为重要的作用。

2）我国研究实例分析

文献检索信息显示，国内外开展了较多的动植物检疫疫情监测技术研究。在我国，动植物检疫疫情监测技术研究一直受到关注，发展较快、实例较多。在此，编者选择了近年的 2 个实蝇诱捕监测技术研究实例和猪繁殖与呼吸综合征病毒变异监测技术研究实例进行分析。通过实例分析，我们可以进一步认识我国动植物检疫监测技术研究的新进展。

研究实例 4-8：新式综合型实蝇诱捕器的研制

实蝇诱捕器通常有 3 类，即干燥型诱捕器、湿型诱捕器和干湿综合型诱捕器。我国已报道的诱捕器基本上是单个研究者或者生产者自行设计制作的，缺少标准化，难以列入国际标准建议使用的诱捕器类型。2013 年，原广东出入境检验检疫局检验检疫技术中心根据国际通用的实蝇诱捕器要求，设计并生产了一种具有自主知识产权的新式综合型实蝇诱捕器，已获实用新型专利。该综合型诱捕器由 4 部分组成，包括底座、上盖、盛药网隔和大隔网（图 4-7）；盛药网隔的结构设计，在使用时免去了将棉花搓实成棉芯的操作，省去了安装铁丝和螺丝等步骤，解决了现行诱捕器中存在添加液体诱剂烦琐、易受诱剂污染和诱捕的标本易受损等难题；大隔网结构设计，可将诱到的虫体与沉淀的引诱物隔离，节省检查维护时间；防雨水结构设计，解决了诱入的标本因雨水混入而容易腐烂等问题。该诱捕器是一种适用于不同引诱剂类型的综合型诱捕器，实现不同诱剂同步检查、方便诱剂添加、不易受诱剂污染，可保持捕获标本干燥完好、检查更便捷等目的。该研究在实蝇诱捕监测装置上取得创新性成果，具有重要意义。

图 4-7 新式综合型实蝇诱捕器（吕文刚供图）
左：盛药网隔　　右：大隔网

研究实例 4-9：橘小实蝇种群遗传结构与溯源研究

橘小实蝇（*Bactrocera dorsalis*）是全球关注的检疫性害虫，严重影响果蔬产品国际贸易。近年来的相关报道显示，木瓜实蝇（*B. papaya*）、菲律宾实蝇（*B. philippinensis*）、入侵实蝇（*B. invadens*）是橘小实蝇的同物异名，从而橘小实蝇的分布范围从亚太地区扩展到了非洲大多数国家。从实蝇监测角度来看，橘小实蝇全球种群结构、入侵路径及溯源亟待研究。2018年，中国农业大学与澳大利亚昆士兰科技大学等国内外机构合作，收集了全球63个橘小实蝇种群样品，利用微卫星、线粒体基因cox1、nad 6两种分子标记，对橘小实蝇的宏观地理种群结构、入侵路径和种群溯源进行了研究。结果表明，橘小实蝇亚洲种群表现出较高的遗传多样性且遗传结构不明显，南亚可能是其他亚洲种群的来源地，非洲和夏威夷的种群推断为南亚起源的单一入侵种群，我国中部地区的橘小实蝇为多次重复入侵的结果，很可能与国内果蔬贸易及人员往来无意携带有关。因此，应大力加强针对橘小实蝇的全球入侵防控工作，特别是严防该虫通过果蔬贸易和人员往来传入亚洲中北部、欧洲、大洋洲及美洲大部分国家和地区。该研究针对全球橘小实蝇种群遗传结构，为橘小实蝇监测溯源提供了大量科学依据和溯源方法，对我国实蝇等检疫性有害生物疫情监测具有重要意义。

研究实例 4-10：猪场猪繁殖与呼吸综合征病毒变异监测与新毒株的发现

猪繁殖与呼吸综合征是危害生猪产业的重要疫病之一，被我国列为检疫性动物疫病。其病原为猪繁殖与呼吸综合征病毒（PRRSV），具有易变异的特性，变异毒株与新毒株的监测对于防控工作十分重要。通过采用RT-PCR技术对临床样本进行连续监测，不仅有利于实时掌握猪场毒株的变化和感染状况以及疫情发生情况，同时明确了我国猪场存在PRRSV 2型的不同谱系毒株。2014年，中国农业大学农业农村部动物流行病学重点实验室及时发现谱系1的类NADC30毒株；经溯源和毒株演化分析，表明该毒株与美国的NADC30毒株高度同源；该毒株的流行引发许多猪场发生猪繁殖与呼吸综合征疫情，造成经济损失。此项工作对于加强国内猪场间的引种检测，防范类NADC30毒株的传入和传播具有重要的指导意义。

4.5.3 动植物检疫疫情监测技术应用浅析

1）主要标准

在动植物检疫疫情监测技术领域，相关国际标准、国家标准及行业标准的发布进一步促进了监测技术的应用。例如，FAO-IPPC通过的ISPM疫情监测标准受到了植物检疫领域的特别关注，并在全球范围内得到广泛应用。截至2019年12月，在所通过的42个ISPM中，至少有7个与疫情监测相关的标准，即ISPM No. 6《监视》（Guidelines for Surveillance），ISPM No. 8《某一地区有害生物状况的确定》（Determination of Pest Status in an Area），ISPM No. 4《建立非疫区的要求》（Requirements for the Establishment of Pest Free Areas），ISPM No. 9《有害生物根除计划准则》（Guidelines for Pest Eradication Programmes），ISPM No. 10《关于建立非疫产地和非疫生产点的要求》（Requirements for the Establishment of Pest Free Places of Production and Pest Free Production Sites），ISPM No. 17《有害生物报告》（Pest Reporting）以及ISPM No. 26《实蝇非疫区的建立［Establishment of Pest Free Areas for Fruit Flies（Tephritidae）］。这些ISPM为全球植物有害生物疫情监测技术的应用提供了重要指导。

在我国，动植物疫情监测的标准陆续发布、实施，特别是检疫性植物有害生物监测的标准多有报道。例如，《实蝇监测方法》（SN/T 2029—2007）、《实蝇诱剂监测方法》（GB/T 36828—2018）、《柑橘小实蝇疫情监测规程》（GB/T 23619—2009）、《地中海实蝇监测规范》（NY/T 2056—2011）、《红火蚁疫情监测规程》（GB/T 23626—2009）、《蜜柑大实蝇监测规范》（NY/T 3155—2017）、《柑橘黄龙病监测规范》（GB/T 35333—2017）、《瓜类果斑病监测规范》（NY/T 2865—2015）、《外来杂草监测技术指南》（SN/T 4981—2017）、《进境百合种球疫情监测规程》（GB/T 38362—2019）、《进境玉米种子疫情监测规程》（GB/T 38361—2019）等。在有关动植物疫情监测的国家标准和行业标准中，规定了监测区域、监测时期、监测用品、监测方法等内容，推进了我国动植物疫情监测技术的推广应用，促进了疫情监测工作的规范化。

2）我国检疫实例分析

在我国动植物检疫领域，疫情监测技术的应用较为广泛，检疫实例较为丰富。根据动植物检疫法规及技术标准要求，进出境和国内检疫工作者针对监测对象，采用相应的疫情监测技术，开展检疫性动物疫病和植物有害生物的疫情监测工作。在此，选择了 2 个代表性实例分析如下：

检疫实例 4-10：海口海关对出境水生动物注册场开展年度疫病监测

实例简介：2018 年 5 月，海南万宁某出境水生动物注册场 1 批次 2 kg 活金鲳鱼卵、3 批次 13.2 万尾金鲳鱼苗经海口海关检疫合格出口新加坡，这是海南口岸首次出口金鲳鱼卵和鱼苗到新加坡。海口海关对出境水生动物注册场开展了年度疫病监测，监测对象包括鲕鱼苗、石斑鱼苗、金鲳鱼苗等，监测项目包括真鲷虹彩病毒病（RSIVD）、病毒性神经坏死病（VNN）、白斑综合征（WSS）等 4 种疫病，阳性结果数 0 个。针对金鲳鱼苗出口，海口海关发挥职能优势，加强质量安全监管，在产品分级、企业分类的基础上，以水生动物疫病监测为评价基础，严把安全关，并实施 24 h 电话预约服务，对鱼卵鱼苗等鲜活产品的出口做到随报随检、通关"零等待"，保障产品活力，实现海南口岸金鲳鱼卵和鱼苗首次出口新加坡，推促海南特色农产品扩大"一带一路"沿线国家出口。

工作依据：《中华人民共和国进出境动植物检疫法》第四条；《中华人民共和国进出境动植物检疫法实施条例》第五十六条；海关总署每年下发的总署年度监测计划。

检疫意义：动植物检疫疫情监测技术应用于出口检疫，为出口产品快速通关提供执法支撑。使用动植物检疫疫情监测技术对可能出现的疫情进行检测和评估，及时防范可能发生的疫情。对防控重大动植物疫病疫情，提高农牧业产品安全质量，增强我国农畜产品国际竞争力，推动农业渔业增效和农民增收具有重要意义。

检疫实例 4-11：诱捕监测技术在检疫性实蝇监测中的应用

实例简介：自 2020 年 4 月广州海关部署年度实蝇监测工作以来，辖区多个隶属海关和办事处按照监测工作要求，采取实蝇诱捕监测技术，严格按照监测工作技术指南在口岸监管点、中途监管点、水果堆场和集散地、水果和蔬菜等出口种植基地及其周边高风险区域内、或其他具有实蝇传入和发生风险的场所设置检疫性实蝇监测点，悬挂具有我国自主知识产权的新式综合型诱捕器，监测实蝇的发生和分布情况。在实蝇诱捕监测过程中，海关工作人员定期更换性诱剂和诱饵，并将诱捕器中的成虫标本取出、计数、记录并送技术中心进行检测鉴定（图 4–8）。2020 年 8 月，佛山海关综合技术中心针对佛山海关驻顺德办事处送检的实蝇监测成虫标本进行检测鉴定，鉴定出检疫性有害生物橘小实蝇和瓜实蝇。

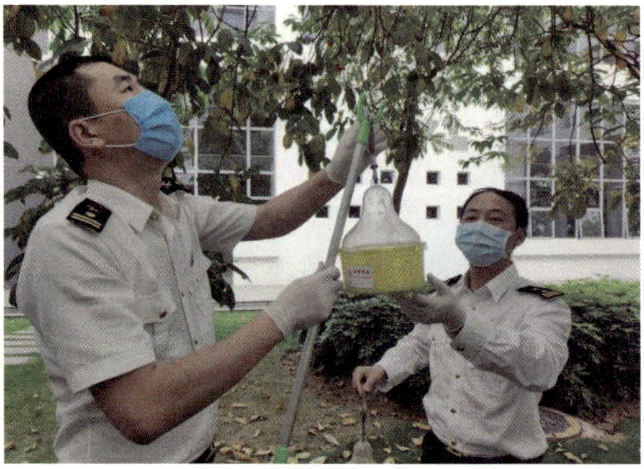

图 4–8　实蝇诱捕器悬挂（引自广州海关官网）

检疫依据：《中华人民共和国进出境动植物检疫法》及其实施条例、《进境水果检验检疫监督管理办法》《实蝇监测方法》（SN/T 2029—2007）、《有害生物监测通用要求》（SN/T 3175—2012）等。

检疫意义：实蝇监测技术在口岸的广泛应用能够满足监测动态的需要，掌握本国或本地区具经济重要性实蝇的种类、发生状况，及时监控可能入侵的外来有害实蝇的入侵动态，为外来有害实蝇的入侵和本地实蝇的扩散提供预警服务，为及时启动防控实蝇的应急行动计划提供依据，为疫情综合防控和保护国门生物安全提供技术支持，从而达到保护本国或本地区农林业生产安全和促进农产品对外贸易的目的。

小结

动植物检疫疫情监测技术是指用于明确一定时间和地域范围内动物疫病和植物有害生物发生状况的技术，包括一般监视技术和专项监视技术，专项监视技术又包括发生调查技术、定界调查技术和监测调查技术。动植物疫情监测新技术的研究受到国内外更多关注，相关国际标准、国家标准和行业标准的发布与实施进一步促进了动植物疫情监测技术的应用。

【思考题】

1. 动植物检疫技术包括哪些主要类别？请举例说明。
2. 如何理解动植物检疫风险分析技术的主要作用？其研究与应用的进展如何？
3. 动植物检疫检测鉴定技术的主要作用有哪些？其研究与应用的进展给你哪些启发？
4. 如何理解动植物检疫处理技术的主要作用？其研究与应用的进展如何？
5. 动植物检疫疫情监测技术的主要作用是什么？其研究与应用的进展给你哪些启发？
6. 动植物检疫技术面对哪些挑战？针对动植物检疫技术的未来发展，你有什么建议？

【参考文献】

［1］McMaugh T. 亚太地区植物有害生物监控指南 . 中国农科院植保所生物入侵研究室，译 . 北京：科学出版社，2013.

［2］万方浩，彭德良，王瑞 . 生物入侵：预警篇 . 北京：科学出版社，2010.

［3］马贵平，史喜菊，李炎鑫，李冰玲，刘全国 . 禽病诊断的国家标准、行业标准及国际标准的比较及适用性评估 . 中国动物检疫，2012, 29(1):63–68.

［4］王卫芳，胡佳，温庆秋，何瑞芳，于璇，胡学难，何日荣 . 进境美国苹果牛眼果腐

病病原真菌（*Neofabraea perennans*）的鉴定．果树学报，2016，33（4）：457–465.

［5］王岩，刘陆世，姜雯，庞素芬，宋建德，孙洪涛，王媛媛，肖肖，孙映雪，韩凤玲，孙淑芳，魏荣．我国陆生动物疫病检测诊断技术标准化发展分析．中国动物检疫，2018, 35(10):39–43.

［6］王跃进，詹国平．检疫辐照处理技术与应用．北京：中国农业出版社，2016.

［7］王跃进．中国植物检疫处理手册．北京：科学出版社，2014.

［8］中华人民共和国国家质量监督检验检疫总局，中国国家标准化管理委员会．中华人民共和国国家标准 GB/T 18648—2002: 非洲猪瘟诊断技术．北京：中国标准出版社，2002.

［9］中华人民共和国国家质量监督检验检疫总局，中国国家标准化管理委员会．中华人民共和国国家标准 GB/T 20879—2007: 进出境植物和植物产品有害生物风险分析技术要求．北京：中国标准出版社，2007.

［10］中华人民共和国国家质量监督检验检疫总局，中国国家标准化管理委员会．中华人民共和国国家标准 GB/T 33034—2016: 八点楔天牛检疫鉴定方法．北京：中国标准出版社，2016.

［11］中华人民共和国国家质量监督检验检疫总局，中国国家标准化管理委员会．中华人民共和国国家标准 GB/T 36773—2018: 竹制品检疫处理技术规程．北京：中国标准出版社，2018.

［12］全国农业技术推广服务中心．境外引进玉米种子风险分析．北京：中国农业出版社，2019.

［13］孙楠，黄冠胜，林伟，李志红．主要贸易国家有害生物风险分析研究方法比较．植物检疫，2007, 21(2): 87–91.

［14］李志红，Buahom Nopparat, 胡俊韬，张俏，方焱．实蝇科害虫入侵来源与入侵机制研究进展．植物检疫，2013, 27(3):1–12.

［15］李志红，姜帆，马兴莉，方焱，孙壮志，秦誉嘉，王巧铃．实蝇科害虫入侵防控研究进展．植物检疫，2013, 27(2):1–10.

［16］李志红，秦誉嘉．有害生物风险分析定量评估模型及其比较．植物保护，2018, 44(5): 134–145.

［17］杨汉春．动物免疫学．2 版．北京：中国农业大学出版社 .2003.

［18］吴佳教，刘海军，顾渝娟，胡学难，李春苑．实蝇监测技术要素Ⅰ．植物检疫，2009a, 23(1): 49–51.

［19］吴佳教，李春苑，刘海军，顾渝娟，林莉，胡学难．新式综合型实蝇诱捕器的研制．植物检疫，2013, 27(2): 65–67.

［20］吴佳教，顾渝娟，刘海军，胡学难，李春苑．实蝇监测技术要素Ⅱ．植物检疫，2009b, 23(2): 41–45.

［21］徐卫，林明光，韩玉春，年晓丽．我国首次截获检疫性有害生物八点楔天牛．植物检疫,2008, 22(6):284.

［22］徐卫，蔡波，敖苏，刘福秀，潘英文，韩玉春，林明光，陈力．楔天牛属 7 种雄性外生殖器特征比较研究．环境昆虫学报,2019, 41(3):581–591.

［23］梁广勤，梁帆，陈小帆，吴佳教，胡学难．实蝇监测方法．北京：中国标准出版社出版，2008.

［24］蒋青，梁忆冰，王乃扬，姚文国．有害生物危险性评价指标体系的初步确立．植物检疫，1994, 8(6): 331–334.

［25］Bai J, Lin HS, Li HJ, Zhou Y, Liu JS, Zhong GR, Wu LT, Jiang WF, Du HL, Yang JY,

Xie QM, Huang LZ. Cas12a-based on-site and rapid nucleic acid detection of African swine fever. Frontiers in Microbiology, 2019, 10: 2830.

[26] Baker A C. The basis for treatment of products where fruit flies are involved as a condition for entry into the United States. United States of Department of Agriculture Circular, 1939, No.551.

[27] Basto AP, Portugal RS, Nix RJ, Cartaxeiro C, Boinas F,Dixon LK, Leitao A, Martins C. Development of a nested PCR and its internal control for the detection of African swine fever virus (ASFV) in *Ornithodoros erraticus*. Archives of Virology, 2006, 151: 819–826.

[28] Bliss, C I 1935. The calculation of the dosage–mortality curve. Annals of Applied Biology. 22: 134–167.

[29] Bliss, C I. The method of probits. Science, 1934, 79: 38–39.

[30] Chen JS, Ma EB, Harrington LB, Costa M, Tian XR, Palefsky JM, Doudna JA. CRISPR-Cas12a target binding unleashes indiscriminate single–stranded DNase activity. Science, 2018, 360: 436–439.

[31] Fang Y, Kang F, Zhan G, Ma C, Li Y, Wang L, Wei Y, Gao X, Li Z, Wang Y. The Effects of a Cold Disinfestation on *Bactrocera dorsalis* Survival and Navel Orange Quality. Insects, 2019, 10(12): 452.

[32] Gootenberg JS, Abudayyeh OO, Lee JW, Essletzbichler P, Dy AJ, Joung J, Verdine V, Donghia N, Daringer NM, Freije CA, Myhrvold C, Bhattacharyya RP, Livny J, Regev A, Koonin EV, Hung D, Sabeti PC, Collins JJ, Zhang F. Nucleic acid detection with CRISPR–Cas13a/C2c2. Science, 2017, 356: 438–442.

[33] Inacio J, Flores O, Spencer–Martins I. Efficient identification of clinically relevant candida yeast species by use of an assay combining panfungal loop–mediated isothermal DNA amplification with hybridization to species–specific oligonucleotide probes. Journal of Clinical Microbiology, 2008, 46: 713–720.

[34] James HE, Ebert K, McGonigle R, Reid SM, Boomham N, Tomlinson JA, Hutchings GH, Denyer M, Oura CAL, Dukes J, King DP. Detection of African swine fever virus by loop–mediated isothermal amplification. Journal of Virological Methods, 2010, 164: 68–74.

[35] Jiang F, Fu W, Clarke AR, Schutze MK, Susanto A, Zhu SF, Li ZH. A high–throughput detection method for invasive fruit fly (Diptera: Tephritidae) species based on microfluidic dynamic array. Molecular Ecology Resources, 2016, 16: 1378 – 1388.

[36] Martin RR, Constable F, Tzanetakis IE. Quarantine regulations and the impact of modern detection methods. Annual Review of Phytopathology, 2016, 54: 189–205.

[37] Miao FM, Zhang JY, LI N, Chen T, Wang LD, Zhang F, Mi LJ, Zhang JX, Wang SC, Wang Y, Zhou XT, Zhang YY, Li M, Zhang SF, Hu RL. Rapid and sensitive recombinase polymerase amplification combined with lateral flow strip for detecting African swine fever virus. Frontiers in Microbiology, 2019, 10: 1004.

[38] Notomi T, Okayama H, Harumi M, Toshihiro Y, Keiko W, Nobuyuki A, Tetsu H. Loop-mediated isothermal amplification of DNA. Nucleic Acids Research, 2000, 28: e63.

[39] Oura CAL, Powell PP, Parkhouse RME. Detection of African swine fever virus in infected pig tissues by immunocytochemistry and in situ hybridisation. Journal of Virological Methods, 1998,

72: 205–217.

[40] Phillips S J, Dudik M, Schapire R E. A maximum entropy approach to species distribution modeling//Proceedings of the twenty–first international conference on Machine learning. ACM, 2004: 83.

[41] Piepenburg O, Williams CH, Stemple DL, Armes NA. DNA detection using recombination proteins. PLoS Biology, 2006, 4: 1115–1121.

[42] Qin YJ,KroschMN,Schutze MK, Zhang Y, Wang XX,Prabhakar CS,Susanto A,Hee AKW, Ekesi6 S,Badji K,Khan M,Wu JJ, Wang QL, Yan G, Zhu LH,Zhao ZH, Liu LJ,Clarke AR, Li ZH. Population structure of a global agricultural invasive pest, *Bactrocera dorsalis* (Diptera: Tephritidae). Evolutionary Applications, 2018,11(10):1990–2003.

[43] Sashital DG, Carver RJ. Pathogen detection in the CRISPR - Cas era. Genome Medicine, 2018; 10:32.

[44] Sastre P, Gallardo C, Monedero A, Ruiz T, Arias M, Sanz A, Rueda P. Development of a novel lateral flow assay for detection of African swine fever in blood. BMC Veterinary Research, 2016, 12: 206.

[45] Sutherst R W, Maywald G F. A computerised system for matching climates in ecology. Agriculture, Ecosystems & Environment, 1985, 13(3–4): 281–299.

[46] Tignon M, Gallardo C, Iscaro C, Hutet E, Van–der–Stede Y, Kolbasov D, Mia GM, Potier MF, Bishop RP, Arias M, KoenenF.Development and inter–laboratory validation study of an improved new real–time PCR assay with internal control for detection and laboratory diagnosis of African swine fever virus. Journal of Virological Methods, 2011, 178: 161–170.

[47] UNEP, United Nations Environment Programme. Report of the methyl bromide technical options committee assessment, Nairobi, 2018.

[48] Unger MA, Chou HP, Thorsen T, Scherer A, Quake SR. Monolithic microfabricated valves and pumps by multilayer soft lithography. Science, 2000, 288: 113–116.

[49] USDA. Risk assessment for the importation of U.S. milling wheat containing teliospores of *Tilletia controversa* (TCK) into the People's Republic of China. Washington DC, 1998.

[50] Wang JC, Wang JF, Geng YY, Yua WZ. A recombinase polymerase amplification–based assay for rapid detection of African swine fever virus. Canadian Journal of Veterinary Research, 2017, 81: 308–312.

[51] Worner S P, Gevrey M. Modelling global insect pest species assemblages to determine risk of invasion. Journal of Applied Ecology, 2006, 43(5): 858–867.

[52] Xiao L, Wang Y, Kang RM, Wu XL, Lin H, Ye YG, Yu JF, Ye JQ, Xie J, Cao Y, Wei Y, Liao DJ, Pan M, Lin Y, Dai ZJ, Li XY. Development and application of a novel bio–plex suspension array system for high - throughput multiplexed nucleic acid detection of seven respiratory and reproductive pathogens in swine. Journal of Virological Methods, 2018, 261: 104–111.

[53] Zhan G, Ren L, Shao Y, Wang Q, Yu D, Wang Y, Li T. Gamma Irradiation as a Phytosanitary Treatment of *Bactrocera tau* (Diptera: Tephritidae) in Pumpkin Fruits. Journal of Economic Entomology, 2015, 108(1): 88–94.

[54] Zhou L, Wang Z, Ding Y, Ge X, Guo X, Yang H. NADC30–like strain of porcine reproductive and respiratory syndrome virus, China. Emerging Infectious Diseases, 2015, 21 (12): 2256–2257.

第 5 章
检疫性动物疫病

本章简介

检疫性动物疫病，也称动物检疫疫病，是动物检疫防控的对象，指对受其威胁的地区具有潜在的经济重要性，但尚未在该地区发生或虽已发生但尚未广泛流行，并正在进行官方控制的动物疫病。检疫性动物疫病可划分为不同类别，OIE 法典将其划分为陆生动物疫病和水生动物疫病。本章在概述检疫性动物疫病基本概念和主要类别的基础上，针对 30 种代表性的检疫性陆生动物疫病和检疫性水生动物疫病进行了详细的介绍，内容包括检疫地位、病原、分布与危害、传播与流行、临床症状与病理变化、诊断与检测、检疫实例分析。

思维导图

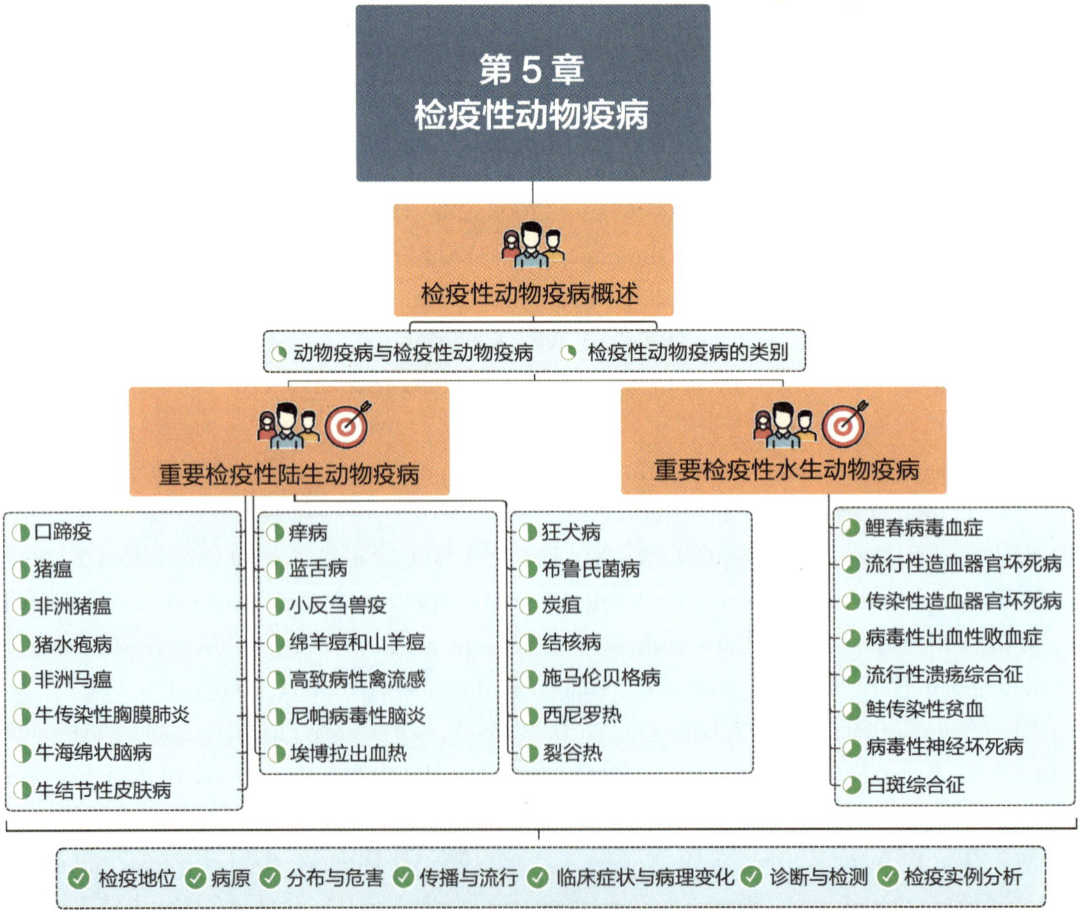

5.1 检疫性动物疫病概述

学习重点

- 掌握动物疫病和检疫性动物疫病的基本含义
- 了解检疫性动物疫病的基本类别

随着国际贸易以及畜禽养殖业发展，人类对检疫性动物疫病的认识逐渐提高。学习、掌握动物疫病和检疫性动物疫病的基本含义，了解、认识检疫性动物疫病的基本类别可为深入学习检疫性陆生动物疫病和检疫性水生动物疫病的专业知识打下基础。

5.1.1 动物疫病与检疫性动物疫病

如第 1 章所述，动物疫病指的是任何对动物或动物产品有害的动物传染病和寄生虫病。那么，动物传染病和动物寄生虫病有什么区别和联系呢？动物传染病，是由特定病原微生物引起的，具有一定的潜伏期和临床表现，并具有传染性的动物疾病。动物寄生虫病，是由病原性寄生虫引起的动物疫病。二者都是由病原体引起的动物疾病，但病原类型明显不同。动物疫病病原，指引起动物特定疫病的生物因子，包括致病性微生物和寄生虫。微生物是一类分布广、繁殖快、形体微小的单细胞或个体结构较为简单的多细胞甚至没有细胞结构的低等生物，主要包括病毒、细菌、衣原体、支原体、立克次氏体、放线菌、真菌、螺旋体及少数藻类等。寄生虫是暂时或永久地寄生在宿主的体内或体表，以其作为栖居条件，并从宿主获取营养物质，给宿主造成一定程度危害的生物。

动物疫病的传播与流行已经引起全球广泛关注。那么，传播与流行之间又有什么区别和联系呢？传播，是指动物疫病在动物个体之间的扩散，其实质是病原通过直接接触或通过媒介间接接触从一个动物个体侵入或传染到另一动物个体。流行，是指在一定地域和一定时间内，动物疫病在易感动物群体中从个体感染发病到群体感染发病，即动物疫病在易感动物群体中的发生和蔓延。传播不一定造成动物疫病的流行，但动物疫病的流行一定以传播为前提。在流行病学中，流行是指在一定时间内，一定的畜群中某病的发生频率超过预期水平；其发病范围较广，发病率高，但与病例绝对数无关，仅表示疾病的发生呈现异常的高频率，表示为相对量。

不同动物疫病的危害程度有所不同，但每种动物疫病几乎同时造成以下四个方面的危害：①影响动物健康。动物疫病可以在同种动物之间传播，有的甚至在非同种动物之间传播（称跨种传播），引起动物发病，导致不同程度的病理损伤，影响动物健康甚至直接导致动物死亡。②影响畜牧业生产。动物疫病会影响动物的生产性能，使产量降低、产品品质下降，造成直接或间接的经济损失，一些烈性传染病甚至会给畜牧业带来毁灭性的打击。③威胁公共卫生安全。动物疫病可以影响动物源性食品的卫生安全，比如食源性的传染因子及其毒素、耐药菌株及使用抗菌药物造成的兽药残留等，而且人畜共患病可在人和动物之间相互传播，严重威胁人类健康。④阻碍国际贸易。SPS 协定允许各成员采用或实施必需的措施来保护人类、动物或植物的生命或健康，因此，动物疫病特别是 OIE 规定的动物疫病严重影响动物及动物产品的出口，制约畜牧业和经济发展。

检疫性动物疫病（quarantine animal diseases），是指对受其威胁的地区具有潜在的经济重要性，但尚未在该地区发生或虽已发生但尚未广泛流行，并正在进行官方控制的动物疫病。与一般动物疫病相比，检疫性动物疫病的潜在威胁更大、危害更重，因此，必须采取动物检疫措施防控其传入和扩散。

5.1.2 检疫性动物疫病的类别

按照不同的分类方法，检疫性动物疫病可被划分为不同的类别。

按病原体，可分为检疫性动物传染病和检疫性动物寄生虫病，其中传染病包括病毒病、细菌病、支原体病、衣原体病、螺旋体病、放线菌病、立克次氏体病和真菌病等；寄生虫病包括原虫病、线虫病、吸虫病、绦虫病、丝虫病以及由一些昆虫引起的疾病等。

按宿主，可分为陆生动物疫病和水生动物疫病，也可分为人畜共患病、猪疫病、反刍动物（牛、羊、羊驼等）疫病、马属动物（马、骡、驴等）疫病、小动物（犬、猫、兔等）疫病、家禽（鸡、鸭、鹅、鸽等）疫病等。其中，人畜共患病是指在人类和脊椎动物之间自然传播的疾病，即由共同病原体引起的，在流行病学上有相互关联的人和脊椎动物的疾病，又称为人兽共患病，包括人畜共患传染病和人畜共患寄生虫病。据统计，人类现有传染病 60% 属人畜共患病，75% 新出现的人类传染病（包括埃博拉病、艾滋病、流感等重大传染病）病原源自动物。近 20 年来，严重急性呼吸综合征（SARS）、H1N1 型流感、中东呼吸综合征（MERS）、H5N1 型禽流感、H7N9 型禽流感、新型冠状病毒肺炎（COVID-19）等新发人畜共患疾病通过各种途径频频突袭人类，已给人类造成了灾难性危害。迄今已发现人畜共患病 200 余种，其中常见的有 80 余种。人畜共患传染病、食品安全、抗生素耐药以及环境污染已经成为严重影响人类健康的重大公共卫生问题。随着经济全球化、人口增加及其流动加大、环境变化（包括农业集约化、气候变化、城市化等）客观上使问题愈加复杂化，需要跨学科、跨部门、跨国家（地区）合作，共同应对复杂的公共健康问题。21 世纪以来，在实践中形成了 One Health（同一健康）理念。One Health 已得到 WHO、FAO、OIE 和世界银行等国际组织机构及全球多数国家的拥护、支持和践行，积累越来越多的成功经验，已成为应对和解决当今复杂健康问题的必由之路。

按动物疫病危害程度，我国将检疫性动物疫病分为三类。其中，一类动物疫病是指对人与动物危害严重，需要采取紧急、严厉的强制预防、控制和扑灭措施的疫病；二类动物疫病是指可能造成重大经济损失，需要采取严格控制、扑灭等措施，防止扩散的疫病；三类动物疫病是指常见多发、可能造成重大经济损失，需要控制和净化的疫病。如第 2 章所述，《中华人民共和国进境动物检疫疫病名录》将进境动物检疫疫病分为一类、二类和其他动物传染病、寄生虫病；《一、二、三类动物疫病病种名录》将国内动物检疫疫病分为一类、二类和三类。同时，OIE 将动物疫病分为《通报性疫病名录》（List of Notifiable Diseases 或 OIE-listed diseases）（也称为法定报告疫病名录），会员国家（地区）一旦发生名录中的动物疫病，则必须向 OIE 通报；按政府的管理要求分为法定（报告）疫病和非法定（报告）疫病。鉴于野生动物疫病对家畜卫生、人类健康和野生动物保护的重要影响，在《通报性疫病名录》之外，还发布了《野生动物非通报疾病》（Non OIE-listed diseases affecting wild animals）。

小结

动物疫病包括动物传染病和寄生虫病，由特定病原引起，具有一定的流行和传播方式。检疫性动物疫病是指对受其威胁的地区具有潜在的经济重要性，但尚未在该地区发生或虽已发生但尚未广泛流行，并正在进行官方控制的动物疫病。与一般动物疫病相比，检疫性动物疫病的潜在威胁更大、危害更重，必须采取动物检疫措施加以防控。检疫性动物疫病可划分为不同类别，如检疫性动物传染病、动物寄生虫病，检疫性陆生动物疫病、水生动物疫病，检疫性一类、二类和三类动物疫病等。

5.2 重要检疫性陆生动物疫病

学习重点

- 了解重要检疫性陆生动物疫病的种类和危害
- 掌握重要检疫性陆生动物疫病的常用诊断与检测方法及其检疫重要性

5.2.1 口蹄疫

口蹄疫（Foot and mouth disease，FMD）是由口蹄疫病毒（Foot and mouth disease virus，FMDV）引起的主要侵害偶蹄动物的急性、热性、高度接触性传染病，以口腔（鼻）黏膜、蹄部以及乳房皮肤发生水疱和溃烂为特征。

检疫地位：FMD 对畜牧业生产和畜产品国际贸易具有严重影响，是一种典型的“政治经济病”。FMD 为 OIE 通报性疫病，所有 OIE 成员国家或地区一旦发生，必须及时通报 OIE。FMD 在《中华人民共和国进境动物检疫疫病名录》中属于一类动物疫病，除我国认可的境外区域区划国家或地区外，我国禁止从 FMD 疫情国家或地区进口偶蹄动物及其产品。FMD 在我国《一、二、三类动物疫病病种名录》中属于一类动物疫病，一旦发现 FMD 病例或疑似病例，应按规定程序向农业农村部行政管理部门及时上报疫情，划定疫点、疫区和受威胁地区，尽快采取隔离、封锁、扑杀和无害化处理等措施。

病原：口蹄疫病毒（FMDV）属于微 RNA 病毒科（*Picornaviridae*）口蹄疫病毒属（*Aphthovirus*），是一种无囊膜的单股正链 RNA 病毒。FMDV 现有 7 个血清型，分别为 A、O、C、SAT1、SAT2、SAT3 和 Asia-Ⅰ型，每个血清型又分为若干亚型；各型之间抗原性差异较大，几乎没有交叉免疫保护力。FMDV 对外界环境的抵抗力较强，耐寒冷和干燥，但不耐高温和阳光直射，对酸碱敏感，对石炭酸、酒精、乙醚、氯仿等有机溶剂类消毒剂不敏感，低温有利于病毒保存。FMDV 可感染多种动物，但以牛、猪、羊、骆驼、鹿、麝等偶蹄动物为主。豚鼠、小鼠、仓鼠、犬、猫、家禽等都可以人工感染。发生过人感染 FMDV 的情况，但很少见，人感染后偶尔可发病，主要表现为发热、口腔、手足部水疱 / 溃疡，儿童、老人及免疫功能低下者症状稍重。

分布与危害：

FMD 流行范围较广，曾在全球大多数国家出现或流行，目前主要在亚洲、西亚和北非部分地区、非洲、南美洲和部分欧洲国家流行，近年来每年向 OIE 报告发生或存在 FMD 的国家均在 60 个以上。我国也是 FMD 的流行区。在全球范围内，A 型和 O 型流行面最广，其次为 Asia-Ⅰ型和 SAT 2 型。A 型和 O 型主要流行于亚洲、中东和非洲地区，散发于南美地区；Asia-Ⅰ型主要流行于亚洲和中东大部分地区；SAT 2 型主要在非洲流行，也见于中东地区。我国曾有 Asia-Ⅰ型流行，目前主要流行 O 型和 A 型 FMDV。

FMD 的直接危害是造成动物死亡、康复动物的生产能力和动物产品质量降低。由于流行地区的易感动物及其产品被禁止销售，发病动物及其接触易感动物被强制扑杀，动物及动物产品出口受阻，以致疫情处置等直接和间接损失十分巨大，严重影响畜牧业的发展，甚至造成毁灭性打击。

传播与流行：

患病动物是主要的传染源。处于潜伏期的感染动物排毒量少，不易被发觉，是重要的传染源；发病后期动物的排毒量最大，传染性最强；恢复期排毒量逐渐减少；康复动物还可带毒，但带毒时间长短不一，一般 2～3 个月，牛最长可达 3 年，非洲水牛带毒至少 5 年。此外，一些牛、羊和野生偶蹄动物可以隐性带毒或持续性感染，在口蹄疫的传播中起着重要作用。

FMD 的传播途径有直接接触传播和间接接触传播。在大放牧群和密集饲养群中，直接接触传播最为常见。在群与群之间、不同地域之间，间接接触传播是最主要的传播方式。患病动物的分泌物、排泄物、动物产品以及被污染的饲草饲料、水源、用具、车船、人流、飞鸟等都是重要的传播媒介；空气（气溶胶）也是很重要的传播媒介。传播快和跳跃式传播是口蹄疫最大的特点。

FMD 流行异常迅速，无严格的季节性，但由于气温、日光等对 FMDV 的生存有影响，所以冬、春、秋季多发，夏季少发；在密集饲养条件下，发病的季节性不明显。由于康复动物和免疫状态的影响，口蹄疫的暴发和流行呈现周期性特点，在有口蹄疫的地区一般每隔 1～2 年或 3～5 年暴发流行一次。

临床症状与病理变化：

不同动物症状不完全一致，共同点是患病动物的口腔、蹄部等处出现水疱或溃疡。

（1）牛　潜伏期 2～5 d，体温 40～41 ℃，反刍减少甚至停止，流涎，呈白色泡沫状，口腔黏膜发炎，唇内面、齿龈、舌、蹄部等出现蚕豆至核桃大水疱，偶尔也可见于鼻镜、乳房和阴部等。水疱破溃后，形成红色糜烂，若继发细菌感染形成溃疡，可导致蹄匣脱落。有的并发纤维素性坏死性口膜炎、咽炎和胃肠炎。有的鼻咽部出现水疱，引起呼吸困难和咳嗽。奶牛产奶量显著减少，甚至停止泌乳。成年牛一般呈良性，经过一周可自愈，严重者需 2～3 周。犊牛则水疱不明显，以出血性肠炎和心肌麻痹为主，死亡率很高。骆驼和鹿等野生动物的临床症状与牛相似。

（2）羊　潜伏期 7 d 左右，感染率较低，症状比牛稍轻，水疱多在齿龈、硬腭和舌面出现，重者跛行，羔羊多因出血性肠炎和心肌炎而死亡。

（3）猪　潜伏期 1～2 d，病初体温 40～41 ℃，以蹄部水疱为主要特征，集中在蹄冠、蹄叉和蹄踵等部位，多因继发细菌感染而导致蹄匣脱落。吻突部出现大水疱，偶尔在乳房可见小水疱。哺乳仔猪多因急性胃肠炎和心肌炎而突然死亡，病死率高达 60%～80%。

病理变化见于水疱部位形成烂斑和溃疡，有的覆盖黑棕色的痂块。反刍动物真胃和大小肠黏膜出血性炎症。心包膜出血，心肌松软，切面有灰白色或淡黄色斑点或条纹形成“虎斑心”，最具诊断意义。

诊断与检测：

根据特征性的临床症状，结合流行病学和病理变化可做出初步诊断。但要进行血清型鉴定或与具有类似症状的疫病如猪水疱病、水疱性口炎、猪水疱疹、猪塞内卡病毒病等进行鉴别诊断，则必须依靠实验室诊断。

（1）病毒分离鉴定　取水疱皮和水疱液常规处理接种 BHK-21、IBRS-2 等细胞培养物，以电子显微镜、血清学试验、分子生物学试验、动物回归试验等鉴定病毒。

（2）血清学试验　病毒中和试验（VNT）、固相竞争酶联免疫吸附试验（ELISA）、液相阻断 ELISA、非结构蛋白抗体检测技术［间接 ELISA 或酶联免疫电转移印迹试验（EITB）］、补体结合试验（CFT）、琼脂扩散试验（AGID）、侧向流检测（LFD）等。

（3）分子生物学试验　RT-PCR 和 Real-time RT-PCR 等可直接检测 FMDV 核酸。

（4）动物接种试验　采取水疱皮等病料常规处理后接种乳鼠或豚鼠，观察其症状和病变。但需要具备防止病毒扩散的试验条件和相应级别的生物安全实验室。

检疫实例分析：

1997 年 9 月，秦皇岛野生动物园从南非进口了 138 只野生动物，包括长颈鹿和羚羊等。随后，原秦皇岛动植物检疫局采集了 13 份长颈鹿和 11 份羚羊血清，并按照原农业部制定的口蹄疫 VIA 琼脂扩散试验对血清进行了检测，结果发现 1 头白脸牛羚的血清呈现 FMDV 抗体阳性。数日后，该白脸牛羚死亡。采集其新鲜血清、咽 - 食道刮取物（O-P 液）连同尸体送往中国农业科学院兰州兽医研究所进行实验室诊断，最终确诊为 FMDV 感染，并及时采取控制措施阻断了疫情传播。

5.2.2　猪瘟

猪瘟（Classical swine fever，CSF）是由猪瘟病毒（Classical swine fever virus，CSFV）引起的一种热性、出血性、高度接触性和致死性传染病。以高热稽留和广泛性出血、梗死、坏死等为典型特征，又被称为“古典猪瘟或烂肠瘟”。临床上，可表现为急性型、亚急性型、慢性型、迟发型或无明显临床症状型，与猪的日龄、生长阶段、病毒的毒力等因素有关。

检疫地位：CSF 对生猪产业具有重要影响，为 OIE 通报性疫病，所有 OIE 成员发生疫情必须及时通报 OIE。CSF 在《中华人民共和国进境动物检疫疫病名录》中属于一类动物疫病，我国禁止从 CSF 疫情国家或地区进口生猪及其产品。CSF 在我国《一、二、三类动物疫病病种名录》中属于一类动物疫病，一旦发现 CSF 病例或疑似病例，应按规定程序向农业农村部行政管理部门及时上报疫情，划定疫点、疫区和受威胁地区，尽快采取隔离、封锁、扑杀和无害化处理等措施。

病原：CSFV 属于黄病毒科（*Flaviviridae*）瘟病毒属（*Pestivirus*），是一种有囊膜的单股正链 RNA 病毒。虽然 CSFV 只有一个血清型，但全球范围内的 CSFV 毒株可分为 3 个基因群。CSFV 对环境的抵抗力不强，但与介质有关，60 ℃ 10 min 可使病毒细胞培养液灭活，而 68 ℃

30 min 尚不能灭活脱纤血液中的病毒，在含毒的猪肉和猪肉制品中数月后仍有传染性。CSFV 对酸、碱、脂溶剂、去污剂和常用消毒剂敏感。CSFV 主要感染猪（包括野猪），并且只对猪有致病性。

分布与危害：

CSF 呈世界性分布，在众多养猪国家和地区都有不同程度的流行。由于采取了严格的扑灭措施，澳大利亚、新西兰、加拿大、美国、丹麦、瑞典、挪威、芬兰、比利时、法国、英国、冰岛、葡萄牙、西班牙等国家已消灭 CSF。近年来主要分布于南美洲、亚洲以及部分欧洲和少数非洲国家。

20 世纪 50 年代中期以前，我国 CSF 流行非常普遍和严重，之后采取弱毒疫苗大面积免疫后，得到了有效控制。随着我国规模化养猪业的发展，猪瘟有所抬头，但主要呈散发和非典型性，各地时有发生。

CSF 是猪最主要的烈性传染病，发病率和死亡率都很高，对养猪业和经济发展的危害十分巨大。对于没有免疫或免疫不当的猪群和农村散养猪往往呈现致死性，给养殖户以毁灭性打击。CSF 是国际上重要的检疫对象，发生疫情将严重影响一个国家或地区猪肉制品的出口，经济损失惨重。CSFV 不感染人，无明显的公共卫生意义。

传播与流行：

患病猪和感染猪是最重要的传染源，感染猪在发病前就可经口、鼻、粪、尿、泪腺分泌物大量排毒直至死亡或康复，并产生特异性抗体；慢性感染猪可以持续排毒或间歇排毒。

直接接触是 CSF 的主要传播方式，也可通过污染的肉制品、饲料、垫草、运输工具、兽医器械、药品、用具以及饲养员、阉割员、授精员、防疫员等媒介传播，可通过口腔、鼻腔、眼结膜、生殖道黏膜和皮肤外伤等多种门户感染。猪瘟还有一个显著特点是可以通过子宫进行垂直传播。

自然条件下仅猪发病，无明显的品种、年龄和性别差异，一年四季都可发生。猪瘟可通过贸易进行远距离传播，引进感染带毒猪通常是规模化猪场暴发猪瘟的原因。

临床症状与病理变化：

自然感染潜伏期一般 5～7 d，短的 2 d，长的 21 d。根据临床表现分为典型和非典型（温和型）两大类。

（1）典型猪瘟　体温升高至 41 ℃左右，长时间稽留，畏寒弓背，食欲减退，饮欲增加，眼结膜潮红，眼、鼻常有黏液性或脓性分泌物，呼吸、吞咽困难。一般初期便秘，粪球带有黏液、脓血或假膜碎片，后期腹泻，粪便恶臭。腹下、四肢、颈部、鼻端、耳根等处皮肤出血或充血，形成出血斑或紫绀。公猪包皮内积尿，挤压流出浑浊恶臭液体。常见磨牙、麻痹、惊厥、肌肉僵直、四肢划动等神经症状。最急性的可突然死亡，见不到明显症状，即在 1～2 d 内因心力衰竭、气喘和抽搐而死。典型猪瘟的病程短，死亡率很高。

病理变化主要是以出血性素质为特征的败血症变化。皮肤、浆膜、黏膜和内脏器官不同程度出血，以淋巴结、肾脏、膀胱、喉头、会厌软骨、胆囊、胃和肠系膜最为常见。淋巴结肿大，呈紫褐色，切面大理石样；脾脏一般不肿大，边缘有出血性梗死灶；盲肠，特别是回盲瓣处出现“纽扣状”溃疡。最急性型因死亡太早，多无特征性病变，一般仅见浆膜、黏膜和内脏有少量出血点。

（2）非典型或温和型猪瘟　症状缓和，不表现特征性症状。体温不规则交替上升（有的仅表现无名高热），消瘦，贫血，结膜发炎、全身衰弱，运动失调，便秘和腹泻交替出现，皮肤出现紫斑、疹块或坏死痂皮，有的关节肿大，病程长，病死率低，不死者常成为僵猪。此外，持续感染的母猪出现流产、早产，产死胎、木乃伊胎、弱仔等繁殖障碍特征。

病理变化主要是淋巴结和部分内脏有少量出血点，出现坏死性肠炎和肺炎，纤维素渗出，胸肺粘连；死产胎儿发育不全，畸形，皮下水肿，胸腹腔积液。

诊断与检测：

根据特征性的症状、病理变化，结合流行病学和抗生素治疗结果，不难对典型猪瘟做出初步诊断，但对非典型猪瘟则必须依靠实验室方法确诊。

（1）病毒分离鉴定　采集淋巴结、扁桃体、脾脏等病料常规处理后接种 PK-15 细胞进行病毒分离，利用血清学试验、分子生物学试验、新城疫病毒强化试验等鉴定病毒。

（2）血清学试验　荧光抗体病毒中和试验（FAVN）、过氧化物酶联中和试验（NPLA）、竞争 / 阻断 / 间接 ELISA、抗原捕获 ELISA、荧光抗体试验（FAT）、病毒中和试验（VNT）、琼脂免疫扩散试验、间接血凝试验等。其中前 3 种为 OIE 指定的标准方法。

（3）分子生物学试验　RT-PCR 和 Real-time RT-PCR 等可直接检测 CSFV 核酸。

（4）动物接种试验　包括本动物（SPF 猪）接种试验和兔体交互试验，该法特异性强，结果可靠，但很费时。

检疫实例分析：

2018 年 10 月 7 日，巴西官方向 OIE 紧急通报，塞阿拉州（Ceara）发生 1 起猪瘟疫情，涉及易感动物 130 头家猪，其中 115 头发病，112 头死亡，扑杀 3 头。为防止相关问题产品通过非法手段绕道非疫区流入我国，根据《中华人民共和国进出境动植物检疫法》及其实施条例等有关法律法规的规定，加强对巴西输华猪产品进境检疫，严格检查相关货物来源区域，一旦发现来自未经我国认可相关区域的猪产品，立即做退运或销毁处理；加强对来自巴西的进境寄递物和旅客携带物查验，一旦发现猪产品，一律作退回或销毁处理。在进境运输工具（如船舶、航空器）上，如发现有来自巴西的猪、野猪及其产品，一律做封存处理，且在我国境内停留或者运行期间，未经海关许可，不得启封动用；其废弃物、泔水等，一律在海关的监督下作无害化处理，不得擅自抛弃。

5.2.3　非洲猪瘟

非洲猪瘟（African swine fever，ASF）是由非洲猪瘟病毒（African swine fever virus, ASFV）引起的急性、热性和高度接触性传染病。临床以高热、食欲废绝、皮肤发绀和内脏器官广泛性出血、高发病率和高死亡率为主要特征。

检疫地位：ASF 是全球养猪业的“头号杀手”，危害巨大，具有重大的政治、经济和社会影响。OIE 将其列为通报性疫病，所有 OIE 成员发生疫情的必须及时通报 OIE。ASF 在《中华人民共和国进境动物检疫疫病名录》中属于一类动物疫病，我国禁止从 ASF 疫情国家或地区进口生猪及其产品。ASF 在我国《一、二、三类动物疫病病种名录》中属于一类动物疫病，一旦发现 ASF 病例或疑似病例，应按规定程序向农业农村部行政管理部门及时上报疫情，划定疫点、疫区和受威胁地区，尽快采取隔离、封锁、扑杀、无害化处理和根除等措施。

病原：ASFV 是有囊膜的双股 DNA 病毒，其分类几经变迁，直至 2005 年，国际病毒分类委员会（ICTV）在第 8 次报告中将其作为非洲猪瘟病毒科（*Asfaviridae*）、非洲猪瘟病毒属（*Asfivirus*）的唯一成员。目前，根据病毒主要衣壳蛋白 p72 编码基因序列，可将 ASFV 分为 24 个基因型。ASFV 对外界环境和理化因子的抵抗力强，可在较宽泛的温度和 pH 范围内存活（室温条件下，在血清中可存活 18 个月；在冷冻的血液中可存活 6 年；在室温下的粪便中可存活 11 d；37 ℃下可在血液中存活 1 个月；在 23 ℃及以下温度，可在血液和土壤混合物中能存活 4 个月；在腐败的血液中能存活 15 周；在 4 ℃储存的血液中存活 18 个月；在冰冻肉或尸体内可存活 15 年；但 60 ℃加热 30 min，可被灭活）。对酸碱和干燥不敏感，在 pH 4 ～ 10 毒力稳定；对乙醚、氯仿等脂溶剂敏感。ASFV 唯一自然感染的家畜是猪，各种年龄和品种的家猪都有高度的易感性。野猪、豪猪、非洲疣猪和丛林猪也可感染，钝缘蜱属的钝缘软蜱是其储藏宿主和生物传播媒介。

分布与危害：

1921 年，ASF 病例在肯尼亚被首次报道，此后一直存在于撒哈拉以南的非洲国家；1957 年首次传入葡萄牙，并蔓延至西班牙和意大利等欧洲国家；1971 年传入古巴、巴西等南美洲国家；至 20 世纪 90 年代，除非洲及意大利撒丁岛外，多数欧美国家的 ASF 被根除。2007 年，ASF 首次传入格鲁吉亚，随后传入亚美尼亚、阿塞拜疆和俄罗斯，并在高加索地区扎根。2012 年之后，相继传入乌克兰、白俄罗斯、拉脱维亚和爱沙尼亚；2017 年传入捷克和罗马尼亚，2020 年传入希腊和匈牙利。2018 年 8 月，在我国辽宁省沈阳市发现首起非洲猪瘟疫情，随后全国各地多有报道；周边国家包括蒙古、朝鲜、韩国、缅甸、老挝、柬埔寨、越南、菲律宾等相继发生 ASF 疫情。

由于 ASF 的高发病率和高病死率，一旦传入猪群，感染猪的病死率可达 100%，而且 ASFV 对环境的抵抗力强，储藏宿主及生物媒介多，加之没有有效的疫苗预防，对养猪业的危害和威胁异常严重。ASF 是各国进出口生猪及其产品、进境寄递物和旅客携带物以及进境运输工具（如船舶、航空器）重点检疫的对象之一。即使发生一次局限性的疫情，也会对一个国家或地区的畜牧业和经济发展带来巨大的冲击。ASFV 不感染人，除了会影响人们对动物产品的消费外，无明显的公共卫生意义。

传播与流行：

病猪和带毒猪是主要传染源，其分泌物、排泄物、体液、胎儿以及各种组织器官都含有病毒。大多数康复猪是带毒者，它们和储藏宿主野猪是长期的隐性传染源。ASFV 能在钝缘软蜱和一些野猪中形成循环感染。

非洲猪瘟的主要传播途径有两条：一是接触或采食污染物而经口传染，二是通过带毒的钝缘软蜱叮咬猪而传染。在非疫区，发生非洲猪瘟往往是由于猪接触了病猪或带毒猪的污染物、胎儿、粪便、组织、饲料以及飞机、船舶上的泔水、肉屑、昆虫，甚至是由于引进携带病毒的猪产品而引起的。在疫区内，主要是通过昆虫叮咬和直接接触感染。非洲的放牧猪群经常通过与野生动物接触而感染发病。

非洲猪瘟流行无季节性，也无猪的品种和年龄差异。在老疫区一般呈地方流行性；在新疫区多呈暴发性，病程很急，发病率和病死率都很高。

临床症状与病理变化：

自然感染潜伏期一般为 4～9 d，长的可达 19 d；人工感染 2～5 d。临床上可分为急性、亚急性、慢性或隐性，其症状很难与经典猪瘟相区别。在流行初期和新疫区多为急性，病猪表现沉郁、食欲废绝，体温高达40～42 ℃，一般持续4 d后逐渐降低，白细胞减少，耳、鼻、四肢和腹部点状出血或发绀，有的出现咳嗽、呼吸困难、后躯麻痹、呕吐、腹泻等症状，死亡率 80%～100%。亚急性病例主要表现为呼吸道症状，并以怀孕母猪流产和低死亡率为特征，康复猪增多，但多带毒而成为传染源。慢性和隐性病例多为急性感染的幸存者，主要表现为肺炎、心包炎和关节炎，发育迟缓，逐渐消瘦，大多成为僵猪。

剖检病变与猪瘟相似。急性病例以皮肤和内脏器官广泛性出血为特征，在心、肺、淋巴结、肾皮质、膀胱黏膜等都可见出血点，脾脏肿大，呈黑色，但是少见梗死。显微病变是淋巴组织变性显著，星形细胞坏死较常见；亚急性病例比较轻微，主要是脾和淋巴结肿大，肺充血肿大，心包积液，胸腹腔有浆液性出血性渗出物。特征性的组织学变化是网状内皮细胞增生；慢性病例更加轻微，常见纤维素性心包炎和胸膜炎，有的见肺干酪样坏疽和钙化。组织学变化有淋巴细胞和单核细胞浸润，肺小叶间质增宽。

诊断与检测：

根据临床症状、流行病学和病理变化可做出初步诊断，但鉴于 ASF 与猪瘟、高致病性猪繁殖与呼吸综合征等出血性疫病的临床症状相似，尤其是在非洲猪瘟与此类疫病并存的国家和地区，确诊需要借助实验室检测。

（1）病毒分离鉴定　目前可用于 ASFV 分离的细胞主要有两类：一类是原代细胞，包括猪肺泡巨噬细胞、骨髓源性巨噬细胞和单核细胞源性巨噬细胞等；另一类是传代细胞，包括非洲绿猴肾细胞（Vero、MS 和 CV）、非洲绿猴肾成纤维细胞（COS-1 和 COS-7）、猪肾细胞（PK-15、PK2a）、幼仓鼠肾细胞（BHK）、野猪肺细胞（WSL）等。与原代猪细胞相比，传代细胞对野毒株的初次分离不敏感，多数毒株通常需要适应之后才能在传代细胞上生长良好，有时甚至需要先在原代细胞上传代数次，再接种传代细胞才能增殖。可借助常规的分子生物学和血清学方法进行鉴定。此项工作应在指定的具有一定生物安全级别的实验室进行，特别是对无该病的国家尤为重要。

（2）血清学试验　包括荧光抗体试验（FAT）、间接荧光抗体试验（IFA）、酶联免疫吸附试验（ELISA）、对流免疫电泳（CIEP）、琼脂免疫扩散试验（AGP）、免疫印迹（IB）等。

（3）分子生物学试验　PCR、Real-time PCR 等技术可用于检测 ASFV 核酸，方便快速、灵敏特异。

（4）动物接种试验　可用发病猪病料接种试验猪，以判定病料中是否含有 ASFV，须在生物安全三级实验室进行。

检疫实例分析：

2018 年 7 月 20 日，军事科学院军事医学研究院军事兽医研究所收到辽宁省沈阳市某技术服务部门送检的病猪脾脏、淋巴结、肾脏等样品，发病猪的主要症状包括高热、呕吐、便秘，体表部分皮肤粉红色或紫色，出现症状后一般 2～6 d 内死亡，死亡率 100%。剖检可见淋巴结、心脏、肝脏、肾脏、小肠黏膜、肠系膜出血；脾脏肿大，为正常猪脾脏的 3～6 倍，颜色变暗，质地变脆。发病猪几乎全部为以饲喂餐饮厨余为主的育肥猪（“泔水猪”）。经过

PCR 和 RT-PCR 方法对常见的猪病毒病进行了检测，结果均为阴性。针对送检样品进一步进行了电镜观察，发现了类似于副黏病毒的非典型病毒样颗粒，直径为 180 ～ 200 nm。根据病毒形态大小以及发病猪的剖检结果，检测人员怀疑发病猪为非洲猪瘟病毒感染。为此，设计并合成了非洲猪瘟病毒检测引物进行病毒核酸的 PCR 扩增，8 月 1 日凌晨获得阳性结果，并对 PCR 产物进行了核苷酸序列测定，结果表明猪病料中含有非洲猪瘟病毒。军事兽医研究所陆续向军事医学研究院和农业农村部兽医局紧急报告了核酸扩增结果、书面疫情报告及测序结果。农业农村部据此立即指示辽宁省动物疫病预防控制中心对疫点采取了应急措施，当日封锁了疫点并相继采取了后续措施。2018 年 8 月 3 日，农业农村部根据中国动物卫生与流行病学中心（国家外来动物疫病研究中心）的确认，正式发布了发生在辽宁省沈阳市沈北新区的非洲猪瘟疫情通告，并向 OIE 进行通报。

5.2.4 猪水疱病

猪水疱病（Swine vesicular disease，SVD）是由猪水疱病病毒（Swine vesicular disease virus, SVDV）引起猪的一种传播迅速、流行性强、发病率高的急性接触性传染病。以蹄、口、鼻镜和乳头周围皮肤出现水疱为特征。

检疫地位：SVD 尚未被列入 OIE 通报性疾病，属于《中华人民共和国进境动物检疫疫病名录》中的一类传染病，我国禁止从发生猪水疱病的国家或地区进口相关动物及其产品。猪水疱病在我国《一、二、三类动物疫病病种名录》中属于一类动物疫病。

病原：SVDV 属于微 RNA 病毒科（*Picornaviridae*）肠病毒属（*Enterovirus*），无囊膜单股正链 RNA 病毒。只有一个血清型，基因型有 4 种。SVDV 对环境和消毒药物有较强的抵抗力。在 pH 2.5 ～ 12.0 可以稳定存在。在猪圈内可存活 8 周以上，50 ℃ 30 min 以及感染肉腌制 3 个月后仍具有感染力，含毒的猪肉等组织在 -20 ℃冷冻保存近 1 年，病毒感染性不受影响。病毒对强碱、氧化剂、紫外线等敏感，对酸和乙醚等脂溶剂不敏感。在自然流行中，SVDV 通常感染猪（包括野猪），也可以短期感染牛、羊，而且可从绵羊咽、奶、粪样中分离出病毒，但这些动物不发病。

分布与危害：

SVD 于 1966 年在意大利被首次报道，主要分布于欧洲，如英国、奥地利、法国、波兰、比利时、德国、瑞士、匈牙利、罗马尼亚、马耳他、保加利亚和奥地利等，日本和我国香港也曾发生过该病。我国已多年无此病。

猪水疱病感染初生仔猪可致死亡，成年猪感染一般不致死，除非有其他并发或继发感染，主要影响猪的健康和生产性能。由于此病传播能力强、发病率很高，而且与其他几种类症疫病难以区别，对养猪业的危害很大。一旦发生，对进出口贸易也具有严重影响。

SVDV 与柯萨奇 B5 病毒关系密切，实验人员和饲养员可因感染 SVDV 而患病，其症状与柯萨奇 B5 病毒感染相似，而且可从人体内检测到高水平的抗 SVDV 抗体，与柯萨奇 B5 病毒有交叉反应性。SVDV 具有在人与猪之间传播的可能性，而且有报道称 SVDV 感染的人、猪、小鼠都可产生不同程度神经系统损害，因此，猪水疱病具有较为重要的公共卫生意义。

传播与流行：

潜伏期的猪、病猪和康复带毒猪是主要传染源，可通过粪、尿、乳汁、水疱液等排出病毒。病猪虽然康复较快，但可持续带毒一段时间。

SVDV 主要经消化道传播，也可以经呼吸道和体表伤口感染。易感猪可通过吞饮含有病毒的泔水、饲料、水源、屠宰废水与下脚料等感染，也可通过生猪交易、运输工具、垫草、运动场、猪舍用具以及人员感染。

猪是唯一自然宿主，不同年龄、性别和品种的猪，均可感染发病。除新生仔猪外，若无其他病原体感染，则死亡率很低。SVD 无严格的季节性，一年四季均可发生。该病流行较为缓慢，与环境条件和饲养方式有密切关系，潮湿、气温骤变、高密度饲养、频繁调运等会引起高发病率；分散饲养条件下很少流行。

临床症状与病理变化：

SVD 潜伏期一般 2～5 d，长的可达 7～8 d。根据临床表现可以分为典型型、温和型和隐性型。典型型症状表现明显，体温升高到 40～42 ℃，食欲、精神不振，早期在蹄冠和蹄踵的皮肤与角质结合处的皮肤肿胀苍白，继而出现充满液体的水疱，数天后破裂形成溃疡，重者蹄冠脱落，跛行或爬行，有的猪可能出现冲撞、转圈、擦鼻、啃咬用具、强直痉挛等神经症状，水疱也可出现于鼻端、舌面、口唇和母猪的乳头上。温和型出现水疱的比例低，传播缓慢，症状轻微，不易察觉。隐性型不表现临床症状，但是产生高滴度抗体，通常向外排毒。

特征性病理变化主要是在蹄部、鼻端、舌面、口唇和乳房出现水疱，破裂后形成溃疡。个别猪的心内膜出现条状出血斑，其他脏器无明显病变。组织学变化主要表现为非化脓性脑膜炎和脑脊髓炎，脑膜淋巴细胞、网状内皮细胞浸润形成血管套，脑灰质和白质出现软化病灶。

诊断与检疫技术：

根据特征性的临床症状，结合流行病学和病理变化可以将诊断范围缩小至几种水疱性疾病。口蹄疫除感染猪外，还能引起牛、羊、骆驼等偶蹄动物发病；水疱性口炎除牛、羊、猪外，还能感染马；而猪水疱病只感染猪。在早期临床诊断和检疫时要仔细检查猪群是否出现跛行。如果要进行确诊，则必须依靠实验室检测。

（1）病毒分离鉴定　采集发病初期的水疱皮和水疱液或病死猪的心肌、扁桃体、脑干等常规处理后，接种 IBRS2、PK-15 等细胞进行病毒分离，以电子显微镜、血清学试验、分子生物学试验、动物回归试验等进行鉴定。

（2）血清学试验　包括病毒中和试验、酶联免疫吸附试验（ELISA）、补体结合试验、免疫扩散试验、荧光抗体试验、反向间接血凝试验等。

生物学试验对于鉴别猪水疱病和口蹄疫很有意义。将病料常规处理后同时接种至 1～2 日龄乳鼠和 7～9 日龄乳鼠，若两组小鼠都死亡则是口蹄疫，若只是前者死亡而后者不死则是猪水疱病。病料经 pH 3～5 的缓冲液处理后，使接种的 1～2 日龄乳鼠死亡者是猪水疱病，不死者则是口蹄疫。

此外，也可采用 RT-PCR 等分子生物学方法检测病毒。

检疫实例分析：

1998 年 12 月，意大利暴发猪水疱病。为防止传入我国，保护我国的养猪业，根据《中华人民共和国进出境动植物检疫法》第五条，原国家出入境检验检疫局发布公告 1999 年第 1 号，公告内容如下：

（1）自公告之日起，禁止从意大利输入（包括直接进口和转口）猪、猪肉等产品。

（2）禁止邮寄或旅客携带来自意大利的猪及其产品进境，一经发现，一律作没收销毁处理。

（3）对途经我国或在我国停留的国际航行船舶、飞机和火车等，如发现有来自意大利的猪及其产品，一律作封存处理。

（4）凡截获走私入境的来自意大利的猪及其产品，一律在就近口岸动植物检疫机关监督下作销毁处理。

（5）凡违反上述规定者，由口岸动植物检疫机关依照《中华人民共和国进出境动植物检疫法》等有关规定处理。

5.2.5 非洲马瘟

非洲马瘟（African horse sickness，AHS）是由非洲马瘟病毒（African horse sickness virus，AHSV）引起马属动物的一种非接触性、急性或亚急性传染病。临床上以发热、肺和皮下组织水肿及脏器出血为特征。

检疫地位：非洲马瘟为 OIE 通报性疫病，所有 OIE 成员一旦出现非洲马瘟感染的病例必须及时通报 OIE。非洲马瘟属于《中华人民共和国进境动物检疫疫病名录》中的一类传染病，我国禁止从发生非洲马瘟的国家或地区进口相关动物及其产品。非洲马瘟在我国《一、二、三类动物疫病病种名录》中属于一类动物疫病，需要采取紧急、严厉的强制预防、控制、扑灭等措施。

病原：AHSV 属于呼肠孤病毒科（*Reoviridae*）环状病毒属（*Orbivirus*）。病毒无囊膜，直径约 70 nm，病毒基因组为双链 RNA，含 10 个节段。AHSV 有 9 个血清型，各型之间无交互免疫力，不同型病毒的毒力强弱也不相同。病毒对乙醚、氯仿等具有一定的抵抗力；对酸的抵抗力弱，pH < 5.9 时很快被灭活；对热的抵抗力强，45 ℃下可以存活 6 d，50 ℃ 10 min 或 70 ℃ 5 min 仍具有感染性，72 ℃ 120 min 可被灭活；在冷冻干燥状态下病毒可以长期保存。自然条件下，马特别是幼龄马最易感，骡次之，驴具有耐受力。除此之外，斑马、犬、山羊、黄鼠狼、大象和骆驼等动物也可以感染。

分布与危害：

AHS 在非洲撒哈拉沙漠以南的地区长期存在，埃及和阿拉伯半岛各国也常有发生。1959 年传播到伊朗和巴基斯坦，1963 年传播到土耳其、塞浦路斯、印度和缅甸，1966 年流行于西班牙和突尼斯，1970 年传到古巴，1989 年传到葡萄牙，2004 年传到赞比亚和博茨瓦纳，2020 年传至泰国。目前，我国未发生该病，但应加强检疫，严防传入。

马和骡感染后的死亡率可高达 95%，感染驴的死亡率可达 10%，危害极为严重。人可感染，表现为脑炎、脉络丛视网膜炎等，有一定的公共卫生意义。

传播与流行：

患病马和带毒马是主要传染源，斑马可能是病毒的原始宿主。病毒存在于患马的血液及脏器中，可经支气管分泌物、乳汁及尿排到外界环境。感染马在康复后的 90 d 内仍然存在排毒现象，斑马感染后症状轻微或无症状，但持续存在病毒血症。患病马不能通过直接接触传染健康马，只有通过吸血昆虫（库蠓、伊蚊、尖音库蚊、螯蝇、白蛉等）的叮咬才能使健康马感染，证明 AHSV 生物学传播。

本病常呈流行性或地方流行性。温暖地带的马群可呈持续性感染，在寒冷地区有明显的季节性。

临床症状与病理变化：

潜伏期3～9 d。根据临床症状可以将该病分为肺型（急性型）、心型（亚急性型或水肿型）、肺心型及发热型 4 种类型。

（1）肺型　多见于流行初期和新发病地区，潜伏期 3～5 d，以明显的进行性呼吸困难为特征。病马体温迅速升高达 40～42 ℃，沉郁，两耳下垂；咳嗽，头颈伸直，前肢外展，呼吸困难，张口吐舌；鼻孔扩张，流出大量泡沫样的鼻汁；大面积出汗。患病马多在出现症状后不久因呼吸困难而死亡。

（2）心型　多见于部分免疫马匹或弱毒株感染的马匹。潜伏期 7～14 d，病程较肺型长。患病马表现为发热，头部、颈部皮下水肿，上眼睑、口唇和腭等部位肿胀，并向胸、肩及腹部扩展，有时呼吸数增加，呈腹式呼吸。濒死期病马出现呼吸次数迅速增加、倒地横卧、肌肉震颤、出汗等临床表现。

（3）肺心型　潜伏期 5～7 d，患病马表现为肺、心两型的综合临床症状，多呈亚急性症状。

（4）发热型　潜伏期 5～14 d。患病马症状轻微，多发生于免疫过的马属动物，体温升高呈弛张热。发热初期食欲不振、结膜轻度发炎、脉搏和呼吸数增加等，最后康复，病程 1～2 周。

肺型病理变化的特征是肺水肿、小叶间充满透明的液体，全肺呈粉红色或红色，压迫肺组织时从切面流出泡沫样液体；气管和鼻腔内有来自肺脏的白色泡沫；胸腔内充满大量黄色透明液体。

心型常见皮下组织和肌间组织出现大量的黄色明胶样水肿，心包内充满黄色或红褐色液体，心脏表面存在点状或斑状出血；肝肿大呈暗褐色，脾肿大并有大量出血点；胃底可见烂斑，肠黏膜水肿，浆膜存在点状出血。

诊断与检疫技术：

根据特征性的临床症状和剖检变化，结合流行病学可做出初步诊断。确诊必须进行病毒分离鉴定和血清学检查。

（1）病毒分离鉴定　取血液或肺、脾、淋巴结等组织上清液，脑内接种 1～3 日龄乳鼠，观察4～10 d，若出现神经症状则需要在小鼠脑内继代接种。也可用感染组织处理后的上清液，接种幼仓鼠肾细胞（BHK）、非洲绿猴肾细胞（Vero）及鸡胚进行病毒培养，观察 CPE。也可用病料经静脉接种 10～12 日龄鸡胚，感染鸡胚于接种后 3～7 d 死亡。可用酶联免疫吸附试验、补体结合试验或荧光抗体试验鉴定病毒。

（2）血清学试验　采用补体结合试验或中和试验检测 AHSV 抗体。检测抗原的最佳病料是脾脏，含毒量最高，可用琼脂扩散试验或荧光抗体试验检测。

由于非洲马瘟病毒的 9 种补体结合抗原具有群特异性反应，因此可用感染小鼠脑组织乳剂的蔗糖和丙酮抽提物或灭活的血清（马 56 ℃、驴 62 ℃、斑马 60 ℃灭活 30 min）进行补体结合试验，用于诊断。酶联免疫吸附试验有群特异性和高敏感性。

检疫实例分析：

2020 年 2 月 24 日，泰国呵叻府（Nakhon Ratchasima）地区一个农场的马匹突然发病，呈现发热（＞39 ℃）、食欲废绝、流眼泪、呼吸困难、结膜出血、牙齿呈黄白色、体乏无力、面部肿胀、鼻孔向外流出泡沫样液体等临床症状，并发生急性死亡，涉及341匹马，其中62匹发病，42匹死亡。经泰国国家动物卫生研究所（国家实验室）利用PCR检测，最终确诊此次疫情为非洲马瘟，这是该国首次暴发非洲马瘟疫情。2020年3月27日，泰国曼谷农业和合作社部向OIE紧急通报此次疫情。此后，泰国政府紧急采取了严格的马匹移动监管，对暴露和感染的马匹实施扑杀，对农场环境彻底消毒，在库蠓最活跃的黄昏和早晨，制定虫媒控制措施，并采取监测马匹体温等综合性措施。

为保护我国畜牧业安全，防止疫情传入，根据《中华人民共和国海关法》《中华人民共和国进出境动植物检疫法》及其实施条例等有关法律法规的规定，我国海关总署和农业农村部于2020年4月1日联合发布关于防止泰国非洲马瘟传入我国的公告（2020年第48号）。

5.2.6 牛传染性胸膜肺炎

牛传染性胸膜肺炎（Contagious bovine pleuro pneumonia，CBPP），又称牛肺疫，是由丝状支原体丝状亚种引起牛的一种高度接触性、地方性传染病。它以肺小叶间质淋巴管浆液性炎症、渗出性纤维素性炎和浆液纤维素性胸膜肺炎为主要特征。

检疫地位：CBPP为OIE通报性疫病，在《中华人民共和国进境动物检疫疫病名录》中属于一类动物疫病，在我国《一、二、三类动物疫病病种名录》中属于一类动物疫病。

病原：丝状支原体丝状亚种（*Mycoplasma mycoides* subsp. *mycoides* SC），属于支原体科（*Mycoplasmataceae*）支原体属（*Mycoplasma*）的成员。支原体对外界环境因素抵抗力不强。在直射日光下，数小时可失去毒力；干燥、高温都可使其迅速死亡，37 ℃ 1周死亡，60 ℃水中30 min死亡；对寒冷有抵抗力，在冻结病肺和淋巴结中毒力能保持1年以上，培养物冻干可保存毒力数年；对化学消毒药抵抗力不强，1%石炭酸、0.5%甲醛、5%漂白粉、10%石灰乳数分钟可将其杀死；对青霉素和磺胺类药物、醋酸铊有较强的抵抗力。

分布与危害：

牛传染性胸膜肺炎是一种古老的传染病，任何年龄和品种的牛均易感，发病率和死亡率较高，曾给世界各国养牛业造成了巨大损失。该病于1703年在德国和瑞士最早报道，18世纪传遍欧洲各国，19世纪传入美国、澳大利亚及非洲，20世纪传入亚洲，目前在非洲、拉丁美洲、大洋洲和亚洲一些国家还存在。目前已经根除该病的国家有美国（1892年）、英国（1898年）、南非（1916年）、苏联（1935年）、日本（1932年）、澳大利亚（1967年）。我国最早于1910年在内蒙古发现本病，20世纪50年代后期我国成功地研制出有效的牛肺疫弱毒疫苗，结合严格的综合性防治措施，于1996年宣布在全国范围内消灭了此病。

传播与流行：

传染源主要是病牛及带菌牛。病原体主要由呼吸道随飞沫排出，也可由尿及乳汁排出，产犊时还可由子宫分泌物中排出。病牛在康复后15个月甚至2～3年后还能排菌感染健康牛。

呼吸道是主要的传播途径，自然感染主要由飞沫及尘埃经呼吸道感染，也可经消化道及生殖道感染。

年龄、性别、季节和气候等因素对易感性无影响。带菌牛进入易感牛群，常引起急性暴发，此后转为地方流行性。

临床症状与病理变化：

潜伏期 8 d 至 4 个月，平均为 2～4 周。

急性型的症状明显而具特征性，病牛体温升高（40～42 ℃），呈稽留热，干咳，呼吸困难，呈腹式呼吸，呼吸急促而有呻吟声。病牛由于胸部疼痛不愿行动或下卧，前肢外展；流出浆液性或脓性鼻液，可视黏膜发绀，肋部和肘后部震颤；反刍和泌乳停止，食欲废绝；叩诊胸部，患侧肩胛骨后有浊音或实音区；听诊患部，为湿性啰音，肺泡音减弱乃至消失，代之以支气管呼吸音，有时有摩擦音；无病变部肺音代偿性增强。后期，病牛心脏衰弱，脉搏细弱而快，每分钟可达 80～120 次；胸腔积液，胸前部及肉垂水肿，尿少，便秘与腹泻交替出现；症状明显后 5～8 d，约半数死亡，整个急性病程为 15～60 d。

慢性型多数由急性型转变而来，或开始即呈慢性经过。病牛体温时高时低，有的呈一过性发热，除体况消瘦外，多数无明显症状，偶发干性短咳，叩诊胸部可能有实音区。在良好护理和妥善治疗下，病牛可以逐渐恢复，成为带菌者。若病变区域广泛，则日益衰弱，预后不良。

特征性病变主要在胸腔和肺脏。典型病例呈大理石样肺和浆液纤维素性胸膜肺炎。病理变化按其发生发展过程，分为初期、中期和后期 3 个时期。病牛的初期病变以小叶支气管肺炎为特征，肺炎灶充血、水肿，呈鲜红色或紫红色，病灶大小不一，最大的不超过肺小叶；中期病变呈浆液纤维素性胸膜肺炎。在中期病肺肿大、增重，灰白色，多为一侧性，右侧多见，多发生在膈叶，也可见于心叶和后叶；切面呈奇特的图案色彩，呈大理石花纹；胸腔内有大量淡黄色透明或混浊的积液，并含有絮状纤维素物；胸膜发生纤维素性炎症，表面有纤维素性附着物，胸膜增厚，常见有出血，并与肺病变部粘连；肺膜表面有纤维素性附着物，心包膜也有同样变化，心包内有积液；肝、脾、肾无特征性变化；病变后期肺小叶发生肉变、坏死，坏死处被结缔组织包围，形成坏死性包囊，后因发生干酪化或脓性液化形成空洞和瘢痕。此外，还可见腹膜炎、浆液性纤维性关节炎等。

诊断与检测：

依据流行病学资料、临床症状及病理变化综合性分析可初步诊断，确诊有赖于细菌学和血清学检查。

（1）细菌学检查　无菌取肺组织、胸腔渗出液及淋巴结等，接种于 10% 马血清、马丁肉汤及马丁琼脂，37 ℃培养 2～7 d，如有生长，即可进行支原体的分离和鉴定。

（2）血清学检查　目前常用方法有补体结合试验、竞争 ELISA、免疫印迹（Immunoblotting）等。

检疫实例分析：

2007 年 6 月 17 日，中非共和国从苏丹引进一批奶牛（共 300 头），当奶牛调离苏丹的姆博基 1 周后到达中非共和国的代尔比萨卡时，负责调运牛只的人员观察到有些牛发病，表现出发热、咳嗽、呼吸困难等症状，多数病牛很快发生死亡，总共 102 头牛发病，其中 100 头牛死亡。一个半月后，当疑似牛群抵达布里亚时，畜牧部门负责人怀疑该批牛发生牛传染性胸膜肺炎。通过宰杀其中的两只病牛，采集样本送往班吉进行实验室诊断。由于该兽医中心实验室无法确诊本次疫情，2007 年 7 月 11 日，采集的胸膜液样本被送往 OIE 参考实验室 CIRAD/EMVT 进行诊断。最终，该实验室利用病原体分离培养和 PCR 检测方法，于 2007 年

8 月 24 日确诊导致此次疫情的疫病为牛传染性胸膜肺炎。2007 年 9 月 5 日，中非共和国向 OIE 正式通报疫情。

5.2.7 牛海绵状脑病

牛海绵状脑病（Bovine spongiform encephalopathy，BSE）又称疯牛病（Mad cow disease），是由朊病毒（蛋白质侵染因子）引起牛的一种慢性、消耗性、致死性传染病。以潜伏期长，发病突然，病程缓慢且呈进行性，病牛精神状态失常，共济失调，后肢瘫痪，感觉过敏，脑灰质海绵状水肿和神经元细胞空泡化为特征，最终死亡。

检疫地位：BSE 为 OIE 通报性疫病，在《中华人民共和国进境动物检疫疫病名录》中属于一类动物疫病，在我国《一、二、三类动物疫病病种名录》中属于一类动物疫病。

病原：BSE 的病原是与绵羊痒病病毒相类似的一种朊病毒（Prion），是因"痒病相似病原"跨越了种属屏障引起牛感染所致。朊病毒的抵抗力很强，对热、紫外线、福尔马林等各种理化因素有极强的抵抗力。病畜脑组织匀浆经 134～138 ℃高温 1 h 后，对实验动物仍有感染力。患病动物的尸体经过 100 ℃以上的干热处理，不能完全灭活致病因子。但是该病毒对乙醚、丙酮、环氧乙烷中度敏感，并且对高压蒸汽（121 ℃ 60 min）、高锰酸钾溶液、氢氧化钠溶液敏感。该病的自然感染、实验感染宿主范围都较广，主要发生于牛，以 3 岁以上的成年牛多发，奶牛比肉牛易感，绵羊、山羊、水貂、鹿等都能感染发病。实验可感染大鼠、小鼠、猪。BSE 可传至猫和多种野生动物，也可传染给人。

分布与危害：

1985 年首次在苏格兰发现 BSE，随后爱尔兰、瑞士、葡萄牙、法国、德国、瑞典、丹麦、挪威、荷兰、意大利、奥地利、阿曼、加拿大、瑞士、罗马尼亚、斯洛文尼亚、波兰、西班牙、巴西等国家相继发生，日本、美国于 2004 年报道出现病例，并多次发生。2011 年，韩国一名女子因患上疯牛病（又称新型克雅氏病）去世。英国 BSE 的流行最为严重，是因牛吃了污染绵羊痒病或牛海绵状脑病的肉骨粉而发病。我国尚未发现疯牛病，但不能排除有从境外传入的可能，有必要加强口岸货物和寄递物检疫工作，严禁疫区货物、携带和邮寄牛肉及其产品入境，并建立疯牛病监测体系，对疯牛病采取强制性检疫和报告制度。

由于此病感染宿主范围广，发病缓慢，最终归于死亡，给许多国家养牛业和畜牧业造成了严重的经济损失，同时还可能危害到人类健康，具有十分重要的公共卫生意义，因此受到世界各国的高度关注。

传播与流行：

病牛、带毒牛以及患痒病的绵羊是传染源。朊病毒在病牛体内局限于脑、脊髓和视网膜。动物主要因摄入由痒病病羊或疯牛病病牛尸体加工成的肉骨粉经消化道感染。

BSE 多呈地方性散发，无明显季节性，其发生与牛的品种、性别、繁殖周期及饲养管理等因素无关。

临床症状与病理变化：

潜伏期平均约为 5 年，发病牛龄为 3～10 岁，但多集中于 4～6 岁牛，2 岁以下和 10 岁以上的牛很少发生。病程一般为 14～180 d。

病牛表现精神异常、烦躁不安、狂暴、神志恍惚、磨牙，常由于恐惧、狂躁而呈现出攻击性，故称之为“疯牛病”。病牛共济失调，后躯摇晃、步幅变短、转弯困难，常乱踢乱蹬以至摔倒，起立困难或不能站立而终日卧地；感觉障碍，表现对触摸和声音过分敏感。耳对称性活动困难，常一只伸向前，另一只向后或保持正常。少数病牛的头部和肩部肌肉震颤。病牛虽不明显瘙痒，但也不断摩擦臀部，致使皮肤破损、脱毛。病牛食欲正常，粪便坚硬，体温偏高，但体重及产乳量下降，呼吸频率增加，最后常极度消瘦而死亡。

剖检肉眼病变不明显，但组织学变化具有明显的特征性，表现为：①在神经元的突起部和神经元胞体中形成空泡，前者在灰质神经纤维网中形成小囊形空泡（即海绵状变化），后者则形成大的空泡并充满整个神经元的细胞核周围。②常规 H&E 染色可见神经胶质增生，胶质细胞肥大。③神经元变性、消失。④脑淀粉样变性，用偏振光观察可见稀疏的嗜刚果染料的空斑。空泡主要发现于延脑、中脑的中央灰质部分、下丘脑的室旁核区以及丘脑及其中隔区。

诊断与检测：

根据临床症状和流行病学特征可以做出初步诊断。由于此病既无炎症反应，又不产生免疫应答，迄今尚难以进行血清学诊断。所以，目前定性诊断以大脑组织病理学检查为主。

（1）组织学诊断方法　通常在第四脑室尾侧，常规采取脑部横切面，包括延脑、脑桥和中脑进行切片检查，若发现比较一致的病理组织学变化，即神经纤维网的海绵状变化和胞浆内空泡变性可做出诊断。空泡变性在延髓三叉神经单束神经核和脊束神经核的发生频率非常高，诊断的准确率高达 99.6%。

根据临床症状和病理组织学变化无法确诊时，可进一步进行动物感染试验、PrP^{sc} 的免疫学检测和痒病相关纤维（SAF）检查。

（2）朊病毒的生物学测定法　小鼠和仓鼠是最常用的实验动物。将被检样本（脑、脊髓、脾等）匀浆，脑内接种小鼠或仓鼠。最后根据动物发病和死亡数计算终点滴度（ID_{50} 和 LD_{50}）。

（3）PrP^{sc} 的免疫学检测　PrP^{sc} 只见于人和动物的传染性海绵状脑病。PrP^{sc} 不能使感染宿主产生特异抗体，但作为非易感动物的兔却可产生他种动物 PrP^{sc} 的抗体，以此抗体对被检材料（脑组织）作 Western blotting，可检测其中的 PrP^{sc}。

（4）痒病相关纤维（SAF）检查　通常以冰冻保存的脑和脊髓作为被检材料，制备匀浆，然后将抽提物超速离心，最终沉淀物以蛋白酶 K 处理，重悬于蒸馏水，进行负染电镜检查。

（5）单克隆抗体　在朊病毒病诊断上已广泛应用，应用各种特异的单克隆抗体可以区分小鼠、仓鼠和人的 PrP^{sc}。已有仅与各种动物 PrP^{sc} 共有位点而不与 PrP^{c} 反应的特异性单克隆抗体。

检疫实例分析：

2019 年 1 月 24 日，西班牙卡斯蒂利亚－莱昂自治区萨莫拉省一个养牛场的 1 头 2013 年 7 月 30 日出生的荷斯坦奶牛出现行为异常、共济失调和感觉异常等神经症状，并很快发生死亡。2019 年 1 月 25 日，病牛的脑和神经组织样本送往比利亚基兰布雷官方认可的区域动物卫生实验室（León）进行检测，该实验室利用 Bio-Rad-TeSeE-SAP 快速检测初步证实该病为 BSE。随后，病牛样本被送往阿尔盖特中央兽医实验室（TSE 国家参考实验室，获得 UNE-EN ISO/IEC 17025:2005 标准认证）进行疯牛病确诊，中央兽医实验室根据第 1148/2014 号欧盟法规授权的确认试验，利用 Bio-Rad-TeSeE-Wb-confirmation Western-blot 和 ELISA（Idexx-HerdChek-BSE 羊痒病抗原检测试剂盒）对样品进行联合检测，两种检测结果均为 BSE 阳性。

随后，利用抗PrP抗体杂交免疫印迹法进行BSE毒株鉴别试验，确认为非典型BSE（H型株）。该样品是在西班牙TSE监测计划（48月龄以上的供人类食用尚未屠宰的肉牛或死亡牛的样本）范围内所采集。2019年2月22日，西班牙农业部向OIE正式通报本次疫情，但疫情源头未知。

5.2.8 牛结节性皮肤病

牛结节性皮肤病（Lumpy skin disease，LSD）又称牛疙瘩皮肤病或牛结节疹，是由牛结节性皮肤病病毒（Lumpy skin disease virus，LSDV）引起牛的一种急性、亚急性或慢性传染病，主要以发热、皮肤、黏膜、器官表面广泛性结节、消瘦、淋巴结肿大、皮肤水肿为典型特征，有时甚至导致牛死亡。

检疫地位：LSD对养牛业及其国际贸易具有重要影响。LSD为OIE通报性疫病，任何国家或地区一旦发生LSD，必须及时通报OIE。LSD在《中华人民共和国进境动物检疫疫病名录》中属于一类动物疫病，我国禁止从LSD疫情国家或地区进口牛及其产品。目前，LSD尚未被列入我国的《一、二、三类动物疫病病种名录》，农业农村部暂时按照二类动物疫病的防控措施应对LSD。

病原：LSDV属于痘病毒科（*Poxviridae*）山羊痘病毒属（*Capripoxvirus*）的成员，除LSDV外，该属还包括绵羊痘病毒和山羊痘病毒，成员间的亲缘关系很近，基因组同源性高达96%，三者之间存在交叉反应和交叉免疫保护性。LSDV是有囊膜的双股DNA病毒，仅有1个血清型，其基因组大小为145～152 kb。该病毒对外界理化因素具有较强抵抗力，在pH 6.6～6.8环境中可长期存活，在4 ℃甘油盐水或细胞培养液中可存活4～6个月，在污染的动物圈舍中可以存活数月，在坏死的皮肤结节中至少可以存活33 d，在干燥结痂皮上可以存活35 d，在风干皮张中至少可以存活18 d，在-80 ℃保存病变皮肤结节中的病毒可存活10年。对热敏感，55 ℃ 2 h或65 ℃ 30 min可灭活病毒。对直射阳光、酸、碱和大多数常用消毒剂（酒精、碘酒、来苏儿、福尔马林、石炭酸等）均较敏感，对氯仿和乙醚也很敏感。牛是LSDV的自然宿主，无性别、品种差异，亚洲水牛、奶牛也易感。发病率为5%～45%，感染牛死亡率可达10%。只有45%～50%的感染动物表现出临床症状，很多处于隐性感染。绵羊、山羊及一些野生动物如长角羚羊、长颈鹿、黑斑羚可被人工感染。在非洲水牛、大捻角羚、水羚、小苇羚、黑斑羚和长颈鹿等非洲野生动物体内可检出LSDV抗体。LSDV不感染人，无公共卫生意义。

分布与危害：

1929年，LSD在赞比亚首次被发现，1943年传播至博茨瓦纳，随后传入南非。1957年，传入肯尼亚并大流行。1971年，在苏丹暴发之后，越过撒哈拉沙漠到达西非。1974年在乍得、尼日尔和尼日利亚等国陆续暴发；1976年到达象牙海岸。1977年毛里塔尼亚、加纳、利比里亚均有该病的报道。1981—1986年，坦桑尼亚、肯尼亚、津巴布韦、索马里、喀麦隆均发生该病。1989年LSD开始传入中东地区，并首次在以色列暴发流行。2005—2016年间，LSD在非洲、中东、欧洲等地迅猛传播。土耳其、伊拉克、约旦、黎巴嫩在2013年首次发生该病，阿塞拜疆、伊朗在2014年首次发生该病，土耳其疫情严重，已成为该国的地方性流行病。2014—2016年，中东地区的科威特与沙特阿拉伯相继发生该病。2015—2016年中东欧地区、巴尔干地区和高加索地区的希腊、塞尔维亚、马其顿、保加利亚、阿尔巴尼亚、格鲁吉亚、哈萨克斯坦以及俄罗斯等国也相继暴发 LSD。2019 年 8 月 12 日，新疆维吾尔自治区伊犁哈萨克自治州发生 LSD 疫情，是我国首次确诊该病。近来，孟加拉国、印度、尼泊尔等均暴发 LSD 疫情。目前该病具有进一步向其他国家和地区传播与蔓延的态势。

LSD 在流行地区的发病率通常为 2% ～ 20%，个别地区达 80% 以上，死亡率通常为 10% ～ 20%，有时达 40% ～ 75%。感染牛消瘦，生产性能下降，产奶量下降，皮张鞣制后具有凹陷或孔洞而导致其利用价值大大降低。该病可对养牛业造成很大的经济损失。

传播与流行：

患病牛是该病的主要传染源。可以从病畜的肺、脾脏、淋巴结、血液、肌肉、公牛睾丸和附睾等器官，以及皮肤结节、眼、鼻、口、消化道、尿道和生殖道黏膜等组织以及唾液、眼鼻、牛奶和精液等体液或分泌物中分离到病毒。在实验条件下，可以从感染后的 11 d 的唾液、22 d 的精液和 33 d 的皮肤结节中检出病毒。病毒血症可以持续 1 ～ 2 周。LSD 主要通过节肢动物媒介进行传播，目前认为蚊（如库蚊、伊蚊）、蝇（如螫蝇）可能是主要传播媒介，病毒通过牛—虫媒—牛循环链不断增殖可能是该病不断暴发的主要原因。除了蚊、蝇之外，近年来研究表明硬蜱、软蜱等多种吸血节肢动物也能通过叮咬传播该病，但目前尚未有该病的专属传播媒介的相关报道，并且能够传播该病毒的虫媒种类也有待进一步研究。该病还可以通过摄入病畜（唾液）污染的饲料和饮水传播。实验条件下，通过接触病畜皮肤结痂和血液等病料也能感染该病。

此病的发生与牛群的调运或迁徙、免疫状况以及影响传播媒介的风和降雨模式有关。夏季和潮湿低洼地区，发病较多。不同品种、年龄、性别的牛均易感。

临床症状与病理变化：

自然感染的潜伏期为 2 ～ 5 周。临床上以发热和皮肤形成大量结节性疹、浅表淋巴管炎和淋巴结炎为特征。通常病牛体温升高达 41 ℃以上，稽留热 4 ～ 14 d。牛发病初期表现为鼻炎、结膜炎，进而眼和鼻流出黏性分泌物。泌乳牛产奶量降低。病牛体表皮肤出现硬实、圆形隆起、直径 2 ～ 3 mm 或更大的结节，尤其是头部、颈部、胸部、背部、会阴、乳房和四肢，有的遍及全身。病牛皮肤结节位于表皮和真皮，也可以扩展到皮下组织或浅表肌肉，大小不等，可聚集成不规则的疙瘩，最后可能完全坏死、破溃，但硬固的皮肤病变可能持续存在数月甚至数年。有时皮肤坏死可招引蝇虫叮咬最后形成硬痂，脱落后留下深洞，也可能继发化脓性细菌感染和蝇蛆病。

病牛体表淋巴结肿大，以肩前、腹股沟、股前、后肢和耳下淋巴结最为突出，胸下部、乳房、四肢和阴部常出现水肿；眼、鼻、口腔、直肠和外生殖器等处黏膜也可形成结节并很快形成溃疡。泌乳牛可发生乳腺炎，妊娠母牛可能流产，公牛病后 4 ～ 6 周不育。此外，在鼻中的病变会引起呼吸困难或肺炎。

LSD 主要病理变化可见皮下水肿和炎症。切开结节，腔内有干酪样灰白色的坏死组织或脓、血，结节可深达皮下组织或肋骨组织。消化道、呼吸道和泌尿生殖道等处黏膜都能形成病变，尤以口、鼻、咽、气管、支气管、肺部、皱胃、包皮、阴道、子宫壁等部位的病变明显。通常在结节周围有明显的炎症反应，皮下组织、黏膜下组织和结缔组织有浆液性、出血性渗出液，呈红色或黄色。

诊断与检测：

根据流行病学、临床症状和剖检变化可做出初步诊断。但确诊需要进行实验室检查，包括病原学检查、动物试验和血清学试验。

（1）病原学检查　取新鲜结节制成切片、染色，镜检细胞质内包涵体，用荧光抗体技术检查包涵体内的病毒抗原。也可采集病料利用细胞进行病毒分离，观察出现的 CPE 和胞质内包涵体，然后用中和试验或间接免疫荧光试验进行鉴定。由于新生皮肤结节中有大量的病毒粒子，因此也可取病料负染，经电镜观察病毒粒子。

（2）分子生物学试验　利用 PCR、Real-time PCR 等方法可直接检测 LSDV 核酸。

（3）血清学试验　常用中和试验或间接免疫荧光试验。用双份血清（间隔 15 d 以上）做中和试验，如第 2 份血清的抗体效价增加 4 倍或 4 倍以上，即可做出判断。另外，琼脂免疫扩散试验、免疫印迹、酶联免疫吸附试验等也可用于 LSD 的诊断，但是血清学方法不能鉴别绵羊痘病毒和山羊痘病毒与 LSDV。

我国出入境检验检疫行业标准《牛结节疹检疫技术规范》（SN/T 2515—2010）在 OIE 手册基础上根据我国的具体情况制定了 LSDV 电镜观察、病毒分离、血清中和试验等诊断方法。

检疫实例分析：

2019 年 6 月，新疆伊犁哈萨克自治州的牛出现皮肤大面积多发疙瘩样症状，并伴有发烧、食欲减退、流口涎、死亡等症状。2019 年 8 月 12 日，经中国动物卫生与流行病学中心国家外来动物疫病研究中心 PCR 检测，结合核苷酸序列测定，最终确诊发生牛结节性皮肤病，这是我国首次确诊 LSD 疫情。疫情确诊后，立即扑杀所有发病牛，对扑杀和病死的牛进行无害化处理，做好同群牛临床监视，对养殖场环境进行彻底清洗、消毒，灭杀蚊蝇等昆虫媒介。

5.2.9　痒病

痒病（Scrapie）是由一种朊病毒（即羊痒病因子）引起绵羊和山羊的慢性、进行性、致死性的传染性神经系统疾病，俗称“驴跑病”“瘙痒病”“震颤病”或“摇摆病”。该病以潜伏期长、剧痒、中枢神经系统变性、共济失调及高死亡率为特征。

检疫地位：痒病为 OIE 通报性疫病，在《中华人民共和国进境动物检疫疫病名录》中属于一类动物疫病，在我国《一、二、三类动物疫病病种名录》中属于一类动物疫病。

病原：朊病毒（Prion）属于亚病毒因子，没有核酸，而是一种特殊的蛋白质感染性颗粒。朊病毒蛋白有 PrP^{c}、PrP^{sc} 等形式。PrP^{sc} 对外界抵抗力很强，对热、辐射、酸碱、福尔马林和常规消毒剂等有耐受性。脑组织中的病原能耐 100 ℃高温，在 pH 2.4 ～ 10.5 的溶液中稳定，0.25% ～ 20% 福尔马林中能存活 3 个月，胃蛋白酶、胰蛋白酶消化和紫外线照射不能完全使之灭活。但是该病原对丙酮、氯仿、石炭酸、乙醚、次氯酸钠和高碘酸钠敏感。羊痒病病原主要感染对象为绵羊和山羊，也可能感染人，将病羊肉骨粉饲喂牛、水貂可引起传染性海绵状脑病，实验接种小鼠、大鼠、猴子也能引起发病。就 PrP^{sc} 而言，它可引起人、羊、牛、水貂、鹿等发生传染性海绵状脑病。

分布与危害：

最早发生于 18 世纪的英国，之后比利时、西班牙、南非、冰岛、澳大利亚、新西兰、加拿大、美国、印度、法国、匈牙利、罗马尼亚、斯洛文尼亚、保加利亚、德国、日本、巴勒斯坦、以色列、葡萄牙、突尼斯等国家曾有发生或正在发生。

该病潜伏期长，病程缓慢，但患病动物最终死亡。由于缺乏有效的免疫预防和血清学诊断手段，不仅阻碍了正常的国际贸易，而且对该病的控制和扑灭带来了异常的难度，给养羊业造成的经济损失巨大，对整个畜牧业的威胁也异常严重。

痒病与人的库鲁病、克雅氏病等呈现几乎一致的症状和病变，而且曾经有研究绵羊神经系统疾病的人员发生类似于痒病的疾病，将病人的脑组织接种绵羊，导致绵羊出现与痒病难以区分的症状。因此，该病具有十分重要的公共卫生意义。

传播与流行：

该病的传染源主要是病羊和带毒羊，其脑组织、脊髓、骨髓、脾、淋巴结等多种组织都含有病原。

该病的传播途径目前还不完全清楚，但认为主要依靠直接或间接接触传播；现已确定可以通过胎盘垂直传播，患病母羊和公羊的后代，其发病率较高。

不同品种、性别的羊均可感染，但以绵羊最易感，纯种羊比杂种羊易感；2～4 岁最易感。该病传播缓慢，一般呈散发，但易感羊群感染后，极难清除。发病率 4%～30%，致死率 100%，无季节性。

临床症状与病理变化：

自然感染的潜伏期一般为 1～5 年，人工感染 0.5～1 年，1 岁以下羊很少出现临床症状。主要症状表现为瘙痒和共济失调。病初病羊不安，兴奋，感觉过敏，有癫痫症状；随后表现为四肢软弱，伸颈抬头，不能跳跃，关节屈曲，跑步时呈“驴跑”或“雄鸡步”姿势，容易跌倒；后期逐渐消瘦虚弱，后躯麻痹，卧地不起。在出现神经症状的同时，病羊表现奇痒，如啃咬尾根、臀部、前肢，靠着圈舍、树干等用力摩擦发痒部位，从而引起皮肤脱毛、发炎、溃烂和结痂。病羊体温不高，食欲正常，最后衰竭而死。另外，母羊可能流产。

除躯体消瘦、脱毛和皮肤外伤以外，各内脏器官不见明显的病理变化。

组织学变化的特点是脑干和脊髓的神经元出现大量的空泡变性与皱缩，星状胶质细胞异常增生、肿胀，可见灰质神经纤维网海绵样变性。

诊断与检测：

根据流行病学、临床症状和组织病理学变化，不难做出初步诊断。在新发疫区和动物群，必须进行实验室确诊。

（1）生物学试验　常在小鼠、仓鼠等实验动物脑内接种病料匀浆液上清，并取脑进行组织病理学检查。

（2）痒病相关纤维（SAF）检查　脑和脊髓匀浆抽提物蛋白酶 K 消化后作电镜检查。

检疫实例分析：

2020 年 4 月 28 日，葡萄牙瓜达区（Guarda）一个养羊场发生疫情，1 只绵羊出现瘙痒和共济失调等临床症状后不久发生死亡，采集患病羊的脑和神经组织送往葡萄牙国家农业和兽医研究所进行实验室诊断，采用 Bio-Rad-TeSeE-SAP 快速检测方法、免疫组化和聚丙烯酰胺凝胶电泳最终确诊为痒病。在疫情确诊后，根据 999/2000 EC 法规附录 VII 第 B 章第 2.2.2 b 条的规定，该养羊场的其他 69 只易感绵羊被捕杀，其副产品和废物于 2020 年 6 月 4 日进行了销毁和无害化处理。2020 年 7 月 8 日，葡萄牙农业部向 OIE 正式通报此次疫情。

5.2.10 蓝舌病

蓝舌病（Blue tongue，BT）是由蓝舌病病毒（Blue tongue virus，BTV）引起反刍动物的一种急性、非接触性传染病。该病以高热，口腔、鼻腔、胃肠道黏膜水肿、溃疡性炎症以及舌、齿龈充血、瘀血呈青紫色等为主要特征。

检疫地位：蓝舌病为 OIE 通报性疫病，在《中华人民共和国进境动物检疫疫病名录》中属于一类动物疫病，在我国《一、二、三类动物疫病病种名录》中属于一类动物疫病。

病原：BTV 属于呼肠孤病毒科（*Reoviridae*）环状病毒属（*Orbivirus*）成员，基因组为双股 RNA，分 10 个节段。BTV 的抵抗力很强。该病毒耐干燥和腐败，耐热，血液中的病毒经 60 ℃ 30 min 不能完全灭活；在 50% 甘油中于室温下可存活多年；对乙醚、氯仿、脱氧胆酸钠稳定，对酸、福尔马林、氢氧化钠、胰蛋白酶等敏感。BTV 的感染对象几乎涉及所有的反刍动物，包括家养和野生反刍动物，但是以绵羊最易感，牛和山羊的易感性较低，野生反刍动物中以鹿最易感，其次是羚羊。而易感性低的动物却可以长期带毒，成为主要的储藏宿主。

分布与危害：

该病在五大洲的许多国家都有发生，如埃及、肯尼亚、南非、西非、塞浦路斯、巴勒斯坦、伊拉克、土耳其、叙利亚、以色列、美国、摩洛哥、葡萄牙、西班牙、巴基斯坦、印度、澳大利亚、阿尔巴尼亚、阿尔及利亚、比利时、法国、马其顿、德国、希腊、意大利、德国、瑞士、瑞典等众多国家和地区，且以撒哈拉以南非洲、欧洲、中东和南亚最为严重。

该病可导致羊群，特别是羔羊群全部死亡，严重影响羊肉和羊毛的品质和产量；孕畜感染可致流产、死胎和胎儿先天异常；羔羊发病后长期发育不良。蓝舌病严重影响畜牧业发展，造成巨大经济损失，严重影响相关国际贸易，是 OIE 规定的重点检疫对象之一。BTV 不感染人，无明显的公共卫生意义。

传播与流行：

患病动物、病毒携带者（包括储藏宿主）都是重要的传染源，其器官、血液、分泌物、精液、排泄物等都含有病毒，康复动物还可带毒长达 4～5 个月。

该病主要通过生物媒介进行间接接触传播，媒介主要包括库蠓、羊虱、蝇、蚊、虻、蜱等，其他昆虫也可传播，还可通过精液、胎盘垂直传播。

该病的流行与地理、气候等因素有直接关系，特别是与库蠓活动关系密切，具有明显的区域性和季节性。池塘、河流多、地势低洼地区多发，晚春、夏季和早秋多发。一般而言热带比亚热带多发，亚热带又比温带多发。发病与品种、年龄也有一定关系，青年羊易感性最高，哺乳羔羊易感性低，土种羊和杂交羊比纯种羊抵抗力强。

临床症状与病理变化：

绵羊发病急，症状重。潜伏期 3～10 d。病初羊的体温高达 41 ℃左右，稽留 2～5 d，随后出现厌食、精神委顿、流涎、上唇水肿，并蔓延至面部、耳根、颈部；口腔黏膜、舌、齿龈、颊充血呈蓝紫色，继之黏膜上皮坏死、溃疡，口腔恶臭，出现吞咽困难；鼻腔有黏液脓性分泌物，干后结痂，可致呼吸困难和鼾声。病羊因蹄冠、蹄叶发炎跛行或卧地不起，消瘦、衰弱，有的便秘或腹泻，时有血便。有的孕羊流产、死产等。另外，被毛易折和脱落，脱毛处皮肤有针尖大出血点。

山羊的症状与绵羊相似，但要轻微一些。牛一般不出现症状，约有 5% 的感染牛出现很轻微的症状。

剖检病变主要在口腔、瘤胃、心、肌肉、皮肤和蹄部。病羊黏膜糜烂，表皮脱落形成溃疡，坏死；心外膜出血；蹄冠处皮肤形成线状充血带；肌肉纤维变性；皮下组织充血和胶冻样浸润，毛囊周围出血。此外，脾脏、肾脏、淋巴结充血肿大，呼吸道黏膜有出血点。

诊断与检测：

根据流行病学、临床症状和病理变化特点可以做出初步诊断，但确诊须依靠实验室诊断。

（1）病毒分离鉴定　最好取高热期的血液常规处理后接种 Vero、BHK-21 等细胞或鸡胚、哺乳小鼠分离病毒，也可取病死动物肝脏、脾脏、淋巴结、骨髓等作为病毒分离病料。分离的病毒应进一步进行血清型鉴定。

（2）血清学试验　包括琼脂扩散试验（AGP）、ELISA、病毒中和试验（VNT）、荧光抗体试验（IFA）、补体结合试验（CFT）等，其中 AGP、CFT、IFA 具有群特异性，VNT 具有型特异性。

（3）分子生物学试验　基于 DNA 探针的分子杂交技术、RT-PCR 和 Real-time RT-PCR 等技术可用于检测病毒。

检疫实例分析：

2010—2014 年，从北京口岸入境的 9 个批次共计 19714 头反刍动物，动物种类包括奶牛（19677 头）、长颈鹿（12 头）、羊驼（25 头）等，其来源国分别为澳大利亚、南非和荷兰。原北京出入境检验检疫局的技术人员为评估这些进口动物携带蓝舌病病毒（BTV）的风险，无菌采集全血分离血清，采用商品化的竞争 ELISA 方法检测 BTV 抗体。对 BTV 抗体检测阳性的动物，采集抗凝血，采用 OIE 推荐的套式 RT-PCR 和荧光 RT-PCR 方法进行检测，同时将样品送往蓝舌病参考实验室进行病毒分离鉴定，以确定动物的蓝舌病感染状态。结果 9 批动物中检出 28 头 BTV 血清抗体阳性动物，包括 5 头长颈鹿、5 头羊驼和 18 头奶牛，但核酸检测和病毒分离鉴定结果均为阴性，表明这些 BTV 抗体阳性动物并不携带有非感染性和感染性病毒粒子。结合 9 个批次的进口动物并无明显临床表现，且进口动物来源地也无蓝舌病疫情发生，据此根据 OIE《陆生动物卫生法典》条款，判定这些抗体阳性动物为带毒阴性。

5.2.11　小反刍兽疫

小反刍兽疫（Peste des petits ruminants，PPR）是由小反刍兽疫病毒（Peste des petits ruminants virus，PPRV）引起的一种急性、热性和高度接触性传染病，俗称“羊瘟”，主要感染包括野生动物在内的小反刍动物，山羊和绵羊高度易感，以高热、口炎、腹泻和肺炎为特征，具有很高的发病率和高死亡率。

检疫地位：PPR 对全球养羊业具有重要影响，为 OIE 通报性疫病，所有 OIE 成员一旦发生 PPR，必须及时通报 OIE。在《中华人民共和国进境动物检疫疫病名录》中，PPR 属于一类动物疫病，我国禁止从 PPR 疫情国家或地区进口羊等小反刍动物及其产品。PPR 在我国《一、二、三类动物疫病病种名录》中属于一类动物疫病，也是《国家中长期动物疫病防治规划（2012—2020 年）》中 13 种需要重点防范的外来动物疫病之一。一旦发现 PPR 病例或疑似病例，应按照《中华人民共和国动物防疫法》规定，按一类动物疫病进行处理。

病原：PPRV 属于副黏病毒科（*Paramyxoviridae*）麻疹病毒属（*Morbillivirus*），是一种有囊膜的单股负链 RNA 病毒。PPRV 只有一个血清型，但毒株可分为 4 个基因系（Ⅰ～Ⅳ系）。PPRV 对外界环境抵抗力较弱，病毒半衰期为：56 ℃ 3 min，37 ℃ 3.5 h，4 ℃ 10 d。该病毒对酸、碱、乙醇、乙醚、氯仿和日光等理化因素也很敏感。自然感染对象主要是山羊、绵羊、羚羊、岩羊、白尾鹿等家养和野生小反刍动物，牛、猪、骆驼通常为亚临床感染。但有报道称从一头死亡亚洲狮的组织中分离到 PPRV。

分布与危害：

PPR 于 1942 年在西非科特迪瓦首次被发现。除非洲之外，已传播至南亚、西亚和中东等地区，与我国接壤的周边国家如阿富汗、巴基斯坦、印度、尼泊尔、孟加拉国、缅甸、老挝、塔吉克斯坦、哈萨克斯坦、蒙古等均为 PPR 疫区。2007 年 7 月，我国西藏日土县暴发首例 PPR 疫情，通过采取严格的防控措施，疫情一度被限制在西藏地区，但从 2013 年 12 月起 PPR 从西藏传播蔓延至新疆、甘肃、内蒙古、宁夏等全国大部分的省（直辖市、自治区），造成了大批羊只死亡或被销毁。基因Ⅰ系 PPRV 主要分布于西非，基因Ⅱ系主要分布在北非，基因Ⅲ系主要分布在东非，基因Ⅳ系主要分布在中东、南亚和西亚。我国流行的 PPRV 属于基因Ⅳ系。

该病在易感动物群中的发病率可达 100%，严重暴发时致死率高达 100%，中度暴发可达 50%，而且一些动物隐性带毒，危害和威胁相当严重。PPR 疫情会使相关国际贸易严重受阻。该病无明显的公共卫生意义。

传播与流行：

患病动物和隐性感染动物是主要传染源，亚临床感染的羊是最危险的传染源。病毒存在于发热期动物的血液、淋巴结、眼结膜、鼻咽部、胃肠道黏膜、肺脏等组织中，随分泌物、排泄物和飞沫排出。PPRV 主要通过呼吸道和消化道感染，具有高度的接触传染性，通过直接或间接接触患病动物及其分泌物、排泄物、组织或被其污染的草料、用具、圈舍、牧场、饮水或呼吸道飞沫等而发生传播，在养殖密度较高的羊群偶尔会发生近距离的气溶胶传播。PPRV 可通过人工授精或胚胎移植而传播。感染母羊发病前 1 d 起至发病后 45 d 期间，乳汁含病毒，故可经乳汁传染。目前尚缺乏冷冻羊肉或其他肉品的病毒存活资料，但因肉品的 pH 值下降，病毒不易存活，故经冷冻的肉品传播概率低。

该病一年四季都可发生，通常在雨季和寒冷季节多发。有一定的品种和年龄差异，一般小型品种及 5～8 月龄山羊最易感，山羊发病表现严重，幼龄动物发病率和死亡率都高。该病呈现地方流行性，在暴发流行之后，往往有 5～6 年缓和期。在老疫区常常零星散发，只有在易感动物增加时可能引发流行。

临床症状与病理变化：

PPR 可分为最急性型、急性型和温和型 3 个型。

（1）最急性型　多见于幼龄羊，潜伏期仅有 2 d，表现为病羊体温迅速升高（41～42 ℃），精神沉郁、被毛竖立、食 / 饮欲减退或废绝，口腔和眼睛流出黏液性分泌物，随后出现口腔、唇部和鼻腔炎症和坏死斑。发病第 1 d 可见便秘，很快出现水样腹泻。病程不超过 5～6 d，死亡率可达 100%。

（2）急性型　潜伏期 3～4 d。初期与最急性型相似，表现为发热急，高达 41～42 ℃或以上，持续 3～5 d。发烧 1～2 d 后，患病动物精神沉郁、反应迟钝、食 / 饮欲减退或废绝、眼结膜潮红、鼻镜干燥、被毛逆立。继而眼睛、鼻部和口腔分泌大量纤维素性黏液，如继发细菌感染，上述部位分泌出稀薄的黄色脓性液体，使得上腭和眼下被毛潮湿，结痂后使眼睑粘连，堵塞鼻孔，导致呼吸困难，可出现眼炎，有的甚至失明。齿龈、上腭、唇和舌的背、腹侧因黏膜坏死而出现针尖大小的灰色或黑色的病灶，并常呈弥散性分布。嘴唇肿胀、破裂、坏死，口腔黏膜出血和面颊黏膜广泛出血，导致流涎，继而发生大面积的坏死。后期出现口腔黏膜溃疡，白色的坏死组织被死亡的细胞覆盖，以至口腔黏膜完全被厚的干酪样物质附着，类似的病变也出现在鼻腔、阴门和阴道黏膜。妊娠母羊常发生流产，耐过羊可产生免疫力。发病晚期常出现腹泻，开始时粪便变软，然后发展为水样腹泻，并伴有难闻的恶臭气味，有时含有内脏组织坏死碎片和血迹。病畜呼吸困难、鼻孔开张，舌伸出，体温下降，伴有咳嗽，胸部罗音及腹式呼吸也常发生，表现出肺炎症状。发病后期病羊的鼻口周围、嘴唇外侧的皮肤形成小的结痂损伤。病羊常在发病后 5～10 d，脱水衰竭死亡。

（3）温和型　无明显的临床症状，出现轻微短暂的发烧，有时可见眼睛和鼻腔流出大量的分泌物，并在鼻孔周围结痂；也可见腹泻。一般病畜经过一段时间可以耐过和恢复健康。

剖检病变与牛瘟极为相似，主要表现为消化道和呼吸道的糜烂性损伤。其症状常见有溃疡性口炎，出血和坏死性肠炎。支气管和肺脏出现干酪样病灶，肺表面、支气管黏膜等有出血点，肺的暗红色或紫色区域触摸坚硬，主要见于肺的尖叶和心叶，呈支气管肺炎病变。鼻腔黏膜、鼻甲骨、喉和气管等处可见小的淤血点；支气管肺炎常并发前腹侧肺膨胀不全。下唇邻近的齿龈、颊和舌经常发生损伤，更严重时这种病变发生于上腭、咽和食道的上 1/3。口腔黏膜和胃肠道大面积坏死，但网胃、瘤胃、瓣胃很少有损伤，偶尔可见瘤胃乳头坏死；皱胃呈有规则、有轮廓的出血、坏死糜烂。小肠一般有中度损伤，呈现有限的出血条纹。大肠皱褶处有小的红色出血点，后期会连成一片，颜色变暗，呈"斑马纹"样特征（肠、盲－瓣区、盲肠－结肠交界处以及直肠表面有严重出血；盲肠－结肠交界处表现为特征性的线状条带出血）。胸腔积液导致渗出性胸膜炎。淋巴结变软，肿大；淋巴小结集合体出血、坏死。脾出现肿大、坏死性病理变化。肠黏膜充血，被黏液覆盖。在肝脏切面，存在显著的由多病灶引起的苍白区域。

诊断与检测：

根据流行病学、临床症状和病理变化可以做出初步诊断，但确诊须依靠实验室检测。

（1）病毒分离鉴定　取急性期血液、眼结膜分泌物、鼻分泌物、颊部黏膜拭子，以及肠系膜和支气管淋巴结、肺脏、脾脏和肠黏膜等，常规处理后接种羔羊原代肾、肺细胞或者 Vero 等传代细胞进行病毒分离，并利用分子生物学和血清学试验进行鉴定。

（2）血清学试验　有病毒中和试验（VNT）、竞争 ELISA、抗原捕获 ELISA、琼脂扩散试验、荧光抗体试验、对流免疫电泳试验、免疫金层析试验等。

（3）分子生物学试验　利用 RT-PCR 和 Real-time RT-PCR 等可直接检测 PPRV 核酸。

检疫实例分析：

2007 年 7 月 9 日，我国西藏阿里地区革吉县盐湖乡发生不明原因的山羊疫情，病羊主要症状包括结膜炎、浆液性和脓性鼻液、体温高达 40～41 ℃、严重腹泻；剖检可见明显的肺炎病变，支气管和肺脏出现干酪样病灶，肺脏表面、支气管黏膜、肾脏、肠系膜等有出血点。根据临床症状、病理变化和流行病学特点，初步诊断为疑似小反刍兽疫。2007 年 7 月 14

日，经中国动物卫生与流行病学中心国家外来动物病诊断中心对送检的 14 只病死山羊病料和血清样品分别进行病原学和血清学检测，利用普通 RT-PCR 和荧光定量 RT-PCR 检测发病羊组织中小反刍兽疫病毒核酸，利用商品化竞争 ELISA 试剂盒对血清样本进行 PPRV 抗体检测，另外将组织样本接种 Vero 细胞分离病毒，利用透射电镜观察病毒粒子。最终确诊本次疫情由小反刍兽疫病毒引起，为我国首次暴发 PPR 疫情。为消灭该病，采取了扑杀、大规模免疫、检疫和移动控制、疫源追溯和监测、野生动物控制及其他风险控制等一系列措施。

5.2.12 绵羊痘和山羊痘

绵羊痘（Sheep pox）是由绵羊痘病毒（Sheep pox virus，SPPV）引起绵羊的一种急性、热性、接触性传染病。其特征是患病绵羊皮肤和黏膜上发生特异的痘疹，可见到典型的斑疹、丘疹、水疱、脓疱和结痂等病理过程。绵羊痘在各种家畜痘病中危害最为严重。山羊痘（Goat pox）是由与绵羊痘病毒同属的山羊痘病毒（Goat pox virus，GTPV）感染引起的急性、接触性传染病，以皮肤出现丘疹或脓疱性痘疹为特征。

检疫地位：绵羊痘和山羊痘均为 OIE 通报性疫病，所有 OIE 成员一旦发生，必须及时通报 OIE。在《中华人民共和国进境动物检疫疫病名录》中属于一类动物疫病，在我国《一、二、三类动物疫病病种名录》中属于一类动物疫病。一旦发现病例或疑似病例，应按规定程序向农业农村部行政管理部门及时上报疫情，划定疫点、疫区和受威胁地区，尽快采取隔离、封锁、扑杀和无害化处理等措施。绵羊痘和山羊痘是外来品种绵羊和山羊的引入和集约化畜牧业发展的主要制约因素。

病原：SPPV 和 GTPV 属于痘病毒科（*Poxviridae*）山羊痘病毒属（*Capripoxvirus*）的成员。对热敏感，55 ℃ 20 min 或 37 ℃ 24 h 可灭活病毒。在干燥的痂块中可以存活数年。自然条件下，绵羊痘病毒只感染绵羊，山羊痘病毒只感染山羊。二者有共同的抗原，琼脂免疫扩散试验和补体结合试验可出现交叉反应。

分布与危害：

绵羊痘和山羊痘主要流行于赤道以北的非洲、中东和亚洲，欧洲一些地区也有流行。2010 年至 2015 年期间报告疫情的国家有保加利亚、以色列、哈萨克斯坦、吉尔吉斯斯坦、蒙古、摩洛哥、希腊、俄罗斯。美洲地区和澳大利亚无疫情，英国、荷兰等已消灭。我国少数地区存在该病，危害较重。绵羊痘和山羊痘不感染人，无公共卫生意义。

传播与流行：

病羊和带毒羊为主要传染源。病毒主要经呼吸道传播，也可通过损伤的皮肤或黏膜感染，饲养管理人员、用具、皮毛、饲料、垫草等都可成为传播媒介。在养羊地区，绵羊痘传播快，发病率高，不同品种、性别、年龄的绵羊均易感，羔羊比成年羊易感，病死率较高，妊娠母羊易发生流产。该病多发生于冬末春初，气候严寒、饲草缺乏和饲养管理不良等因素都可促使发病和加重病情。该病一旦传播到无疫区，易造成流行。

临床症状和病理变化：

潜伏期平均为 6～8 d，病羊体温升高至 41～42 ℃，精神不振，结膜潮红，有鼻漏。眼周围、唇、鼻、乳房、外生殖器、四肢和尾内侧无毛或少毛部位发生痘疹，开始为红斑，后形成丘疹，逐渐扩大变成灰白色或淡红色隆起结节，之后变成水疱、脓疱，如无继发感染则干燥成棕色痂块，脱落。有的病例痘疱发生化脓和坏疽，形成深的溃疡，恶臭，为恶性经过，病死率达 20% ～ 50%。在前胃或第四胃黏膜上，往往有大小不等的圆形或半球形坚实的结节，单个或融合存在，有的病例还形成糜烂或溃疡。咽和支气管黏膜亦常有痘疹。肺脏呈现干酪样结节和卡他性肺炎区。肠道黏膜少有痘疹变化。此外，常见细菌性败血症变化，如肝脂肪变性、心肌变性、淋巴结急性肿胀等。病羊常死于继发感染。山羊痘的症状和病理变化与绵羊痘相似，主要在皮肤和黏膜上形成痘疹。

诊断与检测：

典型病例根据临床症状、病理变化和流行情况不难诊断。可取病变组织作切片检查感染细胞中的胞质包涵体，或电镜观察病毒颗粒。实验室确诊羊痘可采用 PCR 方法。血清学检测可用补体结合试验、中和试验、琼脂扩散试验、酶联免疫吸附试验等。

检疫实例分析：

2020 年 7 月 3 日，OIE 公布以色列北部区（Hazafon）发生 1 起绵羊痘和山羊痘疫情。为保护我国畜牧业安全，防止疫情传入，根据《中华人民共和国海关法》《中华人民共和国进出境动植物检疫法》及其实施条例等有关法律法规的规定，禁止直接或间接从以色列输入绵羊、山羊及其相关产品（源于绵羊或山羊未经加工或者虽经加工但仍有可能传播疫病的产品）。禁止寄递或携带来自以色列的绵羊、山羊及其产品入境。一经发现，一律作退回或销毁处理。进境船舶、航空器、公路车辆和铁路列车等运输工具上，如发现有来自以色列的绵羊、山羊及其产品，一律作封存处理，且在我国境内停留或者运行期间，未经海关许可，不得启封动用。其废弃物、泔水等，一律在海关的监督下作无害化处理，不得擅自抛弃。对边防等部门截获的非法入境的来自以色列的绵羊、山羊及其产品，一律在海关的监督下作销毁处理。

5.2.13　高致病性禽流感

禽流感病毒（Avian influenza virus，AIV）感染家禽后可引起多种综合征，包括从无临床症状感染，呼吸道疾病和产蛋下降，到病死率接近 100% 的严重全身性疾病不等。最后一种病型称为高致病性禽流感（Highly pathogenic avian influenza，HPAI），而其他各型统称为低致病性禽流感（Low pathogenic avian influenza，LPAI）。OIE 规定的通报性禽流感（Notifiable avian influenza，NAI）包括禽流感病毒感染（infection with avian influenza viruses）、除家禽外的鸟类（包括野生鸟类）高致病性 A 型流感病毒感染（infection with influenza A viruses of high pathogenicity in birds other than poultry including wild birds）。

检疫地位：高致病性禽流感为 OIE 通报性疫病，所有 OIE 成员一旦发生疫情，必须及时通报 OIE。HPAI 在《中华人民共和国进境动物检疫疫病名录》中属于一类动物疫病，我国禁止从 HPAI 疫情国家或地区进口禽及其产品。HPAI 在我国《一、二、三类动物疫病病种名录》中属于一类动物疫病，一旦发现 HPAI 病例或疑似病例，应按规定程序向农业农村部行政管理部门及时上报疫情，划定疫点、疫区和受威胁地区，尽快采取隔离、封锁、扑杀和无害化处理等措施。

病原：AIV 属正黏病毒科（*Orthomyxoviridae*）甲型流感病毒属（*Influenza A virus*）的成员。流感病毒亚型中绝大多数无致病性或低致病性，高致病性亚型主要是 H5 和 H7 亚型的毒株。病毒对外界环境的抵抗力不强，对温热、紫外线、酸碱、有机溶剂等均敏感，但耐低温和干燥，在 –70 ℃稳定，冻干可保存数年。0.1% 新洁尔灭、1% 氢氧化钠、2% 甲醛、0.5% 过氧乙酸等浸泡以及阳光照射等均可将其杀灭。

鸡、火鸡以及某些野禽类如珍珠鸡、野鸡和孔雀等易感性最高。鸭、鹅及其他水禽类易感性较差，多为隐性感染或带毒，有时也能大批死亡。鸽可以带毒，但很少自然发病。鹧鸪、燕鸥等也能感染。

分布与危害：

1878 年意大利首次报道禽流感，当时称之为“鸡瘟”，但是直至 1955 年才证明其病原是甲型流感病毒。大部分国家和地区均有该病发生的记录和报道，尤其是 1997 年以来，禽流感在世界范围内广泛发生和流行，引起了各国高度重视。

高致病性禽流感的发生和流行涉及许多国家和地区，包括澳大利亚（1975 年、1985 年、1995 年）、英国（1979 年）、意大利（1980 年）、爱尔兰（1983 年）、巴基斯坦（1994 年）、墨西哥（1995 年）、美国（1983 年、1985 年）、中国香港（1997 年、2001 年、2002 年）、荷兰（2003 年）、越南（2010 年）、加拿大（2014 年）、匈牙利（2015 年）、波兰（2020 年）等。自从 1997 年中国香港报道禽流感病毒 H5N1 毒株可以感染人并造成人死亡以来，禽流感与人类健康的关系越来越密切。2003 年 2 月中国香港再次报道 H5N1 感染和致死人的事件，2003 年 4 月荷兰发生的禽流感 H7N7 也导致人的感染。2004 年 1—2 月，我国广西、湖南、湖北等 16 个省、自治区、直辖市先后发生高致病性禽流感，禽类及其产品的出口贸易遭受了沉重的打击。我国分别于 2010 年出现 H5N8 亚型、2014 年出现 H7N9 亚型的 HPAI，在随后的几年里给养鸡业造成了巨大的经济损失。

高致病性禽流感是鸡和火鸡的毁灭性疫病，可导致 100% 死亡，造成的危害和经济损失巨大。高致病性禽流感具有十分重要的公共卫生意义。

传播与流行：

传染源主要为病禽（含野鸟）和带毒禽（含野鸟），病毒可在污染的粪便、水等环境中存活较长时间，其次是康复但带毒的禽类。带毒鸟类和水禽通常是鸡和火鸡感染的重要传染源，它们可长期带毒并通过粪便排毒，而不表现任何症状，因此在流行病学上扮演重要角色。

禽流感病毒在禽群之间的传播主要依靠水平传播，可经呼吸道和消化道传播。感染禽从呼吸道、结膜和粪便中排出病毒。病毒可经感染禽和易感禽的直接接触传播，也可以通过空气飞沫等间接接触传播。被污染的任何物品，如饲料、水、设备、笼具、衣物、运输车辆、垫草、种蛋、鸡胚和精液等都可传播禽流感病毒。

潜伏期可从数小时到数天，最长可达 21 d。发病率和死亡率与宿主、感染毒株和禽群免疫状况等因素密切相关，最高可达 100%。一年四季均能发生，但冬春季节多发，夏秋季节零星发生。常突然发生、传播迅速，呈地方性流行或大流行形式。

临床症状与病理变化：

临床症状极为复杂，根据表现可分为高致病性禽流感和低致病性禽流感。高致病性毒株潜伏期短，一般为 4～5 d。病禽表现为突然发病，体温升高（41.5 ℃以上）、精神沉郁、嗜睡，饮水量异常变化，采食量下降；产蛋突然下降，软壳蛋、畸形蛋增多；头颈部水肿，流泪、眼睑肿胀，鸡冠和肉髯肿胀、出血甚至坏死，鸡冠发紫，脚鳞或有出血。病禽呼吸困难、咳嗽、打喷嚏，张口呼吸，口流黏液；腿部皮下水肿、出血、变色；拉黄白、黄绿或绿色稀粪。有的出现抽搐，头颈后扭，运动失调，瘫痪等神经症状。急性者发病后数小时死亡，多数病例病程为 2～3 d，致死率达 100%。鸭、鹅等水禽可见腹泻和神经症状，有时可见角膜发红、充血、有分泌物，甚至失明。

低致病性毒株感染的临床症状差异较大，可表现为不同程度的呼吸道症状、消化道症状、产蛋量下降或隐性经过，病程长短不一，死亡率高低不等。

高致病性禽流感致死的鸡剖检可见实质器官的严重出血和坏死。气管弥漫性充血、出血，有少量黏液；肺部有炎性症状；腹腔有浑浊的炎性分泌物；肠道可见卡他性炎症；输卵管内有浑浊的炎性分泌物，卵泡充血、出血、萎缩、破裂，有的可见卵黄性腹膜炎；胰腺边缘有出血、坏死；心冠及腹部脂肪出血；腺胃肌胃交界处可见带状出血，腺胃乳头可见出血；盲肠扁桃体肿大出血；直肠黏膜及泄殖腔出血。最急性死亡的病鸡常无眼观病理变化。急性者头部、面部浮肿，鸡冠、肉髯肿大；皮下有黄色胶冻样浸润、出血，胸、腹部脂肪有出血斑；心包积液，心外膜有点状或条纹状坏死，心肌软化；病鸡腿部肌肉有出血点或出血斑。消化道表现为腺胃乳头水肿、出血，肌胃角质层下出血，肌胃与腺胃交界处呈带状或环状出血；十二指肠、盲肠、扁桃体、泄殖腔充血、出血；肝、脾、肾脏瘀血肿大，有白色小块坏死；呼吸道有大量炎性分泌物或黄白色干酪样坏死。急性死亡家禽有时也无明显剖检变化。

诊断与检测：

由于临床症状和病理变化比较复杂、差异较大，确诊必须依靠实验室诊断。

（1）病原分离和鉴定　取发热期或发病初期禽类的呼吸道分泌物、泄殖腔拭子，以及发病动物的肝、脾、肾、胰腺、脑、肺等脏器，经常规方法处理后，接种 9～11 日龄鸡胚尿囊腔。若病料中含有病毒，则接种 48 h 后鸡胚死亡；如鸡胚不死亡，可检测其尿囊液有无凝集作用。连续盲传 3 代，如鸡胚仍不死亡，即可判定病毒为阴性。如接种的鸡胚死亡，其尿囊液对红细胞有凝集作用，证明有病毒繁殖，即可用血凝抑制试验分别做病毒型和亚型鉴定。也可用 MDCK 细胞分离和鉴定病毒。

分离毒株的致病性测定：静脉内接种致病指数（IVPI）大于 1.2 或用 0.2 mL 1∶10 稀释的无菌感染流感病毒的鸡胚尿囊液，经静脉注射接种 8 只 4～8 周龄的易感鸡，在接种后 10 d 内，能致 6～7 只或 8 只鸡死亡，即死亡率≥ 75%，则判为高致病性禽流感毒株。

（2）血清学试验　是诊断禽流感的特异性方法。常用的有血凝抑制试验、琼脂扩散试验以及 ELISA 等。取发病初期和康复期禽类的双份血清，用血凝抑制试验测定抗体滴度的变化并做出诊断，如果后者抗体滴度比前者高出 4 倍以上，即可确诊。琼脂扩散试验可用于禽流感病毒的检查，以病毒的核蛋白抗原检查血清中的抗体，故不受亚型的限制，各个亚型毒株抗体均可对抗原发生阳性反应。

（3）分子生物学诊断方法　目前最常用的是 RT-PCR 或 Real-time RT-PCR 等方法。可对分离毒株的血凝素基因裂解位点进行序列测定，并与高致病性禽流感病毒基因序列比对。

检疫实例分析：

2005 年 4 月 28 日，原广州机场出入境检验检疫部门检疫人员带检疫犬执勤搜查时，从来自越南 CZ368 航班和 VN916 航班的旅客行李中截获 5 枚鸡蛋、5 枚鸭蛋、5 枚鹅蛋和 30 枚鸭胚。由于截获的应检物属于高风险感染的动物产品，又来自高致病性禽流感疫区，现场工作人员快速反应，将截获的应检物严格按程序封样后送往原广州出入境检验检疫局动检实验室进行检验，并对旅检现场及时进行了消毒处理。2005 年 5 月 17 日，经原广东出入境检验检疫局动检实验室以及国家禽流感参考实验室鉴定，从来自越南航班的旅客携带行李中截获 45 枚禽蛋中检出 H5N1 高致病性禽流感病毒。这是自 2003 年底东南亚部分国家出现禽流感疫情以来，中国首次在旅检口岸对来自疫区航班截获的旅客携带物中检出禽流感病毒。

5.2.14 尼帕病毒性脑炎

尼帕病毒性脑炎（Nipah virus encephalitis）(《中华人民共和国进境动物检疫疫病名录》2020 年修订版中称为尼帕病），是由尼帕病毒（Nipah virus）感染引起的一种人畜共患病，可引起人和动物出现致死性脑炎和呼吸道疾病。

检疫地位：尼帕病毒性脑炎为 OIE 通报性疫病，所有 OIE 成员一旦出现病例必须及时通报。尼帕病毒性脑炎属于《中华人民共和国进境动物检疫疫病名录》中的一类传染病，我国禁止从发生尼帕病毒性脑炎的国家或地区进口相关动物及其产品。尼帕病毒性脑炎未被列入我国《一、二、三类动物疫病病种名录》。

病原：尼帕病毒属于副黏病毒科（*Paramyxovirinae*）亨尼病毒属（*Henipavirus*），是单股负链 RNA 病毒，基因组全长约为 18.2 kb，可分为马来西亚谱系和孟加拉谱系两个谱系。尼帕病毒形态多型，病毒粒子大小为 120 ～ 500 nm，由囊膜及丝状的核衣壳组成，囊膜上有血细胞凝集素（H）和神经氨酸酶（N）。尼帕病毒可感染猪、人、猫、犬、马和蝙蝠等，具有广泛的宿主范围，其中狐蝠科的果蝠被认为是其自然贮藏宿主，猪被认为是其中间宿主。该病毒对热和消毒剂抵抗力不强，56 ℃ 30 min 即可失去感染性，一般消毒剂也可很快使其失活。病毒在 Vero、BHK、PS 细胞系中生长良好。

分布与危害：

尼帕病毒于 1998 年在马来西亚森美兰州双溪尼帕新城首次被发现。在 1998 年 10 月至 1999 年 5 月期间，尼帕病毒性脑炎在马来西亚猪群和人群中出现大规模暴发和流行，致使 265 名养猪工人发病，105 人死亡，116 头猪被扑杀。随后传播至新加坡、印度、孟加拉国和菲律宾，2018 年以来印度频繁暴发尼帕病，造成了大量人员死亡。该病具有重要的公共卫生意义。

传播和流行：

病毒在猪的扁桃体、呼吸道上皮组织和细胞中繁殖，并通过咽喉部和气管分泌物传播，也可通过泌尿系统和含有病毒的体液接触性传播。猪在尼帕病毒感染人的过程中起着关键的作用，病人主要通过伤口与感染猪的分泌液、排泄物及呼出气体等接触而感染。

临床症状与病理变化：

主要临床症状为发热、严重头痛、肌痛、脑膜炎。猪感染尼帕病毒的潜伏期为 7 ～ 14 d。不同年龄的猪临床症状有所不同。一般患病猪表现为神经症状和呼吸道症状，且发病率高，死亡率低。断奶仔猪和育肥猪表现为高烧、呼吸困难伴有轻度或严重的咳嗽，严重病例可见咳血。怀孕母猪症状更明显，出现肺炎，流出脓性分泌物，甚至流产，同时由于严重呼吸困难，局部肌肉痉挛，麻痹而亡。

人感染后潜伏期为 1 ～ 3 周，颈、腹部痉挛是与其他脑炎病毒相区别的具有诊断意义的症状。随后出现发热、头痛、嗜睡和定向力障碍。在 24 ～ 48 h 后进一步发展为昏迷，三分之一病人会在昏睡中死亡，耐过昏迷的患者出现永久性脑损伤。少数病人有呼吸道症状，部分病人伴有高血压和心动过速。

病理变化包括弥散性血管炎，内皮损伤贯穿于脑皮质和皮下，伴有广泛性稀疏坏死灶；病毒感染可导致水肿，引起间质性肺炎（肺水肿）、脑脊膜炎、肾小球萎缩及胎盘感染。

诊断与检测：

根据被感染动物和人的临床症状和流行病学资料，可进行初步诊断。应与日本脑炎病毒、西尼罗病毒等进行实验室鉴别诊断。

（1）病毒分离　通常采集感染动物的脑脊液、扁桃体和肺脏用于病毒的分离，可用 Vero 和 RK-13 等敏感细胞。

（2）血清学试验　采集感染动物的血清和脑脊液进行荧光抗体病毒中和试验（FAVN）、过氧化物酶中和试验（NPLA）、竞争 / 阻断 / 间接 ELISA、抗原捕获 ELISA、荧光抗体试验（FAT）、病毒中和试验（VNT）、琼脂免疫扩散试验、间接血凝试验等。

（3）分子生物学试验　RT-PCR 和 Real-time RT-PCR 可用于检测感染动物中的病毒 RNA。

（4）免疫组织化学试验　采集感染动物的肺脏、扁桃体和脑，制成石蜡切片，用特异性抗体检测组织细胞中的病毒抗原。

（5）原位杂交试验　采集感染动物的肺脏、扁桃体和脑，制成石蜡切片，用探针对病毒基因组的特异性核酸进行检测。

（6）动物接种　将感染动物的组织进行研磨、离心和过滤后接种易感动物，观察临床症状进行诊断。

检疫实例分析：

据世界卫生组织通报，2018 年 5 月以来印度暴发尼帕病疫情，为防止该病传入我国，保护我国公民的健康安全，根据《中华人民共和国国境卫生检疫法》及其实施细则等法律法规的规定，海关总署公告于 6 月 8 日发布“关于防止尼帕病毒病疫情传入我国的公告”（2018 年第 54 号）：

（1）来自印度的人员，如有发热、头痛、头晕、嗜睡、呕吐和肌肉酸痛等症状，入境时应当进行卫生检疫申报，配合做好体温监测、医学巡查、医学排查等卫生检疫工作。海关对有上述症状的入境人员将按照规定程序采取医学措施；对可疑病人的分泌物或排泄物，采取严格的消毒措施。入境后 45 d 内出现上述症状的人员，应当立即就医，并向医生说明近期的旅行史。

（2）来自印度的交通工具、集装箱、货物、行李物品、邮件、快件必须接受海关实施的卫生检疫，其负责人、承运人、代理人或者货主应当配合海关卫生检疫工作，对可能被尼帕病毒污染的，应当按照规定接受卫生处理。

（3）前往印度的人员，出境前可以向海关及其国际旅行卫生保健中心咨询或登录海关总署网站卫生检疫专栏，查询相关信息；旅行中应增强防病意识，保持良好的个人卫生习惯，特别要避免接触蝙蝠、猪等动物，避免直接接触病人或感染动物的分泌物、排泄物等，避免食用被上述动物粪便、尿液或唾液污染的食品，发现有相关症状的，应当立即就医。

5.2.15 埃博拉出血热

埃博拉出血热（Ebola hemorrhagic fever，EHF）是由埃博拉病毒（Ebola virus，EBOV）引起人类和其他灵长类动物的一种急性、出血性、动物源性传染病，人易感，表现为发烧、肌肉疼痛、呕吐、腹泻、出血以及皮疹等。

检疫地位：埃博拉出血热对人类的危害大，在《中华人民共和国进境动物检疫疫病名录》中被归于一类传染病。虽然OIE没有把埃博拉出血热列入通报性疫病名录，但是根据《OIE陆生动物卫生法典》要求在动物身上发现埃博拉病毒感染时，兽医当局应将其作为新出现的疫病通报OIE。

病原：EBOV属于丝状病毒科（*Filoviridae*）埃博拉病毒属（*Ebolavirus*），是有囊膜的单股负链RNA病毒。现已鉴定出5种埃博拉病毒，包括扎伊尔埃博拉病毒、苏丹埃博拉病毒、科特迪瓦埃博拉病毒、本迪布焦埃博拉病毒以及雷斯顿埃博拉病毒，其中前4种可造成人类疾病。EBOV在60 ℃ 30 min或100 ℃ 5 min可丧失感染能力，紫外线照射2 min可被杀灭。EBOV对化学药剂敏感，可被福尔马林、乙醚、次氯酸钠等消毒剂灭活。EBOV在血液或动物尸体中一般可存活数周。非洲果蝠被认为是EBOV的自然宿主，很多哺乳动物都可被感染，其中灵长类动物极易受到感染。

分布与危害：

埃博拉出血热主要疫源地在非洲，流行疫区主要分布在赤道附近，涉及苏丹、扎伊尔、加蓬、乌干达、刚果。除非洲外，欧洲、北美、亚洲的泰国等地区都出现过埃博拉出血热的感染者，但没有发生流行。埃博拉出血热的致死率高达50%～90%，被WHO列为对人类危害最大的病毒之一。2012年，中国科学院武汉病毒研究所研究人员利用基于EBOV N蛋白的间接ELISA从2006—2009年间捕获的843只野生蝙蝠血清中检出32只雷斯顿埃博拉病毒抗体阳性蝙蝠，提示我国境内蝙蝠可能携带雷斯顿埃博拉病毒。

传播与流行：

EBOV主要通过血液、唾液和排泄物传播，不能排除空气传播的可能。从感染幸存者的母乳和精液中能持续检测到EBOV，性传播的风险较大。埃博拉出血热的流行没有明显的季节性，不同种族的人类普遍易感，但临床病例多见于成年人，可能与成年人暴露或接触病毒的机会更多有关，女性的感染率高于男性。

临床症状与病理变化：

感染潜伏期一般为2～21 d，病毒侵袭免疫系统和血液循环系统，造成出血和低血压等症状，最终导致休克和死亡。患者感染初期表现为高热、头疼、全身肌肉和关节酸痛，中后期呕吐、腹泻、内出血等。半数患者会在发病5 d出现皮疹，多数患者会在5～7 d出现七窍流血不止。该病主要的病理变化包括皮肤、黏膜和脏器出血，多种组织器官出现坏死病灶，其中最严重的是肝脏和淋巴组织；淋巴组织点状坏死，大量免疫细胞凋亡；血小板减少，纤维蛋白降解产物增加导致皮肤出现瘀斑，黏膜及脏器弥漫性出血。

诊断与检测：

出血和皮疹是埃博拉出血热同其他疾病相区别的重要临床特征。常用的检测方法有Real-time RT-PCR、ELISA等，需在BSL-4实验室中进行。

检疫实例分析:

1989 年 10 月 4 日，美国弗吉尼亚州雷斯顿城的灵长类动物检疫中心接收了来自菲律宾马尼拉附近热带雨林的 100 只将被用于药物和疫苗研究的猴。在隔离检疫期间，31 只猴相继发生死亡。发病初期，猴狂叫、挑衅般地对着人类撒尿，尔后病猴出现发热、精神沉郁、目光呆滞、流鼻涕、瘫坐在笼子里等症状。剖检可见病死猴脾脏异常肿大、肠道淤血。该中心的兽医初步怀疑猴死于某种病毒感染，于是将病死猴的脾脏送往美国陆军传染病医学研究所的生物安全三级实验室进行疫病诊断。研究人员将脾脏研磨液接种于猴肾细胞进行病毒分离，并借助电子显微镜观察到一种丝状病毒，样品被紧急送往四级实验室进行进一步确认，研究人员利用实验室保存的死于埃博拉病的病人血清对获得的丝状病毒进行了中和试验检测，最终确诊导致猴死亡的病原体为埃博拉病毒，即著名的“雷斯顿城埃博拉病毒事件”。这是自埃博拉病毒被发现以来，首次在非洲以外的地区在非实验室条件下的感染案例。最终，出动美军将大楼封锁，捕杀与销毁了所有猴，并对整个检疫中心进行了彻底消毒。幸运的是，导致本次猴子感染的埃博拉病毒为雷斯顿型毒株，在目前已知的 5 种埃博拉病毒中，该型病毒只感染灵长类动物。

5.2.16 狂犬病

狂犬病（Rabies）又称恐水病，是由弹状病毒科的狂犬病病毒（Rabies virus，RV）引起的一种人畜共患传染病，俗称“疯狗病”。它是人类最古老的疾病之一，可感染所有的温血类脊椎动物。

检疫地位：狂犬病为 OIE 通报性疫病，在《中华人民共和国进境动物检疫疫病名录》中属于二类动物疫病，在我国《一、二、三类动物疫病病种名录》中属于二类动物疫病。

病原：狂犬病病毒属于弹状病毒科（*Rhabdoviridae*）狂犬病毒属（*Lyssavirus*），是有囊膜的单股负链 RNA 病毒。在外界环境中较稳定，但对热不稳定，对紫外线照射敏感，易被去垢剂灭活。

分布与危害:

狂犬病属于自然疫源性疾病，广泛分布于全世界，主要在亚洲、非洲和拉丁美洲等发展中国家流行，多数发达国家已消灭或控制该病。印度和中国是世界上狂犬病流行比较严重的国家，属于高发区，每年有数千人感染，严重威胁人类和动物的健康和生命安全。该病具有重要的公共卫生意义。

传播与流行:

本病传播主要与野生动物有关，野生动物可长期隐匿带毒，是自然界中传播狂犬病病毒的贮藏宿主。在多数国家，犬是主要的贮藏宿主，森林地区狐狸为主要贮藏宿主，北极地区则以北极狐为主要贮藏宿主。因而犬和野生动物狂犬病是当前的主要流行形式。

临床症状与病理变化:

动物感染发病后主要表现神经症状，如感染犬表现出狂躁不安、到处奔走、行为凶猛、常咬伤人、可出现恐水症状，最后麻痹而死。牛、羊、猪等动物感染后的症状与犬相似。人被感染后潜伏期通常 1～2 个月或更长，出现焦躁不安、头痛、感觉过敏、流涎、畏光和声、恐水，最后麻痹而死。

病理变化主要表现在脑部，发生非化脓性脑脊髓炎，血管周围有淋巴细胞浸润，炎症病变主要发生在脑桥、延脑、脑干前部和丘脑，在中枢神经系统特别是海马回、大脑皮层和延脑，呈现不同程度的神经元变性和坏死，特征性病变为神经元内出现胞浆内嗜酸性包涵体，即 Negri 小体，多见于海马回的锥体细胞。

诊断与检测：

由于该病无特征性临床症状，或缺乏特征性剖检病变，因而必须依靠实验室检测进行确诊。

（1）病原鉴定　通常取脑组织（小脑底部、海马角、延髓等）进行实验室诊断。①组织学特征性细胞病变检查：将脑组织直接涂片染色后检测 Negri 小体。②荧光抗体试验：可直接检测涂片，也可检测细胞培养物或被接种小鼠脑组织中是否存在狂犬病病毒。此外，ELISA 也可用于检测狂犬病病毒抗原。③实验动物接种和细胞培养。

（2）血清学试验　因患病动物产生抗体的比率较低，因而血清学方法很少用于流行病学调查，但可用于动物免疫后的抗体检测。①细胞培养病毒中和试验和荧光抗体病毒中和试验是国际贸易指定试验；②快速荧光斑点抑制试验（RFFIT）用于测定狂犬病病毒中和抗体，也是国际贸易指定试验；③小鼠病毒中和试验。

检疫实例分析：

2015 年 4 月初，山西省忻州市宁武县 1 只患病家养犬咬伤同村多头牛、羊，其中多头牛被病犬咬伤一周后，出现神经系统症状、狂躁不安、惊恐乱跑、流涎、口吐白沫、磨牙目视前方、撞墙壁、原地转圈，最后呼吸困难倒地死亡。被咬伤的羊的症状与牛类似。截至 2015 年 5 月底，共有 10 余头牛、60 余只羊发病死亡。将其中 1 头死亡牛的脑组织送往军事医学科学院军事兽医研究所狂犬病 OIE 参考实验室进行检测。采用荧光抗体试验（FAT）和 RT-PCR 方法最终确诊本次疫情为狂犬病。基于狂犬病病毒核酸序列系统进化的分析结果表明，该毒株与山西省分离的其他流行毒株均属于亚洲 1 群。建议在当地乃至山西全省范围内，开展犬只大规模疫苗接种，提高犬的免疫覆盖率。

5.2.17　布鲁氏菌病

布鲁氏菌病（Brucellosis）是由布鲁氏菌引起的一种人畜共患传染病，又称布氏杆菌病（简称布病）。它以生殖器官和胎膜发炎、流产、不育和各种组织的局部病灶为特征。该病严重影响动物和人类的健康。

检疫地位：该病为 OIE 通报性疫病，是《中华人民共和国传染病防治法》规定的乙类传染病，在《中华人民共和国进境动物检疫疫病名录》中属于二类动物疫病，在我国《一、二、三类动物疫病病种名录》中属于二类动物疫病。美国疾病控制与预防中心（CDC）认为布鲁氏菌可被制成生化武器，并将其列为“B 类生物恐怖主义药剂”。控制该病应遵循“预防为主”的原则，采取检疫、免疫、淘汰患病动物等综合防控措施。布鲁氏菌可感染人，引起急性发热性疾病（波浪热），可进一步发展成慢性型疾病，引起肌肉 - 骨骼系统、心血管系统和中枢神经系统的严重并发症。

病原：布鲁氏菌（*Brucella*）为球形、球杆形或短杆形，不形成荚膜和芽孢，革兰氏染色阴性。它有 6 个种，即马耳他布鲁氏菌（绵羊、山羊）、流产布鲁氏菌（牛）、猪布鲁氏菌（猪、野兔、驯鹿）、绵羊布鲁氏菌（绵羊）、沙林鼠布鲁氏菌（沙林鼠）、犬布鲁氏菌（犬）。布鲁菌基因组大小约为 3.29 Mb，含有 2 个染色体（I 约为 2.11 Mb, II 约为 1.18 Mb），约有 3200 个开放阅读框。布鲁氏菌为需氧菌，在固体培养基上培养可形成光滑型（S）和粗糙型（R）菌落，不产生外毒素，但有毒性较强的内毒素。布鲁氏菌的抵抗力和其他不能产生芽孢的细菌相似。巴氏灭菌法 10 ～ 15 min、0.1% 升汞数分钟、1% 来苏儿或 2% 福尔马林或 5% 生石灰乳 15 min，日光直射 0.5 ～ 4 h 可杀死布鲁氏菌；在玻片上室温干燥 5 d，在干燥土壤内可存活 37 d；而在胎儿体内可存活 6 个月。

分布与危害：

布鲁氏菌病呈世界性分布，在中东、亚洲、非洲和南美洲的许多发展中国家仍然流行。我国许多地方特别是牛、羊饲养量较大的牧区均有该病存在。该病不仅给畜牧业造成极大的损失，而且流产布鲁氏菌、马耳他布鲁氏菌和猪布鲁氏菌对人均有很强的致病性，因而具有重要的公共卫生意义。

传播与流行：

患病动物（包括野生动物）及带菌者是主要的传染源，布鲁氏菌主要经泌尿生殖道、消化道或皮肤和黏膜伤口感染机体。布鲁氏菌可感染多种动物，包括家畜、野生动物等。不同种的布鲁氏菌虽有其自然宿主，但也可感染其他动物，如马耳他布鲁氏菌的自然宿主为绵羊和山羊，但也可感染牛、人等。细菌可从胎盘、胎液、乳汁、阴道分泌物、精液中排出，感染公畜和哺乳幼畜，使该病在畜群中长期流行。患病牛、羊、猪等是人类布鲁氏菌病的主要传染源，消化道或皮肤和黏膜伤口是感染的主要途径。一般在牧区工作或生活的人的感染率要高于农区，患者有明显的职业特征。人与人之间一般不传染。

临床症状与病理变化：

成年怀孕母牛感染后可引起胎盘炎、流产、乳腺炎及流产后不孕，未怀孕母牛感染常无临床症状，成年公牛感染可致睾丸炎。绵羊和山羊感染后常出现附睾炎、非习惯性流产、羔羊死亡率增加以及关节炎症状。母猪感染后最明显的症状也是流产，多发生在妊娠第 4 ～ 12 周，公猪常见睾丸炎和附睾炎。人感染后出现急性发热，最后发展为慢性型疾病，引起肌肉、骨骼、心血管及中枢神经系统的严重并发症。

感染牛的病理变化包括胎衣呈黄色胶冻样浸润，有些部位覆有纤维蛋白絮片和脓液，有的增厚而有出血点；绒毛叶部分或全部贫血而呈苍黄色，或覆有灰色或黄绿色纤维蛋白或脓液絮片或覆有脂肪状渗出物。胎儿胃特别是第四胃中有淡黄色或白色黏液絮状物，肠胃和膀胱的浆膜下可见点状或线状出血。胎儿主要呈败血症病变，浆膜和黏膜有出血点和出血斑，皮下结缔组织发生浆液性、出血性炎症。淋巴结、脾脏和肝脏有不同程度的肿胀，有的散有炎性坏死灶。脐带常呈浆液性浸润、肥厚。绵羊和山羊的病理变化与牛的大致相同。一般来讲，患病人体的器官和组织都会发生病理变化，急性期表现为网状内皮系统的弥漫性炎症反应，最易发生病变的为结缔组织系统，其次是淋巴系统、血管系统和神经系统。

诊断与检测：

根据流行病学信息，孕畜流产，胎儿胎衣的病理损害，胎衣滞留以及不育等都有助于布鲁氏菌病的诊断，但确诊需通过实验室诊断。鉴于布鲁氏菌病常呈慢性或隐性感染，诊断和检疫主要依靠血清学和超敏反应检查。细菌分离鉴定常用于发生流产的动物。

（1）病原鉴定　取流产的胎盘、胎液、流产胎儿的内脏器官、阴道分泌物、乳汁等病料直接涂片染色镜检，也可接种培养基后鉴定，或注射实验动物进行鉴定。

（2）血清学试验　动物感染后 7～15 d 产生抗体，检测血清抗体是该病检疫的主要手段。酶联免疫吸附试验（ELISA）、虎红平板凝集试验、补体结合试验是国际贸易的指定试验。我国常用的还有试管凝集试验、玻片凝集试验、乳汁环状试验等。其中凝集试验主要用于早期诊断，而补体结合试验可用于检测较长时间的感染。

（3）超敏反应试验　利用布鲁氏菌素对动物进行皮肤超敏反应试验，虽不适合早期诊断，但对慢性病例很有价值。

此外，还有抗球蛋白（Coombs）试验、荧光抗体法、DNA 探针以及 PCR 等。

检疫实例分析：

2019 年 5 月 8 日，克罗地亚杜布罗夫斯克－内雷特瓦县（Dubrovacko-Neretvanska）一个农场内的奶牛和山羊发生疑似布鲁氏菌亚临床感染。克罗地亚萨格勒布兽医研究所（国家实验室）通过采集 12 月龄以上奶牛和 6 月龄以上山羊血清进行补体结合试验（CFT），结果发现 6 只奶牛和 45 只山羊呈现布鲁氏菌血清抗体阳性；通过细菌分离与鉴定进一步发现，36 只山羊体内存在羊种布鲁氏菌（*Brucella melitensis*），并从 3 头血清抗体阳性的牛体内分离到 3 株羊种布鲁氏菌。疫情确诊后，该国立即对该农场的所有牛、羊进行了捕杀和无害化处理，并对涉及的圈舍、场地、器具、设施以及废弃物等进行了彻底消毒，同时对受疫情影响的农场周边 10 公里半径范围内的所有奶牛、绵羊和山羊进行了紧急采样和检疫。但本次疫情的来源尚不清楚。2019 年 5 月 10 日，克罗地亚农业部兽医服务局向 OIE 正式通报此次疫情。

5.2.18　炭疽

炭疽（Anthrax）是由炭疽杆菌引起的人和各种家畜、野生动物共患的一种急性、热性、败血性传染病。该病以败血症变化、脾脏显著肿大、血液凝固不良、皮下和浆膜下有出血性胶样浸润为特征。人感染后多表现为皮肤炭疽、肠炭疽和肺炭疽，偶尔伴发败血症。

检疫地位：炭疽为 OIE 通报性疫病，所有 OIE 成员一旦发生疫情，必须及时通报 OIE。炭疽也是《中华人民共和国传染病防治法》规定的乙类传染病，在《中华人民共和国进境动物检疫疫病名录》中属于二类动物疫病，在我国《一、二、三类动物疫病病种名录》中属于二类动物疫病。发生此病时，应尽快上报疫情，划定疫点、疫区，采取隔离封锁等综合防疫措施。

病原：炭疽杆菌（*Bacillus anthracis*）为革兰氏阳性菌，有荚膜，无鞭毛，兼性需氧菌。经血琼脂板过夜培养，可获得典型菌落。菌落形态特征为：菌落较大，直径为 0.3～0.5 cm，呈白色或灰白色，不溶血，表面粗糙，呈卷毛发样，奶油样黏稠。炭疽杆菌菌体对外界理化因素的抵抗力不强，但芽孢的抵抗力很强，在干燥条件下可存活 50 年以上。该菌主要感染草食动物，其中牛、绵羊、马、驴、鹿、象等最易感，死亡率很高，包括人在内的哺乳动物及某些鸟类也可感染。

分布与危害：

炭疽遍及全世界，多为散发，自然发病区域主要分布在热带和亚热带，与病畜排出的炭疽杆菌能否形成芽孢、能否在适合的土壤及温度中继续繁殖有关，具有这些条件的地区往往成为炭疽的自然疫源地。据估计，1958 年全世界发生了 20000 ～ 100000 个感染人的病例。到 20 世纪末，该数字已降至约 2000 例，大多数病例发生在发展中国家，在欧洲和美国只报告了零星病例。2016 年，欧盟 / 欧洲经济区（EU/EEA）报告了 6 例实验室确认的炭疽病例，其中罗马尼亚报告 5 例，西班牙报告 1 例。

炭疽杆菌可感染人，大多数表现为皮肤炭疽病，具有重要的公共卫生意义。1942 年英国人进行了炭疽杆菌炸弹试验，1979 年苏联曾发生意外泄漏事件，造成至少 68 人死亡。2001 年，国际恐怖分子利用邮件向美国散播炭疽芽孢，并造成 22 人感染，5 例死亡。2016 年以来，西伯利亚亚马尔半岛暴发炭疽疫情，导致2000多头驯鹿死亡，90 名当地居民住院，1 名儿童死亡。

传播与流行：

患病动物是主要传染源，当处于菌血症时，可通过粪、尿、唾液及天然孔出血等方式排菌，形成芽孢后，可成为长久疫源地。芽孢在炭疽的传播中起主要作用，人和动物直接与炭疽芽孢污染的环境如空气、水、食物、土壤等接触后，通过皮肤、呼吸道、消化道感染。动物也可经吸血昆虫叮咬而感染。自然条件下，草食动物最易感，家禽几乎不感染，许多野生动物也可感染发病。人对炭疽易感，多发生在与动物及其产品接触机会较多的人员身上。炭疽杆菌作为生物武器的剂型就是将其芽孢附着在一定的载体（例如羽毛、树叶、昆虫、滑石粉等）上，进行大面积的扩散传播。该病常呈散发，有时可为地方性流行，干旱或多雨、洪水、吸血昆虫多和从疫区输入患病动物及其产品等因素常致暴发。

临床症状与病理变化：

该病潜伏期一般为 1 ～ 5 d，最长可达 14 d。主要由外毒素所致，表现为最急性型、急性型、亚急性型和慢性型。

最急性型常无任何临床症状突然死亡。急性型的主要症状表现为体温升高、呼吸困难、黏膜发绀并有小的出血点，濒死期天然孔出血，病理变化包括尸僵不全、天然孔流出带泡沫的黑红色血液、血液凝固不良、内脏黏膜出血、淋巴结与脾脏肿大等。亚急性型的主要症状表现为进行性发热、精神不振、厌食、虚弱、最后衰竭而死，可在皮肤或口腔黏膜上出现炭疽痈。慢性型表现为局灶性肿胀、发热、淋巴结肿大等。

诊断与检测：

采集皮肤炭疽病灶的脓液、渗出物，肺炭疽的痰液，肠炭疽的粪便等进行微生物诊断。常规的诊断方法包括抹片染色镜检、细菌分离培养、动物攻毒试验等。辅助诊断包括 Ascoli 试验、青霉素抑制试验和青霉素串珠试验、噬菌体裂解试验、琼脂扩散试验、间接血凝试验和 ELISA 等。处理临床样品和培养炭疽杆菌须在生物安全三级实验室进行。

需要强调的是，若动物被怀疑感染炭疽，不应进行尸体解剖，以防止芽孢污染环境，应依法将感染动物的尸体、污染的土壤和垫料等进行焚烧处理。

检疫实例分析：

2017 年，澳大利亚暴发炭疽疫情，共报告死亡牛 33 头，另有一位农民出现疑似感染炭疽杆菌的症状。2017 年 4 月，经原天津出入境检验检疫局检疫进口的澳大利亚种牛共计 3 批次 11442 头，为严防澳大利亚炭疽疫情传入我国，该局采取了针对性措施。我国与国外预检组加强联系，确认牛群均来自非疫区农场，持续关注澳大利亚炭疽疫情暴发情况；着重加强种牛的锚地检疫查验工作，对动物进行临床检查，确认动物无传染病迹象，并向随船兽医了解运输途中的动物健康状况；加强运输工具的消毒防疫工作，特别对动物的粪便、垫料、饲料进行严格消毒和无害化处理，降低疫情传入风险。同时提醒近期准备前往澳大利亚的旅客应做好相应保护措施，在澳期间尽量避免接触牛、马等病畜或其排泄物；来自澳大利亚的人员如有高热、寒战、皮肤溃烂、呼吸急促、呕吐、腹泻等症状，入境时要求主动向出入境检验检疫机构进行申报，如在入境后发现上述症状应立即就医。

5.2.19 结核病

结核病（Tuberculosis）是由结核分枝杆菌所引起的人和畜、禽发生的一种慢性传染病。病理特征是多种组织器官形成肉芽肿和干酪样、钙化结节病变。

检疫地位：结核病为 OIE 通报性疫病，在《中华人民共和国进境动物检疫疫病名录》中属于二类动物疫病，牛结核病在我国《一、二、三类动物疫病病种名录》中属于二类动物疫病，而禽结核病在该名录中属于三类动物疫病。

病原：分枝杆菌（*Mycobacterium*）可分为结核分枝杆菌、牛分枝杆菌和禽分枝杆菌，分别引起人、牛和家禽的结核病，但其他家畜、野生动物等也可感染。

分布与危害：

在世界范围内分布，人和畜禽结核病的发病率均较高，不但给畜牧业造成较大的损失，而且牛分枝杆菌可感染人，因而具有重要的公共卫生意义。

传播与流行：

病菌主要通过呼吸道进入肺泡，被巨噬细胞吞噬后形成病灶，病灶被免疫细胞包围，形成结核结节。免疫功能低下时结节破溃，细菌随痰液排出成为新的传染源，随飞沫、尘埃等进入其他动物呼吸道。该病可在不同动物间传播，仅靠淘汰动物难以控制，导致该病在畜群中长期流行。

临床症状与病理变化：

牛感染后的特征病变为形成结节性肉芽肿，表现为慢性消瘦，波及其他内脏组织，最后结核干酪样坏死及钙化，淋巴结易发生感染出现脓肿灶。人感染后通常在肺泡内形成增生性结节，尔后发生干酪样坏死，最后钙化而痊愈。禽结核病的主要症状在肠道，肠壁溃疡并逐渐扩大，肝脏和脾脏有干酪样坏死。

诊断与检测：

该病的诊断主要包括病原鉴定、血清学试验和结核菌素试验。

（1）病原鉴定　取结核结节直接涂片，经抗酸染色后镜检；也可接种罗杰二氏培养基培养鉴定，但培养周期较长；或接种实验动物如豚鼠进行鉴定。

（2）血清学试验　ELISA 可用于检测特异性抗体，可用夹心 ELISA 检测牛 γ 干扰素。

（3）结核菌素试验　结核菌素试验是国际贸易指定试验，通过皮内注射结核菌素纯蛋白衍生物（PPD），观察注射部位的肿胀程度来判定是否感染。

检疫实例分析：

1999 年 9 月，原广州出入境检验检疫局对从瑞典引进的 185 头种猪进行了为期 45 d 的隔离检疫，所有种猪入境后被存放于广州市白云区太和镇的原广州出入境检验检疫局隔离场。按照中瑞两国签订的动物检疫议定书，该局动物检疫人员对该批种猪进行了结核病的检疫。皮内超敏反应试验的结果发现，所有猪对牛型 PPD 呈现阴性反应，但有 5 头猪对禽型 PPD 呈现阳性反应，其中 1 头猪在 120 h 才出现阳性反应。部分猪的注射部位肿胀、质地硬实，少数猪注射部位的表皮破溃。扑杀 5 头变态反应阳性猪，可见颌下淋巴结和肠系膜淋巴结肿胀、轻度充血，但未见干酪样钙化病灶。为了防止结核病传入我国境内，检疫人员及时地对这 5 头病猪进行了扑杀和无害化处理。

5.2.20 施马伦贝格病

施马伦贝格病（Schmallenberg disease）是由施马伦贝格病毒（Schmallenberg virus，SBV）引起的一种虫媒性病毒病，传播媒介为库蠓，主要感染绵羊、牛和山羊等反刍动物，可导致家畜发热、腹泻及生产性能下降，怀孕母畜易发生流产、产死胎或畸形胎。

检疫地位：2011 年底，德国弗里德里希洛弗勒研究所（Friedrich–Loeffler–Institut，FLI）首次发现并确诊该病后，比利时、德国、英国、法国、卢森堡、意大利和西班牙等国家相继向 OIE 通报疫情，并被暂时列为 OIE 通报性疫病。不久，欧盟认为将该病列为 OIE 通报性疫病有违疫病名录收录标准，因此，从 2012 年 9 月起 OIE 不再通报施马伦贝格病。2013 年，在原国家质量监督检验检疫总局和原农业部联合发布的《中华人民共和国进境动物检疫疫病名录》中将施马伦贝格病列为二类传染病，在 2020 年修订版的名录中仍为二类传染病。

病原：SBV 属于布尼亚病毒科（*Bunyaviride*），正布尼亚病毒属（*Orthobunyavirus*），辛波血清群（Simbu serogroup），是一种有囊膜的单股负链 RNA 病毒，其基因组分为 L、M 和 S 三个基因节段。SBV 长时间离开宿主或媒介后不能存活，在 50 ～ 60 ℃ 30 min 病毒即失活，对普通消毒剂（1% 次氯酸钠、2% 戊二醛、70% 酒精、甲醛）敏感。SBV 可感染多种动物，包括绵羊、牛（奶牛、野牛、水牛）、山羊、马鹿、獐鹿、黇鹿、羊驼、骆驼、岩羚羊和欧洲盘羊等家养和野生反刍动物。

分布与危害：

自德国首次公开报道施马伦贝格病以来，荷兰、比利时、英国、法国、卢森堡、意大利、西班牙、瑞典、奥地利、丹麦、芬兰、爱尔兰、波兰、捷克、匈牙利、爱沙尼亚、斯洛文尼亚、拉脱维亚、葡萄牙、克罗地亚、瑞士、挪威、土耳其、俄罗斯、哈萨克斯坦、乌克兰和阿塞拜疆等欧洲国家相继报道该病的发生与流行。2018 年，有文献报道俄罗斯存在施马伦贝格病。我国尚无该病流行的证据。

该病对非怀孕期的成年牛、羊等家畜影响有限，仅表现为发热、腹泻及生产性能下降、产奶量下降（最高达 50%）等非典型症状，但易造成怀孕母畜流产、产死胎或畸形胎儿。目前，尚无 SBV 感染人类的报道，但鉴于布尼亚病毒科的众多成员能够感染人类，因此不能完全排除 SBV 可感染人的可能性。

传播与流行：

患病和带毒动物是主要传染源。其潜伏期一般为 1 ～ 4 d，病毒血症期为 1 ～ 5 d。可从患病动物的血液和胎儿脑组织中分离到病毒。利用荧光定量 RT–PCR 可从患病动物的血液、脑干、小脑、大脑、脐带、胎水、羊水、胎粪、胎盘、脊髓、胸腺、脾脏、肠系膜淋巴结和肋软骨等组织或器官中检测到SBV核酸。SBV感染的公牛精液中存在SBV。虽然将SBV阳性公牛精液经皮下接种可导致健康牛发病，但是尚不清楚SBV阳性公牛精液是否可以通过人工授精的方式感染健康母牛。传播途径为库蠓叮咬，多种库蠓能够携带与传播SBV。SBV也可通过胎盘垂直传播，但不能通过患病动物与健康动物直接接触感染。

该病发生无明显的季节性，但在库蠓等媒介昆虫活跃的季节发病率会显著增加，传播与流行速度加快。欧洲中部的多数国家一年四季均可发生该病。带毒库蠓可借风力到达不同地区，再度叮咬易感动物引起疫情暴发与流行。

临床症状与病理变化：

临床症状因易感动物的不同而异。成年动物在媒介昆虫活跃的季节通常会出现发热（>40 ℃）、体质下降、食欲不振、产奶量下降和腹泻等短暂临床症状。对于个体而言，症状通常会在数天后自动消失；若整群动物发病，通常在2～3周后康复。通常情况下，成年患病动物不表现出异常症状，但怀孕动物易出现流产、产死胎或畸形胎儿，畸形胎儿即使分娩时尚未死亡也往往难以存活。

剖检先天性畸形胎儿或死胎可见积水性无脑畸形、中枢神经系统发育不全、脑穿通畸形，以及短颌、斜颈、脊柱侧凸/后凸、关节挛缩/强直和皮下水肿等病变，这些症状与病变通常被简称为“关节弯曲－积水性无脑综合征（AHS）”。组织学检查发现，患病动物的中枢神经系统以及中脑和海马回的神经胶质结节发生淋巴细胞浸润、星形胶质细胞和小胶质细胞增生，脑膜脑炎和脊髓灰质炎，骨骼肌肌纤维发育不良等组织学变化。神经元是SBV复制的主要场所。

诊断与检测：

根据临床症状和病理变化可对该病做出初步诊断，但确诊还需要实验室检测。

（1）病毒分离鉴定　利用杂斑库蠓幼虫细胞（KC）、BHK-21和Vero细胞可从患病动物血液、畸形胎脑组织等样品中分离SBV，以血清学试验、分子生物学试验等鉴定病毒。

（2）血清学试验　可采用病毒中和试验（VNT）、间接/竞争/阻断酶联免疫吸附试验（ELISA）、间接免疫荧光试验（IFA）等。

（3）分子生物学试验　采用反转录PCR（RT-PCR）和Real-time RT-PCR等可直接检测SBV核酸。

检疫实例分析：

2011年夏秋季节，德国和荷兰一些牛场出现一种未知疾病，成年病牛出现发热、体质下降、食欲不振、腹泻和产奶量下降等临床症状，怀孕母牛出现流产、产畸形胎、死胎或弱胎等症状。2011年11月，德国FLI利用宏基因组学和病毒分离技术最终确证导致此次疫情的病原体为一种新的布尼亚病毒，并根据分离地名将其命名为“施马伦贝格病毒”，将其引起的疫病称为“施马伦贝格病”。2012年1月4日，荷兰首先向OIE通报该国出现施马伦贝格病疫情，随后，比利时、德国、英国、法国、卢森堡、意大利和西班牙等国家相继向OIE通报疫情。施马伦贝格病疫情公开后不久，俄罗斯、乌克兰、白俄罗斯、哈萨克斯坦、土耳其、阿根廷、智利、阿尔及利亚、摩洛哥、埃及、约旦、黎巴嫩、美国和日本等国对欧盟相关疫情国家的牛、绵羊和山羊活动物（包括胚胎）及其相关制品（包括肉类、精液和卵细胞等遗传物质）采取了不同的贸易限制措施。为严防该病随入境动物及其产品贸易传入我国，原国家质量监督检验检疫总局和农业部于 2012 年 4 月 17 日联合发布《关于防止施马伦贝格病传入我国的公告》，禁止直接或者间接从发生施马伦贝格病的国家输入 2011 年 6 月 1 日后生产的牛精液、牛胚胎、羊精液和羊胚胎，停止签发从发生施马伦贝格病的国家进口 2011 年 6 月 1 日后生产的牛精液、牛胚胎、羊精液和羊胚胎的《进境动植物检疫许可证》。

5.2.21 西尼罗热

西尼罗热（West Nile fever，WNF）是由西尼罗病毒（West Nile virus，WNV）感染引起的一种蚊媒传播的人畜共患病。WNV 主要感染鸟类、人、马等，人感染 WNV 后大多表现为隐性感染，轻度发热、脑膜炎、脑炎，严重者可发生死亡。

检疫地位：西尼罗热为 OIE 通报性疫病，在《中华人民共和国进境动物检疫疫病名录》中属于二类动物疫病，但未被列入我国的《一、二、三类动物疫病病种名录》。

病原：WNV 属于黄病毒科（*Flaviviridae*），黄病毒属（*Flavivirus*），是一种有囊膜的单股正链 RNA 病毒。WNV 可分为 2 个基因型，导致疾病的主要为基因 I 型。WNV 对热、紫外线、化学试剂如乙醚等敏感，加热至 56 ℃、30 min 即可被灭活。WNV 主要感染野生鸟类，也可感染人、马等哺乳动物。

分布与危害：

1937 年，WNV 因最初从乌干达西尼罗地区的发热病人血液中被成功分离而得名。20 世纪 60 年代，WNV 感染导致的马病毒性脑炎在埃及和法国均有报道。自 1998 年以来，阿根廷、加拿大、法国、以色列、意大利、摩洛哥、西班牙报告了 WNV 感染导致马病毒性脑炎的暴发。1999 年 8 月，美国纽约市首次发现人感染 WNV 的脑炎病例，此后在美国和北美其他地区迅速蔓延，同时出现乌鸦不明原因的大量死亡，科研人员经过多次采样分离到 WNV 毒株。2000 年，美国出现 WNV 感染致人死亡的病例，科研人员在越冬的蚊子体内分离到 WNV。2007 年，美国有 43 个州报告了共 3630 人感染 WNV，其中 34% 表现为脑炎或脑膜炎。近年来，该病的流行区域逐渐扩大，在非洲、欧洲、亚洲、北美、澳大利亚和中东均有发现。目前，我国尚未发现 WNV 感染病例，也未分离到病毒，但同样面临着该病输入的威胁。

传播与流行：

鸟类是最适的 WNV 储藏宿主。马、犬、猫等哺乳动物也可偶然感染，成为储藏宿主，但与感染 WNV 的病人一样，病毒血症期较短且血液中病毒滴度低，难以通过蚊虫叮咬将病毒传播给其他动物和人类。

人类主要通过带病毒的蚊虫叮咬而受到感染，库蚊、伊蚊、按蚊等是主要传播媒介。近年来还发现 WNV 可经病人心脏、肾脏和肝脏等器官移植和母婴垂直传播导致感染。

WNF 在热带地区全年均有发病，温带地区发病主要在夏、秋季节。美国 1999—2002 年的资料显示，病例出现于每年 7—12 月，多集中在 8—9 月。

临床症状与病理变化：

对多数鸟类而言，WNV 感染不会引起明显的症状，但对于某些鸟类（如美国乌鸦）则可引起致死性的全身性疾病。WNV 感染鸟类的主要病理变化为心肌炎，通常导致大量鸟类死亡。

马感染 WNV 的临床症状主要表现为病毒性脑炎、脑脊髓炎、孕马流产等。西尼罗病毒性脑炎只发生在少数被感染的马身上，表现为轻度到重度的共济失调，大多数被感染的马无临床症状。有些病马可表现出虚弱、肌肉痉挛、颅神经缺损等症状。

人类感染 WNV 后多数（约 80%）表现为无症状的隐性感染，少数（近 20%）可出现相关症状，通常表现为西尼罗热、西尼罗病毒性脑炎，极少数病例还可表现为严重的胰腺炎、肝炎、心肌炎、脊髓灰质炎样综合征。WNV 感染的潜伏期一般为 3 ～ 12 d。

诊断与检测：

WNV 感染需与日本脑炎和其他病毒性脑膜脑炎进行鉴别诊断。

（1）病毒分离与鉴定　可利用感染马的脑和脊髓，鸟类的肾脏、心脏、大脑、肝脏或肠道等组织进行病毒分离，在 RK-13、Vero、BHK-21 等易感动物细胞上培养后，可利用血清学试验、分子生物学试验等鉴定 WNV。

（2）血清学试验　酶联免疫吸附试验（ELISA）、血凝抑制试验（HI）、病毒中和试验（VNT）等方法可检测血清样本中的 WNV 抗体。

（3）分子生物学试验　RT-PCR 和 Real-time RT-PCR 等用于检测 WNV 核酸。

（4）抗原检测　可采用免疫组织化学方法检测感染鸟类组织中的病毒抗原。

检疫实例分析：

自 2020 年 8 月起，德国图林根州（Thuringen）一动物园内的多只鸱鸮、火烈鸟、麻雀和猫头鹰等观赏鸟类发生不明原因死亡。病死鸟被送往德国弗里德里希洛弗勒研究所（FLI）进行疫病诊断，利用 RT-PCR 检测结合核酸序列分析确诊此次疫情为西尼罗热。疫情确诊后，动物园紧急采取了封闭、控制野生动物调运、杀灭蚊虫等媒介生物以及对病鸟尸体进行无害化处理等综合控制措施。2020 年 9 月 4 日，德国联邦食品和农业部向 OIE 正式通报此次疫情，但其来源尚不清楚。

5.2.22　裂谷热

裂谷热（Rift valley fever，RVF）是由裂谷热病毒（Rift valley fever virus，RVFV）引起的经蚊类媒介或接触传播的急性病毒性人畜共患病，主要影响动物，人易感，但尚无人际间传播的报道。RVF 可引起反刍动物流产，患病幼崽死亡率近 100%，历史上 RVF 曾对畜牧业造成多次重创。人感染后通常出现发热、头痛、出血、休克等症状，严重者甚至死亡。

检疫地位：裂谷热为 OIE 通报性疫病，在《中华人民共和国进境动物检疫疫病名录》中属于二类动物疫病，但未被列入我国《一、二、三类动物疫病病种名录》。

病原：RVFV 属于布尼亚病毒目（*Bunyavirales*）白纤病毒科（*Phenuiviridae*），白蛉病毒属（*Phlebovirus*）。该病毒经蚊传播，主要感染反刍动物如绵羊、山羊和牛等，人也易感，其他动物易感性较低。

分布与危害：

该病最早于 1912 年在肯尼亚被报道，1931 年在裂谷地区严重暴发，从一只发病绵羊体内分离出病毒，故称为裂谷热。该病主要在非洲撒哈拉以南地区流行，已向北蔓延至地中海沿岸、中东地区、阿拉伯半岛和一些印度洋岛屿等地区。1 周龄内的羔羊死亡率可达 95% ～ 100%，感染性随年龄增加而降低。RVF 能引起怀孕动物流产和幼小动物死亡，因而对畜牧业造成严重的损失。人可感染本病，引起类似严重流感或登革热的症状，以流产、肝炎为特征，具有重要的公共卫生意义。2016 年，我国发生一起输入性人感染病例。

传播与流行：

RVFV 在脊椎动物寄主和蚊子之间循环，裂谷热主要通过蚊子叮咬在动物（牛、羊、骆驼、山羊等）间流行，但也可由蚊虫叮咬或接触受感染的动物血液、体液或器官而传播给人。该病毒主要感染绵羊、山羊、牛、水牛、骆驼和人，绵羊发病最严重，其次是山羊。其他动物包括羚羊、长颈鹿、驴、啮齿动物、犬和猫也可感染。

临床症状与病理变化：

潜伏期很短，一般为 1 ～ 3 d。绵羊、山羊、牛发病较为严重，该病可致怀孕母畜流产、新生仔畜高死亡率以及肝炎症状。最急性型表现为突然死亡；急性型表现为发热、步态不稳、呕吐、流黏液性鼻液，在 24 ～ 72 h 内死亡；亚急性病例主要发生在成年绵羊，出现发热、黄疸并伴有厌食和虚弱。怀孕母羊常在胎儿死亡前发生流产。牛的症状相对较轻，但犊牛常在出现严重症状后死亡。人的主要临床症状是视网膜损伤，其他并发症有肝炎或脑炎，严重者有出血性体征。

诊断与检测：

诊断该病的常用方法主要有病原鉴定和血清学试验。

（1）病毒分离与鉴定　采集发热期动物的抗凝血和死亡动物的肝脏、脾脏、大脑、流产胎儿等进行病毒分离。初次分离通常采用仓鼠、幼鼠、成年鼠或多种培养细胞。

（2）血清学试验　主要包括病毒中和试验、ELISA 和血凝抑制试验。其中病毒中和试验特异性高，但只适合疫区使用；ELISA 方法灵敏准确；血凝抑制试验可用于 RVF 非流行区，特异性稍差但适用于监测。

检疫实例分析：

自 2018 年 9 月初开始，乍得 Batha 地区自然公园内 171 只羚羊（*Oryx gazella*）中有 69 只陆续发病，其中 42 只死亡。当地兽医采集病死羚羊的组织样本送往法国农业国际发展研究中心（CIRAD）实验室进行疫病诊断，该实验室为 FAO 和 OIE 参考实验室，利用 RT-PCR 方法结合核酸序列测定，于 1 月 30 日确诊本次疫情为裂谷热病毒感染。随后，乍得紧急采取了划定缓冲区和控制野生动物、蚊虫等媒介生物以及加强检疫等综合控制措施。这是乍得首次发生裂谷热，疫情源头为从邻国新引进的、合法运输的活动物。2019 年 5 月 20 日，乍得动物饲养和生产部向 OIE 正式通报此次疫情。

小结

检疫性陆生动物疫病对畜牧业安全生产、畜产品安全乃至公共卫生具有重要影响，一些疫病还与人类健康和生命安全密切相关。本节重点选取了目前对动物及其产品国际贸易有重大影响、需要严格检疫的 22 种陆生动物疫病进行了详细介绍，大多数是由不同种类的病毒引起的传染病，其中猪水疱病、非洲马瘟、牛海绵状脑病、痒病、高致病性禽流感、尼帕病毒性脑炎、埃博拉出血热、狂犬病、布鲁氏菌病、炭疽、结核病、西尼罗热和裂谷热等均为人畜共患传染病，不仅严重危害畜牧业安全生产，而且具有非常重要的公共卫生意义。另外，非洲马瘟、尼帕病毒性脑炎、埃博拉出血热、施马伦贝格病、西尼罗热和裂谷热等属于我国目前尚未发生的疫病，猪水疱病、牛肺疫是我国多年没有发生或宣布消灭的疫病，因此，此类疫病是我国进境动物检疫工作的重中之重。

5.3 重要检疫性水生动物疫病

学习重点

- 了解重要检疫性水生动物疫病的种类和危害
- 掌握重要检疫性水生动物疫病的常用诊断与检测方法及其检疫重要性

5.3.1 鲤春病毒血症

鲤春病毒血症（Spring viraemia of carp，SVC）是由鲤春病毒血症病毒（Spring viraemia of carp virus，SVCV）引起的多种鲤科鱼类的一种急性、出血性、高致死性的传染病。以全身出血及腹水、发病急、死亡率高为特征。

检疫地位：SVC 的流行给全球水产养殖业带来了巨大的经济损失。SVC 为 OIE 通报性疫病，在《中华人民共和国进境动物检疫疫病名录》中属于二类动物疫病，在我国《一、二、三类动物疫病病种名录》中属于一类动物疫病。

病原：SVCV 属于弹状病毒科（*Rhabdoviridae*），Sprivivirus 病毒属（*Sprivivirus*），是一种有囊膜的单股负链 RNA 病毒。SVCV 只有一种血清型，但依据糖蛋白基因序列可将 SVCV 划分为Ⅰa、Ⅰb、Ⅰc 和Ⅰd 四个基因型。SVCV 离开宿主可在 10 ℃的河水中存活 5 周，在 4 ℃的池塘泥中存活 6 周以上，在 10 ℃的池塘泥中存活 4 d。在 56 ℃加热 30 min 或在 pH12 的碱性环境中 10 min 或在 pH 3 的酸性环境中 2 h，均可使病毒彻底灭活。氧化剂、十二烷基硫酸钠、非离子洗涤剂和脂类溶剂都能有效地灭活 SVCV。血清可以保护 SVCV 的感染性，常用 2%～5% 血清培养液保护病毒。在自然条件下，SVCV 主要感染鲤科的鱼类，包括鲤鱼、锦鲤、鲫鱼、银鲤、鳙鱼、草鱼、金鱼、圆腹雅罗鱼以及丁鲷和鲷鱼。此外，SVCV 也能感染某些非鲤科鱼类（如虹鳟、欧鲶、白斑狗鱼）。SVCV 可感染不同日龄的鱼类，但 1 岁以内幼鱼尤为易感，感染后死亡率可达 90%。

分布与危害：

SVC 的流行地域非常广，从中世纪起该病已在欧洲流行，对欧洲各国鲤科鱼类养殖业造成了巨大的经济损失，而后向南美洲、北美洲和亚洲等地区传播。一直以来，SVC 流行的地理范围仅仅局限在位于高纬度的、冬季水温较低的欧洲大陆地区，并被认为是寒冷地区的地方病。国际上已知的 SVC 流行区域主要分布在北纬 35 度以北的地区，其中有报道的国家包括英国、罗马尼亚、法国、德国、奥地利、西班牙、北爱尔兰、瑞士、丹麦、俄罗斯、立陶宛、白俄罗斯、摩尔多瓦、捷克和乌克兰等。2020 年 7 月 27 日，意大利向 OIE 通报发生 SVC 疫情。而我国于 2003 年首次在天津养殖场的观赏鱼中分离出 SVCV，随后在北京、河北、江苏、河南等地区养鱼场发现 SVC。

SVCV 感染是致死性的，伴有高度传染性，严重破坏鱼体的水盐平衡，临床上表现为水肿和出血症状。该病发病急、死亡率高，可对渔业生产造成毁灭性打击。目前尚无有效控制该病的药物和方法，国际上通行的有效措施是进行 SVC 的监测，一旦发现疑似病例，应及早确诊，隔离感染和带毒的病鱼，阻断水平传播途径以及隔离或捕杀，从而达到控制该病扩散与流行的目的。该病不感染人无公共卫生意义。

传播与流行：

SVCV 可以感染不同日龄的鲤鱼，病鱼、死鱼、带毒鱼、被污染的水、渔具等是主要传染源。SVC 的发生与水温、鱼龄、鱼的生理状态、种群的密度以及生长压力因子等密切相关。传播方式为水平传播，但也可能垂直传播。水是主要的非生物性媒介。生物性媒介和污染物也能传播 SVCV，如鱼虱、水蛭、食鱼的鸟类（如苍鹭）和水生节肢动物都可能成为其传播的生物媒介，吸血的寄生虫（如水蚌和鱼虱等）也是传播该病的主要机械载体，严格陆生的昆虫不能传播 SVCV。SVCV 可潜伏在人工养殖或野生的无临床症状的带毒鱼中，病毒可通过粪便、尿液、鳃、皮肤黏液和性腺分泌液等排出体外，通过鳃侵入鱼体内，在鳃上皮细胞中增殖，感染鱼的肝脏和肾脏中病毒的滴度最高。

在疫病暴发时，1 岁龄以内仔鱼死亡率可达 70%，成鱼感染后的死亡率稍低。水温是引起 SVC 的关键环境因素；水温在 10 ～ 17 ℃时发病率和死亡率高，尤其是在春季；低于 10 ℃时很少发病；水温超过 22 ℃时，死亡率降低。

临床症状与病理变化：

SVCV 感染可导致鱼的行为发生变化，表现为嗜睡、食欲降低、呼吸缓慢、行动迟缓等，随着病情发展，病鱼对外界刺激的敏感性逐渐降低，反应迟钝、平衡失调、脱离浅滩，聚集在进水口或者池塘边，发病后期身体倾斜，经常沉于池底。病鱼临床上表现为全身性出血和水肿，鱼体内有出血、腹膜和肠道发炎，并出现腹水，其他内脏上也有出血斑点，以鱼鳔最为常见，病鱼身体发黑，皮肤、鳃和眼球常有出血斑点，眼球凸出，腹部膨大，肛门红肿，鳃丝发白，肌肉因出血呈现红色。另外，病鱼肝脏实质组织出现多个病灶坏死、充血，可见黄疸现象；胰脏组织出现炎症以及大量坏死病灶；脾脏充血，网状内皮大量增生；肠道严重发炎，出现卡他性肠炎。SVC 时常伴随着细菌和寄生虫的并发感染。

诊断与检测：

根据发病鱼的临床症状，结合流行病学和病理变化可做出初步诊断，但确诊则必须依靠实验室诊断。

（1）病毒分离鉴定　取发病鱼的新鲜组织常规处理接种鲤上皮瘤细胞（EPC）或胖头鳚肌肉细胞（FHM）等细胞培养物，以免疫学试验、分子生物学试验等鉴定病毒。

（2）血清学试验　包括病毒中和试验（VNT）、间接免疫荧光试验（IFA）、酶联免疫吸附试验（ELISA）等。

（3）分子生物学试验　RT-PCR 和 Real-time RT-PCR 等可用于检测 SVCV 核酸。

检疫实例分析：

四川省成都市蒲江县西来镇一锦鲤养殖池塘，2015 年 5 月投放锦鲤鱼苗。2016 年 4 月中旬开始发病，发病时塘中锦鲤平均体重 1.25 kg/ 尾，水温约 17 ℃，开始每天死亡 1 ～ 2 尾，随后死亡量逐渐上升，到 4 月底发病最严重时，每天死亡几百千克，整个池塘总共死鱼

1000 kg 以上。发病期间用过调水药和杀菌药，均无明显效果。进入 5 月份后，水温上升，死亡量开始下降。病鱼外观无明显病变。剖检病鱼可见鳃上黏液增多，镜检无寄生虫，但可见鳃上有血窦；肝脏肿大、出血，脾脏肿大、发黑、肾脏肿大、出血，其他组织器官无明显异常。取病鱼的鳃、肝脏、脾脏、肾脏等组织提取核酸，进行 RT–PCR 检测，结果为 SVCV 阳性。

5.3.2 流行性造血器官坏死病

流行性造血器官坏死病（Epizootic hematopoietic necrosis，EHN）是由流行性造血器官坏死病毒（Epizootic hematopoietic necrosisvirus，EHNV）引起的红鳍鲈鱼（俗称“河鲈”）和虹鳟的一种全身性的临床或亚临床传染性疫病，以病鱼肝脏、脾脏和包括肾脏在内的造血组织坏死为主要特征，重度感染者可发生死亡。

检疫地位：EHN 为 OIE 通报性疫病，在《中华人民共和国进境动物检疫疫病名录》中属于二类动物疫病，在我国《一、二、三类动物疫病病种名录》中属于二类动物疫病。

病原：EHNV 属于虹彩病毒科（*Iridoviridae*）蛙病毒属（*Ranavirus*），其基因组为双股 DNA，大小为 150～170 kb。该病毒种的代表毒株为蛙病毒 3 型，其他毒种包括博乐虹彩病毒、欧洲鲶鱼病毒、欧洲六须鲇病毒和桑蒂 – 库帕蛙病毒等。EHNV 对环境的抵抗力较强，非常耐干燥，在水中可以存活数月，在冷冻鱼组织中可存活 2 年以上，在冷冻鱼的尸体内至少能存活 1 年。70% 酒精、200 mg/L 次氯酸钠、60 ℃ 15 min 均能有效杀灭 EHNV。

分布与危害：

EHN 主要流行于欧洲和澳大利亚。虹鳟感染 EHNV 仅发生在位于澳大利亚新南威尔士州的马兰比季河和肖尔黑文河流域的部分渔场。河鲈感染 EHNV 是澳大利亚东南部的地方性流行病，主要发生在维多利亚州的蓄水库。自 1986 年以来，EHNV 感染已在澳大利亚马兰比季河流域向上游逐渐蔓延，并在南澳大利亚的默里河流域也观察到类似的疫病扩散。

在欧洲地区，发病鱼的种类包括法国的鲶鱼、德国的六须鲇、丹麦的大菱鲆以及芬兰的其他鱼种。20 世纪 90 年代以来，EHNV 对水产养殖业的危害日益引起关注，主要引起河鲈、虹鳟等鱼类的幼鱼和成鱼出现内脏坏死乃至死亡，并造成野生鱼群的数量急剧下降。迄今我国尚无 EHN 的报道。该病不感染人，无公共卫生意义。

传播与流行：

EHNV 自然感染仅发生于虹鳟和河鲈。各个生长阶段的虹鳟和河鲈均易感，但鱼苗和幼鱼通常比成年鱼的临床症状更明显。在试验条件下，其他有鳍鱼类也可感染。EHNV 的感染途径尚不清楚，但鱼类在浸泡接种后很容易受到感染。病毒可感染多种细胞类型，包括肝细胞、造血细胞和许多器官的内皮细胞，并随被感染的尸体和组织的降解进入水中。由于 EHNV 抵抗力强，在鱼体、鱼尸、水、淤泥和各种养殖载体（如水中动植物、养殖用具）上都可长期存在，成为传染源。另外，鸟类也是 EHNV 的机械携带者，病毒可存在于鸟的喙、爪、内脏和羽毛中。鸟类胃肠内容物中可能含有 EHNV，但因鸟类体温一般在 40～44 ℃，病毒在禽体内时间长可能会失活，鸟类摄食后短时间内可能传播 EHNV。

在自然条件下，虹鳟感染 EHNV 时表现为低感染率和高死亡率，致使养殖场可能难以觉察 EHNV 感染的存在，感染鱼的日死亡率小于 0.2%，总死亡率达 4%。河鲈和虹鳟对 EHNV 的易感性有较大的不同。在自然暴发时，河鲈的感染率和死亡率都很高，可使鱼群数量急剧减少，甚至可导致野生鱼群种类灭绝。该病主要在春季和夏初时发生，自然条件下水温在 11 ～ 20 ℃时虹鳟容易发病，而红鳍鲈鱼则在水温高于 12 ℃时易发病。

临床症状与病理变化：

虹鳟和河鲈的幼鱼和鱼苗感染后的临床症状通常比较明显。濒死的鱼表现为体位失衡，鱼鳃张开，体色陈暗。河鲈在出现症状之后通常突然死亡，体表颜色变暗、共济失调、倦怠、鼻孔和脑部出现红斑，鳃和鱼鳍根部出血。而皮肤、鱼鳍和腮可能没有肉眼可见的病变或非特异性的损伤。少数鱼的肝脏、肾脏和脾脏会肿大，肝脏发生坏死的部位可能会出现白色或黄色病灶损伤。病鱼肝、肾和脾的组织学切片上，通常可见单个、多个或成片局灶性、凝固性或液化性坏死，特别是在紧靠肝、肾坏死区域的周围，可见小部分胞浆内的嗜碱性包涵体。也可在心脏、胰腺、胃肠道、鳃和假鳃中观察到坏死性损伤。

诊断与检测：

该病无特征性的临床症状，难以根据流行病学、临床症状和病理变化做出初步诊断，通常需要借助实验室检测进行确诊。

（1）病毒分离鉴定　取发病鱼的新鲜肝、脾、肾等组织，经常规处理后接种蓝鳃太阳鱼成纤维细胞（BF-2）、鲤鱼上皮瘤细胞（EPC）、胖头鱥肌肉细胞（FHM）和大鳞大马哈鱼胚胎细胞（CHSE-214）等，最适培养温度为 15 ～ 22 ℃。以透射电子显微镜观察、免疫学试验、分子生物学试验等鉴定病毒。

（2）免疫学试验　包括免疫荧光抗体试验、免疫过氧化物酶试验、抗原捕获 ELISA 等。

（3）分子生物学试验　PCR 和 Real-time PCR 等可检测 EHNV 核酸，但需要通过测序进行确诊。

检疫实例分析：

为防止 EHN 随进境水生动物及其产品通过国际贸易跨境传入我国，海关总署对水生动物进境实施严格的检疫监管，具体措施如下：

（1）检疫准入　海关总署对进境水生动物实施检疫准入制度，包括产品风险分析、安全卫生控制体系评估与审查、检验检疫要求的确定、境外养殖和包装企业注册登记。

（2）境外检验检疫　海关总署可以派遣检疫官员赴输出国家或者地区协助开展出口前隔离检疫，也可以派出专家组到输出国家或者地区对其安全卫生控制体系进行回顾性审查，并对申请延期到境外养殖和包装的企业进行抽查。

（3）入境检验检疫　进境口岸海关按照规定对进境水生动物实施现场查验。

（4）隔离检疫　进境观赏水生动物需在指定的隔离检疫场进行隔离检疫，冷水观赏水生动物进境隔离检疫 30 d，热带观赏水生动物进境隔离检疫 14 d。隔离期间，海关人员根据海关总署疫病监测计划实施抽样送检，并对临床巡查、饲养管理、疫情治疗、死亡动物处理、隔离场管理制度的落实等情况进行监管。

（5）合格放行　经过海关检验检疫合格方可放行。

5.3.3 传染性造血器官坏死病

传染性造血器官坏死病（Infectious haematopoietic necrosis，IHN）是由传染性造血器官坏死病毒（Infectious haematopoietic necrosis virus，IHNV）引起的鲑鳟等冷水鱼类的一种急性、全身性、高度传染性的疫病。以脾脏和肾脏等造血组织坏死、水肿和急性出血死亡为特征，严重威胁野生和人工养殖的鲑鳟鱼。

检疫地位：IHN 为 OIE 通报性疫病，在《中华人民共和国进境动物检疫疫病名录》中属于二类动物疫病，在我国《一、二、三类动物疫病病种名录》中属于二类动物疫病。

病原：IHNV 属于弹状病毒科（*Rhabdoviridae*）粒外弹状病毒属（*Novirhabdovirus*），是一种有囊膜的单股负链 RNA 病毒。IHNV 至少有 3 个血清型，可分为 U、M、L、E 和 JRt 5 个基因型。IHNV 不耐热和干燥，不耐酸和乙醚。在有机物存在的条件下，病毒在低温淡水中至少能存活 1 个月。但经 60 ℃加热 1 min 或阳光照射 40 min 可被灭活。pH 对 IHNV 感染力影响较大，在 pH 7.5 时感染力为 100%，在 pH 3.0 时仅为 0.01%。病毒在含 10% 血清或其他蛋白的液体中可稳定保存数年。在自然条件下，IHNV 主要感染鲑鳟鱼，包括北极嘉鱼、大西洋鲑鱼、溪红点鲑、褐鳟、大鳞大马哈鱼、大马哈鱼、银大马哈鱼、红大马哈鱼、马苏大马哈鱼、切喉鳟、湖红点鲑、大理石鳟鱼、梭子鱼和虹鳟。

分布与危害：

20 世纪 40～50 年代，IHN 的流行地区仅限于北美洲的西海岸，1977 年随进口鱼和鱼卵而传播到日本，1987 年传入意大利和法国。1992 年，德国从虹鳟中分离到 IHNV。1992 至 1996 年间加拿大三文鱼养殖场多次暴发 IHN。1985 年，我国辽宁省一个虹鳟鱼幼仔孵化场首次暴发 IHN 疫情，并很快传播至多个省份的鲑鳟主养区，给我国的鲑鳟养殖业造成了严重的经济损失。1991 年，韩国首次报道虹鳟感染 IHNV。2016 年 7 月 29 日，肯尼亚农牧渔业部向 OIE 紧急报告，该国一家半封闭式淡水养殖场在从欧洲进口的一批鱼卵后发生 IHN。目前，向 OIE 通报 IHN 疫情的国家包括奥地利、比利时、加拿大、中国、克罗地亚、法国、德国、伊朗、意大利、日本、韩国、荷兰、波兰、俄罗斯、斯洛文尼亚、西班牙、瑞士和美国等。

在淡水和海水中饲养的虹鳟鱼类均可感染 IHNV 并出现临床症状。成年鲑鳟鱼感染后，其死亡率可因其品系的不同而有所差异，为 50%～100%。但对鲑鳟类的鱼苗及幼鱼来说，IHNV 感染导致的死亡率可达 100%，给鱼类养殖造成巨大经济损失。尚无有效的治疗方法，主要依靠严格执行综合性防控措施、避免接触病毒和采取必要的检疫等卫生措施。该病不感染人，无公共卫生意义。

传播与流行：

IHNV 能够感染所有品种的鲑鳟鱼类，但是不同种类的鲑鳟鱼对病毒的易感性不尽相同。水温是影响 IHNV 感染进程的最重要环境因素。研究表明，当水温在 3～18 ℃时，试验感染 IHNV 可导致鲑鳟鱼死亡；自然条件下，水温在 8～15 ℃ IHNV 感染才能产生临床疾病。因产卵而进入江河的野生大马哈鱼和虹鳟养殖场里的带毒怀卵鱼是病毒的天然宿主。IHNV 主要有水平传播和垂直传播两种传播方式，以前者为主。病毒随病鱼的代谢产物排入水中，易感鱼通过接触被病毒污染的水、食物、带毒鱼排泄的尿、粪便等而被感染；垂直传播表现为病毒通过带毒亲本鱼的卵和精液传播给幼鱼。在特殊情况下，某些无脊椎动物（如蜉蝣、鲑鱼虱子）能够充当传播媒介。此外，IHNV 入侵鱼体有两种方式，第一种是通过鳃，第二种是经口进入鱼体的消化道，随后进入循环系统，扩散到鱼体的多个器官。

根据鱼的种类、饲养条件、温度以及病毒毒株的不同，IHN 病例可呈现从急性暴发到慢性感染的不同临床类型。急性暴发时造成的累积死亡率可达 90%～95%。在慢性病例中，损失是长期的，在池塘中可以观察到处于不同疾病阶段的病鱼。

临床症状与病理变化：

IHN 的临床症状表现为嗜睡、厌食，游动迟缓，顺流飘浮，摇摆晃动，上下游动，部分鱼会出现狂暴乱窜、打转等狂游症状。其主要病理变化为病鱼体色发黑，眼球凸出，鱼鳃部苍白，鳍基部出血，身体侧骨骼肌异常弯曲，躯体表面出现泛发的出血点；解剖死鱼可见病鱼呈现贫血，胃内充满乳白色液体，肠道中缺少食物却充盈黄色液体，肝脏、肾脏、脾脏苍白，在体腔内可见腹水和内脏器官的瘀斑；组织病理学表现为造血组织、肝、肾、脾、胰腺和消化道变性坏死。肠壁的嗜酸性粒细胞坏死是 IHNV 感染特有的病变。

诊断与检测：

难以根据流行病学、临床症状和病理变化对 IHN 做出初步诊断，通常需要借助实验室检测进行确诊。检测 IHNV 的“金标准”是利用细胞分离病毒，再借助免疫学或分子生物学方法进行鉴定。

（1）病毒分离与鉴定　取发病鱼的新鲜肝、脾、肾等组织，经常规处理后接种肥头鲸鱼肌细胞（FHM）、鲤鱼上皮瘤细胞（EPC）等，最适培养温度为 15 ～ 20 ℃。以免疫学方法或分子生物学方法对 IHNV 进行鉴定。

（2）免疫学试验　包括病毒中和试验（VNT）、间接免疫荧光试验（IFA）、酶联免疫吸附试验（ELISA）等。

（3）分子生物学试验　RT-PCR 和 Real-time RT-PCR 等可直接检测 IHNV 核酸。此外，也可以利用基于 DNA 探针的原位杂交方法检测组织或细胞中的 IHNV 核酸。

检疫实例分析：

2016 年 7 月 29 日，肯尼亚农牧渔业部向 OIE 紧急报告，自 2016 年 2 月 1 日起，肯尼亚中部位于基埃尼东部吉提玛地区的一家半封闭式的淡水养鱼场在从欧洲进口 1 批鱼卵后不久，其场内养殖的虹鳟鱼开始出现旋转游泳姿势、在水面游泳、在进水口处聚集，有些病鱼出现脊柱侧凸等现象，随后发生死亡。最后经挪威生命科学大学水生医学实验室利用 PCR 检测和测序鉴定，最终证实导致此次疫情的病原体为传染性造血器官坏死病毒（IHNV），这是肯尼亚首次发生疫情，共涉及易感动物虹鳟鱼 4854 尾，其中 1034 尾发病并最终全部死亡，发病率为 21.3%，为防止疫情进一步扩散，剩余的 3820 尾虹鳟鱼全部被捕杀和销毁。经过溯源调查，导致此次疫情的原因为该养殖场从欧洲进口的鱼卵或配子携带 IHNV，在入境过程中未被发现，最终导致疫情暴发。

5.3.4　病毒性出血性败血症

病毒性出血性败血症（Viral haemorrhagic septicaemia，VHS）是由病毒性出血性败血症病毒（Viral haemorrhagic septicaemia virus，VHSV）引起的虹鳟鱼、大菱鲆、比目鱼以及多种野生淡水和海洋鱼类的烈性传染病。该病宿主范围广，以出血性败血症为特征，致死率极高，被认为是在全球范围内最具破坏性的鱼病之一。

检疫地位：VHS 为 OIE 通报性疫病，在《中华人民共和国进境动物检疫疫病名录》中属于二类动物疫病，在我国《一、二、三类动物疫病病种名录》中属于二类动物疫病。

病原： VHSV 属于弹状病毒科（*Rhabdoviridae*）粒外弹状病毒属（*Novirhabdovirus*），是一种有囊膜的单股负链 RNA 病毒，有 3 个血清亚型。根据毒株核酸序列的差异，VHSV 又可分为 4 个基因型（Ⅰ～Ⅳ型）。VHSV 在宿主体外的存活取决于水介质的理化条件和温度，在 4 ℃比 20 ℃能存活更长时间，在 4 ℃的淡水中可存活 28～35 d，在过滤后的 4 ℃淡水中保存 1 年仍具有传染性。若在水中加入有机物（如卵巢液或牛血清），病毒可以存活更久。在 15 ℃的淡水中，灭活 99.9% 的病毒需要 13 d，而在海水中，病毒灭活所需时间为 4 d。VHSV 对乙醚、氯仿、酸（pH 3.0）和热敏感，但在 pH 5～7 时反复冻融数次仍然保持稳定。

分布与危害：

VHS 主要流行于北半球温带不同种类的鱼群中，截至目前，已从北半球 80 余种不同种类的鱼中分离出 VHSV，包括北美、亚洲和欧洲。某些种类的鱼在实验条件下也可感染 VHSV。1963 年，首次从丹麦淡水养殖的虹鳟中分离出 VHSV，随后该病在欧洲多个国家传播与蔓延，现已成为影响欧洲虹鳟养殖最严重的病毒性疾病之一。直到 20 世纪 80 年代末，首次从欧洲以外的北美洲大鳞鲑和银鲑中分离到 VHSV。此后，包括太平洋和北美大西洋沿岸、北美五大湖地区、英国周围海域、波罗的海、斯卡格拉克海峡和卡特加特海峡、日本水域和黑海地区的养殖与野生鱼类中均检测到 VHSV。在美国，VHS 主要引起野生鱼类死亡；在亚洲，养殖的日本比目鱼和其他野生鱼类均有暴发 VHS，2001 年韩国也分离到 VHSV。在我国，有从珠江野生鱼类中检出 VHSV 的报道。

该病是一种凉水或冷水鱼病，不同年龄和品种的鱼类均可感染，在 9～12 ℃死亡率最高。小虹鳟鱼苗（0.3～3 g）对基因型 Ia 毒株尤为易感，致死率接近 100%。VHS 的防控较为困难，危害巨大。该病不感染人类，无公共卫生意义。

传播与流行：

VHSV 主要通过水平传播，目前尚无证据表明该病毒能够垂直传播。水平传播可以经直接接触病鱼或通过水和污染物等媒介，病毒通过尿液和精卵液排出鱼体后可通过多种载体进行传播，包括船只、钓具和动物（水蛭、海龟和鸟类等）。在水温为 1～15 ℃时传播更容易发生，但当温度高达 20 ℃仍可发生感染。病毒的潜伏期取决于温度和病毒剂量，在较高温度条件下潜伏期为 5～12 d。排出体外的病毒粒子在 10 ℃的自来水和溪水中可存活 14 d，在 4 ℃的泥中可保持 10 d。一些在 VHS 暴发后幸存下来的鱼成为病毒的长期携带者，无临床症状的带毒鱼及病鱼都是 VHS 的传染源。

VHSV 能感染养殖虹鳟、大菱鲆、牙鲆以及大量不同种类的野生淡水和海洋鱼类，患病鱼在感染早期的临床症状表现为暴发性死亡，幼鱼死亡率可达 100%，虹鳟感染所造成的死亡率为 5%～90%。

临床症状与病理变化：

鱼感染 VHSV 发病迅速，死亡率高，死亡迅速、嗜睡、皮肤变黑、凸眼、贫血（鳃苍白）、鳍、鳃、眼睛和皮肤底部出血、游泳异常，如闪光和螺旋状，腹腔水肿导致腹部肿胀。该病导致的神经症状的特点为严重的异常游泳行为，如不断闪烁和螺旋状转动，这是由病毒对大脑的嗜性所致。与患细菌性败血症的鱼不同，VHSV 感染的鱼在被网住时往往无法逃脱。大体病理变化包括皮肤、肌肉组织（尤其是背部肌肉）和内脏的广泛性瘀点出血，背部肌肉组织瘀点出血是 VHS 的重要特征。肾脏在急性期呈暗红色，但在垂死的鱼身上可以显示出严重的坏死；脾脏中度肿大；肝脏通常苍白斑驳；胃肠道（尤其是后肠）苍白、缺乏食物。

诊断与检测：

难以根据流行病学、临床症状和病理变化做出初步诊断，通常需要借助实验室检测进行确诊。检测 VHSV 的“金标准”是利用细胞分离病毒，再通过基于抗体的方法（IFA 或 ELISA）或基于核酸的方法（RT-PCR）进行鉴定。

（1）病毒分离与鉴定　采集病鱼的何种组织或器官进行病毒分离取决于发病鱼的体型大小，刚孵化出的仔鱼（体长 <4 cm）可用整条鱼，稍大点的鱼可用包括肾在内的脏器（4 cm < 体长 < 6 cm)，对体型较大的鱼，可用肾脏、脾脏、心脏和脑组织，以及产卵时种鱼的卵巢液体等，经常规处理后接种蓝鳃太阳鱼细胞（BF-2）、大鳞大马哈鱼胚胎细胞（CHSE-214）鲤上皮瘤细胞（EPC）、胖头鱥肌肉细胞（FHM）和虹鳟性腺细胞（RTG2）等。最为敏感的细胞系为 BF-2 和 FHM，细胞的敏感性在不同基因型 VHSV 毒株之间有差异。该病毒在鱼类细胞系中增殖的最适温度为 10 ～ 15 ℃。

（2）免疫学试验　包括病毒中和试验（VNT）、间接免疫荧光试验（IFA）、酶联免疫吸附试验（ELISA）、免疫组化等。

（3）分子生物学试验　可用 RT-PCR 和 Real-time RT-PCR 检测 VHSV 核酸。

检疫实例分析：

2006 年 5 月 10 日，加拿大安大略省圣克莱尔湖一个开放式湖泊中的野生淡水鱼发生不明原因疫情，数千尾不同种类的鱼发生死亡，包括淡水鼓鱼、太阳鱼、小嘴鲈鱼、黑莓鲈。发病当天，病鱼即被送往圭尔夫大学兽医学院、当地鱼类健康实验室和加拿大渔业和海洋太平洋生物站 VHSV 参考实验室（国家实验室）进行诊断。圭尔夫大学采用了细胞培养和 PCR 检测方法，国家实验室采用了 PCR 检测方法，两家机构的检测结果均证实疫情为病毒性出血性败血症，但是疫情来源尚不清楚。2006 年 7 月 12 日，加拿大向 OIE 报告了病毒性出血性败血症疫情，值得注意的是，此次疫情涉及的淡水鼓鱼、太阳鱼、小嘴鲈鱼和黑莓鲈为新增的宿主种类，这些新增的宿主种类目前尚未出现在水生动物卫生法典的 VHSV 易感名录中。

5.3.5　流行性溃疡综合征

流行性溃疡综合征（Epizootic ulcerative syndrome，EUS），OIE 将其更名为侵入性丝囊霉菌感染（Infection with Aphanomyces invadans），是由侵入性丝囊霉菌（*Aphanomyces invadans*）引起的以肉芽肿性炎症包围侵入性菌丝为组织学特征的一种对野生和人工养殖淡水鱼及河口鱼类（半咸水鱼类）危害性极大的季节性流行病，以鱼头部或体表坏死性溃疡、骨骼肌形成典型霉菌性肉芽肿为特征。通常称之为“流行性溃疡综合征（EUS）”，有时也被称为红斑病（RSD）、霉菌性肉芽肿病（MG）和溃疡性霉菌病（UM）。

检疫地位：EUS 为 OIE 通报性疫病，在《中华人民共和国进境动物检疫疫病名录》中属于二类动物疫病，在我国《一、二、三类动物疫病病种名录》中属于二类动物疫病。

病原：侵入性丝囊霉菌（*Aphanomyces invadans*）属于卵菌纲（*Oomycetes*）水霉目（*Saprolegniales*），与硅藻和褐藻一起被划分为原生藻菌界或藻物界，目前仅发现一个基因型。丝囊霉菌具有无隔、分支真菌样菌丝体结构，呈放射状生长，菌丝顶端圆形，在菌丝的顶端或中间形成孢子囊。丝囊霉菌可形成两种典型的游走孢子，初级游走孢子由在孢子囊内生长的圆形细胞组成，在孢子囊的顶部释放，并在此形成孢子群；次级游走孢子是呈现肾形结构的细胞，具有横向双鞭毛，可在水中自由游动。侵入性丝囊霉菌基因组全长约 71.4 Mb。丝囊霉菌在 20 ～ 30 ℃时生长最好；在体外 37 ℃条件下不能生长。盐度超过 2‰（ppt）可阻止该菌的传播。对鱼塘进行日晒和石灰处理是有效杀灭丝囊霉菌的好方法。与其他卵菌或水霉菌类似，一般的化学消毒剂能有效地杀灭污染渔场、鱼塘或渔具的丝囊霉菌。

分布与危害：

1971 年，日本九州岛大分县某淡水养殖的香鱼（*Plecoglossus altivelis*）首次报道暴发流行性溃疡综合征。1972 年，在澳大利亚东部的河口鱼类灰鲻鱼（*Mugil cephalus*）中发现该病。随后，该病迅速扩散，从巴布亚新几内亚进入东南亚和南亚，并进入西亚，到达巴基斯坦。斯里兰卡因进口 EUS 感染的活的观赏鱼，而引起 EUS 大暴发；孟加拉国和巴基斯坦由于洪水而造成 EUS 暴发与流行；美国暴发的鲱鱼（*Brevoortia tyrannus*）溃疡病的病原与亚洲发生的 EUS 相同。2007 年，非洲大陆的博茨瓦纳、纳米比亚和赞比亚等国家首次确认暴发该病。2010 年和 2011 年，南非西开普省的野生淡水鱼和加拿大安大略省安大略湖的野生棕色牛头鱼均发生了侵入性丝囊霉菌感染。截至目前，北美洲、非洲、亚洲和澳洲等四大洲的 20 多个国家均有 EUS 的相关报道。另外，欧洲和南美部分国家也有该病的报道。目前，我国尚未发现该病。

当寒冷季节持续时间较长，且鱼塘的水温在 18 ～ 22 ℃时，EUS 发病率和死亡率会超过 50%，而当寒冷期结束后，感染发病的鱼可能会恢复。发病初期，病鱼体表、头部、鳃盖和尾部可见红斑；发病后期，病鱼背部和腹部出现较大面积的红色或灰色的溃疡，并伴有棕色的坏死。大部分被感染的鱼类在疫病暴发期间死亡，即使不死也失去经济价值，对水产养殖业的危害巨大。该病不感染人类，无公共卫生意义。

传播与流行：

鱼在快速生长阶段和个体成熟阶段对 EUS 易感，现已证实至少有 100 余种鱼类可以发生 EUS。通常在低温季节持续时间较长，尤其是当暴雨过后、低温或水温在 18 ～ 22 ℃时，EUS 极易暴发。流行地区通常会在每年同一时期暴发疫情。EUS 的传播方式为水平传播。发病鱼以及被污染的水体是主要的传染源。丝囊霉菌的游走孢子通过水体从病鱼水平传播给健康鱼。只有次级游走孢子或自由游动阶段的游动孢子才能附着在有损伤的鱼的皮肤上，并萌发出菌丝。菌丝会侵入鱼的皮肤、肌肉组织，并且延伸到内脏器官。鱼的骨骼肌是 EUS 的靶器官，并在此形成典型的霉菌性肉芽肿。如果次级游走孢子找不到易感宿主或遇到不利条件，它们可以在池塘环境中形成包囊，这些包囊可能会等待有利于它们转化为同样处于自由游走阶段的第三代游走孢子的条件。侵入性丝囊霉菌的包囊特性可能在疫区暴发周期中起重要作用。大部分被感染的鱼在疫病暴发期间已死亡，一些轻度和中度感染的个体可恢复过来，但尚不清楚他们是否终身携带侵入性丝囊霉菌。在疫区的养鱼场中，不受控制的水体交换可能会导致大多数养殖场中饲养的易感鱼类暴发 EUS。

临床症状与病理变化：

EUS 的早期症状包括食欲不振、体色发黑，病鱼在靠近水面的位置漂浮，表现为异常亢奋的痉挛式的游泳姿势，体表、头部、鳃盖和尾部出现红斑或大小不等的溃疡性病变。发病后期，病鱼背部和腹部出现较大面积的红色或灰色的溃疡，并伴有棕色的坏死，除条纹蛇头鱼和鲻鱼外，其他大部分品种的鱼类在此阶段发生死亡。在高度易感的鱼类品种（如蛇头鱼）

中病变范围更加广泛，可能会导致鱼体后半部完全腐烂，或导致头盖骨软组织和硬组织坏死，从而导致尚未死亡的病鱼脑组织暴露出来。

诊断与检测：

根据发病鱼的临床症状，结合流行病学和病理变化可做出初步诊断，但确诊则必须依靠实验室诊断。

（1）显微观察法　通过制备病鱼肌肉压片，在光学显微镜下观察有无丝囊霉菌的菌丝样结构。

（2）组织病理学方法　通过制备病鱼坏死部位肌肉组织的病理切片，在光学显微镜下观察是否出现典型的卵菌性肉芽肿，该方法可用于 EUS 的确诊。

（3）分离培养法　经无菌操作，将病变组织接种至含有葡萄糖 / 蛋白胨以及青霉素和链霉素的琼脂平板，于 25 ℃培养，分离丝囊霉菌。

（4）分子生物学方法　利用 PCR 方法扩增丝囊霉菌的 rDNA（如 ITS11 和 ITS23 基因），结合核酸序列测定可确诊该病。

（5）免疫学方法　蛋白质印迹和免疫组化试验可用于 EUS 的诊断，但需要依赖丝囊霉菌特异性的单克隆抗体。

检疫实例分析：

2018 年 1 月 30 日，英国萨里郡卡沙尔顿一个封闭式淡水养鱼场的 30 尾橙斑蛇头鱼（*Channa aurantimaculata*）发病，临床症状为病鱼的体表、头部出现溃疡性病变、坏死斑和真菌样生长，初步诊断疑似流行性溃疡综合征。经官方调查发现，该养鱼场两周前从国外合法进口了一批观赏用蛇头鱼类品种，并存放在进口商批发场。进口的蛇头类包括橙斑蛇头鱼、七彩雷龙、彩虹雷龙、蓝宝雷龙、加罗绿雷龙等。其中，橙斑蛇头鱼出现明显的临床症状。通过采集发病橙斑蛇头鱼，并送往韦茅斯环境、渔业和水产养殖科学中心（CEFAS）（国家实验室）进行实验室诊断，利用 PCR 检测结合核酸序列测定以及组织病理学检查，最终确诊疫情为流行性溃疡综合征。随后，对该养鱼场内剩余的橙斑蛇头鱼进行了捕杀和销毁等无害化处理工作，并对整个养鱼场进行了彻底消毒，同时实施了调运限制措施。2018 年 2 月 7 日，英国环境、食品与农村事务部向 OIE 紧急报告了疫情，这是英国首次发生流行性溃疡综合征。

5.3.6　鲑传染性贫血

鲑传染性贫血（Infectious salmon anaemia，ISA），OIE 将其更名为 HPR 缺失型或 HPRO 型鲑传染性贫血病毒感染，是由高度多态区（highly polymorphic region，HPR）缺失型（HPR-deleted）和非缺失型（HPRO）鲑传染性贫血病毒（Infectious salmon anaemia virus，ISAV）引起的鲑鱼的一种以严重贫血和多种组织坏死为主要特征的传染病。HPR 缺失型 ISAV 可引起大西洋鲑鱼全身性致死性疫病，其显著特征为严重贫血、多个器官不同程度的出血和坏死。HPRO 型常呈一过性感染，且病毒主要在病鱼鳃部复制。ISA 对全球鲑鳟养殖业危害巨大。

检疫地位：ISA 为 OIE 通报性疫病，在《中华人民共和国进境动物检疫疫病名录》中属于二类动物疫病，未被列入我国《一、二、三类动物疫病病种名录》。

病原：ISAV 属于正黏病毒科（*Orthomyxoviridae*）鲑传染性贫血属（*Isavirus*），是一种有

囊膜的单股负链分节段的 RNA 病毒。不同地理区域内和区域间的病毒分离株存在差异。根据血凝素-酯酶（HE）基因序列差异，ISAV 被分为欧洲分支和北美分支。ISAV 具有血凝性。由于环境中存在能结合或灭活病毒的粒子或物质，因此很难准确评估自然环境中 ISAV 的感染力能维持多长时间。ISAV 对紫外线和臭氧敏感。将细胞培养的 ISAV 暴露于 15 ℃ 10 d 或 4 ℃ 14 d 不会影响病毒感染力，但是加热到 56 ℃作用 30 min，病毒就会失去感染性。ISA 病鱼的组织匀浆在 pH 4 或 pH 12 的条件下，24 h 就会被完全灭活。利用 100 mg/mL 氯气处理 15 min 同样能够灭活病毒。

分布与危害：

ISA 于 20 世纪 80 年代中期在挪威被首次报道，此后，加拿大、英国、法罗群岛、美国、智利、丹麦等国家相继报道该病的发生。目前，除了冰岛以外，所有发生 HPR 缺失型 ISAV 感染的国家均报告了 HPRO 型 ISAV 的存在。我国尚未发生 ISA。

在 HPR 缺失型 ISAV 感染暴发期间，海水养鱼场的网箱内和网箱之间以及渔场之间的发病率和死亡率可能存在较大差异。发病初期网箱内的发病率和死亡率可能会非常低，通常情况下，在感染的网箱内，每天的死亡率为 0.5%～1%。若不采取人工干预措施，死亡率会逐渐增加，往往会在初夏和初冬时达到死亡高峰。在疫病暴发期间，累积死亡率一般在较低水平至中等水平范围内变化，但当疫情严重时，短暂几个月内的累积死亡率会超过 90%。疫病暴发初期，在很长一段时间内 ISA 仅局限于一两个网箱内，在此情况下，如果立即捕杀出现临床症状的病鱼，则可以防止该养鱼场进一步发生 HPR 缺失型 ISAV 临床感染。该病不感染人类，无公共卫生意义。

传播与流行：

ISA 自然感染仅存在于人工养殖大西洋鲑、智利银鲑的区域。野生大西洋鲑、褐鳟和海鳟通常处于亚临床感染状态。有从青鳕和大西洋鳕鱼组织中检出 ISAV 的报道。海水养殖箱内的大西洋鲑易发生 ISA，少数病例发生在淡水养殖区。淡水中的大西洋鲑鱼苗和幼鱼也可经实验感染 ISAV。在大西洋鲑鱼生产区，非致病性 HPRO 型 ISAV 变异毒株的流行率很高，并表现为季节性和短暂性。通常情况下，一年四季均可暴发 ISA，但春末和秋末多发。另外，在野生鲑鱼中也检出了 HPRO 型 ISAV。目前尚未发现大西洋鲑终身带毒而出现持续感染的情况。

鳃是 ISAV 最可能的感染途径，但是不排除通过肠道和皮肤感染。感染鱼可能通过排泄物和分泌物向体外排毒。野生大西洋鲑、褐鳟和海鳟可能是 ISAV 的携带者。受病毒污染的海水、转运带毒的活鱼、海水鱼虱、染病的野生鲑鱼等均可传播 ISAV。距离感染场越近，疫病暴发风险越高。尽管尚未发现天然媒介，但一些媒介可能在特定情况下成为传播载体；实验感染已证实，ISAV 可通过鲑鱼虱被动传播。另外，由于大西洋鲑鱼的幼鲑产地也多次发生过 ISA 疫情，因此不能排除存在 ISAV 从亲代向子代垂直传播的可能。如果生物安全措施不充分，卵子和胚胎也可能有传播 ISAV 的风险。

临床症状与病理变化：

感染 HPR 缺失型 ISAV 最显著的外部症状是腮部苍白（鳃部有瘀血除外）、眼球凸出、腹部肿胀、眼前房出血，有时皮肤出血，尤其是腹部皮肤出血，以及鳞屑性囊袋水肿。一般情况下，自然感染 HPR 缺失型 ISAV 的大西洋鲑鱼表现出嗜睡症，并紧贴网箱壁。尽管此时多数发病鱼的大体状况良好，但其消化道中缺少食物。

ISAV 的主要靶细胞为鱼的血管内皮细胞。感染 HPR 缺失型 ISAV 的鱼，根据感染剂量、毒株、温度、年龄和免疫状态等因素，可呈现出从无症状到严重的一系列病理变化。尽管感染 HPR 缺失型 ISAV 感染的鱼通常无病变，但贫血和循环障碍始终存在。与感染 HPR 缺失型 ISAV 有关的病变包括：腹膜腔和心包腔有淡黄色或带血的液体；鱼鳔水肿；内脏和腹膜壁有小范围出血；肝脏局灶性或弥漫性暗红色，表面可能覆盖一层薄的纤维蛋白；脾脏肿胀，暗红色，边缘钝圆；盲囊、中肠和后肠肠壁黏膜暗红色；肾肿胀，暗红色，切面有血液和液体渗出；骨骼肌有出血点。

诊断与检测：

难以根据流行病学、临床症状和病理变化做出初步诊断，确诊需借助实验室检测。

（1）病毒分离鉴定　HPR 缺失型 ISAV 的初次分离推荐使用大西洋鲑鱼肾脏细胞（ASK），但也可尝试使用其他敏感细胞系（如 SHK-1）。可以采集除鳃之外的其他新鲜病变组织进行病毒分离，最适培养温度为 20 ℃。

（2）免疫学试验　可采用间接免疫荧光试验（IFA）、酶联免疫吸附试验（ELISA）、免疫组化等。

（3）分子生物学试验　用 RT-PCR 和 Real-time RT-PCR 等可检测 VHSV 核酸。

检疫实例分析：

2017 年，原深圳出入境检验检疫局首次报道，从进口冰鲜大西洋鲑中检出鲑传染性贫血病毒（ISAV）。样品采自 2014 年由挪威、加拿大、丹麦、智利、法罗群岛经深圳口岸进口的冰鲜大西洋鲑，共计 491 批次。将采集的大西洋鲑的鳃、肾、肌肉以及残留的其他组织制备成组织匀浆液，分别采用 OIE 推荐的 RT-PCR 和 Real-time RT-PCR 方法检测 ISAV 核酸，并分离 ISAV。检测结果证实，在检测的 491 批次样品中，有 9 批次呈现 ISAV 阳性，阳性率为 1.8%，并且这 9 批次的鲑鱼均由挪威进口。但 9 批样品 ISAV 病毒分离结果均为阴性。基因序列分析结果表明，均属于 HPR 非缺失型 ISAV（HPR0 型 ISAV），且与挪威 ISAV 分离株同源性达 98.3%～100.0%。因此，为防止 ISA 疫情传入我国，我国进出境动植物检疫部门应加强对进口挪威冰鲜大西洋鲑的风险管理并执行严格检疫。

5.3.7　病毒性神经坏死病

病毒性神经坏死病（Viral nervous necrosis，VNN）又称病毒性脑病和视网膜病（Viral encephalopathy and retinopathy，VER），是由 β 诺达病毒（Betanodaviruses）引起的海水鱼类以脑、神经、视网膜组织坏死以及不同程度神经异常症状为主要特征的传染病。对仔鱼和幼鱼危害很大，严重者在一周内死亡率可达 100%，近年受感染的鱼类种类和危害程度迅速增加。

检疫地位：目前，VNN 尚未被列入 OIE 通报性疫病，在《中华人民共和国进境动物检疫疫病名录》中属于二类动物疫病，在我国《一、二、三类动物疫病病种名录》中列为二类动物疫病。

病原：β 诺达病毒在分类上属于诺达病毒科（*Nodaviridae*）β 诺达病毒属（*Betanodavirus*），是一类无囊膜的单股正链 RNA 病毒。目前，鱼类 β 诺达病毒被分为 4 个基因型，分别命名为条纹鲹神经坏死病毒（Striped jack nervous necrosis virus，SJNNV）、条斑星鲽神经坏死病毒（Barfin flounder nervous necrosis virus，BFNNV）、红点石斑鱼神经坏死病毒（Red-spotted grouper nervous necrosis virus，RGNNV）和红鳍东方鲀神经坏死病毒（Tiger puffer nervous necrosis virus，TPNNV），它们之间有抗原性交叉性。SJNNV在海洋环境中具有很强的耐受性，能够在低温海水中长期存活，而在25 ℃或更高温度下，病毒存活率将会受到显著影响；在冷冻鱼中，这类病毒可能会存活很长时间，如果用生鱼喂食，可能会带来潜在的传播风险；脱离海水环境，病毒很容易失去其细胞致病性。在干燥条件下，21 ℃ 7 d超过99%病毒将会失活。常规消毒剂，如次氯酸钠、碘、过氧化氢和苯扎氯铵对该病毒的灭活非常有效，而福尔马林的效果较差。臭氧可用于消杀鱼卵表面污染的病毒，紫外线照射可以有效地消杀病毒污染的海水。

分布与危害：

VNN呈世界性分布，但主要发生在亚洲、地中海以及太平洋地区的海水鱼类。至今，许多国家和地区已经正式报告了该病的存在，包括南亚和东亚国家（中国、印度、印度尼西亚、伊朗、日本、韩国、马来西亚、菲律宾、泰国、越南）、大洋洲（澳大利亚、塔希提岛）、地中海（法国、希腊、意大利、西班牙、突尼斯）、以色列、马耳他、葡萄牙、英国、挪威、加勒比和北美洲的加拿大与美国。从2001年开始我国发现并报道该病，曾在广东、福建沿海一带引起大批鱼苗死亡，对当地海水养殖业造成重大经济损失。

VNN对石斑鱼、尖吻鲈、舌齿鲈等危害严重，常造成鱼苗和幼鱼大范围的死亡。最早发病时间是孵化后第1 d，通常在孵化后1～3周开始发病，死亡率可达100%。该病不感染人类，无公共卫生意义。

传播与流行：

现已发现至少有11个属50多种鱼类可发生VNN，主要为海水鱼类，包括黄带拟鲹、欧洲鲈鱼、石斑鱼和比目鱼等。一些淡水鱼养殖场也曾暴发该病，一些淡水观赏鱼类经人工感染也出现临床症状。某些野生和养殖的海水鱼类感染后带毒却不表现症状的隐性感染成为重要的传染源。目前已知主要有两种传播途径：一是从种鱼到子代鱼的垂直传播，病毒能在种鱼的生殖腺、鱼卵、精液、受精卵以及所繁殖的子代鱼中繁殖，这是黄带拟鲹、欧洲海鲈鱼、亚洲海鲈鱼、条斑星鲽、大西洋大比目鱼和七带石斑鱼等鱼类常见的感染途径，鱼苗孵化不久即发病大量死亡。臭氧处理受感染种鱼的受精卵可以消除或降低子代鱼的感染率，说明垂直传播是以污染鱼卵或精液的形式发生的。二是通过养殖水体中污染的病毒引起的水平传播，这是网箱养殖过程中最常见的感染方式。该病也可以通过共同栖居、浸泡和注射的方式感染健康鱼，病毒可能来自带毒但不发病的成鱼，或者发病死亡鱼类污染了的水体，还可能来自带毒的生鱼等饵料的污染。

该病的发生具有一定的季节性，主要与养殖水温有关，温度对病毒的感染力和致病力起着重要作用。不同鱼类的发病水温有明显差异，多数石斑鱼发病水温约为22 ℃，黄带拟鲹在水温17～25 ℃时易发病。在较高的水温条件下，鱼类发病时间更早、死亡率更高，但是当水温高于31 ℃时则会抑制病毒在驼背鲈体内的增殖。

临床症状与病理变化：

VNN主要危害神经系统，其临床症状常表现为行为不协调、呈螺旋状游泳或急促游动等典型的神经症状，眼睛和体色出现异常，部分鱼类的鳔极度肿胀导致腹部膨大，食欲下降甚至废绝，活力极差。鱼苗在发病初期体表和鳃无明显的外观临床病变，病鱼表现厌食飘游于水面，游动异常，可出现螺旋状或旋转状游动，或静止时腹部朝上，部分鱼鳔肿大，活动性和群聚性差，侧卧于池底或不正常游动。将该时期病鱼剖检可见脑部稍有红肿，肝脏色泽变浅或正常，其他器官无明显病变。发病后期，病鱼消瘦乏力，体表尤其是尾鳍和下颌部位常出现红肿、溃烂，部分病鱼腹部明显膨大，多在发病后十余天衰竭死亡，死亡率为10%～100%。不同种类鱼的发病年龄和症状存在明显差别。

脑、脊髓和视网膜是病毒的主要靶器官。组织病理学变化主要表现为脑和视网膜的病变，组织学检查可见病鱼中枢神经组织脑细胞和视网膜细胞空泡化。发病石斑鱼视网膜的视细胞层中大量的视杆细胞和视锥细胞出现空泡化坏死病变，在色素层、双极细胞层和节细胞层也可观察到类似病变。发病鱼的中枢神经系统的脊神经和各种脑组织中也有大量的空泡和坏死；神经细胞核固缩、裂解，神经纤维突颗粒状，单核细胞渗漏；肝组织则有大面积淤血和坏死病变，肝细胞空泡化，细胞核严重萎缩被挤向一侧。

诊断与检测：

通过细胞培养分离病毒，再利用免疫学和分子生物学方法进行鉴定，是检测 VNN 的"金标准"。

（1）显微镜观察法 将患病鱼脑和视网膜组织进行常规组织切片，用 H&E 染色后使用普通显微镜观察空泡化坏死的典型病变，用作初步诊断。另外，也可以对切片进行负染，利用透射电镜观察病毒粒子。

（2）细胞培养法 可利用源自条纹蛇头鱼的 SSN-1 细胞及其克隆细胞系 E-11 进行病毒的分离。

（3）免疫学方法 可用间接免疫荧光试验（IFA）、酶联免疫吸附试验（ELISA）、免疫组化等进行鉴定。

（3）分子生物学试验 RT-PCR、巢式 RT-PCR 和 Real-time RT-PCR 等可用于检测病毒核酸。

检疫实例分析：

2017 年 2 月 22 日，原北京通州出入境检验检疫局从一批美国进口海水观赏鱼中检出病毒性神经坏死病（VNN），这是北京口岸首次从进口热带海水观赏鱼中检疫出该病。

此批海水观赏鱼共 245 尾，包括神仙鱼、隆头鱼、刺尾鱼、海金鱼等四个品种。通州出入境检验检疫局根据《2016 年北京地区进出境水生动物疫病监测计划》要求，对鱼苗采样进行重点监测和一般监测，经荧光 RT-PCR 检测和核酸序列测定，结果为病毒性神经坏死病毒核酸阳性。为此，检验检疫人员第一时间对上述货物进行查验核对和封存，并根据《中华人民共和国进出境动植物检疫法》及其实施条例有关规定对该批鱼苗进行焚烧销毁处理。

5.3.8 白斑综合征

白斑综合征（White spot syndrome，WSS）是由白斑综合征病毒（White spot syndrome virus，WSSV）引起的以感染水生甲壳类动物，尤其是十足目节肢动物，包括海洋、咸水和淡水对虾、螃蟹、小龙虾和龙虾的传染病。以外骨骼产生白色斑点为最常见的临床特征。

检疫地位： WSS 为 OIE 通报性疫病，在《中华人民共和国进境动物检疫疫病名录》中属于二类动物疫病，在我国《一、二、三类动物疫病病种名录》中列为一类动物疫病。

病原： WSSV 属于线头病毒科（*Nimaviridae*）白斑病毒属（*Whispovirus*），是一种不形成包涵体，具有双层囊膜，环状双链 DNA 病毒，病毒粒子呈卵圆形或椭圆形乃至杆状，具有规则的对称性。其致病性强，传播范围广，是危害水生甲壳类动物的主要病原之一，至今依然没有有效的防治方法。在实验室条件下，该病毒在 30 ℃海水中至少可存活 30 d，在池塘中至少可存活 3 ～ 4 d。实验室对可排水和不可排水池塘的模拟表明，在晒干 21 d 或在淹水池塘沉积物中 40 d 以后，病毒不再具有感染性。病毒在 50 ℃ 120 min 或 60 ℃ 1 min 即可被灭活，在 pH 3 溶液中 60 min、pH 12 溶液中 10 min 可失活。紫外线照射、臭氧、次氯酸钠、苯扎溴铵、碘伏等均可杀灭 WSSV。

分布与危害

WSS 在亚洲、太平洋和印度洋沿岸的大多数甲壳类动物养殖国家和地区流行，包括中国、日本、韩国、印度以及东南亚、南亚、地中海、中东和美洲地区。

WSS 具有发病急、死亡率高的特点，宿主范围广和致病力强是 WSSV 快速和广泛传播的主要原因，它给全球范围内的水生甲壳类动物养殖产业造成了巨大危害。WSSV 感染率的变化很大，野生种群的感染率通常低于 1%，但人工养殖种群的感染率高达 100%。WSS 病程急，一般虾池中的虾发病后 2 ～ 3 d，最多不过 7 d 全池虾即会死亡。该病不感染人类，无公共卫生意义。

传播与流行

WSSV 具有广泛的宿主谱，包括咸水和淡水虾、螃蟹、小龙虾和龙虾，并且具有很高的致病性。水生甲壳类动物的不同生命阶段对 WSSV 均易感。病毒可以直接在宿主之间传播，而不需要生物载体。WSSV 的主要靶组织是胚胎的外胚层和中胚层，尤其是表皮上皮和皮下结缔组织。多种十足目的物种感染 WSSV 后常呈亚临床感染，并成为病毒携带者。其他海洋软体动物、多毛类蠕虫以及非甲壳类水生节肢动物，如海石鳖（等足纲）和幼足纲昆虫幼虫可以机械地携带病毒，而没有感染迹象。WSS 可通过动物摄食受感染组织（如同类相食、捕食等）和水媒途径水平传播，患病死亡和垂死的动物是主要的传染源。目前，普遍认为 WSSV 还能够垂直传播，有研究证实，在虾的精巢、精荚、卵巢中可检出 WSSV。此外，卵子也能被感染，而且通常在其成熟之前死于病毒感染。

WSS 的暴发通常由应激因素引起，如盐度的迅速变化、气温变化、突然换料、饲料质量差等。水温对该病的发生也有重要影响，平均水温在 18 ～ 30 ℃有利于 WSS 暴发。

临床症状与病理变化

白斑嵌入外骨骼是 WSS 最常见和典型的临床症状。患病动物可能表现出嗜睡、摄食减少或废绝，以及出现游泳行为异常，如缓慢游泳、侧游、靠近水面游泳以及在饲养池边缘聚集。随着疾病的发展，白斑的直径从几乎看不见至 3 mm 不等，有时这些白斑会融合成为较大的白斑块，患病动物真皮易剥离，体色微红，患病动物摄食减少，静卧于池底，体质虚弱，胃肠空虚，腹节肌肉略白。然而，产生白斑并非 WSSV 感染的可靠诊断标志，某些环境胁迫因素（如高碱度或细菌性疾病）也会导致虾甲壳出现白斑。

该病的病程发展大致可分为 3 个阶段：初期病虾池边游动，不摄食，间断浮出水面；中期病虾静卧池底，胃肠空虚，头胸甲及腹甲易被揭开且不粘连真皮，有些揭下的甲壳上有直径 0.5 ～ 2.0 mm 的白斑；后期病虾对外界刺激反应迟钝，大部分虾体甲壳微微发红，腹节肌肉白浊，虾血淋巴稀薄，不凝固，死亡率迅速增加。整个虾群病程 3 ～ 10 d。

诊断与检测

根据临床症状和病理变化可对本病做出初步诊断，但确诊还需要进行实验室检测。

（1）细胞培养法　尽管可以利用原代淋巴或卵巢细胞对 WSSV 进行分离，但鉴于原代细胞污染的风险较高以及所用培养基的成分需要根据组织类型、宿主动物种类和实验目的进行调整，因此实际检测中不推荐使用病毒分离培养方法。

（2）分子生物学方法　PCR、巢式 PCR、Real-time PCR 以及 DNA 测序、DNA 原位杂交等可直接检测病毒核酸。

（3）免疫学方法　包括间接免疫荧光试验（IFA）、酶联免疫吸附试验（ELISA）、免疫组化和免疫印迹法等。基于抗体的免疫学方法的优点是快速、方便和适用于现场使用，但由于其灵敏度仅与常规 PCR 大致相同，因此，建议将免疫学方法仅用于 WSSV 急性感染病例的确诊。

检疫实例分析：

2014 年 3 月 4 日，一批从菲律宾进口的活青蟹经深圳蛇口渔港码头入境，原深圳出入境检验检疫局的工作人员实施现场检验检疫并采样送检，后经实验室检测确认，该批青蟹携带对虾白斑综合征病毒。检验检疫部门按规定通知进口企业做召回处理。

小结

检疫性水生动物疫病对水产养殖业安全、绿色高质量发展以及水产品国际贸易具有重要影响。本节重点选取了目前对水生动物及其产品国际贸易有重大影响、需要严格检疫的 8 种水生动物疫病进行了详细介绍，除了流行性溃疡综合征由侵入性丝囊霉菌引起之外，其他 7 种疫病由不同种类的病毒引起，受影响的水生动物包括多种淡水和海水观赏鱼、食用鱼、虾和蟹等。其中，流行性造血器官坏死病、病毒性出血性败血症、流行性溃疡综合征、鲑传染性贫血等属于我国目前尚未发生过的疫病，因此，它们是我国进出境水生动物检疫工作的重中之重，相关部门应加强该类疫病的检验检疫以防止疫病传入。

【思考题】

1. 请结合实例，分析动物疫病和检疫性动物疫病的区别与联系。

2. 分别叙述口蹄疫、非洲猪瘟、牛结节性皮肤病、小反刍兽疫、布鲁氏菌病、高致病性禽流感、鲤春病毒血症等动物疫病的检疫重要性和诊断要点。

3. 在检疫性陆生动物疫病中哪些是虫媒传播的动物疫病？试述其检疫的重要性。

4. 在检疫性陆生动物疫病中哪些属于人畜共患病？从病原特性、传播流行方式及其危害方面论述其检疫的重要性。

5. 试述在动物及其产品国际贸易中开展动物疫病检疫的重要性及其意义。

6. 请结合实际，调查、分析我国从某国（地区）引进一种动物或动物产品时，需关注的检疫性动物疫病及其检疫措施。

【参考文献】

[1] 李志红, 杨汉春, 沈佐锐. 动植物检疫概论. 北京: 中国农业大学出版社, 2004.

[2] 杨汉春. 动物免疫学. 3 版. 北京: 中国农业大学出版社, 2020.

[3] 孙颖杰. 进出境水生动物检疫. 北京: 中国质检出版社, 中国标准出版社, 2017.

[4] 柳曾善，任洪林，张守印. 动物检验检疫学. 北京: 科学出版社, 2012.

[5] 陈溥言. 兽医传染病学. 6 版. 北京: 中国农业出版社, 2015.

[6] 吴清民. 兽医传染病学. 北京: 中国农业大学出版社, 2002.

[7] 余以刚，陈永红. 动植物检验检疫学. 2 版. 北京: 中国轻工业出版社, 2017.

[8] 鞠兴荣. 动植物检验检疫学. 北京: 中国轻工业出版社, 2010.

[9] 励建荣. 动植物检验检疫学. 北京: 科学出版社, 2018.

[10] 张福军. 动物疫病检疫指南. 北京: 中国农业科学技术出版社, 2009.

[11] 林祥梅, 韩雪清, 王景林. 外来动物疫病. 北京: 科学出版社, 2014.

[12] 王功民, 田克恭. 非洲猪瘟. 北京: 中国农业出版社, 2010.

[13] 王志亮, 吴晓东, 王君玮. 非洲猪瘟. 北京: 中国农业出版社, 2015.

[14] 王琴, 涂长春. 猪瘟. 北京: 中国农业出版社, 2015.

[15] 殷震, 刘景华. 动物病毒学. 2 版. 北京: 科学出版社, 1997.

[16] 世界动物卫生组织. 陆生动物诊断试验和疫苗手册（哺乳动物、禽鸟与蜜蜂）. 5 版. 农业部兽医局 / 中国动物卫生与流行病学中心译. 巴黎：世界动物卫生组织, 2004.

[17] 负秋安, 刘际彬, 陈京彩. 从进境羚羊中检出口蹄疫 VIA 抗体阳性病例. 中国兽医杂志, 2000, 2（26）: 61.

[18] 乔彩霞, 汪琳, 蒲静, 高志强, 刘环, 艾军, 张伟, 尹羿. 进境蓝舌病抗体阳性动物带毒分析及检疫处理研究. 中国兽医杂志, 2017, 53（4）: 79–82.

[19] 陈腾, 张守峰, 周鑫韬, 李楠, 缪发明, 张静远, 刘晔, 吕宗吉, 张国军, 扈荣良. 我国首次非洲猪瘟疫情的发现和流行分析. 中国兽医学报, 2018, 38（9）: 1831–1832.

[20] 王清华, 任炜杰, 包静月, 戈胜强, 李金明, 李林, 樊晓旭, 刘春菊, 王华, 张永强, 徐天刚, 段亚良, 顾贵波, 周晨阳, 吴晓东. 我国首例非洲猪瘟的确诊. 中国动物检疫, 2018, 35（9）: 1–4.

[21] 王志亮, 包静月, 吴晓东, 刘雨田, 李林, 刘佩兰, 赵永刚, 刘春菊, 肖肖. 我国首例小反刍兽疫诊断报告. 中国动物检疫, 2007, 24（8）: 24–26.

[22] 王乐元, 次真, 吴国珍, 安荣祥, 周明, 多杰热登, 蔡斌. 中国西藏小反刍兽疫的发生状况与防控. 畜牧兽医学报, 2011, 42（5）: 717–720.

[23] 刘平, 李金明, 陈荣贵, 程子瑞, 施远翔, 包苏雅拉图, 孙向东. 我国首例牛结节性皮肤病的紧急流行病学调查. 中国动物检疫, 2020, 37（1）: 1–5.

[24] 刘莹, 贾鹏, 王津津, 史秀杰, 于力, 郑晓聪, 何俊强, 兰文升, 刘莛. 进口冰鲜大西洋鲑中传染性鲑鱼贫血症病毒的鉴定. 病毒学报, 2017, 33（1）: 96–102.

[25] 于明洋，丁来喜，冯烨，许炜迪，李文婧，涂忠忠，陈英杰，张卫忠，涂长春．山西省一起牛、羊狂犬病疫情分析．中国畜牧兽医学会动物传染病学分会第十六次学术研讨会论文集,2015 年 9 月 3 日，山东．济南．

[26] 颜思通，林志雄，周仲芳，鱼海琼．从瑞典引进种猪中检出禽型结核病猪．中国动物检疫,2001,18（7）: 31.

[27] OIE. Manual of Diagnostic Tests and Vaccines for Terrestrial Animals 2019. https://www.oie.int/standard-setting/terrestrial-manual/access-online/.

[28] OIE. Manual of Diagnostic Tests for Aquatic Animals 2019. https://www.oie.int/standard-setting/aquatic-manual/access-online/.

第 6 章

检疫性有害生物

本章简介

检疫性有害生物是植物检疫防控的主要对象，威胁植物及植物产品的生产与贸易、生态安全与人体健康。本章在概述检疫性有害生物基本概念和主要类别的基础上，系统性地介绍了 30 种代表性检疫性病原物、昆虫、杂草及软体动物的检疫地位、学名、英文名、分类地位、地理分布、寄主及危害、主要形态特征及生物学特性、传播途径、检测鉴定方法和检疫实例分析。

思维导图

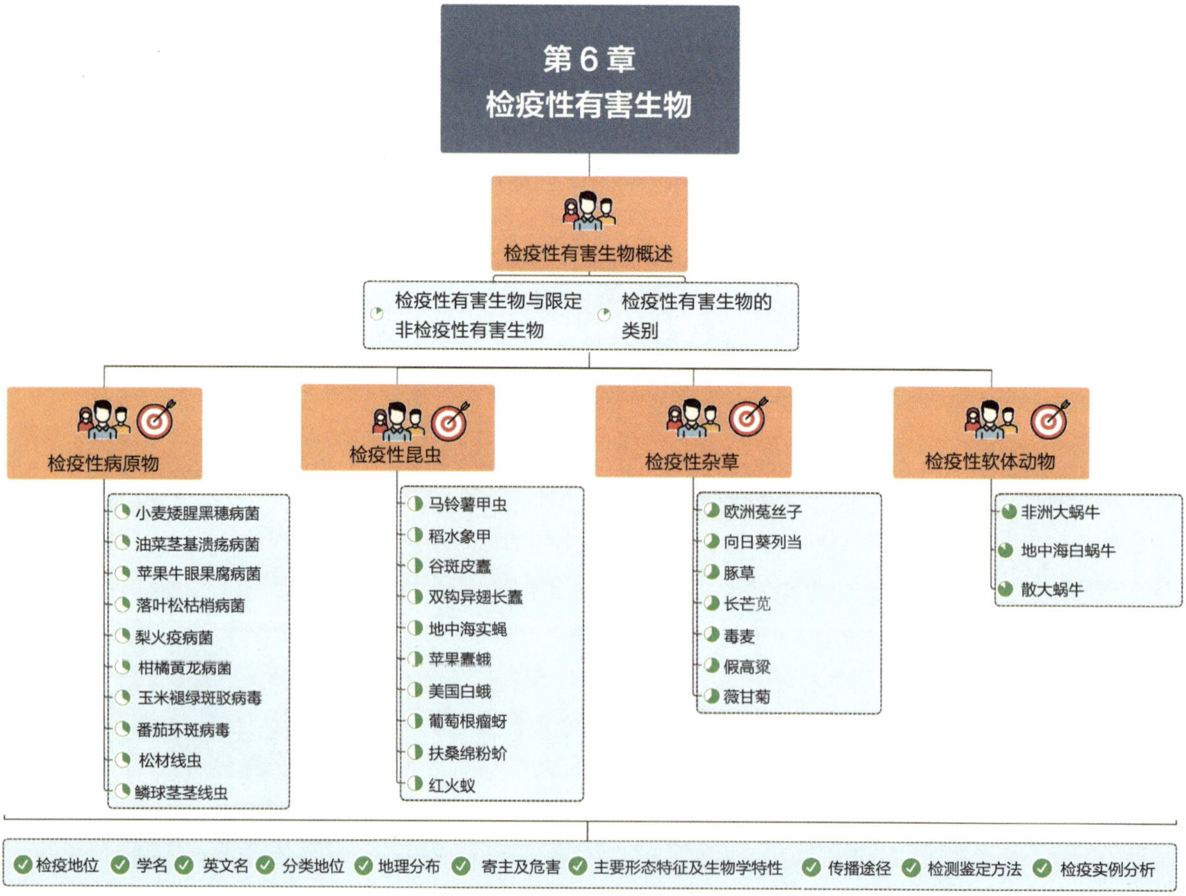

6.1 检疫性有害生物概述

学习重点

- 掌握检疫性有害生物与限定非检疫性有害生物的区别
- 了解检疫性植物有害生物的基本类别

随着国际贸易以及国内农林业的发展，人类对检疫性有害生物的认识在逐步提高。学习、掌握检疫性有害生物相关概念的新进展，了解、认识检疫性有害生物的基本类别可为深入学习检疫性病原物、害虫、杂草及软体动物的相关知识打下基础。

6.1.1 检疫性有害生物与限定非检疫性有害生物

如第 1 章所述，植物有害生物是指任何对植物或植物产品有害的植物、动物或病原体的种、株（品）系或生物型，在植物保护领域一般称为有害生物。检疫性有害生物（quarantine pest），是对受其威胁的地区具有潜在经济重要性、但尚未在该地区发生，或虽已发生但分布不广并已进行官方防控的有害生物。随着植物疫情以及国际贸易的发展，一些相关的新概念逐渐被人们所认识、理解和接受，植物检疫防控对象的范围也在拓展，例如限定有害生物（regulated pest）和限定非检疫性有害生物（regulated non-quarantine pest，简称 RNQP）。

那么，检疫性有害生物与限定有害生物、限定非检疫性有害生物有什么区别和联系呢？在 ISPM No.5 中，限定有害生物是指一种检疫性有害生物或限定非检疫性有害生物。根据该界定，检疫性有害生物和限定非检疫性有害生物都是被官方采取检疫措施进行防治的有害生物。限定非检疫性有害生物，是一种非检疫性有害生物，但它在供种植用植物中存在，危及这些植物的原定用途而产生无法接受的经济影响，因而在输入的缔约方领土内受到限制（a non-quarantine pest whose presence in plants for planting affects the intended use of those plants with an economically unacceptable impact and which is therefore regulated within the territory of the importing contracting party）。检疫性有害生物与 RNQP 的区别，可从发生情况、分布范围、途径、经济影响、官方防控目的进行比较（表 6-1）。

表 6-1 检疫性有害生物与限定非检疫性有害生物的比较

比较内容	检疫性有害生物	限定非检疫有害生物
发生情况	尚未发生或发生	发生
分布范围	无分布或有分布且分布不广	有分布且分布广
途径	植物及其产品等任何途径	种植用植物
经济影响	潜在且可预期	已经存在
官方防控目的	根除	抑制

6.1.2 检疫性有害生物基本类别

从不同的角度出发，可以将检疫性有害生物划分为不同的类别。例如，从检疫管理领域出发，我国将检疫性有害生物划分为进境检疫性有害生物、全国农业检疫性有害生物和全国林业检疫性有害生物（表 6–2），同时，还包括双边议定书中的检疫性有害生物、地方补充的检疫性有害生物。又如，从植物及其产品类别来看，检疫性有害生物可分为粮谷类检疫性有害生物、木材类检疫性有害生物、果蔬类检疫性有害生物、花卉类检疫性有害生物、其他类检疫性有害生物。再如，从生物类别出发，检疫性有害生物包括检疫性病原物、检疫性昆虫、检疫性杂草和检疫性软体动物，其中检疫性昆虫和检疫性软体动物也可以统称为检疫性害虫。

表 6-2 我国检疫性有害生物名录中有害生物类别及数量的比较

名录	发布年份	发布部门	有害生物总计	病原物	昆虫	杂草	软体动物
《中华人民共和国进境植物检疫性有害生物名录》	2007	农业部、国家质量监督检验检疫总局	441	244	148	42	7
《全国林业植物检疫性有害生物名单》	2013	国家林业局	14	3	10	1	0
《全国农业植物检疫性有害生物名单》	2020	农业农村部	31	19	9	3	0

注：有害生物数量为截止至 2020 年 11 月的信息，病原物、昆虫、杂草为种（属）数量

在检疫性病原物中，可划分为检疫性菌物、检疫性原核生物、检疫性病毒与类病毒、检疫性线虫，而检疫性菌物又包括检疫性真菌和卵菌，检疫性原核生物又包括检疫性细菌、植原体和螺原体。在检疫性昆虫中，可划分为检疫性鞘翅类、检疫性双翅类、检疫性鳞翅类、检疫性半翅类及其他类，而每一类检疫性昆虫又可从不同科来认识，如检疫性鞘翅类包括检疫性叶甲科、象甲科、皮蠹科、豆象科、天牛科、长蠹科、小蠹科等。在检疫性杂草中，可划分为检疫性寄生型杂草和检疫性非寄生型杂草，也可划分为检疫性禾本科杂草、检疫性菊科杂草、检疫性茄科杂草、检疫性旋花科杂草、检疫性列当科杂草、检疫性苋科杂草等。在检疫性软体动物中，目前涉及种类相对少，可从玛瑙螺科、湿螺科、大蜗牛科等来认识。

同一种有害生物，可以归属到不同的检疫性有害生物类别中。例如，小麦矮腥黑穗病菌，是进境检疫性有害生物，是粮谷类检疫性有害生物，也是检疫性病原物中的检疫性菌物。又如苹果蠹蛾，既是进境检疫性有害生物，也是全国农业检疫性有害生物和全国林业检疫性有害生物，既是果蔬类检疫性有害生物，也是检疫性昆虫中的检疫性鳞翅类。再如毒麦，既是进境检疫性有害生物，也是全国农业检疫性有害生物，既是粮谷类检疫性有害生物，也是检疫性杂草中的检疫性非寄生型杂草，同时也属检疫性禾本科杂草。

小结

随着植物检疫的发展，在检疫性有害生物的基础上提出了限定非检疫性有害生物的概念，二者既有区别又有联系。在我国，检疫性有害生物包括进境检疫性有害生物、全国农业检疫性有害生物和全国林业检疫性有害生物等，检疫性有害生物可划分为不同的类别来加以认识，如检疫性病原物、昆虫、杂草及软体动物。

6.2 检疫性病原物

学习重点

- 掌握检疫性病原物的基础知识和主要检疫方法

植物病原物的检疫地位突出，在进境检疫性有害生物、全国农业检疫性有害生物和全国林业检疫性有害生物名录中，植物病原物所占比例均较大，且易随植物及植物产品等进行人为传播，在动植物检疫中常有截获。检疫性病原物包括菌物、原核生物、病毒与类病毒、线虫。结合植物检疫实践，本章选取了 10 种代表性的检疫性病原物，系统地介绍了其检疫地位、学名、分类地位、病害英文名、地理分布、寄主及危害、主要形态特征及生物学特性、传播途径、检测鉴定方法和检疫实例分析。

6.2.1 小麦矮腥黑穗病菌

检疫地位：小麦矮腥黑穗病菌是《中华人民共和国进境植物检疫性有害生物名录》中的检疫性真菌。

学名：*Tilletia controversa* Kühn（简称 TCK）。

分类地位：隶属于真菌界（Fungi），担子菌门（Basidiomycota），外担菌纲（Exobasidiomycetes），腥黑粉菌目（Tilletiales），腥黑粉菌科（Tilletiaceae），腥黑粉菌属（*Tilletia*）。

病害英文名：Dwarf bunt of wheat。

地理分布：分布于亚洲、欧洲、美洲、非洲和大洋洲的 50 余个国家和地区，如阿富汗、日本、土耳其、俄罗斯、捷克、美国、加拿大、阿根廷、阿尔及利亚等，尤其是美国西北部的爱达华、犹他、俄勒冈、华盛顿、蒙大拿、科罗拉多、怀俄明 7 个州以及大湖区的密执安、印第安纳、纽约 3 个州是小麦矮腥黑穗病的常发区。我国尚无分布报道。

寄主及危害：寄主限于禾本科植物，主要危害小麦，也侵染大麦、黑麦等 18 属 60 余种植物，但小麦以外的其他寄主很难自然发病。小麦在苗期被病原菌系统侵染后，植株明显矮化，高度为健株的 1/4～2/3。重病田可见病麦穗明显在健康麦穗下面形成“二层楼”现象。分蘖增多，病株分蘖比健康植株多 1 倍以上。病穗小花增多，宽大，紧密，芒外张。小麦籽粒最终被黑粉（病原菌的冬孢子）取代，称为菌瘿，近球形，较硬，不易压破，破碎后呈块状。由 TCK 引起的小麦矮腥黑穗病是麦类黑穗病中危害最大、难以防治和彻底根除的一种真菌性病害，通常发病率接近于产量损失率。病害流行年份一般导致减产 20%～50%，严重时高达 75% 以上。发病重的田块病株率达 80%，几乎颗粒无收。20 世纪 60 年代后期和 70 年代早期，该病害在美国西部 7 个州发生严重，病田面积约为 26 万 hm^2。1972 年当地病田平均减产 17%，损失小麦 1.2 亿 kg，严重发病地块发病率高达 90%。

主要形态特征及生物学特性：

TCK 冬孢子生于寄主植物的子房内，形成黑粉状的冬孢子团，即菌瘿。冬孢子球形至近球形，黄褐色至暗褐色，直径 16～25 μm，平均 19.9 μm。外壁有网状饰纹，网眼直径

3～5 μm，网脊高度为1.5～3 μm，平均（1.425±0.144）μm，孢壁外围有透明胶质鞘包被，不孕细胞呈球形或近球形，无色透明或微绿色，有时有胶鞘，直径通常小于冬孢子，为9～16 μm，表面光滑，孢壁无饰纹。在腥黑粉菌属中，有些种的冬孢子特征与TCK非常相似，不易区分。其中，与之最难区分的是小麦网腥黑穗病菌（*T. caries*）。

TCK冬孢子萌发需要持续低温和散射光照。最适温度为4～6 ℃，最低为-2 ℃，最高为15 ℃。当温度为5 ℃，有光照的条件下，冬孢子通常在3～5周后萌发。冬孢子有极强的抗逆性，在室温条件下，寿命至少为4年，菌瘿中的冬孢子在土壤中可存活7～10年，分散的冬孢子至少存活1年以上，冬孢子随同饲料喂食家畜后仍有存活力。冬孢子在干热条件下（130 ℃），加热30 min才能灭活，湿热条件下（80 ℃）保持20 min致死。

传播途径：

TCK主要随土壤传播。人为调运带菌的种子和粮食是远距离传播的重要途径。该菌以菌瘿及其碎块混杂于小麦籽粒中，或者冬孢子黏附于种子表面进行远距离传播。此外，TCK也可通过气流和风力传播。

检测鉴定方法：

形态鉴定：原国家质量监督检验检疫总局2000年发布了国家标准《植物检疫 小麦矮化腥黑穗病菌检疫鉴定方法》（GB/T 18085—2000）。该标准适用于进口小麦、大麦和黑麦中TCK的检疫和鉴定。根据TCK的形态学特征、自发荧光特征和冬孢子萌发特征，确定了检疫和鉴定该病菌的各项技术要求。形态学鉴定以网脊高度为基本鉴定特征，TCK冬孢子网脊高度平均值>（1.43±0.14）μm，小麦网腥黑穗病菌为（0.53±0.19）μm。如发现菌瘿时，则结合自发荧光检测，在落射荧光显微镜（激发滤光片485 nm，屏障滤光片520 nm）下，TCK冬孢子的网纹发出橙黄色至黄绿色的荧光，自发荧光率在80%以上，而网腥黑穗病菌冬孢子的网纹无荧光或荧光率很低，在30%以下。必要时还可进行冬孢子萌发鉴定，TCK冬孢子在15～17 ℃无光照时不萌发，在5 ℃光照下需3～5周萌发；而小麦网腥黑穗病菌冬孢子在17 ℃无光照和5 ℃光照条件下1～2周便可萌发。

分子生物学鉴定：基于形态学、萌发等方面的特性对腥黑粉菌属近似种的鉴定存在一定困难，无法在短时间内鉴定到种。近年来，研究人员利用分子生物学技术，研究出了鉴定和区分腥黑粉菌近似种的方法，用于检疫性腥黑粉菌的快速鉴定。年四季等（2007）用实时荧光定量PCR可以将TCK与网腥黑穗病菌区分开，可用于田间小麦矮腥黑穗病的早期诊断。梁宏和张国珍（2013）基于ISSR技术开发出了TCK的特异性PCR鉴定方法，可以快速而准确地将TCK与其形态上相似的几个近缘种，尤其是与小麦网腥黑穗病菌有效区分开。

其他鉴定方法：为了准确鉴定TCK，科研工作者还尝试了多种途径和方法，如利用激光共聚焦显微扫描技术、电子鼻技术等。

检疫实例分析：

我国口岸曾多次从来自小麦矮腥黑穗病疫区的小麦、大麦、麦麸和草籽上截获TCK。2009年6月，原广东汕头出入境检验检疫局对美国进口大豆进行检疫时，发现大豆的下脚料中带有小麦，将可疑小麦逐个挑出进行检验，根据冬孢子的颜色、直径、形态特征以及网脊的测量数据，鉴定为TCK。该实例说明进境粮谷下脚料携带检疫性有害生物的风险高，需加强现场检验、实验室检测和后续监管等检疫措施。

近年，我国与俄罗斯签订了《中华人民共和国海关总署与俄罗斯联邦兽医和植物检疫监督局关于俄罗斯大麦输华植物检疫要求议定书》，根据该议定书，2019 年 7 月 29 日海关总署发布公告，自本公告发布之日起，允许符合相关要求的俄罗斯大麦进口。在相关要求中，TCK 是被高度关注的检疫性有害生物；并规定了输华大麦需产自俄罗斯车里雅宾斯克州、鄂木斯克州、新西伯利亚州、库尔干州、阿尔泰边疆区、克拉斯诺雅尔斯克边疆区和阿穆尔州，因为上述 7 个地区被认为没有发生小麦矮腥黑穗病；同时，输往中国的大麦是仅用于加工的春大麦籽粒，不做种植用途。

6.2.2 油菜茎基溃疡病菌

检疫地位：油菜茎基溃疡病菌是《中华人民共和国进境植物检疫性有害生物名录》中的检疫性真菌。

学名：*Leptosphaeria maculans*（Desm.）Ces. & de Not.。

分类地位：隶属于真菌界（Fungi），子囊菌门（Ascomycota），座囊菌纲（Dothideomycetes），格孢腔菌目（Pleosporales），格孢腔菌科（Pleosporaceae），细球腔菌属（*Leptosphaeria*）。

病害英文名：Phoma stem canker。

地理分布：广泛分布于欧洲、美洲、大洋洲、亚洲和非洲的 60 多个国家，如法国、英国、德国、波兰、加拿大、美国、墨西哥、巴西、澳大利亚、新西兰、印度、埃及等，尤其是欧洲多国、加拿大和澳大利亚发生较多。我国尚无分布报道。

寄主及危害：寄主范围广泛，主要危害十字花科植物，如油菜、大白菜、榨菜、甘蓝、花椰菜、芜菁等 28 属 60 余种植物。在幼苗期和成株期均能危害，主要症状表现为叶部形成坏死斑，茎基部溃疡。在叶片上初期形成褪绿斑，然后扩展成棕褐色坏死斑，病斑密生小黑点（分生孢子器），后期病斑易破裂脱落。该病原菌主要危害茎基部，形成凹陷的溃疡斑，病斑上密生黑色小点（分生孢子器），病斑边缘深褐色或黑色。发病严重时，茎溃疡斑扩展，环绕茎基部，导致茎基部腐烂，植株倒伏死亡。病害流行年份一般导致油菜籽减产 20%～60%，直接经济损失高达 16 亿美元 / 年。油菜茎基溃疡病曾在法国、德国、英国、加拿大、澳大利亚等国大流行，造成巨大的经济损失。

主要形态特征及生物学特性：

菌丝呈白色放射状，有结节状菌丝结，气生菌丝多且致密，分枝较多，有分隔；分生孢子器呈球形至扁球形，褐色至深黑褐色，散生、埋生或半埋生于菌丝中，直径 100～400 μm，顶部具孔口，成熟时有浅粉红色胶质状黏液溢出，内含大量分生孢子；分生孢子椭圆形至纺锤形，单细胞，无色透明，两端有油滴，大小为（3.3～6.0）μm ×（1.4～2.3）μm。

假囊壳为球形至梨形，黑色，基部扁平，成熟后有孔口，直径 300～500 μm。子囊棍棒状，双层壁，大小为（100～120）μm ×（18～21）μm，内含 8 个子囊孢子。子囊孢子梭形，多细胞，黄褐色，有 5 个隔膜，大小为（50～60）μm ×（6～7）μm。在小球腔菌属中，油菜茎基溃疡病菌及其近似种 *L. biglobosa*，形态特征非常相似，不易区分。*L. biglobosa* 的菌丝生长速度较快，且产生黄色色素，而油菜茎基溃疡病菌的菌丝生长速度较慢，不产生黄色色素。

子囊孢子是油菜茎基溃疡病的初侵染源。温度和湿度对病残体上假囊壳和子囊孢子的形成具有显著的影响。室内人工培养条件下未见假囊壳和子囊孢子的形成，它们需要低温和近紫外光（黑光）的诱导才能产生。油菜茎基溃疡病菌在 5 ～ 37 ℃下均可生长，最适生长温度为 25 ℃，分生孢子的热致死温度为 54 ℃。菌丝体在土壤中可以存活 2 ～ 3 年，在种子中可存活 3 年，假囊壳在病残体上可存活 5 年以上。

传播途径：油菜茎基溃疡病菌主要以子囊孢子或分生孢子借助气流或雨水在田间进行近距离传播。人为调运带菌的种子是远距离传播的重要途径，该菌通常以带菌种子以及病残体混杂在油菜籽粒中进行远距离传播。

检测鉴定方法：

病害症状和病原菌的形态鉴定：原国家质量监督检验检疫总局 2015 年发布了国家标准《油菜茎基溃疡病菌检疫鉴定方法》（GB/T 31793—2015）。适用于油菜和油菜茎基溃疡病菌其他十字花科寄主种子和植株中油菜茎基溃疡病菌的检疫和鉴定。根据油菜茎基溃疡病菌的危害症状、病原菌形态特征和 PCR 扩增目标片段特征，确定了检疫和鉴定油菜茎基溃疡病菌的各项技术要求。该病的危害症状主要是叶部病斑变色坏死，茎基部溃疡，受害的叶片有棕褐色坏死斑，茎基部有凹陷的溃疡斑，病斑上密生小黑点（分生孢子器）。病原菌形态学鉴定主要是菌丝生长初期可见结节状菌丝结，后期形成黑色分生孢子器，菌落不产生黄色色素。分生孢子器成熟时有浅粉红色黏液溢出，分生孢子椭圆形至纺锤形，两端有油滴。

分子生物学鉴定：由于油菜茎基溃疡病菌与其近似种 *L. biglobosa* 之间的形态特征差异较小，危害症状类似，难以区分二者。近年来，研究人员建立了鉴定和区分油菜茎基溃疡病菌及其近似种的分子检测技术，包括常规 PCR、巢式 PCR、实时荧光 PCR、LAMP 技术等。易建平等（2010）采用 PCR 检测方法从澳大利亚进口的油菜籽中成功检测出油菜茎基溃疡病菌。周国梁等（2011）建立了油菜茎基溃疡病菌的荧光实时 PCR 检测方法，提高了检测的特异性和灵敏度，并缩短了检测时间，可以满足进境油菜籽样品的快速检测。

检疫实例分析：

目前，我国每年从加拿大、澳大利亚等油菜主产区进口油菜籽数百万吨。而这些进口油菜籽主产区油菜茎基溃疡病发生严重，我国口岸曾多次从进境油菜籽中检出油菜茎基溃疡病菌。2009 年 11 月，原国家质量监督检验检疫总局发布了《关于进口油菜籽实施紧急检疫措施的公告》（第 101 号公告），要求做好进境油菜籽的检疫监管工作。此外，我国口岸还多次从加拿大、澳大利亚、法国等国进口的大麦、小麦、大豆中夹带的油菜籽里检出油菜茎基溃疡病菌。2011 年 5 月，原福建厦门出入境检验检疫局从新西兰进口的青菜种子中检出油菜茎基溃疡病菌。为了防止疫情传入，原农业部和原国家质量监督检验检疫总局于 2011 年 12 月发布第 1676 号公告，禁止进口德国、新西兰的油菜茎基溃疡病菌主要寄主植物种子，要求各出入境检验检疫机构加强对进口油菜茎基溃疡病菌寄主植物种子的检疫监管及外来疫情监测工作。2018 年 1 月，江苏泰州口岸对加拿大输华大豆实施表层检疫时发现了油菜茎基溃疡病菌。

以上实例说明，油菜茎基溃疡病菌不仅随寄主植物种子及植物残体传入风险高，而且还可能混杂在其他进境粮谷（大麦、小麦、大豆等）中传入。因此，检疫部门需加强对进境农作物产品及其下脚料携带检疫性有害生物的检验检测和后续监管等检疫措施。

6.2.3 苹果牛眼果腐病菌

检疫地位： 苹果牛眼果腐病菌是《中华人民共和国进境植物检疫性有害生物名录》中的检疫性真菌。

学名： *Neofabraea malicorticis*（Cordley）H.S. Jacks。2007 年发布的《中华人民共和国进境植物检疫性有害生物名录》中为 *Pezicula malicorticis*（现为异名），中文名称为苹果树炭疽病菌。

分类地位： 隶属于真菌界（Fungi），子囊菌门（Ascomycota），锤舌菌纲（Leotiomycetes），柔膜菌目（Helotiales），皮盘菌科（Dermateaceae），新叶埋盘菌属（*Neofabraea*）。

病害英文名： Bull's eye rot of apple。

地理分布： 主要分布于美国、加拿大、英国、日本、南非、澳大利亚、新西兰、津巴布韦、葡萄牙、丹麦、荷兰、意大利等国家。我国尚无分布报道。

寄主及危害： 主要危害苹果，还危害梨、山楂、杏、桃、日本木瓜、唐棣和榅桲等蔷薇科植物。在树皮上形成椭圆形下陷的橙色至褐色溃疡斑，多个病斑愈合常导致树干环割致使树势衰弱，枝条和幼树死亡，故又称苹果树炭疽溃疡病。病果的表面、果洼及萼洼处有牛眼状的褐色腐烂病斑，扁平至轻微凹陷，腐烂组织较坚硬。该病害是太平洋西北苹果和梨产区重要的采后果实真菌病害，所有苹果品种均可感病，造成储运期和上市阶段果实腐烂，果腐率可达 40%，严重影响果实的产量和品质。在有些不发生树皮溃疡的果园，果实采后的牛眼果腐病发生仍然十分严重。该病害在欧美水果产区已有百年历史，非常难以防控。

主要形态特征及生物学特性：

在病果腐烂组织表面该菌常以无性型出现，分离培养物也多见无性型。分生孢子盘生于寄主表皮下，后突出表皮，产生两种分生孢子，大分生孢子无色单胞，镰刀状至 U 形，大小为（15～24）μm×（4～6）μm，小分生孢子无色单胞，长椭圆形，大小为（5～8）μm×（1.5～2.5）μm。子囊棍棒状，内含 8 个子囊孢子，椭圆形，初无色单胞，老熟后 1～5 个隔膜且淡褐色，大小为（12.5～26）μm×（5～9）μm。引起苹果牛眼果腐病的病原菌主要是新叶埋盘菌属（*Neofabraea*）的 4 个种，除了 *N. malicorticis* 以外，还有 *N. perennans*、*N. alba*（现学名：*N. vagabunda*）和 *N. kienholzii*，因其形态特征和生物学特性非常相似，几个近似种的区分十分困难。如 *N. malicorticis* 和 *N. perennans* 形态上的主要区别在于前者的大分生孢子高度弯曲，而后者的大分生孢子直或稍弯。

苹果牛眼果腐病菌的侵染始于果园，分生孢子可直接穿透树皮或从伤口侵入，侵染后病原菌呈潜伏状态。果实采后冷藏期间病原菌逐渐扩展，至贮藏后期、运输和上市阶段表现明显的腐烂症状，但贮藏期的病健果实相互接触腐烂部位不会交叉侵染。病原菌以菌丝体或分生孢子在采前残存病果或树枝病斑上越冬，次年春天病害逐渐扩展。在阴雨季节，枝条枝干溃疡部位的分生孢子成为果实的重要侵染源，寒冷潮湿的气候条件有利于病害的发生，果实采收阶段及雨水频繁的年份和地区发病较重。

传播途径： 分生孢子在具有胶状基质的分生孢子盘中释放出来，靠雨水或水滴飞溅的冲击力进行传播，在果园中蔓延危害。病原菌对气候条件的适应性强，可通过水果贸易和苗木调运的方式进行异地及跨国的远距离传播。

检测鉴定方法：

症状观察：重点查看果实表面、果洼及萼洼处是否有牛眼状腐烂病斑，病斑是否呈淡褐色至深褐色，病果腐烂组织表面是否产生奶油色分生孢子团；在枝条或新梢上是否有红色或紫色小圆斑，是否在树皮上产生椭圆形下陷的橙褐色溃疡斑，病部是否可见奶油色的分生孢子盘。

形态学鉴定：*N. malicorticis* 培养初期菌丝体乳白色，菌落近圆形，边缘较整齐，气生菌丝较少，后期菌落颜色逐渐加深，色素较鲜艳，呈淡红色、橙红色至红紫色，因颜色深浅不一，形成较明显的同心轮纹。挑取 PDA 上培养纯化的菌丝体制片，若病果表面明显可见分生孢子团，也可直接挑取分生孢子制片，于光学显微镜下观察，拍摄记录形态特征，测量分生孢子大小。

分子生物学鉴定：用真菌 rDNA ITS 通用引物和新叶埋盘菌属的 β-tubulin 通用引物对病原菌进行 PCR 扩增和测序，经序列比对或构建系统发育树，可准确鉴定苹果牛眼果腐病菌不同的种。王卫芳等（2016）基于 β-tubulin 基因的系统发育分析，将从美国华盛顿州进口苹果中截获的苹果牛眼果腐病病原菌准确鉴定为 *N. perennans*，构建的进化树可以区别苹果牛眼果腐病菌的 4 个种。张露茜等（2016）用真菌 ITS 通用引物和新叶埋盘菌属 β-tubulin 通用引物鉴定了美国进境苹果携带的苹果牛眼果腐病菌 *N. kienholzii*。

检疫实例分析：

2009 年以来，广东口岸在我国首次从美国进口苹果中截获苹果牛眼果腐病的两种病原菌 *N. malicorticis* 和 *N. perennans*。至今为止，广东、上海、辽宁、天津、深圳、宁波、厦门、江苏等多个口岸先后从进口美国、智利、新西兰、法国、波兰苹果或入境旅客携带的苹果中检出苹果牛眼果腐病多种病原菌，包括 *N. malicorticis*、*N. perennans*、*N. vagabunda* 和 *N. kienholzii*，引起了国家相关部门的高度重视。2009—2017 年，原国家质量监督检验检疫总局动植物检疫监管司多次发布“关于加强对进口苹果检验检疫工作的警示通报”，要求全国口岸加强对相关国家进境苹果的检验检疫，如发现上述病害疑似症状，及时取样送实验室鉴定，在实验室检测期间，货物不得放行，一旦确定为检疫性有害生物，对相关货物一律采取退运或销毁处理。2018 年 5 月，海关总署动植物检疫司发出“加强对进境美国苹果检疫的警示通报”，要求加强对美国苹果的现场查验力度，发现疑似病害症状必须扣留送检，对相关不合格产品做退运处理。我国水果进境口岸按通报要求加强了现场查验，将抽批检验比例恢复到 100%，发现疑似症状马上送实验检测鉴定，经实验室检疫合格后货物方可放行。

6.2.4 落叶松枯梢病菌

检疫地位：落叶松枯梢病菌是《中华人民共和国进境植物检疫性有害生物名录》和《全国林业植物检疫性有害生物名单》中的检疫性真菌。

学名：*Guignardia laricina*（Sawada）W. Yamam. & Kaz. Itô。2007 年发布的《中华人民共和国进境植物检疫性有害生物名录》和 2013 年发布的《全国林业检疫性有害生物名单》中为 *Botryosphaeria laricina*（现为异名）。

分类地位：隶属于真菌界（Fungi），子囊菌门（Ascomycota），座囊菌纲（Dothideomycetes），

葡萄座腔菌目（Botryosphaeriales），葡萄座腔菌科（Botryosphaeriaceae），球座腔菌属（*Guignardia*）。

病害英文名： Shoot blight of larch，Twig dieback of larch。

地理分布： 分布于日本、朝鲜、韩国和俄罗斯，以及我国的吉林、内蒙古、黑龙江、辽宁、甘肃、青海、陕西、河北、山西、山东、湖北等 10 多个省（自治区）的 100 多个县（市）。

寄主及危害： 主要寄主为华北落叶松和兴安落叶松等。该病菌主要危害当年生新梢，初病时，新梢嫩茎逐渐褪绿，顶部弯曲下垂呈钩状，茎收缩变细，并从弯曲部位逐渐向下脱叶；后期仅在顶部残留枯萎叶簇，且呈紫灰色。较晚发病的已木质化的病梢常直立枯死而不弯曲，病部针叶几乎全部脱落，常有树脂固着。如连年发病，由侧芽生小枝代替原主梢，则树冠形成五花头或扫帚状枝丛，生长停止，形成小老树。落叶松枯梢病危害严重、蔓延迅速，对落叶松人工林造成严重威胁。病轻时造成枯梢，影响生长；病重时树木不能成材，甚至死亡。

主要形态特征及生物学特性：

子囊座壳状，瓶形，黑褐色，单生或群生于病梢及顶部残留叶片的表皮下，成熟后顶端突破表皮仅孔口外露。子囊腔中含多个子囊。子囊无色、双壁、棒状、顶部圆、基部有柄。子囊孢子单胞、无色、椭圆形至宽纺锤形。子囊孢子 8 个，双行排列。假侧丝多，无色。分生孢子器为球形或扁球形，单生或群生于病梢叶背面及枝条表皮下。分生孢子单胞、无色、椭圆形至纺锤形，常见 1 ～ 2 个油球。

该病发生的主要诱因是霜害和冻害，受伤后易受病菌侵染。子囊孢子和分生孢子在相对湿度 100% 时，最易萌发侵染，相对湿度在 92% 以下时，病菌孢子不萌发。病害发生与当年降雨量、地形地势和树冠的垂直高度等密切相关。多雨高温的天气病害易流行，连续降雨、相对湿度大、温度高的年份病情重。

传播途径： 病原菌以菌丝体、未成熟的子囊座和分生孢子器在病梢及其残留病叶中越冬。子囊孢子借风力进行传播，分生孢子借雨水飞溅等进行传播。人为调运患病落叶松苗木是远距离传播的主要途径。

检测鉴定方法：

直接检验：检查病梢表面是否有松脂溢出，是否有黑色子实体，如果有，用挑针挑取少许病梢上的子实体，置于显微镜下观察子实体的形态。

变温保湿培养检验：对无明显子实体的枝梢，用无菌水浸 1 ～ 2 h 后，交替浸在 35 ℃和 10 ℃的清水中进行变温处理 2 次，每次 5 min，再置凉水中浸 30 min。取出并置于培养皿内的两根玻棒上，皿底铺含水纱布保湿，在 26 ℃温箱中保湿培养 7 ～ 12 h 后，挑取子实体进行镜检。

分子生物学检测：刘秀巍等（2009）通过设计 ITS 序列的特异性引物，建立了落叶松枯梢病菌的分子检测方法。

检疫实例分析：

原黑龙江出入境检验检疫局对 2002 年 4 月从日本进境的兴安落叶松树苗实施检疫后，栽植在隔离种植圃。7 月发现该批树苗新梢有枯死现象，仔细观察在枯死新梢上有淡黄色胶脂溢成水滴状和块状，与落叶松枯梢病症状相似。采用保湿方法，诱发子实体产生，通过病原菌的形态学观察，鉴定为落叶松枯梢病菌。该实例说明，应该重视对进境苗木的检疫，发现病苗及时处理。隔离检疫调查选在 7 月中下旬比较适宜。一般来说，这个时期是分生孢子器形成时期，即病梢表面形成黑褐色小点，比较容易识别。

6.2.5 梨火疫病菌

检疫地位：梨火疫病菌是《中华人民共和国进境植物检疫性有害生物名录》和《全国农业植物检疫性有害生物名单》中的检疫性细菌。

学名：*Erwinia amylovora*（Burrill）Winslow et al.，中文名为解淀粉欧文氏菌。

分类地位：隶属于细菌域（Bacteria），变形菌门（Proteobacteria），γ 变形菌纲（Gammaproteobacteria），肠杆菌目（Enterobacteriales），肠杆菌科（Enterobacteriaceae），欧文氏菌属（*Erwinia*）。

病害英文名：Fire blight of pear。

地理分布：梨火疫病最早发生于美国东南部，至 20 世纪初随着日益增长的世界性贸易而向各国传播，至今已在美洲、欧洲、亚洲、大洋洲、非洲的 70 余个国家和地区有分布。最近 10 年内与我国毗邻的日本、韩国、哈萨克斯坦、吉尔吉斯斯坦和俄罗斯等相继也有发现梨火疫病的报道。2020 年，我国将梨火疫病菌新增为全国农业检疫性有害生物，其在我国已有局部分布。

寄主及危害：梨火疫病菌寄主范围很广，大部分属于蔷薇科仁果类植物，主要有梨、苹果、山楂、荀子、李、唐棣、榅桲、草莓、枇杷、木瓜、石楠、火棘、红果树、蔷薇、石斑木、悬钩子、花楸、绣线菊等40多属220多种植物，以危害梨属、苹果属、山楂属植物为主。梨火疫病主要危害植物的花、叶和嫩枝，也危害果实、枝条和树干。该病最典型的症状是花、幼果和叶片受害后，很快变成黑褐色枯萎，犹如火烧过一样，但仍挂在树上不落，火疫病因此得名。目前国际上根据植物受侵害的部位，危害症状分为花腐 / 花枯、树枝和树干溃疡、果腐 / 果枯、枝枯、叶片坏死等不同类型。梨火疫病是蔷薇科仁果类果树上的一种毁灭性病害。病害从病梢可很快扩展至枝条和树干，直至根部，一棵多年生的梨树或苹果树在几周内会死亡。病害大流行时可以在一到几个生长季内将整个果园毁灭。尽管人们采取了一系列防御措施，但此病仍以惊人的速度扩散蔓延。可见梨火疫病的危害之严重、防控之困难。

主要形态特征及生物学特性：

梨火疫病菌菌体细胞杆状，大小为（0.5～1.0）μm×（1.0～3.0）μm，有荚膜，周生 1～8 根鞭毛，多单生，有时成双或短时间内 3～4 个呈链状。革兰氏染色阴性，兼性厌氧。在 NA+5% 蔗糖培养基上，27 ℃培养 2 d，菌落直径 3～7 cm，乳白色，半圆形隆起，有一稠密绒毛状的中心环，表面光滑，边缘整齐，稍有黏性。

梨火疫病菌生长温度范围为 6～30 ℃，最适温度为 25～27 ℃，最高温度为 34 ℃；致死温度和时间为 45～50 ℃、10 min；生长最适 pH 为 6。梨火疫病菌在环境条件适宜时，通过胞间组织侵入薄壁组织的细菌产生胞外多糖。胞外多糖是菌脓的重要成分。菌脓的理化性质随湿度变化而变化，干时皱、硬，湿度大时膨胀易被雨水扩散，中等湿度的菌脓黏，易被昆虫、风传播。梨火疫病菌在病株的病斑边缘组织处越冬，挂在树上的病果也是其越冬场所。病原菌亦通过伤口、自然孔口（气孔、蜜腺、水孔）、花侵入寄主组织，有一定损伤的花、叶、幼果和茂盛的嫩枝最易感病。

传播途径：梨火疫病菌的传播途径和介体很多，传播的有效距离因介体而异。梨火疫病菌远距离传播主要是通过感病寄主繁殖材料（种苗、接穗、砧木）和候鸟进行传播，同时带菌果实（附生和内生）和被污染的包装材料、运输工具和气流也是较重要的传播途径。风、雨、鸟类、昆虫等对梨火疫病菌的传播扩散也起一定作用。一般情况下，梨火疫病菌的自然传播距离每年约为 16 km。超过 100 km 的传播都是通过繁殖材料或包装材料及候鸟完成的。

检测检疫方法：

由于梨火疫病在世界各国均受到高度重视，研究相对较多，其检测方法亦很多，从传统的分离培养、致病性测定、症状观察等到先进的分子生物学技术，包括 DNA 探针、PCR 及相关技术的应用以及脂肪酸分析、单克隆抗体的应用等。

利用半选择性培养基分离和鉴定：根据梨火疫病菌在不同选择性培养基上的菌落特征、颜色进行分离和鉴定梨火疫病菌，是一项基本工作。目前已报道多种半选择性培养基用以分离和鉴定梨火疫病菌。如在 MS 培养基上菌落为红橙色，背景为蓝绿色；在 CG 培养基上，28 ℃培养 60 h 后形成典型的火山口状菌落；在 TTC 培养基上 27 ℃培养 2～3 d 后，可产生红色肉疣状菌落；CCT 半选择性培养基上 28 ℃培养 48 h 后，形成淡紫色透明菌落，中央颜色略深；在 Zeller 改良高糖培养基上 27 ℃培养 2～3 d 后，菌落大小为 3～7 mm，橙红色半球形，高度凸起，中心色深，有蛋黄状中心环，表面光滑，边缘整齐。

免疫学检测：用 ELISA 方法和免疫荧光反应可在短期内检测大量样品，适用于现场调查和流行学研究。其中间接 ELISA 方法特异性好，检测灵敏度高达（10^2～10^3）CFU/mL。免疫吸附分离法采用半选择性培养基与常规免疫学方法相结合，提高了对目标菌的有效选择，可排除对抗血清产生假阳性反应微生物的干扰，灵敏度可达 10^1～10^2 个 /mL。而直接分离培养花萼内的细菌数要大于 10^4 个才能检测到。

致病性测定和过敏性反应：苹果实生苗针刺接种 72 h 后萎蔫、坏死并产生大量菌脓。幼梨切片针刺接种后 27 ℃培养 1～3 d，产生乳白色高度隆起的球状菌脓。离体巴梨枝条接种 60 h 后产生菌脓。更为快速的一种方法是用石楠叶片接种，幼嫩石楠叶片接种梨火疫病菌 24 h 后产生明显的过敏性坏死褐斑。

分子生物学方法：国内外相继开发出了多种检测梨火疫病的分子生物学方法。根据梨火疫病菌 pEA29 质粒上 0.9 kb 的 *pts*I 片段的部分序列设计合成引物，检测灵敏度可达 50 个菌体细胞。基于 PCR 建立的巢式 PCR 和实时荧光 PCR，提高了对梨火疫病菌检测的灵敏度，还有将 PCR 与其他技术相结合的方法，如免疫捕获（immuno-capture）PCR 方法能除去样品中的大部分 PCR 反应抑制物质，有利于提高检测灵敏度；叠氮溴化丙啶（PMA）与实时荧光定量 PCR 技术（qPCR）相结合的 PMA-qPCR 方法，用于快速检测梨火疫病菌的活菌。

其他检测方法：如生理生化试验、菌体脂肪酸分析、噬菌体技术等也用于梨火疫病菌的鉴定。

检疫实例分析：

我国 2007 年开始从梨火疫病发生国美国进口樱桃，2009 年从美国进境的樱桃数量仅上海口岸就达到 396 批，总重量 1018 t。原上海出入境检验检疫局利用 PCR、巢式 PCR 及实时荧光 PCR 技术对其中的 326 批进境美国樱桃进行了梨火疫病菌的检测，证实进境樱桃中存在梨火疫病菌 DNA，半数以上为 PCR 阳性，但没有分离到活菌。目前，我国每年都要从国外进口大量水果和引进果树苗木，且国内水果贸易及种苗调运频繁，必须进一步加强针对梨火疫病菌的检疫工作，严防其从国外传入和在国内扩散。

6.2.6 柑橘黄龙病菌

检疫地位：柑橘黄龙病菌有3个种，亚洲韧皮部杆菌和非洲韧皮部杆菌是《中华人民共和国进境植物检疫性有害生物名录》中的检疫性细菌，亚洲韧皮部杆菌是《全国农业植物检疫性有害生物名单》中的检疫性细菌，美洲韧皮部杆菌目前尚未列入检疫性有害生物名录中。

学名：Candidatus *Liberibacter asiaticus*（简称CLas，中文名为亚洲韧皮部杆菌）、Candidatus *Liberibacter africanus*（简称CLaf，中文名为非洲韧皮部杆菌）和Candidatus *Liberibacter americanus*（简称CLam，中文名为美洲韧皮部杆菌）。

分类地位：隶属于原核生物中的细菌域（Bacteria），变形菌门（Proteobacteria），α-变形菌纲（Alphaproteobacteria），根瘤菌目（Rhizobiales），根瘤菌科（Rhizobiaceae），韧皮部杆菌暂定属（Candidatus *Liberibacter*）。

病害英文名：Citrus huanglongbing（简称HLB）。

地理分布：亚洲韧皮部杆菌分布于亚洲、非洲、美洲、欧洲及大洋洲的62个国家和地区，是分布最广泛的柑橘黄龙病菌，世界上的主要柑橘生产国中国、巴西、美国等都有亚洲韧皮部杆菌的分布。非洲韧皮部杆菌分布于非洲的19个国家以及亚洲的沙特阿拉伯和也门。美洲韧皮部杆菌分布于南美洲的巴西。在我国，农业农村部公布的监测信息显示，亚洲韧皮部杆菌分布于长江以南的浙江、福建、江西、湖南、广东、广西、四川、贵州、云南、海南等省（自治区、直辖市）的300多个县（区、市）。

寄主及危害：柑橘黄龙病菌可侵染甜橙、宽皮柑橘、柚、葡萄柚、柠檬、来檬、枸橼（佛手）、酸橙和金柑以及以它们为亲本的杂交种等柑橘类果树，也可侵染九里香、黄皮等芸香科植物。感染柑橘黄龙病菌的病树，症状表现为叶片黄化，果实小、畸形、品质下降、果皮粗厚、果肉少，落果严重、产量降低至绝产，树势衰退、严重时死亡。叶片黄化症状主要有"叶片斑驳型黄化""均匀黄化叶和黄梢"和"缺素型花叶"。有些柑橘品种结果时果实呈"红鼻子果"或"青果"。目前柑橘类水果的栽培品种对柑橘黄龙病都是感病的。在发病之后，良好土肥水管理条件下，耐病性较强的品种，如柚，病树虽显症状，但枝叶仍有一定程度的生长量，并保持相对于健康树20%～30%的产量，果实品质较差；耐病性较弱的品种，如椪柑、蕉柑病树枝叶虽也有一定程度的生长，但完全无产量。在粗放的果园水肥管理条件下，柑橘属不同品种发病后树势衰退严重至死亡。

主要形态特征及生物学特性：柑橘黄龙病菌主要存在于韧皮部的筛管细胞和薄壁细胞中。经超薄切片和透射电子显微镜观察，病原体多数呈圆形或椭圆形，少数呈线状或不规则形，大小为（50～600）nm×（170～1600）nm。其外围的单位膜是由3层膜构成，内、外层的电子密度较浓，而中间层的电子密度较稀，厚度为17～33 nm。柑橘黄龙病菌专性寄生于活细胞中，尚不能在培养基上纯培养，对四环素敏感。

传播途径：柑橘黄龙病菌主要通过昆虫、嫁接和带病苗木的远距离调运传播。传播柑橘黄龙病菌的昆虫介体主要有亚洲柑橘木虱（*Diaphorina citri*）和非洲柑橘木虱（*Trioza erytreae*）。昆虫介体刺吸性取食柑橘黄龙病病株时，柑橘黄龙病菌随植株汁液经昆虫口针进入昆虫体内，在昆虫体内经肠道、血淋巴，最终在昆虫唾液腺中繁殖，昆虫介体带菌，带菌昆虫介体再次取食时，柑橘黄龙病菌随着昆虫取食时的唾液回吐，进入柑橘植株内，完成侵染循环。柑橘黄龙病菌不能通过种子传播。

检测鉴定方法：

症状观察：依据国家标准《柑橘黄龙病菌的检疫检测与鉴定》（GB/T 29393-2012）中的规定，柑橘黄龙病菌感染树的田间主要鉴定依据是病树出现“叶片斑驳型黄化”和“黄梢”。叶片斑驳型黄化即叶片转绿后从主、侧脉附近和叶片基部开始黄化，黄化部分扩展形成黄绿相间分布不均的斑驳，后来可以全叶黄化。黄梢即在发病初期，绿色树冠上少部分新梢枝叶片黄化。有些柑橘结果树果实呈“红鼻子果”。在柑橘黄龙病区符合上述典型症状的病苗、病树可直接被鉴定为柑橘黄龙病。

分子生物学鉴定：对柑橘黄龙病菌感染后症状还未显现的病苗、病树以及难以下结论的疑似病苗、病树，可用 PCR 或实时荧光 PCR 方法对柑橘黄龙病菌的特征基因进行检测。常用于检测的柑橘黄龙病菌的特征基因有 16S rDNA 和 rpIA-rpIJ 基因。具体检测方法可参考国家标准《柑橘黄龙病菌的检疫检测与鉴定》（GB/T 29393—2012）和《柑橘黄龙病菌实时荧光 PCR 检测方法》（GB/T 28062—2011）。

指示植物鉴定：柑橘黄龙病菌感染后，不同品种的柑橘树从感染到症状显现有较长的潜伏期（几个月至 3 年）。且分子鉴定方法由于取样部位或感染时间短的原因，会导致漏检，出现假阴性。为进一步提高检测的准确性，可采用指示植物鉴定，常用的指示植物为椪柑。鉴定时用待检植株 2～3 个芽的接穗，在健康椪柑实生苗上进行嫁接，以健康椪柑实生苗做对照，定期观察、记录指示植物新抽枝叶的症状。柑橘黄龙病在指示植物上的潜伏期一般为 4～12 个月。

其他鉴定方法：也可采用超薄切片和透射电镜观察的方法对柑橘黄龙病菌进行鉴定。

检疫实例分析：

我国出入境口岸对柑橘类苗木商品，一般依照国家标准《柑橘黄龙病菌的检疫检测与鉴定》（GB/T 29393—2012）或《柑橘黄龙病菌实时荧光 PCR 检测方法》（GB/T 28062—2011）进行 PCR 或实时荧光 PCR 检测，或进行隔离检疫。在 2017 年 3 月我国旅检口岸，原厦门机场检验检疫局从进境旅客禁止携带进境的柠檬叶中，检出亚洲韧皮部杆菌，这是我国旅检口岸首次检出该检疫性有害生物。近几年随着我国经济的发展，人员和物资流通增多，广大出入境旅客入境时应提前了解我国法律法规，禁止携带新鲜水果蔬菜、种子苗木等动植物产品入境，为保护我国国门生物安全贡献自己的一份力量。

6.2.7 玉米褪绿斑驳病毒

检疫地位：玉米褪绿斑驳病毒属于《中华人民共和国进境植物检疫性有害生物名录》和《全国农业植物检疫性有害生物名单》中的检疫性病毒。

英文名：Maize chlorotic mottle virus（简称 MCMV）。

分类地位：玉米褪绿斑驳病毒隶属 RNA 病毒域（*Riboviria*），正 RNA 病毒界（*Orthornavirae*），黄病毒门（*Kitrinoviricota*），丛矮黄症卡莫四体病毒纲（*Tolucaviricetes*），类番茄丛矮病毒目（*Tolivirales*），番茄丛矮病毒科（*Tombusviridae*），通读病毒亚科（*Procedovirinae*），玉米褪绿斑驳病毒属（*Machlomovirus*）。

地理分布：1971 年首次在秘鲁发现，之后在美国、阿根廷、巴西、墨西哥、泰国、肯尼亚、卢旺达、刚果、埃塞俄比亚、西班牙、意大利、希腊、法国、罗马尼亚、瑞士、澳大利亚等国家均有报道。2020 年，我国将玉米褪绿斑驳病毒新增为全国农业检疫性有害生物，我国云南地区有分布报道。

寄主及危害：寄主范围仅限于单子叶禾本科植物，如玉米、甘蔗、大麦、小麦、粟、黍、高粱、狗尾草、马唐、石茅等，不能侵染双子叶植物。MCMV 单独侵染玉米一般导致叶片轻微褪绿斑驳和植株生长略缓等轻微症状，在一些品种上后期发展为严重的花叶和矮化甚至黄化症状；与甘蔗花叶病毒（sugarcane mosaic virus，SCMV）、玉米矮花叶病毒（Maize dwarf mosaic virus，MDMV）、小麦线条花叶病毒（wheat streak mosaic virus，WSMV）等马铃薯 Y 病毒科（*Potyviridae*）病毒复合侵染时发生协生作用，引起玉米致死性坏死病（maize lethal necrosis disease，MLND）。MLND 的症状与玉米生长期有关。MLND 在玉米幼苗期发生，引起叶片褪绿斑驳，植株矮化，叶片从边缘向内逐渐坏死，最终导致整株玉米死亡；在玉米茎秆伸长期发生，引起叶片褪绿斑驳，从边缘开始坏死，植株不能抽穗，或玉米穗畸形甚至不结籽粒；在玉米生长后期发生，导致叶片边缘部分坏死，苞叶较早干枯，玉米籽粒不饱满。

MCMV 单独侵染导致玉米产量降低 10% ～ 15%，严重时产量损失高达 59%，与马铃薯 Y 病毒科病毒复合侵染时可导致玉米产量损失超过 90%。据报道，2012 年肯尼亚 MLND 发生率为 22.1%，造成玉米减产 12.6 万 t，产量损失高达 90%，折合经济损失 5200 万美元。我国是世界第二大玉米种植国，由于 SCMV 在我国黄淮海、西北、西南等玉米主产区普遍存在，若 MCMV 扩散进入这些玉米产区，将会给我国玉米生产造成严重危害。据估算，如果 MCMV 暴发将对我国造成直接经济损失高达 140.95 亿元人民币，故该病害对我国玉米安全生产具有极大潜在威胁。

主要形态特征及生物学特性：MCMV 病毒粒子为正二十面体球形结构，直径约 30 nm，相对分子质量 6.1×10^6，核酸占 18%，外壳由 180 个蛋白亚基组成。病毒粒子标准沉降系数 S_{20W}=109 S，在氯化铯溶液中的浮力密度为 1.365 kg/L。从感病玉米叶片分离的汁液中钝化温度为 85 ～ 90 ℃。对 MCMV 的基因组系统发育分析发现，目前报道的 MCMV 的分离物只有 1% ～ 4% 的核苷酸差异，而且目前没有发现 MCMV 分离物之间存在致病性差异的现象。该病毒的致死温度为 80 ～ 85 ℃，在体外可稳定存活 12 ～ 33 d，稀释限点为 10^{-8} ～ 10^{-6}。

传播途径：MCMV 主要通过叶甲和蓟马以非持久方式进行传播，也可以通过种子和土壤传播。目前已报道的能够传播 MCMV 的叶甲包括跳甲（*Systena frontalis*）、玉米跳甲（*Chaetocnema pulicaria*）、黑角负泥虫（*Oulema melanopa*）、十一星根萤叶甲（*Diabrotica undecimpunctata*）、长角根萤叶甲（*D. longicornis*）和玉米根萤叶甲（*D. virgifera*）等 6 种；能够传播 MCMV 的蓟马包括威廉期花蓟马（*Frankliniella williamsi*）和西花蓟马（*F. occidentalis*）2 种。6 种叶甲和威廉期花蓟马的幼虫和成虫均能传播 MCMV，传播方式为半持久型，无潜伏期。玉米、小麦等种子可传播 MCMV，尽管其传播效率较低（如玉米种子仅为 0.04%），但种子传播是 MCMV 远距离传播的主要途径。

检测鉴定方法：

症状观察：叶片褪绿斑驳、植株矮化、坏死、穗发育不良或无穗以及过早死亡等症状。

鉴别寄主：玉米、小麦品种 Parker、二色蜀黍品种 Asgrow Bugoff 是 MCMV 的鉴别寄主。接种玉米会出现系统褪绿斑驳，叶片坏死，植株矮化。许多马齿型玉米自交系与杂交种以及甜玉米和爆裂玉米等品种均易感病，表现褪绿斑驳、叶坏死与植株矮化。耐病的基因型则表现褪绿斑驳或花叶，或潜隐侵染。接种小麦，偶尔表现褪绿斑点，在极个别情况下出现轻微的系统性斑驳，该寄主对于鉴别 MCMV 与 WSMV 非常有用，后者导致系统性褪绿条斑；接种二色蜀黍品种 Asgrow Bugoff，无症状，该品种对 MCMV 和 WSMV 免疫。

血清学检测：可用 ELISA 双抗体夹心法、ELISA 三抗体夹心法等。利用纯化的 MCMV 病毒粒子作为抗原制备了抗 MCMV 的单克隆抗体和多克隆抗体，利用这些抗体建立了三抗体夹心 ELISA（Triple antibody sandwich-ELISA, TAS-ELISA），该方法可灵敏、特异、快速地检测 MCMV，对纯化 MCMV 的最低检出浓度为 25 pg/mL。

免疫电镜：观察病毒粒子的形态，测量其大小。

分子生物学技术检测：目前已经建立了用于检测 MCMV 的普通反转录（RT）-PCR、SYBR green I real-time RT-PCR 及 TaqMan real-time RT-PCR 3 种检测方法，TaqMan real-time RT-PCR 灵敏度最高，SYBR green I real-time RT-PCR 次之，普通 RT-PCR 最低，其 RNA 最低检出量依次为 1.61、7.86 和 161.40 fg。建立了检测 MCMV 的 RT-LAMP 方法，仅需恒温孵育 60 min 即可完成反应，特异性强，灵敏度比普通 RT-PCR 高 10 倍，且结果可视化，是检测 MCMV 简易、快速、有效、灵敏的手段，可用于 MCMV 的日常检测。高通量测序技术（NGS）克服了 ELISA 和 PCR 只能针对一些特定病毒或一种病毒的某些株系的缺陷，能检测出样本中的所有病毒。利用 NGS 技术鉴定了导致肯尼亚 MLND 发生的两种病毒，即 MCMV 和 SCMV。

此外，还开发了一些检测 MCMV 的新方法。例如，利用未修饰的金纳米粒子（Gold nanoparticles，AuNPs）作为比色探针，结合不对称 PCR 方法检测 MCMV，物种专一性高，操作简单，且结果可视化，无须任何昂贵的仪器设备和生化试剂，是 MCMV 中小规模检测的潜在有用工具。利用表面等离子共振生物传感器技术对 MCMV 进行检测，特异性好、灵敏度高、耗时短，最低检测限为 1 ng/mL，检测时间仅需 15 min。利用石英晶体微天平生物传感器技术快速检测 MCMV，灵敏度低于表面等离子共振生物传感器技术，最低检测限为 250 ng/mL。

检疫实例分析：

2018 年 6 月，秦皇岛海关通过血清学和分子生物学检测方法，从一批美国进口的大豆杂质中检出 MCMV，这种检疫性病毒在河北口岸首次截获。2019 年 5 月，上海海关从旅客进境海运行李中截获携带 MCMV 的玉米种子，这是我国海关首次从旅检渠道检出并截获 MCMV。2019 年 12 月，广州南沙海关从来自肯尼亚经新加坡中转的入境集装箱空箱中发现残留玉米粒约 0.5 kg，玉米粒表现明显的褪色症状，经实验室检疫鉴定，玉米粒携带 MCMV，这是全国口岸首次从入境运输工具残留物中截获该病毒。上述近期的检疫实例表明，MCMV 通过多种途径、多个口岸的传入风险高，我国应高度关注、严格防范其从境外传入。2020 年，MCMV 被列入《全国农业植物检疫性有害生物名单》，我国需进一步加强针对该病毒的国内检疫工作。

6.2.8 番茄环斑病毒

检疫地位：番茄环斑病毒属于《中华人民共和国进境植物检疫性有害生物名录》中的检疫性病毒。

英文名： Tomato ring spot virus（简称 ToRSV）。

分类地位： 番茄环斑病毒隶属于RNA病毒域（*Riboviria*）、正RNA病毒界（*Orthornavirae*）、小RNA超群病毒门（*Pisuviricota*）、小RNA南方菜豆套式病毒纲（*Pisoniviricetes*）、小RNA病毒目（*Picornavirales*）、伴生豇豆病毒科（*Secoviridae*）、豇豆花叶病毒亚科（*Comovirinae*）、线虫传多面体病毒属（*Nepovirus*）。

地理分布： 主要分布于北美温带地区（美国和加拿大）。此外，日本、土耳其、挪威、瑞典、波兰、匈牙利、比利时、澳大利亚、巴西、智利、法国、德国、荷兰、俄罗斯、瑞士、英国、意大利、新西兰等40多个国家也有分布。我国尚无分布报道。

寄主及危害： 寄主范围极广，多发生在观赏植物、木本、果树和草本植物上，常见的自然寄主有葡萄、桃、李、樱桃、苹果、榆树、悬钩子、覆盆子、玫瑰、天竺葵、唐菖蒲、水仙、大丽花、千日红、接骨木、兰花、大豆、菜豆、烟草、黄瓜、番茄以及果园杂草（如蒲公英、繁缕）等；人工接种可侵染35科105属157种以上单子叶和双子叶植物。番茄环斑病毒引起多种果树病害，不同果树感染后表现症状各不相同，大多由于不同株系所致；自然侵染可引起豆类芽枯、桃树茎痘、桃黄芽花叶、苹果嫁接接合部坏死和衰退、葡萄衰退、唐菖蒲矮化或断头，八仙花、水仙、天竺葵、烟草、覆盆子和黑莓产生花叶或环斑。番茄环斑病毒是北美发生的最严重的植物病毒病之一，导致严重的产量损失甚至绝收。危害严重和最具经济重要性的病害主要有桃树茎痘病（peach stem pitting）、桃树黄芽花叶（peach yellow bud mosaic）、苹果结合部坏死和衰退病（apple union necrosis and decline）和葡萄黄脉病（grapevine yellow vein disease）。

主要形态特征及生物学特性： 病毒粒子为等轴对称球状二十面体，直径28 nm。病毒粒子分子质量为3200 ku（上层，蛋白外壳）和5200 ku。经梯度离心纯化的病毒有3个沉降组分，上层（T）、中层（M）和底层（B）的沉降系数分别为53S、119S和127S。等电点约为pI 5.1。A260/280约为1.05（上层粒子），1.8（下层粒子）。RNA占粒子重量41%（M）、44%（B），蛋白质占粒子重60%。外壳由一种蛋白亚基组成，每个粒子有40个亚基。病毒基因组核酸为正单链RNA，RNA1编码复制酶，RNA2编码移动蛋白和外壳蛋白。在烟草和黄瓜病汁液中，该病毒的致死温度约58 ℃，稀释终点为10^{-3}，体外存活期20 ℃时2 d，4 ℃时21 d。病毒免疫原性较好。

传播途径： ToRSV通过种子、苗木及其携带的土壤随调运作远距离传播，能够传毒的种苗有大豆（种传率76%）、千日红（76%）、草莓（68%）、天竺葵（30%）、蒲公英（24%）、接骨木（11%）、烟草（11%）、红三叶草（3%～7%）、番茄（3%）以及李、桃、杏、唐菖蒲等。近距离传播靠土壤中的几种剑线虫，以美洲剑线虫（*Xiphinema americanum*）最主要。线虫传毒效率极高，单条线虫便能接种成功，线虫获毒后可保持传毒力几周或几个月。汁液接种容易传播到草本寄主，也可通过嫁接和菟丝子传播。

检测鉴定方法：

症状观察：将种子、苗木等种植后，观察各生长阶段的症状。由于种传苗往往不显症，所以不能只单凭肉眼观察，必须做其他室内检验。豌豆、烟草、番杏、苋色藜及昆诺阿藜等是该病毒有效的枯斑寄主。

血清学检测：可用ELISA双抗体夹心法、间接法等。由于番茄环斑病毒存在多个株系，没有任何一个株系的抗血清可以有效地检测所有的分离物，检测时应将几个株系的抗血清混合使用，避免漏检。在多个病毒株系中，烟草株系、桃黄芽花叶株系和葡萄黄脉株系 3 个株系的特性比较清楚，前两者血清学相同，而它们与葡萄黄脉株系的血清学只是部分相同。该病毒与烟草环斑病毒（tobacco ring spot virus）较相似，但无血清学关系，采用血清学方法可以有效地将它们区分开来。此外，还有纳米荧光颗粒试纸条检测方法等。

电镜观察：通过透射电镜或利用免疫方法在电镜下观察病毒粒子的形态，测量其大小。

分子生物学技术检测：在 RT-PCR 方法的基础上，又相继建立了半巢式 RT-PCR、多重 RT-PCR、实时荧光 RT-PCR、杂交诱捕反转录 PCR 酶联免疫吸附法（hybridization capture RT-PCR-ELISA）、逆转录环介导等温扩增技术检测（RT-LAMP）等多种检测方法，提高了检测的灵敏度和检测效率。

检疫实例分析：

我国曾从有 ToRSV 分布的日本、俄罗斯、捷克、澳大利亚、匈牙利、英国、法国、加拿大、美国等引进过可能传毒的种苗。如 1998 年，我国部分省市从法国引进葡萄种苗数百万株，隔离检疫期间原农业部植物检疫实验所与原秦皇岛动植物检疫局及云南动植物检疫局等相关部门合作，发现了 ToRSV 等检疫性有害生物，对有疫情的种苗进行了销毁；2000 年暂停了法国葡萄苗输华贸易；2002 年 2 月 26 日，我国与法国签署了《中华人民共和国国家质量监督检验检疫总局和法兰西共和国农业部关于法国葡萄种苗输华植物检疫要求议定书》，采取的检疫监管措施是以隔离种植为主，加强疫情监测结合隔离检疫和送检样品的病毒检测。又如 1999 年，通过症状观察、酶联免疫吸附测定、电镜观察和生物接种试验，证实昆明世界园艺博览会参展植物日本的菊花、德国的鼠尾草、法国的大花金鸡菊中携带有 ToRSV 及其他检疫性病毒，对植物样品进行了销毁。再如，2012 年，原广东技术检验检疫中心利用 DAS-ELISA 方法从印度尼西亚进境的辣椒种子中初步筛选出疑似感染有 ToRSV 的样品，进而用免疫诱捕 RT-PCR（immune capture RT-PCR）进行了确认；2019 年 7 月，广州海关在入境百合种球中截获 ToRSV，该批种球原产荷兰，重 22.7 t，货值 28.45 万元。

上述检疫实例表明，我国多个口岸多次从植物繁殖材料中截获 ToRSV，其传入风险高，今后应加强针对繁殖材料的检疫许可及隔离检疫，严防 ToRSV 的传入。

6.2.9 松材线虫

检疫地位：松材线虫属于《中华人民共和国进境植物检疫性有害生物名录》和《全国林业检疫性有害生物名单》中的检疫性线虫。

学名：*Bursaphelenchus xylophilus*（Steiner & Buhrer）Nickle，中文名为嗜木伞滑刃线虫。

英文名：Pine wood nematode，Pine wilt nematode。

分类地位：隶属于线虫门（Nematoda），侧尾腺纲（Secernentea），垫刃目（Tylenchida），滑刃线虫科（Aphelenchoididae），伞滑刃属（*Bursaphelenchus*）。

地理分布：分布于日本（45 个县府）、美国（36 个州）、朝鲜、葡萄牙、加拿大、韩国、墨西哥等 30 个国家和地区。据我国国家林业和草原局公告（2020 年第 4 号），松材线虫在天津、辽宁、江苏、浙江、安徽、福建、江西、山东、河南、湖北、湖南、广东、广西、重庆、四川、贵州、云南和陕西共 18 省（自治区、直辖市）有分布。

寄主及危害：松材线虫可以侵染106种植物，主要为松属（*Pinus*）植物，也可以侵染落叶松属（*Larix*）、雪松属（*Cedrus*）、云杉属（*Picea*）、黄杉属（*Pseudotsuga*）以及冷杉属（*Abies*）植物，危害树种几乎扩展到松科植物。其中，自然感病的松树种类60种，人工接种感病的46种。较易感病的树种有日本赤松、日本黑松、琉球松、欧洲赤松、欧洲黑松、红松、云南松、华山松、樟子松、黄山松、湿地松、火炬松、马尾松等。2017年我国首次确认红松为松材线虫的自然感病寄主。

松材线虫侵染后松树产生典型的萎蔫症状，病株的树脂流量减少，几周内针叶变黄。针叶表现为失水、褪绿，由有光泽的绿色经短时间灰绿、黄绿过程迅速变为黄褐色，直至变成红褐色，进而枯萎死亡，一般不脱落。有时是松树的局部枝条或部分树干先出现症状，然后扩展到整株树死亡。病树死亡后病部木质组织可产生蓝变现象。高度抗病的树种表现为局部枝条被侵染，整株并不死亡，甚至以后能恢复健康。在适合发病的季节，病树从针叶开始变色至整株死亡一般在30 d左右。

松材线虫病1905年在日本九州和长崎就有发生。20世纪30年代形成了以九州为中心的病害发生流行区，成为日本林业上的特大毁灭性病害。1948年损失松木123万 m^3。1979年损失松木243万 m^3，疫区占日本松林面积的25%。此病已扩展到日本47个县府中的45个。在日本，松材线虫主要危害日本乡土树种，外来树种多是抗病的。美国的乡土树种大多数是抗病的，发病树种多为景观引种种植的欧洲赤松、欧洲黑松和日本黑松。我国于1982年首次在南京中山陵地区的黑松上发现松材线虫病，至今已蔓延至18个省市，受害森林面积超过110万 hm^2，仅2019年病死松树就达1946.74万株。不仅对我国松林资源造成巨大损失，同时也破坏了自然景观及生态环境。

松材线虫病是松树的一种毁灭性病害，由于松材线虫的寄主种类多、适生范围广、致病能力强、致死速度快、传播蔓延迅速、治理难度大，该病还被称为松树的“癌症”。

主要形态特征及生物学特性：

雌雄成虫都呈蠕虫状，长约1 mm，口针基部微厚，中食道球卵圆形，占食道处体宽2/3以上。食道腺细长、背覆于肠的前端；排泄孔位于食道与肠交接处。雌虫单卵巢，前伸；后阴子宫囊长；阴门约位于虫体后部3/4处，有较宽的阴门盖；雌虫尾亚圆筒形，末端宽圆呈指状，少数有小尾尖突。雄虫交合刺大，成对，交合刺喙突明显，尖细，远端膨大呈盘状；尾似鸟爪状，尾端尖细，端生小的卵形交合伞。

在松树中的生活史可分为2个阶段，即繁殖阶段和扩散阶段。繁殖阶段线虫主要在形成层组织和树脂道薄壁组织细胞取食，大量产生卵，形成1～4龄幼虫及成虫各虫态。扩散阶段主要发生在衰弱和死亡的树皮内，天牛通过产卵将线虫带入，线虫通过取食真菌等进行繁殖，并寻机进入天牛幼虫的体内，导致天牛羽化后继续携带。松材线虫的生长发育温度为10～33 ℃，最适温度25 ℃。20 ℃ 6 d完成一个世代，而25 ℃为4 d。雌虫在28 d的产卵期内平均产卵79粒。

传播途径：已知能够携带松材线虫的昆虫有46种，其中天牛科37种（墨天牛属17种，其他属20种）。其中，松墨天牛是松材线虫的最有效的传播媒介，传播距离为1～2 km，主要分布于日本、中国、韩国和老挝。松墨天牛传播松材线虫有两种方式：一种为天牛携带扩散性4龄幼虫飞出病树，通过在健树上补充营养取食传播；另一种为天牛在衰弱的树上产卵造成伤口传播。前者为主要传播方式。目前，在我国确定的传播媒介是松墨天牛和云杉花墨天牛。

疫区大范围的蔓延主要是借助人类的活动进行的，疫区病材及其加工品的外流是松材线虫远距离传播的唯一途径。

检测鉴定方法：

病原线虫的分离：针对松材线虫的分布特点，可以从媒介天牛局部器官分离线虫。也可采用贝尔曼漏斗或浅盘法，取鲜伐材（含水率 50%～60%）或木质部有蓝变，或靠近蛀道蛹室的枯死木、木材（含原木、锯材、切片）及其制品作为检验样木进行线虫的分离。

形态学鉴定：根据分离线虫的形态特征进行初步鉴定。

分子生物学鉴定：基于 rDNA ITS 序列设计特异性引物，利用 PCR、实时荧光定量 PCR 技术，可实现对单条松材线虫的快速检测和鉴定，具体可参照国家标准《松材线虫分子检测鉴定技术规程》（GB/T 35342—2017）。

检疫实例分析：

2010 年 7 月，原宁波北仑出入境检验检疫局从马来西亚进境的木质包装中检出松材线虫。2019 年 10 月，厦门海关下属海沧海关在对一批自美国佐治亚州进境的黄松原木实施查验时，发现少量原木顶端有蓝变，进一步检查初步判断可能被线虫侵染，随即取样做初筛，经浸泡、分离，检出大量活体线虫。经厦门海关技术中心鉴定，确认为松材线虫。按照相关规定海关对 25 标箱货物进行除害处理。这是近期该海关连续第 6 批从美国进境原木中截获检疫性有害生物。

为了保护我国的林业生态安全，防止松材线虫的进一步扩散，除了禁止从疫区国家和地区进口松树苗木、接穗，还要对来自疫区国家和地区的针叶树原木、木制品、木质包装材料等实施检疫。在国内，应严格控制疫区病材的外流。

6.2.10 鳞球茎茎线虫

检疫地位：鳞球茎茎线虫属于《中华人民共和国进境植物检疫性有害生物名录》中的检疫性线虫。

学名：*Ditylenchus dipsaci*（Kühn）Filipjev。

英文名：Stem and bulb nematode。

分类地位：隶属于线虫门（Nematoda），侧尾腺纲（Secernentea），垫刃目（Tylenchida），粒线虫科（Anguinidae），茎线虫属（*Ditylenchus*）。

地理分布：鳞球茎茎线虫几乎遍及世界各地，尤以温带地区分布最广。已报道在亚洲、欧洲、美洲、大洋洲及非洲的 80 多个国家有分布。我国分布于甘肃、河北、河南、山东等地。

寄主及危害：

鳞球茎茎线虫的寄主范围极广，有 40 科 500 余种植物。涉及经济价值较高的有洋葱科、石蒜科、藜科、起绒草科、禾本科、豆科、百合科、花葱科、蓼科、玄参科、茄科、伞形花科等多种粮食作物、经济作物、蔬菜、药材、花卉等观赏植物，如小麦、大麦、玉米、甘薯、马铃薯、大豆、蚕豆、豌豆、菜豆、胡萝卜、扁豆、甘蓝、黄瓜、萝卜、芜菁、燕麦、黑麦、荞麦、洋葱、大蒜、韭菜、草莓、烟草、茶、水仙、郁金香、风信子、百合、唐菖蒲、鸢尾阔叶兰、红三叶草、绣球、川续断、防风、大黄、亚麻、花生、人参等。

鳞球茎茎线虫主要危害茎组织，也可危害块茎、鳞茎、球茎及根状茎等部位。该线虫通过侵入植物茎部、鳞茎、块茎等部位，在薄壁组织中取食，致使植株地上部分（如花、茎等部位）畸形肿胀，造成茎基部及鳞茎腐烂，甚至植株坏死。该线虫不仅造成植株田间死亡，还可以在贮藏期危害鳞球茎类植物。鳞球茎茎线虫是温带地区最具破坏性的植物内寄生线虫，严重侵染作物时其产量损失达 60% ～ 80%。线虫侵染后可加重其他病原微生物的危害，引起多种作物毁灭性病害，所以在温带地区有着很重要的经济意义。

主要鉴定特征及生物学特性：

雌虫：体长 1.0 ～ 1.3 mm，体被细纹，体宽约 10 μm；侧线 4 条，占体宽的 1/8 ～ 1/6。唇区微缢缩，口针 10 ～ 12 μm 长，有明显的基部球，食道前体部圆柱状，中食道球纺锤形，狭部窄，后食道腺球状或棍棒状。排泄孔位于食道后体部。单卵巢，前伸，后阴子宫囊长，约为 0.5 个阴肛距。尾长圆锥形，尾端锐尖。

雄虫：与雌虫同形，尾部具交合伞，其先端位于交合刺的前端，后端达 3/4 尾长处。交合刺腹曲，先端膨大。引带短，结构简单。虫体测量值变异大。

鳞球茎茎线虫 15 ℃条件下，19 ～ 23 d 完成一个生活史。雌虫一般可存活 45 ～ 75 d，每条雌虫可产卵 200 ～ 500 粒。4 龄幼虫蜕皮发育成雌、雄虫后，4 d 左右即可交配产卵，产卵期长达 25 ～ 30 d。4 龄幼虫抗逆能力强，在不利条件下以休眠状态存活于植物组织内，存活期可达 20 多年，4 龄幼虫及卵在冰冻条件下也能存活，在土壤中无寄主情况下可存活 2 ～ 3 年。

传播途径：鳞球茎茎线虫通常可以随许多作物的种子、花卉和蔬菜作物的鳞球茎、块茎，以及牧草（如三叶草）的干草及被线虫侵染的植物的茎、叶、花碎片等远距离传播。一粒种子携虫量高达 19 万条。

检疫鉴定方法：

症状观察：郁金香、风信子、洋葱等鳞球茎受害后，剖开后常可见环状褐色特征性病症，有时在鳞球茎基部还可见 4 龄幼虫线虫团。

线虫分离：对来自疫区的所有寄主植物的种子、繁殖用的鳞球茎、其他植物材料以及所携带的土壤可用浅盘法或贝尔曼漏斗法进行线虫的分离。也可将怀疑携带有此线虫的种子及繁殖用鳞球茎在水中解剖，使线虫游离出植株组织，在显微镜下观察并进行鉴定。

形态学鉴定：在显微镜下对线虫进行形态学观察和测量，依据形态特征和相关测量值进行鉴定。具体可参照商检行业标准《鳞球茎茎线虫检疫鉴定方法》（SN/T 1141—2002）。

分子生物学鉴定：可用线虫通用引物 rDNA 28S-D2/D3 对线虫进行 PCR 扩增和测序，根据序列比对结果确定线虫的种。

检疫实例分析：

2007、2008 和 2010 年，原广东出入境检验检疫技术中心分别从迪拜、也门旅客携带的大蒜和荷兰进境的郁金香种球中分离出线虫，并通过形态鉴定和 rDNA 28S-D2/D3 序列分析，将线虫鉴定为鳞球茎茎线虫；从荷兰进境的郁金香种球中截获该线虫，为系统内首次从贸易产品中检出，为此，原国家质量监督检验检疫总局向荷方进行了通报，并发布《关于荷兰郁金香种球传带鳞球茎茎线虫的警示通报》。2015 年宁波口岸从美国苜蓿草中分离到一种茎线虫属的线虫，通过形态学和分子生物学方法鉴定为鳞球茎茎线虫，这是我国首次从进境牧草中截获该线虫。2017 年 7 月 24 日和 12 月 7 日，原河南出入境检验检疫局检疫人员两次在对来自肯尼亚的大星芹进行检疫时，均分离出了 3 种线虫，通过形态学特征以及核糖体 28S rDNA-D2/D3 区、ITS 区、18S 核苷酸序列比对和系统进化分析以及专家复核，最终确定为鳞球茎茎线虫、菊花滑刃线虫（*Aphelenchoides ritzemabosi*）和草莓滑刃线虫（*Aphelenchoides fragariae*）；这是我国口岸首次从一种鲜切花中同时分离出 3 种检疫性线虫，也是河南口岸首次截获这 3 种检疫性线虫；对该货物按照相关规定进行了销毁。

上述检疫实例说明，我国多个口岸多次从植物繁殖材料中截获鳞球茎茎线虫，其入侵我国的风险高，需严格检疫。

小结

检疫性病原物种类多、入侵风险高、检疫地位突出。小麦矮腥黑穗病菌、油菜茎基溃疡病菌、苹果牛眼果腐病菌、落叶松枯梢病菌、梨火疫病菌、柑橘黄龙病菌、玉米褪绿斑驳病毒、番茄环斑病毒、松材线虫和鳞球茎茎线虫，是代表性的检疫性菌物、原核生物、病毒和线虫，学习、掌握其基础知识和主要检疫方法，理论联系实际，具有重要意义。

6.3 检疫性昆虫

学习重点

- 掌握检疫性昆虫的基础知识和主要检疫方法

检疫性昆虫地位突出，在进境、全国农业及林业检疫性有害生物名录中，昆虫所占比例大，其各虫态易随动植物及动植物产品、装载容器、包装物、运输工具及旅客携带物等进行人为传播，在动植物检疫中截获频次高。检疫性昆虫包括鞘翅类、双翅类、鳞翅类、半翅类及其他类。结合植物检疫实践，本章选取了 10 种代表性的检疫性昆虫，系统性地介绍了其检疫地位、学名、英文名、分类地位、地理分布、寄主及危害、主要形态特征及生物学特性、传播途径、检测鉴定方法和检疫实例分析。

6.3.1 马铃薯甲虫

检疫地位：马铃薯甲虫，也称马铃薯叶甲，是《中华人民共和国进境植物检疫性有害生物名录》和《全国农业植物检疫性有害生物名单》中的检疫性鞘翅类昆虫。

学名：*Leptinotarsa decemlineata*（Say）。

分类地位：隶属于节肢动物门（Arthropoda），昆虫纲（Insecta），鞘翅目（Coleoptera），叶甲科（Chrysomelidae），叶甲亚科（Chrysomelinae），马铃薯叶甲属（*Leptinotarsa*）。

英文名：Colorado potato beetle。

地理分布：马铃薯甲虫于 1811 年首次在美国西部被发现，随后扩散到世界各地。目前，主要分布于美洲北纬 15° ～ 55° ，以及欧亚大陆北纬 33° ～ 60° 。国外主要分布在亚洲的哈萨克斯坦、吉尔吉斯斯坦、土库曼斯坦等部分国家；欧洲的大部分国家，如俄罗斯、乌克兰、捷克、德国、荷兰、法国、意大利、希腊等；美洲的加拿大、美国、墨西哥、危地马拉、哥斯达黎加、古巴及非洲的利比亚。国内分布于新疆、吉林、黑龙江等省（自治区）。

寄主及危害：马铃薯甲虫的寄主范围相对较窄，主要包括茄科 20 多个种。寄主有马铃薯、天仙子、番茄、烟草、茄、刺萼龙葵等多种植物。此虫最喜取食马铃薯，其次为茄子和番茄。

马铃薯甲虫的成虫、幼虫取食为害马铃薯、茄子等寄主作物的叶片和嫩尖（图 6–1 右）。在我国发生区，危害初期，寄主植物的叶片上会出现大小不等的缺刻或孔洞，在幼虫的 3 ～ 4 龄阶段和成虫阶段取食量逐渐增大，可将叶片全部吃光，仅留下叶柄和叶脉。对于受到严重侵害的寄主植物，通常其叶片或幼茎均被取食殆尽，尤其是开花前的危害通常导致被害植物仅剩光秃的茎秆，之后在日照的作用下整株干枯死亡。据文献报道和新疆疫区危害情况调查报告，因该虫危害造成的马铃薯产量损失一般为 30% ～ 50%，严重者可达 90% 以上，甚至绝产。

主要形态特征及生物学特性：

马铃薯甲虫各虫态主要形态特征包括：①成虫（图 6–1 左）。体长（11. 25 ± 0.93）mm，宽（6.33 ± 0.45）mm，短卵圆形，淡黄色至红褐色，有光泽，每一鞘翅上具黑色纵条纹 5 条，第一与第三纵带在尾部交会。头下口式，横宽，背方稍隆起。触角 11 节，第一节粗而长，第二节很短，第五、六节约等长，第六节显著宽于第五节，末节呈圆锥形。口器咀嚼式，上颚有 3 个明显的齿，下颚须 3 节向端膨粗，第四节显细而短，圆柱形，端末平截。足短，转节呈三角形，股节稍粗而侧扁，胫节端部方向放宽，跗节显四节，第四节极短，爪基部无附齿。雌雄两性成虫外形差异不大，雌虫个体一般稍大，雄虫最末腹板比较隆起，具一纵凹线，雌虫无上述凹线。②卵。椭圆形、顶部钝尖，长 1.5 ～ 1.8 mm，宽 0.7 ～ 0.8 mm，淡黄色至深橘黄色。③幼虫。分为 4 个龄期，一、二龄幼虫体色暗褐色，三龄以后逐渐变为粉红色或橙黄色。头部黑色，头为下口式。前胸明显大于中胸和后胸，后缘有褐色宽带。中胸和后胸各有三个斑点，每侧各有一个，中间有两个。一龄幼虫前胸背板骨片全为黑色，随着虫龄的增加前胸背板颜色变淡，仅后部为黑色。除最末两个体节外，虫体两侧有两行大的暗色骨片，即气门骨片和上侧骨片。腹节上的气门骨片呈瘤状突出，包围气门，中、后胸由于缺少气门，

图 6–1　马铃薯甲虫成虫及危害状

（左为成虫，石娟供图；右为危害状，李志红供图）

气门骨片完整。腹部较胸部显著膨大，中央部分特别膨大，向上隆起，以后各节急剧缩小，末端细尖。腹部共有九节，一节至七节背面两侧各有二个斑点，上面的一个较大，位于气门的周围，腹部腹面有三行小斑点，斑点由密集的短刚毛组成。前胸背板及腹部第八节、九节背部有黑色素斑。足黑褐色。④蛹。离蛹，椭圆形，长 9.0 ～ 12.0 mm，宽 6.0 ～ 8.0 mm，橘黄色或淡红色，体侧各有一排黑色小斑点。

马铃薯甲虫在美国一年发生 2 代，在欧洲一年发生 1 ～ 3 代，在我国一年发生 1 ～ 2 代，以 2 代居多，少数区域可发生不完全的 3 代。成虫在土深 7.6 ～ 12.7 cm 处越冬，翌春土温 15 ℃时，出土活动，发育适温 25 ～ 33 ℃。成虫从土壤中爬出后，通过爬行和飞行的方式扩散以寻找寄主，随后立即取食。5～10 d后，雌成虫开始产卵，将卵产于寄主植物叶片的背面。卵期 5 ～ 7 d，随后幼虫与越冬代成虫一起大量取食寄主作物叶片，春季对寄主作物（主要是马铃薯）造成极大危害。该虫还具有滞育性，滞育类型有：冬季弱休眠；冬蛰和夏蛰二种滞育；多年滞育（连续 2 ～ 3 年），主要诱导因素是光周期，环境温度和食料质量起辅助作用。此外，该虫飞行能力很强，正常飞行距离是 1.5 km，如有风助，最远可达 100 km。马铃薯甲虫存活能力很强，即使在既没有水分也没有食物的环境条件下，仍可存活两个月。

传播途径：马铃薯甲虫主要通过贸易途径进行传播。来自疫区的薯块、水果、蔬菜、原木及包装材料和运载工具，均有可能携带此虫。另外，风对该虫的传播起很大的作用。该虫扩散的方向与发生季节的优势风的方向一致，成虫可以被大风吹到 100 km 之外，气流和水流也有助于该虫的扩散。研究也发现马铃薯甲虫具备的一定飞行能力，是自然扩散的关键因素之一。

检测鉴定方法：

根据 2003 年发布的中华人民共和国出入境检验检疫行业标准（SN/T 1178-2003）进行马铃薯甲虫的检疫鉴定。在现场检疫中，用随机的方法对来自疫区的茄科植物种子、苗木及其产品进行抽查，发现可疑疫情，可增加抽查件数，每批抽查宜多于 50 件（批量少于 50 件的则全部检查），如果在现场抽查中发现可疑虫样，将带回实验室内做检测鉴定。同时，对运输工具进行现场检疫，汽车、飞机、船舶抵达入境口岸前，要求货主及其代理人报检，并提交有关文件；检查入境运输工具、集装箱、包装物内外表、缝隙边角等害虫潜伏和活动场所有无马铃薯甲虫分布和危害。此外，对来自疫区的入境旅客，严格检查其携带物，尤其重点检查茄科植物种子、苗木及其产品。

检疫检查方法包括：①过筛检查。对易筛货物，如谷物、豆类、油料、花生仁、干果、坚果及植物种子，采用过筛检查，检查货物中是否带有幼虫和成虫。②肉眼检查。对包装物、填充物、铺垫材料、集装箱、运输工具、动物产品等，采用肉眼检查，特别是麻袋的边、角、缝隙处，棉花包及羊毛（绒）包的皱褶、边、角、缝隙片，纸盒的夹缝等隐蔽场所，对来自疫区的运输工具的轮胎边缘及缝隙处作重点检查。将检查收集的成虫、幼虫、蛹、卵及蜕皮壳，分别保存于标本盒及相关溶液中，根据马铃薯甲虫的形态特征鉴定方法进行结果判定。

检疫实例分析：

2015 年 9 月，南沙口岸在粮食通用码头从一批乌克兰进境的大麦中截获马铃薯甲虫。该批大麦重 33250 t，货值为 738.15 万美元。针对截获情况，检疫部门按照规定对进境粮食装卸、运输、储存及下脚料无害处理等过程关键环节实施严密监控，通过现场检疫与视频监控两种方式相结合，对关键环节实施24 h不间断的监控，确保进境粮食监管全过程符合要求，无撒漏无外流。加强检疫是控制马铃薯甲虫传入和扩散的重要方法，当前，海关总署及农业农村部各部门正加大检疫力度，严防马铃薯甲虫的传入和扩散。

6.3.2 稻水象甲

检疫地位：稻水象甲是《中华人民共和国进境植物检疫性有害生物名录》和《全国农业植物检疫性有害生物名单》中的检疫性鞘翅类昆虫。

学名：*Lissorhoptrus oryzophilus* Kuschel。

分类地位：隶属于节肢动物门（Arthropoda），昆虫纲（Insecta），鞘翅目（Coleoptera），象虫科（Curculionidae），沼泽象亚科（Erirhininae），稻水象属（*Lissorhoptrus*）。

英文名：Rice water weevil。

地理分布：稻水象甲原产北美东南部的路易斯安那州。目前，国外分布于美国、加拿大、墨西哥、古巴、意大利、希腊、印度、朝鲜、韩国，日本等国家；国内分布于北京、天津、河北、辽宁、山东、吉林、浙江、安徽、福建、江西、江苏、广东、广西、山西、陕西、云南、内蒙古、黑龙江、台湾、湖北和新疆等省（自治区、直辖市）的部分县（区、市）。

寄主及危害：稻水象甲寄主范围非常广泛，包括水、旱生植物约有10科60余种，为杂食性害虫。可危害禾本科、莎草科、眼子菜科、泽泻科、香薄科、鸭趾草科、灯芯草科等植物，但主要以禾本科、莎草科植物为主，其中以水稻、玉米及高粱受害最为严重。稻水象甲主要以成虫和幼虫危害作物。成虫多在叶尖、叶缘沿叶脉方向啃食嫩叶的叶肉，留下表皮，形成长短不等的长条白斑，长度一般不超过3 cm。1～3龄幼虫蛀食根部，4龄后爬出稻根，直接咬食根系。幼虫密集根部，根系被取食，造成断根，形成浮秧或影响生长发育，并导致植株分蘖数减少，稻谷千粒重下降。

主要形态特征及生物学特性：

稻水象甲各虫态主要形态特征包括：①成虫（图6-2）。雌虫长2.6～3.8 mm，宽约1.5 mm，体表被覆淡绿色至灰褐色鳞片，自前胸背板的端部到基部，有一个由黑色的鳞片组成的广口瓶状的暗斑，在鞘翅的基部向下延伸至鞘翅的约3/4处形成一个不整齐的黑斑。触角赤褐色，膝状，索节6节，第1节膨大呈球形，第2节细长，长大于宽，第3～6节宽大于长，棒基节无毛，具光泽，端部1/3密生细毛。前胸腹板上无沟，中足胫节两侧各有一列白色长毛（游泳毛），胫节末端有钩状突起或内角突起。②卵。图柱形，两端圆，一侧略向内弯曲；长约0. 8 mm，宽0.2～0.27 mm；珍珠白色。③幼虫。无足型，白色，老熟幼虫体长约8 mm，腹节9节，第2至第7腹节的背面各有一对长而略向前弯的钩状突起（气门），在幼虫淹水时得以从根内和根周围获得空气。幼虫共4龄，各龄头宽分别是0.14～0.18 mm、0.2～0.22 mm、0.33～0.35 mm、0.44～0.45 mm。④蛹。土茧灰色，卵球形，表面光滑，长4.0～5.0 mm，宽3.0～4.0 mm，是老熟幼虫在寄主植物的根系上所作，内为蛹。蛹体白色，复眼红褐色，大小和形态似成虫，但喙紧贴于胸部。

图6-2 稻水象甲成虫
（石娟供图）

稻水象甲为半水生昆虫，幼虫和蛹营水生生活，成虫具有半水生性。生殖方式分两性生殖型和孤雌生殖。孤雌生殖型抗逆性和繁殖能力强，比两性生殖型更易扩散。该虫具有较强的飞行扩散能力，可随风、水等迁移到较远的地区。此外，稻水象甲具有较强的迁飞能力，一次飞行距离可达 4～6 km；越冬成虫如遇适宜气温 20～27 ℃，3～4 级顺风情况下远程传播可达 100 km 以上，该虫亦具有趋光性、趋嫩性、群聚性和假死性。

传播途径：人为活动与自然传播是稻水象甲的两种主要传播方式，一般附着在秧苗、稻草等寄主植物及其包装物、填充物上随调运进行远距离传播，人为传播是稻水象甲扩散的主要途径。自然传播方面，稻水象甲成虫可随气流和水流远距离传播。在迁飞扩散的过程中，风速和风向对其远距离传播起着重要的促进作用。

检测鉴定方法：

根据 2004 年发布的中华人民共和国出入境检验检疫行业标准（SN/T 1438—2004），在对稻水象甲实施检疫时，对稻谷、稻壳等采用过筛检查，对稻穗、稻草以及用其做成的包装物、填充料、铺垫物品等进行敲打检查，下面放一个大的白瓷盘，收集散落的碎屑，对集装箱、运输工具等采用肉眼检查，特别是交通工具的照明灯附近以及边角缝隙处、地板缝等处，仔细进行肉眼观察检查。对截获到的可疑成虫，立即置入毒瓶内杀死，死的或干的成虫宜放入盛有还软液的干燥器内，回软数日后进行实验室鉴定。

根据形态学特征的主要结果判定方式为：成虫前胸背板自端部到基部具 1 黑色鳞片组成的广口瓶状的暗斑；触角棒节 1 光滑，棒节 2、3 密生细毛；中足胫节两侧各有 1 排长的游泳毛；雌虫后足胫节有前锐突和 1 个不分叉的钩状突起。幼虫分为 4 个龄期，老熟幼虫体长 8～10 mm；白色无足，头部褐色，体型略向腹面弯曲。在第 2～7 腹节背中线两侧各有脊状突起，这 6 对脊状突起和稍向前倾的羊角状呼吸管是稻水象甲幼虫重要的形态特征。结果判定以上述成虫和幼虫的形态特征为依据，符合者可确定为稻水象甲。

检疫实例分析：

2017 年 5 月，原佳木斯出入境检验检疫局在截获的韩国入境旅客携带的水稻种子中检出象甲科昆虫。通过专家复核确证为稻水象甲，在佳木斯口岸为首次截获。该批水稻种子重量为 4.2 kg，由于携带者不能提供任何官方的检疫审批证明材料，根据有关规定，对该批种子进行截留，并现场开具《携带物留验 / 处理凭证》。该实例显示，水稻种子传带稻水象甲的风险极高。加大对种子种苗入境的检疫查验力度，严厉打击非法携带植物种子进境的行为，对严防植物检疫性有害生物随植物繁殖材料传入具有重要意义。

6.3.3 谷斑皮蠹

检疫地位：斑皮蠹属是《中华人民共和国进境植物检疫性有害生物名录》中的检疫性鞘翅类昆虫，谷斑皮蠹是该属的代表种类。

学名：*Trogoderma granarium* Everts。

英文名：Khapra beetle。

分类地位：隶属于节肢动物门（Arthropoda），昆虫纲（Insecta），鞘翅目（Coleoptera），皮蠹科（Dermestidae），斑皮蠹属（*Trogoderma*）。

地理分布：谷斑皮蠹原产于印度，现分布于亚洲、中东、非洲及欧洲的部分国家和地区。国外分布于越南、缅甸、斯里兰卡、印度、马来西亚、日本、朝鲜、印度尼西亚、新加坡、菲律宾、土耳其、以色列、伊拉克、巴基斯坦、南非、英国、德国、法国、美国、奥地利、阿尔及利亚、埃及、津巴布韦、突尼斯、委内瑞拉等。在我国尚未见分布报道。

寄主及危害：谷斑皮蠹是一种食性很广的仓储害虫，能够严重危害多种植物性和动物性产品。主要寄主是谷物、荞麦、谷类产品、豆类、苜蓿、各种蔬菜种子、香草、香料和各种坚果；还可以危害干椰肉、干果、各种树胶、全部或部分干燥动物性产品（如奶粉、皮、干狗粮、干血、死昆虫和干动物尸体）。它主要通过幼虫取食危害，十分贪食，具粉碎食物的特性。谷物一般损失 5%～30%，有时高达 73%～100%。

主要形态特征及生物学特性：

谷斑皮蠹各虫态主要形态特征包括：①成虫（图 6–3 左）。体长 1.4～3.4 mm，宽 0.75～1.9 mm，椭圆形。头部呈暗褐色至黑色，前胸背板表皮暗褐色至黑色，表面均匀附着粗糙、半直立的黄褐色或深红褐色的刚毛，内侧和外侧的前胸背板上有模糊的淡黄白色剑形刚毛组成的斑块。鞘翅红褐色至暗褐色，表皮淡色花斑及淡色毛斑均不清晰，有 2～3 个模糊的黄白色剑形刚毛组成的条带。胸部和腹部红褐色，足黄褐色。颏的前缘具深凹，两侧钝圆，凹缘最低处颏的高度不及颏最大高度的 1/2。雌虫交配囊骨片极小，长约 0.2 mm，宽 0.01 mm，上面的齿 10～15 个；雄虫的抱器呈三角形。②卵。长约 0.7 mm，宽约 0.25 mm；长筒形稍弯曲；卵初产时乳白色，后变为淡黄色。③幼虫（图 6–3 右）。老熟幼虫长约 5.0 mm，体呈纺锤形，体背乳白色至红褐色，背板单一黄色或淡褐色，胸部和腹部着生刚毛。④蛹。雌体长约 5.0 mm，雄体长约 3.5 mm，离蛹，扁圆锥形，淡黄色，体表着生细毛。

图 6–3　谷斑皮蠹成虫及幼虫

（*左为成虫，引自 ISPM；右为老熟幼虫，曾令瑜、李志红供图*）

谷斑皮蠹成虫寿命 12～14 d，无飞行能力，具有一定的趋光性。成虫羽化 1～3 d 后开始交尾，交尾后 1～2 d 开始产卵。雌虫产卵前的活动频繁。卵多产于缝隙处，散产，在适宜条件下，每雌虫产卵 50～90 粒，平均 70 粒。初产时的卵乳白色，无光泽，后渐渐转为淡黄色，卵期 6～10 d。20 ℃以下不产卵，温度和湿度过高产卵率下降。幼虫在正常情况下有 4～6 龄，多者达 7～9 龄，随着龄期的增加食量增大。谷斑皮蠹发育温度最高为 40～45 ℃，最适温度为 33～37 ℃。在 21 ℃条件下完成 1 个发育周期需 220 d，在 30 ℃条件下需 39～45 d，在 35 ℃条件下需 26 d。

谷斑皮蠹具有极强的抗逆能力。首先是耐干性强，在食物含水量 2% 的情况下仍能顺利发育和繁殖，发育的相对湿度范围为 1% ～ 73%；其次是耐冷耐热力强，在 –10 ℃下处理 25 h，幼虫死亡率为 25%，在 –21 ℃下仍可经受 4 h；再次是耐饥力强，在不适宜的温度、虫口密度太高或营养条件恶化的情况下均可导致幼虫滞育，可持续 4 ～ 8 年，当有利条件恢复时，能够迅速繁殖并严重损害商品；最后是具抗药性，惯用的清洁卫生防除法、甚至熏蒸难以发挥作用。此外，该虫还具趋触性，幼虫进入 3 龄后喜欢钻入缝隙内群居，墙壁、席囤缝隙、地板缝、包装物及仓内梁柱裂隙均可能成为幼虫的隐匿场所。正是由于极强的耐受性，谷斑皮蠹才得以在全球扩散，并造成严重危害。

传播途径：谷斑皮蠹具有人为传播和自然传播两种途径。谷斑皮蠹的各个虫态主要随着相关货物、包装材料和运输工具进行远距离传播。由于谷斑皮蠹不能飞行，自然传播能力非常有限，所以它的传播主要通过成虫和幼虫具有一定的爬行能力来实现。

检测鉴定方法：

针对谷斑皮蠹的检测鉴定，2000 年发布了中华人民共和国国家标准《植物检疫－谷斑皮蠹检疫鉴定方法》(GB/T 18087—2000)。2012 年 3 月，FAO–IPPC 通过了 ISPM27 诊断规程的第 3 号附件：关于谷斑皮蠹的诊断规程，内容包括有害生物信息、分类学信息、检测和鉴定等，其中，主要对检疫过程中谷斑皮蠹的标本制作及形态学鉴定特征进行了详细描述。

现场查验时，首先需观察危害状。在散装货物中，表层受侵染后会出现大量的虫蜕、碎刚毛和粪便（排泄物），通过过筛、肉眼检查和诱剂检查，确定货物中是否存在该害虫，同时完成现场取样。收集的成虫、幼虫、蛹、卵及蜕皮壳，分别保存于相关溶液中，根据鉴定方法进行结果判定。根据形态学特征的主要结果判定方式为：雄虫触角棒 3 ～ 5 节，雌虫 3 ～ 4 节，鞘翅上的花斑极不清晰；颏的前缘中部具有深凹，侧缘圆形；雌虫交配囊骨片极小，长约 0.2 mm，雄虫抱器呈三角形；幼虫上内唇乳突 4 个和第 8 个腹节背板无前脊沟，具备以上特征的样本，可鉴定为谷斑皮蠹。

目前，已有针对谷斑皮蠹鉴定的 PCR 技术、实时荧光 PCR 技术研究的报道。我国检疫技术人员分别以 COI、16S rDNA 基因为靶序列设计了针对谷斑皮蠹的特异性 PCR 引物与实时荧光 PCR 探针，开发了针对谷斑皮蠹特异性检测的 PCR 技术、实时荧光 PCR 技术，为口岸检疫人员检测鉴定该虫提供技术支持。

检疫实例分析：

2003 年 3 月 12 日，原防城港出入境检验检疫局对来自泰国的进口橡胶木托实施检疫时，在一个集装箱内查获少量皮蠹幼虫，经实验室鉴定为谷斑皮蠹，该批货物经熏蒸处理合格后入境。2019 年 8 月，黄岛海关在对一批进境芝麻实施现场检疫时，截获活体皮蠹科昆虫，经青岛海关技术中心鉴定为谷斑皮蠹；海关对该批 10 个集装箱的 195 t 货物实施了严格的检疫除害处理。这两个实例表明，来自谷斑皮蠹疫区的货物、装载容器及运输工具等，除要求对方按双方达成的要求进行检疫除害处理外，还需进行严格的进境检疫，发现疫情及时采取有效的处置措施，防止谷斑皮蠹的传入。

6.3.4 双钩异翅长蠹

检疫地位：双钩异翅长蠹是《中华人民共和国进境植物检疫性有害生物名录》和《全国

林业植物检疫性有害生物名单》中的检疫性鞘翅类昆虫。

学名：*Heterobostrychus aequalis*（Waterhouse）。

英文名：Kapok borer、Oriental wood borer。

分类地位：隶属于节肢动物门（Arthropoda），昆虫纲（Insecta），鞘翅目（Coleoptera），长蠹科（Bostrychidae），异翅长蠹属（*Heterobostrychus*）。

地理分布：原产于东南亚，现国内外均有分布。国外分布于印度、印度尼西亚、马来西亚、泰国、斯里兰卡、越南、以色列、缅甸、菲律宾、日本、以色列、巴布亚新几内亚、马达加斯加、巴巴多斯、爪哇、安达曼群岛、马里亚纳群岛、美国、古巴、苏里南等国家和太平洋中的一些岛屿。国内分布于广东、广西、海南、香港、台湾等地。

寄主及危害：双钩异翅长蠹寄主广，钻蛀能力强，食性杂；危害木材、竹材、藤材及其制品（含人造板、包装材料、家具等），也能为害衰弱木和树木的枝条。受该虫危害后寄主外表虫孔密布，内部蛀道交错，严重的全部蛀成粉状，一触即破，完全丧失使用价值。

主要形态特征及生物学特性：

双钩异翅长蠹各虫态主要形态特征包括：①成虫（图 6–4）。雌虫长 6.0～8.5 mm，宽 2.1～2.6 mm；雄虫长 7.0～9.2 mm，宽 2.5～3.0 mm，赤褐色，圆柱形，头部黑色，具细粒状突起，头额前端横向隆起，头背中央具 1 条纵向脊线。触角 10 节，柄节粗壮，鞭节 6 节，锤状部 3 节，其长度超过触角全长的 1/2，端节呈椭圆形。前胸背板前缘呈弧状凹入，两侧各有 1 个较大的齿状突起，侧缘弧形，后缘角成直角。背板前半部密布锯齿状突起，两侧缘具 5～6 个齿，后半部的突起呈颗粒状。小盾片四边形，光滑无毛。鞘翅刻点近圆而深凹，有光泽。鞘翅两侧缘自基缘向后几乎平行延伸，至后部 1/4 处急剧收尾呈明显斜面。斜面的两侧，雄虫有 2 对钩状突起，上面的 1 对较大，向上并向中线弯曲，呈强钩状；下面 1 对位于鞘翅的边缘，较小，无尖钩棘，仅略隆起。雌虫两侧的突起仅有微隆起的瘤粒无尖钩形成，亚缘隆线自翅端向前延伸，并在鞘翅处向上弯曲形成亚侧隆线。②卵。长约 1.2 mm，宽约 0.2 mm，乳白色，似米粒，前方突尖。③幼虫。老熟幼虫长 8.5～10.0 mm，乳白色，体 12 节，体壁褶皱。④蛹。长 7.0～10.0 mm，前蛹期乳白色，后蛹期浅黄色。

图 6–4　双钩异翅长蠹成虫

（左为雌虫，石娟供图；右为雄虫，李志红供图）

双钩异翅长蠹一般 1 年发生 2～3 代，全年可见幼虫和成虫。以老熟幼虫或成虫在寄主内越冬，越冬幼虫于翌年 3 月中、下旬化蛹，蛹期 9～12 d，3 月下旬至 4 月下旬为羽化盛期。当年第 1 代成虫最早在 6 月下旬至 7 月上旬出现，约需 100 d。第 2 代成虫羽化期最早在 10 月上、中旬，其中部分幼虫期延长，以老熟幼虫越冬，最后一批成虫期延至 3 月中、下旬，和第 3 代（越冬代）成虫期重叠。第 3 代自 10 月上旬以幼虫越冬，至翌年 3 月中旬化蛹，下旬羽化，其中部分幼虫延迟至 4—5 月化蛹，成虫期和第 1 代重叠，成虫期寿命 2 个月左右，越冬代可达 5 个月。

成虫喜在傍晚至夜间活动，具弱趋光性和较强的飞行能力，白天常隐蔽在木材或者木制品的缝隙中。雌虫喜在锯材、剥皮原木、木质包装箱或弃皮藤料上产卵，卵期 10～15 d。初孵幼虫在树木导管内取食，由树皮到边材，其蛀道长度不等，以后逐渐向外扩展，形成和导管平行的子坑道，常有数条排列在一起，弯曲并互相交错，直径 6 mm 左右，长达 30 cm，蛀入深度可达 5～7 cm；蛀道的横截面圆形。幼虫只能消化木材细胞内含物，纤维素、半纤维素、木质素均不能消化，变为粉末排出体外，幼虫的排泄物及蛀屑紧密堆积在子坑道内，不排出坑道外，故幼虫期在被害木中不易发现。

传播途径：双钩异翅长蠹各虫态均可通过人为调运木材、竹材、藤材及其制品、运输工具等进行远距离传播，通过成虫爬行可作短距离的传播。

检测鉴定方法：

在贮木场及加工场（点），藤材、竹材原料（制作）场，集贸市场等地木材（含原木、锯材）、竹材、藤材及其制品（含包装箱、垫木、家具、人造板等）主要检查表面及缝隙处是否有虫体或有蛀孔和蛀屑；藤料是否失去韧性容易拉断，或有圆形蛀孔和虫粪。剖（剥）开木材（含原木、锯材）、竹材、藤材是否有蛀道、幼虫、蛹、成虫。2006 年，发布了检验检疫行业标准《双钩异翅长蠹检疫鉴定方法》（SN/T 1821—2006）；2014 年，发布了林业行业标准《双钩异翅长蠹检疫技术规程》（LY/T 2355—2014）；上述标准中描述了成虫形态鉴定的特征。

检疫实例分析：

2013 年 2 月，福州长乐机场办事处从印尼入境航班旅客携带的白橡木中截获检疫性害虫双钩异翅长蠹，此为福建口岸从旅客携带物中首次截获；这批白橡木共有 4 段，直径约 4 cm，长约 30 cm，带皮，段木表面整洁，未见危害状；经封装饲养后，发现双钩异翅长蠹的幼虫和成虫；该白橡木已按规定进行了没收和销毁处理。2017 年上半年，佛山口岸连续多次截获双钩异翅长蠹活体，涉及货物分别来自泰国、印尼，达 5 批次，重 825 t，共 1034 m^3，货值近 300 万元；上述货物虽已随船熏蒸处理，但未达到预期效果，致使大量活体害虫存活；根据相关规定，检疫机构依法向货主开具检疫处理通知书，并对该批货物重新实施了有效的熏蒸除害处理，为企业挽回了不必要的经济损失，同时有效防止了外来有害生物传入，切实保障了口岸国门生物安全。通过上述检疫实例，我们能够认识到，加强木材及竹、木、藤制品的检疫，严防双钩异翅长蠹等检疫性有害生物通过货物贸易、旅客携带等途径传入的重要性。

6.3.5 地中海实蝇

检疫地位：小条实蝇属是《中华人民共和国进境植物检疫性有害生物名录》中的检疫性双翅类昆虫，地中海实蝇是小条实蝇属的代表性种类。

学名：*Ceratitis capitata*（Wiedemann）。

分类地位：隶属于节肢动物门（Arthropoda），昆虫纲（Insecta），双翅目（Diptera），实蝇科（Tephritidae），小条实蝇属（*Ceratitis*）。

英文名：Mediterranean fruit fly。

地理分布：原产非洲，现分布于非洲大部分国家和地区，欧洲、亚洲、美洲和大洋洲的部分国家和地区，如埃及、南非、肯尼亚、尼日利亚、马达加斯加、土耳其、美国、阿根廷、哥斯达黎加、澳大利亚等。我国无分布。

寄主及危害：地中海实蝇寄主范围广泛，可危害350多种水果和蔬菜的果实，如柑橘、青椒、无花果、苹果、桃、番石榴、咖啡、可可等。成虫在果实上刺孔产卵，幼虫聚集在果实内蛀食危害，致使果实腐烂。被害果实有的外表虽佳，色泽尚鲜，但内部已有幼虫危害，有些被害果实未熟先黄，早期脱落，造成严重的落果现象，损害水果蔬菜的品质和产量。一个果实中曾有高达100头幼虫的记录。该虫以其分布和寄主广，繁殖力强，危害程度大，被称为“水果杀手”，也被公认为是世界上最具毁灭性的害虫之一。

主要形态特征及生物学特性：

地中海实蝇各虫态主要形态特征如下：①成虫。体长3.5～5.0 cm，触角长度明显短于颜，第3节长约2倍于宽，末端圆钝。鬃序完全；其中侧额鬃4对，单眼鬃发达。翅较短阔，基部散布多个暗褐色至黑色小斑点或不规则的小条斑；翅斑大部分黄色或黄褐色，通常具前缘带、中横带、端前横带各1条；臀肘脉（CuA2）强烈屈曲，后肘室的延长部分较短；基中室的宽度与后肘室的宽度大致相等。雄虫头部第2对侧额鬃上端部特化成暗灰色的菱形附器。雌虫第2对侧额鬃不特化但比其他3对粗。肩胛中央具1个黑色斑点，上生有1根肩鬃。中胸盾片凸，有光泽，其上的黑色区与淡色区域彼此镶嵌而构成形状和大小不同的斑纹，横缝上有两个近圆形的黑斑，两黑斑之间有一个较小的黑斑，之后有两个较大的黑斑。小盾片凸、发亮，黑色；近基部有一波纹状淡黄色横带。翅具有前缘带、中横带、端前横带各1条，但后端横带缺如。腹部短宽，黄色或黄褐色，被覆黑色细毛，第2、4背板后半部各有1条银灰色横带。②卵。长0.9～1.1 mm，宽0.2～0.25 mm，纺锤形、略弯曲，白色至浅黄色。③幼虫。蛆形，乳白色至黄色，3龄成熟幼虫长7.0～10.0 mm，宽1.5～2.0 mm。④蛹。长4.0～4.3 mm，宽2.1～2.4 mm，长椭圆形，黄褐色至黑褐色。

地中海实蝇在具备寄主的条件下，温度范围在16～32 ℃，相对湿度在75%～80%，世代可连续发生，在适宜的条件下，完成一个世代需18～33 d。雌虫在羽化后至少经过4 d达性成熟，而雄虫则可早至2 d。两性成虫的交尾可在白天的任何时间进行。一只雌虫平均产500～600粒卵，最多可产800粒卵。地中海实蝇成虫寿命可长达数个月。成虫具有正趋光性。卵的发育起点温度是11 ℃，在22 ℃下的卵期最长为65.1 h。幼虫有3个龄期，温度对其发育有很大的影响。平均温度为25～26.1 ℃时，幼虫期6～10 d。幼虫在5 ℃时停止发育。在相对湿度为60%的条件下，蛹的发育起点温度是13 ℃；在此湿度下，温度在22～30 ℃，蛹期随温度的升高而缩短；在24.4 ℃下，蛹期为9～11 d。过低的土壤湿度对蛹在土壤中的生存不利。

传播途径：地中海实蝇的各虫态，特别是卵和幼虫可随寄主果蔬的贸易、携带等人为活动做远距离传播。成虫具有较强的飞行能力，其飞行距离可达数公里或更远，可通过气流、季风等自然传播途径传入和扩散。

检测鉴定方法：

2000年发布了国家标准《植物检疫—地中海实蝇检疫鉴定方法》（GB/T 18084—2000），该标准主要采用形态学特征对地中海实蝇进行鉴定，适用于进境水果、蔬菜（限番茄、茄子、辣椒等）中地中海实蝇成虫的检疫和鉴定。具体检测鉴定方法包括：①表面检验。在现场或室内用肉眼或借助扩大镜直接检查水果、蔬菜表面是否有地中海实蝇的危害状，如产卵孔、软腐现象。②剖果检验。在现场或室内用解剖刀将可疑的果实剖开，仔细检查是否有蛆状幼虫，一旦发现，进一步将其培养至成虫，再做形态鉴定。③形态鉴定。根据成虫形态特征确定种类，如雄虫头部有 1 对额侧鬃特化成额附器，雄虫小盾片上有波状黄斑、雌虫小盾片大部分为黄色等。

2007 年，发布了行业标准《地中海实蝇检疫鉴定方法—PCR 法》(SN/T 2039—2007)。该标准规定了地中海实蝇常规 PCR 和 SYBR Green 实时荧光 PCR 鉴定方法，不仅适用于地中海实蝇成虫的鉴定，还适用于其卵、幼虫、蛹的种类鉴定。2011 年 12 月，又发布了国家标准《地中海实蝇生物芯片检测方法》(GB/T 28065—2011)，该标准适用于相关贸易和有害生物监测中地中海实蝇卵、幼虫、蛹的鉴定和成虫的鉴定或复核。这些方法均可实现地中海实蝇的快速鉴定。

检疫实例分析：

2012 年 3 月 21 日，原重庆出入境检验检疫局在卡塔尔多哈至重庆的 QR848 航班上例行查验时，发现其中一名旅客所携带的行李中含有国家明令禁止携带的释迦水果 4 枚；将其没收并送往技术中心进行实验室内有害生物检测，经检测结果确认，其中含有地中海实蝇，数量高达 49 头；为防止疫情扩散，对查获的这批水果采取了严格的隔离存放措施，并对昆虫和样品进行了灭活无害化处理；这是重庆口岸首次从旅检中截获地中海实蝇，也是从旅检中截获最大数量的昆虫疫情。本实例表明，旅客携带的新鲜果品传带实蝇等检疫性昆虫的可能性极高，同时也说明加强分子鉴定技术应用的必要性，未来实蝇等检疫性害虫检测鉴定需进一步提高效能、提升水平。

6.3.6 苹果蠹蛾

检疫地位：苹果蠹蛾是《中华人民共和国进境植物检疫性有害生物名录》《全国农业植物检疫性有害生物名单》和《全国林业植物检疫性有害生物名单》中的检疫性鳞翅类昆虫。

学名：*Cydia pomonella* (L.)。

英文名：Codling moth。

分类地位：隶属于节肢动物门 (Arthropoda)，昆虫纲 (Insecta)，鳞翅目 (Lepidoptera)，卷蛾科 (Tortricidae)，小卷蛾属 (*Cydia*)。

地理分布：原产欧洲大陆，现已广布于世界上大部分苹果产区，涉及亚洲、欧洲、非洲、大洋洲、北美洲和南美洲。在国外，欧洲、大洋洲及北美洲的大部分国家，亚洲、非洲和南美洲的部分国家，都已有分布，如俄罗斯、德国、法国、英国、美国、加拿大、澳大利亚、新西兰、哈萨克斯坦、吉尔吉斯斯坦、塔吉克斯坦、巴基斯坦、南非、埃及、阿根廷、巴西、智利等。在国内，来自农业农村部 2019 年的监测信息显示，新疆、甘肃、宁夏、内蒙古、黑龙江、辽宁、吉林、天津、北京等省 (自治区、直辖市) 的 180 余个县 (区、市) 已有分布。

寄主及危害：苹果蠹蛾危害苹果、花红、沙梨、香梨、杏、巴旦杏、桃、野山楂、板栗、无花果、花楸、沙果、海棠、石榴、李、胡桃、扁桃、枣等。该虫是世界上分布最广、危害最重的苹果、梨、桃、核桃等仁果类、核果类水果的毁灭性害虫，该虫以幼虫蛀果为害，造成大量虫果，并导致被害果成熟前脱落和腐烂。据报道，该虫蛀果率普遍在 50% 以上，严重时可达 70% ～ 100%。

主要形态特征及生物学特性：

苹果蠹蛾主要形态特征包括：①成虫（图 6-5 左）。体长约 8.0 mm，翅展 15.0 ～ 22.0 mm。体呈灰褐色并略带紫色光泽。前翅臀角处有深褐色椭圆形大斑，内有 3 条青铜色横纹及 4 ～ 5 条褐色横纹。前翅基部淡褐色，在翅中部有较深的斜行波状纹。雄虫外生殖器的抱器腹中间有凹陷，外侧有一尖突，抱器端圆形，有许多毛。阳茎粗短，基部稍弯。雌虫外生殖器产卵瓣弧形，后阴片圆大，囊导管粗短，囊突 2 枚，牛角状。②卵。卵椭圆形，扁平，中央略凸起，卵壳上有很细的皱纹。③幼虫（图 6-5 右）。初龄黄白色，后变为红色；背面色深，腹面色淡；前胸背板淡黄色，有褐色斑点，臀板上有淡褐色斑点。老熟幼虫长 14.0 ～ 18.0 mm。④蛹。长 7.0 ～ 10.0 mm，黄褐色，肛门两侧各有 2 根臀棘，腹末端有 6 根。

图 6-5　苹果蠹蛾成虫和幼虫

（左为成虫，右为正在化蛹的老熟幼虫，杨明禄供图）

在不同地区，一年发生 1 ～ 4 代。在我国新疆地区每年发生 1 ～ 3 代，以 2 代为主；在北欧 1 年 1 代，苏联 1 ～ 3 代，美国 2 ～ 4 代。成虫有趋光性。雌蛾通常在温暖的傍晚（12 ～ 30 ℃）产卵，初产卵时，由于正值幼果期，果实表面多绒毛，成虫多将卵散产于叶上；随着果实长大，果面日趋光滑，此时雌虫将大量的卵产于果实上。幼虫孵化后，立即蛀入果内。幼虫共 5 龄，在果实内部取食。老熟幼虫脱果后，在树皮下、粗枝裂缝中、果树支柱内、空心树干中、根际树洞内等处结茧化蛹，也可在脱落树皮下、根际周围 3 ～ 5 mm 表土内、植株残体中、干枯蛀果内以及果品储藏处、包装物内结茧化蛹。末代幼虫越冬，翌年春季化蛹。

传播途径：主要以果内幼虫或在果内化的蛹，随果品远距离传播，也有少数幼虫在运输过程中脱果爬到包装物、果筐和运输工具上化蛹而被远距离携带。成虫可以近距离传播。

检测鉴定方法：

2011 年，我国发布了国家标准《苹果蠹蛾检疫鉴定方法》（GB/T 28074—2011）；同时我国还有 3 个行业相关标准发布，即《苹果蠹蛾检疫鉴定方法》（SN/T 1120—2002）、《苹果蠹蛾检疫检测与鉴定技术规范》（NY/T 1483—2007）和《苹果蠹蛾检疫技术规程》（LY/T 2424—2015）。上述标准中，针对苹果蠹蛾的检测鉴定均采用成虫形态鉴定的方法，主要根据翅和外生殖器的特征来确定种类。

检疫实例分析：

2018 年 2 月，黄山口岸检疫人员从“仁川 – 黄山”航线一名旅客随身携带的行李中截获

0.55 kg 板栗。检疫人员立即依法对该批板栗进行截留，并送至原安徽出入境检验检疫局技术中心做进一步检测。经鉴定后，确认此批板栗携带苹果蠹蛾，对截留的板栗进行了销毁处理。此次是安徽口岸首次截获苹果蠹蛾。通过该实例，我们再次认识到，苹果蠹蛾等检疫性昆虫易随植物及植物产品入境，以幼虫或卵的形式隐藏，不易被发现或检测，因此加强检疫工作极为重要。进境旅客携带的果品风险高，需依法杜绝，加强旅客携带物现场查验、发现检疫物及时没收并作销毁处理。

6.3.7 美国白蛾

检疫地位：美国白蛾是《中华人民共和国进境植物检疫性有害生物名录》和《全国林业植物检疫性有害生物名单》中的检疫性鳞翅类昆虫，2020 年《全国农业植物检疫性有害生物名单》中已删除。

学名：*Hyphantria cunea*（Drury）。

英文名：Fall webworm。

分类地位：隶属于节肢动物门（Arthropoda），昆虫纲（Insecta），鳞翅目（Lepidoptera），灯蛾科（Arctiidae），白蛾属（*Hyphantria*）。

地理分布：原产于北美洲，现分布于多个国家（地区）。在国外，分布于北美洲、欧洲和亚洲地区，如美国、加拿大、墨西哥、日本、朝鲜、韩国、吉尔吉斯斯坦、俄罗斯、德国、法国、意大利等。在国内，根据国家林业与草原局 2020 年公告，有 10 多个省（自治区、直辖市）的近 600 个县级行政区有发生，如北京、天津、河北、山东、辽宁、陕西、内蒙古、吉林、上海、江苏、安徽、河南、湖北等。

寄主及危害：美国白蛾危害树木、果树、农作物和野生植物，寄主植物多达 630 余种，我国有 300 余种。主要危害阔叶树，最嗜好的是桑树和白蜡树，其次为胡桃、苹果，梧桐、李、樱桃、柿、杨、榆和柳等。美国白蛾是一种食性杂、繁殖量大、适应性强、传播途径广、危害严重的世界性检疫害虫。以幼虫食叶危害，严重时树木常被食成光杆，使树势衰弱，易受病害侵袭，甚至导致死亡。破坏城镇绿化和美化，给林业造成重大损失。

主要形态特征及生物学特性：

美国白蛾主要形态特征如下：①成虫（图 6–6，a–d）。雄虫翅展 23.0～35.0 mm，雌虫翅展 33.0～45.0 mm。头部密被白色长毛，雄虫触角双栉齿状、雌虫锯齿状。翅的底色为纯白色，雄虫前翅由无斑到有多数的暗褐色斑，雌虫翅无斑或斑点较少。前足基节及腿节橘黄色，胫节及跗节腹侧白色，背侧黑色，胫节端部有 1 对短齿。中后足腿节白色或黄色，胫节、跗节上有黑斑；中后足胫节仅有 1 对端距，缺中距。②卵。圆球形，直径 0.5 mm，初产浅黄绿或浅黄色，孵化前变灰褐色，有较强光泽。卵面有不规则的凹陷刻纹。③幼虫（图 6–6，e）。体长 28.0～35.0 mm，头壳分为红头型与黑头型。红头型只发生在美洲，发生在欧洲和亚洲的都是黑头型。体黄绿色至灰黑色，上面着生黑色毛疣，毛疣上着生白色长毛，混有少量黑毛。初孵幼虫体长约 1.0 mm。老熟幼虫体长达 22.0～37.0 mm。老熟幼虫体呈圆筒状，背方有 1 条深褐色至黑色宽纵带，暗色带内分布黑色毛瘤，体侧淡黄色，多着生橘黄色毛瘤。④蛹。茧为淡灰色，薄，由稀疏的丝混杂幼虫的体毛组成；蛹体长 8.0～15.0 mm，宽 3.0～5.0 mm，暗红褐色，中胸背面稍凹。

美国白蛾在我国一年2代，少为不完整的3代，也有极少数地区的部分美国白蛾的第3代可以完成生活史，以蛹越冬。美国白蛾的不规律发生与气候有着直接联系，温湿度降低可以大大减少美国白蛾的繁殖数量，光照对该虫的蛹期和幼虫期有着巨大的影响，可以说气候的变化，影响着美国白蛾的消长。成虫在寄主叶背上产卵，卵排列成块状，覆盖有白色鳞毛；产卵量为400～600粒/雌，卵孵化率96%以上。幼虫孵化后群居吐丝结网，随着幼虫生长越来越多的叶被包进网幕内，幼虫在网幕内群居的时间约占整个幼虫期的60%。幼虫有6～7龄，进入5龄后，开始抛弃网幕，分散取食。1～2龄幼虫只在叶背面咬食叶肉，被害叶呈“天窗”状，3龄幼虫可将叶片食成小孔，4～5龄幼虫开始从叶缘啃食，造成边缘缺刻，6～7龄幼虫往往将整片叶子甚至连同主脉一并吃光，仅留叶柄。幼虫有较强的耐饥力，1～4龄幼虫可耐饥3～9 d；5～7龄幼虫为8～15 d。这对幼虫随运载工具作远距离传播很有利。老熟幼虫沿树干下行，寻觅隐蔽处作茧化蛹。蛹主要集中在树干的老皮下及树干洞穴内、树周围的表土内或砖土瓦块下。此虫喜温暖、阳光充足的地方，多分布于公园、果园、庭院及街道两旁的树上，从不深入大片林子内部。

图6-6　美国白蛾成虫及幼虫

（a：雌虫背面，b：雌虫腹面，c：雄虫背面，d：雄虫腹面，e：幼虫，石娟供图）

传播途径：美国白蛾随货物借助于交通工具进行人为传播，这是其最主要的远距离传播方式。在自然传播方式中，成虫的飞行力虽然不强，但仍具有一定的飞行能力，有转移危害的习性；幼虫周身多毛，成虫具有毛和大的翅，因此幼虫和成虫均具较大的乘风面积，可被大风吹到数百米甚至数千米远的地方。

检测鉴定方法：

对来自疫区的木材、苗木、鲜果、蔬菜以及包装箱、填充物和交通工具都必须认真检查，发现卵块、幼虫，饲养为成虫以备鉴定。2004 年，我国发布了行业标准《美国白蛾检疫鉴定方法》（SN/T 1374—2004），用于进出境植物检疫；2009 年，我国发布了国家标准《美国白蛾检疫技术规程》（GB/T 23474—2009）。上述标准均描述了美国白蛾检测鉴定的方法，即利用成虫形态特征来进行种类的鉴别。

检疫实例分析：

2018 年，满洲里海关在进境集装箱板材检疫中截获蛾类数头，经实验室初步鉴定并经国内植物检疫专家复核确认为美国白蛾，这是满洲里口岸首次截获该种检疫性有害生物。相关货物已按规定进行了熏蒸除害处理，及时防止了检疫性有害生物进入境内。

集装箱在为国际货物流通提供便利的同时，也是植物有害生物传播和扩散的重要途径。随着“一带一路”建设的稳步推进，经满洲里口岸中欧班列开行线路和数量呈现双向增长趋势，集装箱回运板材数量也迅速增加，而板材的来源地俄罗斯等欧洲国家（地区）均属美国白蛾疫区。根据 2018 年第 3 号公告，满洲里及周边区域不在美国白蛾疫区范围内，途经满洲里口岸回程的中欧班列国内目的地大部分地区也属非疫区。凭借着集装箱运输密闭性强、距离远、无须中途换装的特性，有害生物随进境货物传入的风险大幅增加，口岸疫情防控形势严峻。满洲里海关通过加大外来有害生物监测力度，对进口货物按检疫风险高低实行分级分类管理，与地方农林部门建立疫情联防联控协调机制，与中欧班列指运地海关建立“双向全申报、互为一二线”监管链条等多种措施，严防有害生物随进境板材等货物传入及扩散，积极构筑国门生物安全第一防线。

6.3.8 葡萄根瘤蚜

检疫地位：葡萄根瘤蚜是《中华人民共和国进境植物检疫性有害生物名录》和《全国农业植物检疫性有害生物名单》的检疫性半翅类昆虫。该虫的防控与 IPPC 的产生息息相关，在全球植物检疫中地位突出。

学名：*Daktulosphaira vitifoliae*（Fitch）。

英文名：Grape phylloxerea。

分类地位：隶属于节肢动物门（Arthropoda），昆虫纲（Insecta），半翅目（Hemiptera），根瘤蚜科（Phylloxeridae），根瘤蚜属（*Daktulosphaira*）。

地理分布：葡萄根瘤蚜原产于美国，1858—1862 年间传入欧洲，1860 年传入法国。1892 年，该虫在我国山东烟台从法国引进葡萄苗木时传入我国。目前已传入 40 多个国家，世界五大洲均有分布。国外分布于日本、以色列、俄罗斯、波兰、捷克、德国、法国、葡萄牙、意大利、摩洛哥、南非、澳大利亚、新西兰、美国、加拿大、秘鲁、巴西、阿根廷等。同时，来自农业农村部公布的监测信息显示，葡萄根瘤蚜在我国的分布较为局限，当前仅在上海、湖南、河南、广西、陕西等省（自治区、直辖市）的 10 余个县（区、市）有发生。

寄主及危害：葡萄根瘤蚜为单食性，仅危害葡萄属（*Vitis* spp.）植物（葡萄及野生葡萄）。

该虫是历史上最早进行检疫的危险性害虫之一，主要危害葡萄根部，传播性极强，葡萄园一旦被侵染就很难根除。须根被害后肿胀，形成菱角形或鸟头状根瘤；侧根和大根被害后形成关节状肿瘤。根部肿瘤不久变色腐烂、死亡，严重破坏根系吸收、输送水分和养分的功能，造成树势衰弱，影响开花结果，严重时可造成植株死亡。也可危害美洲系葡萄和野生葡萄叶片，在叶背面形成虫瘿，阻碍叶片正常生长。1860 年，该虫传入法国后，经过 25 年繁衍，毁灭了法国 1/3 的葡萄园，面积达 100 万 hm^2，曾给欧洲葡萄生产造成毁灭性灾害，使葡萄酒业濒于停产。随着我国葡萄栽培业的快速发展以及国际贸易与经济合作的频繁，该虫也给我国葡萄产业的发展带来了潜在危害。

主要形态特征及生物学特性：

葡萄根瘤蚜的虫态包括干母、根瘤型无翅成蚜、叶瘿型无翅成蚜、有翅蚜、性蚜、卵和若蚜等。①干母。越冬卵孵化后，在叶片上形成虫瘿，无翅，孤雌卵生。②根瘤型无翅成蚜。长 1.15～1.50 mm，宽 0.75～0.90 mm，卵圆形，污黄色或鲜黄色，无翅，无腹管。体背各节具灰黑色瘤，头部 4 个，各胸节 6 个，各腹节 4 个。胸、腹各节背面各具 1 横形深色大瘤状突起。复眼红色，由 3 个小眼组成，触角 3 节，第 3 节最长，末端有刺毛 3 根（个别的具 4 根）。③叶瘿型无翅成蚜。体近于圆形，无翅，无腹管，与根瘤型无翅成蚜很相似，但体背无瘤，体表具细微凹凸皱纹，触角末端有刺毛 5 根。④有翅蚜。长约 0.90 mm，宽约 0.45 mm，长椭圆形，复眼由多个小眼组成，单眼 3 个。翅 2 对，前宽后窄，静止时平叠于体背（不同于一般有翅蚜的翅呈屋脊状覆于体背）。前翅翅痣长形，有中脉。肘脉和臀脉 3 根斜脉，后翅仅有 1 根脉。⑤性蚜。雌成蚜体长 0.38 mm，宽 0.16 mm，雄成蚜体长 0.31 mm，宽 0.13 mm，无口器和翅，黄褐色，复眼由 3 个小眼组成。雄性外生殖器孔头状，突出于腹部末端。⑥若蚜。无翅型若蚜共 4 龄，淡黄色，眼红色，体梨形。有翅型若蚜 4 龄，自第 2 龄起身体比无翅型狭长，色稍深。第 3 龄时体背两侧开始出现灰黑色翅芽。⑦卵。干母、根瘤型和叶瘿型无翅成蚜产下的均为无性卵，长约 0.3 mm，宽约 0.15 mm，初产时淡黄至黄绿色，后渐变为暗黄绿色，叶瘿型的卵比根瘤型的卵壳较薄而有光泽。有翅蚜（有翅产性蚜）产下的大小两种卵是有性卵，初产时为黄色，后呈暗黄色，大的为雌卵，长 0.35～0.50 mm，宽 0.15～0.18 mm，小的为雄卵，长约 0.28 mm，宽约 0.14 mm。性蚜产下的为越冬卵，长约 0.27 mm，宽约 0.11 mm，呈橄榄绿色。

葡萄根瘤蚜主要以孤雌生殖进行繁殖，只在秋末进行两性生殖。孤雌生殖产出的是卵而非若虫，这与多数蚜虫的卵胎生有所不同。该虫在山东烟台一年发生 7～8 代。以各龄若虫在土表 1 cm 以下的两年生以上的粗根叉和被害处缝隙内越冬。翌年 4 月上旬越冬若虫开始活动，5 月上旬开始产卵。6 月以后开始出现有翅若蚜，9 月下旬至 10 月下旬为发生盛期。

传播途径：葡萄根瘤蚜主要通过葡萄苗木、插条、砧木、接穗、包装物、填充物等进行人为传播。同时，该虫有翅蚜借风力传播，若虫可爬行进行近距离传播。

检测鉴定方法：

引进葡萄苗、插条时，不但苗木、插条要严格检查，运载工具和包装物也要检查。检查时，要注意苗木的叶片有无虫瘿，根部（尤其须根）有无根瘤，根部的皮缝和其他缝隙有无虫卵。在田间检查时，若发现可疑的被害株（树势显著衰弱，提前黄叶、落叶，产量下降，或整株枯死），小心挖去根附近的泥土，露出须根，检查根部有无被害的根瘤和蚜虫，特别是须根被害后形成的菱形（或鸟头状）根瘤。依据 2004 年我国发布的行业标准《葡萄根瘤蚜的检疫鉴定方法》(SN/T 1366—2004),可通过形态鉴定的方法来进行种类鉴别。同时,我国已有关于葡萄根瘤蚜的实时荧光定量 PCR 检测方法的研究报道(郭庆等,2012),该方法能够快速、准确地从果园土样中鉴定出葡萄根瘤蚜。

检疫实例分析:

据 2018 年新闻报道,珠海拱北口岸查获一名澳门旅客非法携带入境的一批我国台湾的葡萄苗。该批葡萄苗共 3 株,总重约 10 kg,且根部携带大量泥土,旅客自诉该批葡萄苗是珠海某果园订购的种苗样品。由于该旅客未申报且无检疫审批手续,海关关员依法对该物品截留并送检。未经检疫的葡萄苗可能携带葡萄根瘤蚜等检疫性有害生物,具有较高检疫风险。拱北海关提醒广大旅客,出入境时应主动了解相关法律法规并自觉遵守,切勿违规携带禁止携带进境物入境。

2019 年 12 月 13 日,海关总署发布公告,即根据我国相关法律法规和《阿根廷鲜食葡萄输华植物检疫要求的议定书》规定,自公告发布之日起,允许符合相关要求的阿根廷鲜食葡萄进口。在阿根廷输华鲜食葡萄的植物检疫要求中,列出了 12 种我国关注的检疫性有害生物,葡萄根瘤蚜就是其中之一。要求输华果园要针对中方关注的检疫性有害生物实施综合防治,包括病虫害监测、化学或生物防治,以及农事操作等其他控制措施;输华果园的植物检疫措施必须在具有有害生物防控和监测等植物检疫知识的技术人员指导下实施;包装前,葡萄应经过加工(挑选),保证不带有昆虫、螨类等有害生物、烂果、叶、枝、根等植物残体及土壤;输华葡萄必须进行冷处理,冷处理技术指标为果实中心温度 1 ℃或以下,持续 16 d 以上;或果实中心温度 2.1 ℃或以下,持续 21 d 以上。

上述两个实例进一步表明葡萄根瘤蚜受到国内外高度关注。在从国外引进以及国内调运葡萄繁殖材料前,必须提前办理许可手续。国外鲜食葡萄输华需要中方及外方检疫机构、生产单位、贸易企业等的多方合作,做好输入前、输入中以及输入后的各项检疫工作,防控葡萄根瘤蚜等检疫性有害生物在全球的扩散和危害。

6.3.9 扶桑绵粉蚧

检疫地位: 扶桑绵粉蚧是《中华人民共和国进境植物检疫性有害生物名录》《全国农业植物检疫性有害生物名单》和《全国林业植物检疫性有害生物名单》的检疫性半翅类昆虫。

学名: *Phenacoccus solenopsis* Tinsley。

英文名: Solenopsis mealybug。

分类地位: 隶属于节肢动物门(Arthropoda),昆虫纲(Insecta),半翅目(Hemiptera),粉蚧科(Pseudococcidae),绵粉蚧属(*Phenacoccus*)。

地理分布: 原产于北美洲,现分布于美洲、欧洲、亚洲、非洲、大洋洲部分国家和地区。在国外,分布于美国、墨西哥、古巴、牙买加、危地马拉、多米尼加、厄瓜多尔、巴拿马、巴西、智利、阿根廷、尼日利亚、贝宁、喀麦隆、新喀里多尼亚、巴基斯坦、印度、泰国和斯里兰卡等。在国内,广东、福建、海南、湖南、浙江、江西、广西、四川、云南、台湾、湖北、安徽、新疆等 10 余个省(自治区、直辖市)的局部地区有分布。

寄主及危害: 扶桑绵粉蚧寄主范围较广,危害粮食作物、蔬菜作物、果树、园林观赏花木以及多种杂草，寄主植物包括玉米、棉花、马铃薯、扶桑、碱蓬、蓍草、豚草、向日葵、南瓜、蓖麻、羽扇豆、蜀葵、黄花稔、酸浆、茄、马缨丹等100多种植物。扶桑绵粉蚧是一种危害园林、水果、大田作物的害虫，主要危害植物的幼嫩部位，包括嫩枝、叶片、花芽和叶柄，以雌成虫和若虫吸食汁液。受害棉株生长势衰弱，生长缓慢或停止，失水干枯，亦可造成花蕾、花、幼铃脱落；分泌的蜜露诱发的煤污病可导致叶片脱落，严重时可造成棉株成片死亡。由于扶桑绵粉蚧寄主广泛，种群增长迅速，极易随人为活动迅速扩散。1991年，美国发现该虫危害棉花，随后在墨西哥、智利、阿根廷和巴西相继有报道发现。2005年，印度和巴基斯坦有发现，扶桑绵粉蚧对当地棉花生产造成了严重危害。

主要形态特征及生物学特性：

扶桑绵粉蚧主要形态特征如下：①雌成虫。卵圆形，浅黄色。足红色，腹脐黑色。被有白色蜡粉，胸部有0～2对，腹部有3对黑色斑点。体缘有短、粗壮蜡突，腹部末端4～5对较长。除去白色蜡质层，在前、中胸背面亚中区有2条黑斑，腹部1～4节背面亚中区有2条黑斑，尾部无长蜡丝。②雄成虫。体微小，红褐色，长1.4～1.5 mm。触角10节，长约为体长的2/3。足细长，发达。腹部末端具有2对白色长蜡丝。前翅正常发达，平衡棒顶端有1根钩状毛。③卵。长椭圆形，两端钝圆；长约0.340 mm，宽约0.165 mm；淡黄色或乳白色。④若虫。1龄若虫长约0.847 mm，宽约0.426 mm；2龄若虫长约0.602 mm，宽约0.283 mm；3龄若虫长约1.589 mm，宽约0.819 mm，与成虫形态近似；⑤预蛹。虫体长约1.223 mm，宽约0.500 mm。⑥蛹：长约1.250 mm，宽约0.480 mm，离蛹。

扶桑绵粉蚧一年可发生12～15代，在冷凉地区，多为孤雌生殖，属于卵胎生，卵产在卵囊内，每卵囊产卵150～600粒，且多数孵化为雌虫，以卵或其他虫态在植物上或土壤中越冬；卵期很短，经3～9 d孵化为若虫，若虫期22～25 d。热带地区终年繁殖。从卵囊爬出后短时间内即可取食，取食位点不固定；2龄若虫8 d，大多聚集在寄主植物的茎、花蕾和叶腋处取食；3龄若虫需要10 d，虫体明显披覆白色绵状物，该龄期的第7 d开始蜕皮，并固定于所取食部位。成虫似白色棉籽状群居于植物茎部，有时发现群居于寄主叶背。该粉蚧繁殖量大，种群增长迅速，世代重叠严重。

传播途径：由于具蜡质，虫体常被动地黏附于田间使用的机械、设备、工具、动物或人体上而传播扩散。扶桑绵粉蚧人为传播主要以卵、雌性若虫或成虫随寄主植株、枝茎、叶等进行。从自然传播途径来看，若虫可从染虫的植株转移到健康植株，1龄若虫行动活泼，低龄若虫可随风、雨、鸟类、覆盖物、机械等传播到健康植株，若虫也可随灌溉水流动而扩散，成虫具有一定的飞翔能力。

检测鉴定方法：

在进行现场检验时，要注意检查：①植株叶片萎蔫和嫩茎干枯，生长矮小，甚至整个植株扭曲变形，失水干枯死亡；②在叶片、茎及枝秆上堆积白色蜡质物质；③植株上存留粉蚧排泄的蜜露，引诱蚂蚁的剧烈活动，滋生黑色霉菌。同时，重点检查植物根部、幼嫩部位，包括嫩枝、叶片、花芽和叶柄、花蕾和叶腋处，是否有卵囊，虫体明显披覆白色绵状物、聚集取食的若虫或群居于植物茎部、叶背，整个虫体披覆白色蜡粉，似白色棉籽状的成虫，对照形态特征进行鉴定。

形态鉴定主要依据2016年我国发布的林业行业标准《扶桑绵粉蚧检疫技术规程》(LY/T 2778—2016)。该标准适用于农林业植物检疫机构对扶桑绵粉蚧寄主植物及其运载工具、包装物、贮存场所、培养介质等的扶桑绵粉蚧检疫。根据以下特征鉴定是否为扶桑绵粉蚧：体背散布三格腺，缺少多格腺和管腺；腹面第 4～5 节有少量多格腺，第 6～7 节多格腺较多，呈宽带，节后较密集，向前渐稀疏，正常触角 9～10 节；腹脐通常大而弱，在腿节和胫节端部有半透明孔，爪下有齿。

检疫实例分析：

2009 年 3 月，植物检疫人员在对三亚的温室兰花园进行害虫调查时，发现园区内的扶桑树上布满了粉蚧，采集后鉴定、复核，鉴定结果确认为扶桑绵粉蚧，此次是扶桑绵粉蚧在海南地区的首次发现。海南有多种适合该虫繁殖的寄主植物，同时海南是棉花等作物的南繁基地，为防止扶桑绵粉蚧的进一步扩散和蔓延，减少农林业生产的损失，检疫机构加强了该虫的监测工作。

2016 年 7 月，原瑞丽出入境检验检疫局从入境缅甸旅客携带的种苗中截获扶桑绵粉蚧，这是瑞丽口岸首次截获。执法人员在入境旅客携带物中截获一株扶桑枝条，是傣族边民用来当做观赏花卉供佛用。检疫时发现其枝条布满了周围有白色蜡丝、背覆白蜡粉、米粒大小的介壳虫，送实验室鉴定，玻片标本经形态学鉴定为扶桑绵粉蚧。依法对该扶桑枝条进行了截留销毁处理，并对当事人进行宣传教育。

2017 年 3 月，原凭祥出入境检验检疫局浦寨办事处在对入境货物查验时，在一车来自越南的火龙果上发现疑似检疫性粉蚧，查验人员立即采样送凭祥国家热带和亚热带水果检疫重点实验室进行检测。经实验室鉴定和复核，确认该粉蚧为扶桑绵粉蚧，该害虫在广西口岸属首次截获。为防止疫情传入境内造成危害，该批货物已依法做退运处理。

通过上述 3 个实例，我们能够进一步认识扶桑绵粉蚧现场检验、实验室检测、检疫处理和疫情监测的重要性。

6.3.10 红火蚁

检疫地位：红火蚁是《中华人民共和国进境植物检疫性有害生物名录》《全国农业检疫性有害生物名单》和《全国林业检疫性有害生物名单》中的检疫性昆虫。

学名：*Solenopsis invicta* Buren。

英文名：Red imported fire ant，简称 RIFA。

分类地位：隶属于节肢动物门（Arthropoda），昆虫纲（Insecta），膜翅目（Hymenoptera），蚁科（Formicidae），火蚁属（*Solenopsis*）。

地理分布：原产于南美洲，现分布于美洲、亚洲、大洋洲的部分国家和地区。在国外，分布于巴西、阿根廷、美国、澳大利亚、马来西亚等。在国内，1999 年台湾首次发现，2004 年传入广东吴川，目前，分布于 10 多个省（自治区）、380 余个县（市），如广东、海南、广西、云南、贵州、四川、重庆、湖南、湖北、江西、福建、浙江、澳门、香港和台湾。

寄主及危害：红火蚁属杂食性土栖蚁类，取食农林植物的种子、果实、幼芽、嫩茎与根系，可寄生于草皮、苗木、盆景、植株等植物及其产品的土壤中。红火蚁是一种危险性害虫，对农林业生产的危害极大。它不仅取食植物及其产品，而且攻击家禽家畜，甚至使小牛、小猪等家畜致死；捕食土栖动物，破坏土壤微生态；损坏灌溉系统，破坏户外和居家附近的电讯设施，对农林业和公共设施造成危害。人被火蚁叮咬后会产生如火灼伤般的疼痛感，皮肤出现红斑、红肿、水疱、痛痒，变粗畸形，脓疱破掉后容易引起细菌的二次性感染，体质敏感者可能产生过敏性休克反应，严重者死亡。

主要形态特征及生物学特性：

红火蚁主要形态特征如下：①成虫。虫体小，头部的宽度均小于其腹部的宽度；触角成弯曲状，共 10 节，末端两节比其他节长、明显膨大，并形成锤节；头部具有明显的头檐中齿，兵蚁亚阶段后头部平顺无凹陷。胸部有 3 对足，生殖时期婚飞的繁殖蚁（雌蚁和雄蚁）有两对膜质的翅膀；腹部比头部宽，体中躯与腹锤间有明显腰节 2 节（腹柄节与后腹柄节），无前伸腹节齿，腹部末端有刺。②小型工蚁（工蚁）。体长 2.5 ～ 4.0 mm。头、胸、触角及各足均呈棕红色，腹部常棕褐色，腹节间色略淡，腹部第 2、3 节腹背面中央常具有近圆形的淡色斑纹。前胸背板前端隆起，前、中胸背板的节间缝不明显，中、后胸背板的节间缝则明显，胸腹连接处有两个结节，第 1 结节呈扁锥状，第 3 结节呈圆锥状。腹部卵圆形，可见第 4 节，腹部末端有螯刺伸出。③大型工蚁（兵蚁）。体长 6.0 ～ 7.0 mm。形态与小型工蚁相似，体橘红色，腹部背板色略深，上颚发达，黑褐色，体表略有光泽，体毛较短小，螯刺常不外露。

红火蚁属社会性昆虫，包括有翅的雄蚁、有翅的雌蚁、蚁后及职蚁（工蚁及兵蚁）。职蚁没有翅，主要工作为搜寻食物，喂食、照顾幼虫及蚁后，防卫巢穴、抵抗入侵者，将蚁后搬离危险处。有翅型个体，即繁殖个体，住在蚁巢内直到交配时机到来，才飞离蚁巢。一般蚁后寿命 6 ～ 7 年，职蚁（工蚁和兵蚁）寿命 1 ～ 6 个月。红火蚁没有特定的婚飞时期（交配期），只要蚁巢成熟，全年都可以有新的生殖个体形成。交配时机通常在下过雨后的清晨或黄昏。雌、雄蚁会飞到 90 ～ 300 m 高的空中进行婚飞配对与交尾，婚飞活动一般发生在周围空气温度为 24 ～ 32 ℃，相对湿度在 80% 或更高的环境条件下。雄蚁在交配过后即死亡，雌蚁则可飞行 3 ～ 5 km 降落地面寻找一适合筑巢的处所，将翅脱落，并开始挖掘巢穴。新交配过的蚁后会先产 10 余个卵，卵 7 ～ 10 d 孵化为幼虫，此时的幼虫由蚁后喂食，最终发育成较小型的职蚁。而后蚁后便由这群职蚁喂食，专事产卵繁衍后代，每天可产 800 ～ 1000 个卵，卵发育至成虫需 20 ～ 45 d（工蚁）、30 ～ 60 d（大型工蚁）、180 d（兵蚁、蚁后与雄蚁）。幼虫经 6 ～ 10 d 发育成蛹，蛹经 9 ～ 15 d 发育成成虫。成熟蚁巢中的蚁后每天产 1500 ～ 5000 个卵，平均每年约可以产生 4500 只新蚁后，新的生殖雌蚁约在新蚁巢建立后 15 ～ 18 周产生。

新建立的群体在开始的几个月里其蚁巢不明显，在地面上涌现出来的很细的土壤颗粒通常表示这里有新建立的蚁巢。新形成蚁巢在 4～9 个月后才会成熟并出现明显小土丘状的蚁丘。成熟蚁巢会以土壤堆出高 10 ～ 30 cm，直径 30 ～ 50 cm 的蚁丘，新形成的蚁巢需 4 ～ 9 个月后才会成熟出现蚁丘。族群可分为单蚁后及多蚁后型，成熟的单蚁后蚁巢中有 5 万～ 24 万只个体，每公顷可以形成 200 ～ 300 个蚁丘。成熟的多蚁后蚁巢中有 10 万～ 50 万只个体，每公顷可形成超过 1000 个蚁丘。

传播途径：红火蚁主要通过受蚁巢污染的草皮、苗木、盆景等带有土壤的园艺产品和栽培介质进行人为传播，集装箱箱体、货物包装物也是其传播的重要载体。红火蚁依靠迁飞进行自然传播，也可形成漂浮的蚁团随水流扩散。

检测鉴定方法：

首先观察植株携带的土壤介质及其周围土壤中有无疑似的红火蚁、蚁道或蚁巢，以及土壤介质表面有无红火蚁活动的痕迹，然后观察树干、枝叶是否有疑似的红火蚁，发现可疑现

象用小铲挖开土壤 / 介质观察是否有疑似红火蚁。根据 2009 年我国发布的国家标准《红火蚁检疫鉴定方法》（GB/T 20477—2006）进行种类鉴别，该标准适用于进出境、全国农业和全国林业检疫对红火蚁的检测鉴定，根据工蚁、兵蚁形态特征来确定种类。

检疫实例分析：

2005 年 6 月 14 日，原广州黄埔出入境检验检疫局在对一批重达 900 t、被分装在 37 个集装箱中的美国进口废纸进行现场查验时，在其中的一个集装箱的边角底板沟槽中发现有蚂蚁爬动。检疫人员随即对这些蚂蚁进行取样，并即刻封存该批废纸。后经实验室形态鉴定，确认为红火蚁。在此前的 5 月 30 日和 6 月 8 日，该局曾分别从英国和美国的进口废纸中截获红火蚁。为防止疫情扩散，黄埔口岸在废纸存放现场的 1 m 范围外周撒上石灰进行封锁，并对废纸进行彻底的熏蒸除害处理。在短短半个月内，如此高频次从入境货物中截获红火蚁，这在全国口岸检验检疫工作中是罕见的。

2014 年 7 月 3 日，原汕头出入境检验检疫局对一批来自中国台湾的塑料实施检疫查验时，在箱门口处发现有活体蚂蚁。经实验室形态鉴定及复核，确定为红火蚁。这是汕头口岸自 2005 年截获红火蚁后，时隔 9 年再次从口岸截获入侵红火蚁。为有效防止危险性疫情的传播，依据国家相关法律法规要求，立即对该批货物连同集装箱实施了严格的熏蒸检疫处理，并约谈进口企业，将相关规定和现场情况进行通报，要求及时与发货人反馈，避免此类事件再次发生。同时，检疫部门加强对来自红火蚁疫区的货物、集装箱的检疫查验。

来自四川省攀枝花市仁和区农业农村局的新闻报道显示，仁和区植保植检站利用 2018 年省财政下拨的 40 万元红火蚁防治专项资金进行政府购买公共服务，由四川某科技有限公司进行专业化统防统治。2019 年 3 月 11 日起，在疫情发生的总发乡、布德镇组织开展了红火蚁监测人员宣传培训和专业化防控，防控面积 2000 亩（1 亩 =666.7 m^2），设置婚飞监测点 20 个，参与防治人员 50 余人次，宣传培训 100 余人次。红火蚁在农村作业道路沿线、大棚蔬菜基地蚁巢密度最大，其次为菜地、芒果林、旱作农田。采用粉剂灭巢法在红火蚁蚁巢密度大、分布普遍情况下采用单个蚁巢处理与普遍撒施毒饵相结合的方法，以提高防治效果。

上述实例，分别展示了我国进出境及国内植物检疫中针对红火蚁的防控，涉及现场检验、实验室检测、检疫处理、疫情监测等多项检疫程序及技术。红火蚁传播途径多样，繁殖力强，抗逆性强，从国外进一步传入以及在国内进一步扩散的风险高。因此，须大力加强针对红火蚁的进境检疫和全国农林业检疫。

小结

检疫性昆虫种类众多、入侵风险高、检疫地位突出。马铃薯甲虫、稻水象甲、谷斑皮蠹、双钩异翅长蠹、地中海实蝇、苹果蠹蛾、美国白蛾、葡萄根瘤蚜、扶桑绵粉蚧和红火蚁，是代表性的检疫性鞘翅类、双翅类、鳞翅类、半翅类及其他类昆虫，学习、掌握其基础知识和主要检疫方法，理论联系实际，具有重要意义。

6.4 检疫性杂草

学习重点

- 掌握检疫性杂草的基础知识和主要检疫方法

检疫性杂草在进境、全国农业及林业检疫性有害生物名录中均有涉及，其种子易随动植物及动植物产品、装载容器、运输工具及旅客携带物等进行人为传播。在进境动植物检疫中，检疫性杂草的截获频次高。检疫性杂草包括寄生型杂草和非寄生型杂草。结合植物检疫实践，本章选取了7种代表性的检疫性杂草，系统性地介绍了其检疫地位、学名、英文名、分类地位、地理分布、危害情况、主要形态特征及生物学特性、传播途径、检测鉴定方法和检疫实例分析。

6.4.1 欧洲菟丝子

检疫地位：菟丝子属是属于《中华人民共和国进境植物检疫性有害生物名录》的检疫性杂草，是寄生型杂草，欧洲菟丝子是该属代表性种类。

学名：*Cuscuta europaea* L.。

分类地位：隶属于真双子叶植物分支（Eudicots），核心真双子叶植物分支（Core Eudicots），菊分支（Asterids），唇形分支（Lamiids），茄目（Solanales），旋花科（Convolvulaceae），菟丝子属（*Cuscuta*）。

英文名：European dodder，Greater dodder。

地理分布：欧洲菟丝子的原产地比其中文名指代的区域要广，早期不仅广泛原生于欧洲，还在亚洲南部温带一直到印度、巴基斯坦、阿富汗都有分布，现已分布至欧洲、北美洲、大洋洲、非洲和亚洲的40多个国家。在我国，欧洲菟丝子在黑龙江、内蒙古、陕西、山西、甘肃、青海、新疆、四川、云南、西藏等省（自治区、直辖市）有局部分布。

寄主及危害：欧洲菟丝子寄主范围非常广，能寄生草本、藤本和木本等大量植物，包含但不限于以下科属和植物种：菊科、豆科、藜科、葱属、异株荨麻、羊角芹、欧洲白蜡树、短柄野芝麻、覆盆子、甜菜、山楂、薄荷、柳树等。菟丝子属有“植物吸血鬼”之称，是典型的茎叶寄生型杂草，长出细长的茎缠绕寄主植物茎叶，以吸器吸取寄主营养，致使寄主生长不良、产量降低、品质下降，甚至成片死亡；一般减产10%～20%，重者达40%～50%，严重时70%～80%。

主要形态特征及生物学特征：

欧洲菟丝子的主要形态特征包括：①茎。缠绕，带黄色或带红色，纤细，毛发状，直径不超过1 mm。②叶。无叶。③花。花序侧生，少花或多花密集成团伞花序，花梗长1.5 mm或更短；花萼杯状，中部以下连合，裂片4～5，有时不等大，三角状卵形，长1.5 mm；花冠淡红色，壶形，长2.5～3.0 mm，裂片4～5，三角状卵形，通常向外反折，宿存；雄蕊着生花冠凹缺微下处，花药卵圆形，花丝比花药长；鳞片薄，倒卵形，着生花冠基部之上花丝之下，顶端 2 裂或不分裂，边缘流苏较少；子房近球形，花柱 2 个，柱头棒状，下弯或叉开，与花柱近等长，花柱和柱头短于子房。④果实与种子。蒴果近球形，直径约 3 mm，上部覆以凋存的花冠，成熟时整齐周裂。种子通常 4 枚，淡褐色，椭圆形，长约 1 mm，表面粗糙。

欧洲菟丝子是一年生寄生草本植物。它主要以种子繁殖，在自然条件下，种子萌发与寄主植物的生长具有同步节律性。当寄主进入生长季节时，菟丝子种子也开始萌发和寄生生长。在环境条件不适宜萌发时，种子休眠，在土壤中多年仍有生活力。菟丝子自种子萌发出土到缠绕上寄主约需 3 d，缠绕上寄主至与寄主建立寄生关系约需 7 d，此时下部逐渐干枯而与土壤分离，从长出新苗到现蕾需 1 个月以上，现蕾到开花约 10 d，自开花到果实成熟约需 20 d；菟丝子从出土到种子成熟需 80～90 d。从茎的下部逐渐向上现蕾、开花、结果、成熟，结果时间长，数量多，1 株菟丝子能结数千粒种子。菟丝子也能进行营养繁殖，一般离体的活菟丝子茎再与寄主植物接触，仍能缠绕，长出吸器，再次与寄主植物建立寄生关系，吸收寄主的营养，继续迅速蔓生。

传播途径：主要以种子进行传播扩散。欧洲菟丝子等菟丝子属的种子易混杂在植物和植物产品、装载容器、交通工具等中进行人为传播，缠绕在寄主植物上的片段也能随寄主扩散。在自然传播途径中，种子可随风、水流等传播。

检测鉴定方法：

对于进出境种子、粮谷等植物产品，现场检验采用筛选法，视混杂农产品种子的大小，用一至两种规格的筛子，由大到小自上而下排列取样过筛，并辅以人工挑拣，选出其中的菟丝子种子；对于烟叶、种苗等植物和产品，在现场检验时按规定取代表性样品，用肉眼或借助放大镜检查植物茎、叶有无菟丝子缠绕或夹带。2004 年我国发布的行业标准《菟丝子属的检疫鉴定方法》（SN/T 1385—2004）中规定了菟丝子属的检测鉴定方法，通过种子及植株的形态特征鉴别出十余种常见菟丝子种类，如欧洲菟丝子、日本菟丝子（*C. japonica*）、苜蓿菟丝子（*C. approximata*）、田野菟丝子（*C. campestris*）、南方菟丝子（*C. australis*）等。

检疫实例分析：

2017 年，原绥芬河出入境检验检疫局技术中心在该局铁路办送检的俄罗斯进境大豆中检出菟丝子属杂草籽，经鉴定为欧洲菟丝子，该局按规定对筛选出的杂草籽作焚烧销毁处理。同年，原东莞出入境检验检疫局在对进境旅客携带物进行现场检验时，发现一名来自中国台湾的旅客携带了黑豆，且这批黑豆没有办理过检疫许可手续，从这批黑豆中检出了菟丝子种子，该批黑豆被做销毁处理。这两个实例说明进境货物和旅客携带物均有传带菟丝子的风险，需进一步加强植物检疫特别是面向公众的普法宣传。同时，随着“一带一路”建设的发展，我国从欧洲等菟丝子分布区进口粮谷的贸易在增长，需进一步加强检疫准入、现场检验、实验室检测、检疫处理及疫情监测等工作，预防菟丝子属等检疫性杂草的传入。

6.4.2 向日葵列当

检疫地位：列当属是《中华人民共和国进境植物检疫性有害生物名录》和《全国农业植物检疫性有害生物名单》中的检疫性杂草，为寄生型杂草，向日葵列当是该属代表性种类。

学名：*Orobanche cumana* Wallr.。

英文名：Sunflower broomrape。

分类地位：隶属于真双子叶植物分支（Eudicots），核心真双子叶植物分支（Core Eudicots），菊分支（Asterids），唇形分支（Lamiids），唇形目（Lamiales），列当科（Orobanchaceae），列当属（*Orobanche*）。

地理分布：原产俄罗斯，后传播至欧洲、亚洲和非洲的部分国家（地区）。国外分布于俄罗斯、白俄罗斯、法国、德国、匈牙利、意大利、塞尔维亚、克罗地亚、乌克兰、土耳其、以色列、哈萨克斯坦、吉尔吉斯斯坦、塔吉克斯坦、土库曼斯坦、乌兹别克斯坦、蒙古、突尼斯等。我国分布于北方地区，如新疆、内蒙古、黑龙江等地局部地区。

寄主及危害：向日葵列当为专性寄生植物，主要为害向日葵。向日葵列当是典型的根寄生型杂草，寄生在寄主植物的根部，通过吸盘吸取寄主植物的营养物质等，满足自身生长需要，影响寄主植物健康，给农业生产带来严重危害。

主要形态特征及生物学特性：

向日葵列当主要形态特征包括：①茎。花茎高 40～60 cm，轮生鳞片长小于 1 cm。虽然在地上通常不分枝，但大多数茎有时从地下的单个茎节中产生。茎的基部在地下通常膨大成块茎。②叶。无叶。③花。花序占据茎的一半长度，排列成穗状或总状花序，每朵花具 7～12 mm 长的苞片。花萼有 4 个游离瓣，或多或少具双齿，长 7～12 mm。花冠筒白色，长 20～30 mm，基部膨大，明显向下弯曲，有狭窄的反折唇，直径可达 10 mm。筒部主要是白色或苍白，唇部蓝色或紫色，没有明显的脉络。花丝着生在花冠筒距离基部 4～6 mm 的位置。花丝和花药被毛。④果实与种子。蒴果，长 8～10 mm；种子极小似灰尘，约 0.2 mm × 0.4 mm，略成近卵形，成熟种子为黑褐色、坚硬，幼嫩种子为黄色、柔软，表面有较规则的网纹。

向日葵列当是一年生寄生草本植物。每株可产生超过 10 万粒种子，种子落入地里以后，接触到寄主植物的根，寄主植物根部的分泌物即促使列当种子发芽。在没有寄主植物的情况下，种子能在土壤中生存，保持发芽力 5～10 年。种子长出的幼苗深入寄主植物的根内，形成吸盘，在根外发育成膨大部分，并由此长出花茎，而从下面发生大量附生的吸盘。在一株寄主植物上往往能发育出几十根花茎，只要温湿度适宜，即可在整个生长期内发生。在除草时被拔掉的花茎虽不复再生，但残留下来的地下部分，仍能继续寄生为害。在条件适宜时，例如我国 7 月上旬到 10 月上旬的河北怀来地区，每天都有幼苗出土，从出土至种子成熟约需 30 d。每株列当的现蕾、开花及结实期参差不齐，同一株列当有的下部在开花，而上部在孕蕾，或者下部结实，中部开花，而上部还在孕蕾。种子是自下而上顺序成熟的。

传播途径：主要以种子进行传播扩散。向日葵列当等列当属的种子易混杂在植物和植物产品（如易黏附在其他作物种子上）、装载容器、包装物、交通工具等中进行人为传播。在自然传播途径中，种子可随风、水流、农机具、牲畜等传播。

检测鉴定方法：

由于列当种子极小似灰尘，因此采样及检查都应按特殊要求进行。采样量为 1000 g 以上，重复过筛，收集筛下的杂屑在双筒解剖镜下进行查看。在 2002 年我国发布的行业标准《植物检疫列当的检疫鉴定方法》（SN/T 1144—2002）中，通过种子或植株的形态特征来进行列当属常见种类的鉴定，如向日葵列当、分枝列当（*O. ramosa*）、埃及列当（*O. aegyptiaca*）、弯管列当（*O. cernua*）、小列当（*O. minor*）等。近年，已有采用 ITS 等通用植物 DNA 条形码进行列当种类检测鉴定的报道。

检疫实例分析：

1993 年 11 月，原深圳动植物检疫局从美国进口的 18 t 大豆中检出列当属种子，这是我国首次从进口大豆中检出列当，随后对该批大豆的下脚料进行销毁。此后，大连、福州、广州等口岸从来自巴西、俄罗斯等的大豆等粮谷、集装箱、运输工具中均有截获列当属检疫性杂草。同时，向日葵等寄主植物繁殖材料国内调运时，列当属是重点防控的检疫性杂草。通过这些实例，能够进一步认识到粮谷进口及寄主植物繁殖材料国内调运时列当属的传播风险高，需加强进境检疫和国内检疫，严防其传入和扩散。

6.4.3 豚草

检疫地位：豚草属被列入《中华人民共和国进境植物检疫性有害生物名录》，属非寄生型检疫性杂草，豚草是该属中的代表性种类。

学名：*Ambrosia artemisiifolia* L.。

英文名：Annual ragweed，Common ragweed。

分类地位：隶属于真双子叶植物分支（Eudicots），核心真双子叶植物分支（Core Eudicots），菊分支（Asterids），桔梗分支（Campanulids），菊目（Asterales），菊科（Compositae），豚草属（*Ambrosia*）。

地理分布：豚草原产于北美洲，现呈世界性分布，包括美洲、欧洲、亚洲、非洲等 20 多个国家（地区）。在国外，分布于美国、加拿大、墨西哥、阿根廷、巴西、智利、俄罗斯、匈牙利、德国、法国、意大利、毛里求斯等。豚草 20 世纪 30 年代传入我国，现分布于 10 多个省（直辖市）的部分县（市），如湖北、江苏、湖南、江西、安徽、浙江、上海、山东、河北、黑龙江、吉林、辽宁、北京等。

危害情况：豚草为恶性杂草，侵入农田，与作物争水肥，争空间，导致作物减产；对禾本科、菊科等植物有抑制和排斥作用。同时，豚草花粉是人类花粉病的主要病源之一，所引起的“枯草热”给人体健康带来严重危害。此外，豚草含有苦味物质和香精油，被奶牛取食，引起牛奶品质下降。例如美国每年约有 1470 万人患枯草热，人群发病率 2%～15%，治疗费高达 6 亿美元；加拿大每年有 80 万人患枯草热；俄罗斯曾有造成大面积农田草荒的报道，虽投入了巨大的人力和物力进行控制，至今仍是其防治对象之一。

主要形态特征及生物学特性：

豚草主要形态特征包括：①茎。直立，株高 40～150 cm，个别可高达 250 cm，全株表面布满糙毛；茎呈淡黄色或褐紫色，多分枝。②叶（图 6-7 左）。茎上部叶叶互生，茎下部叶对生，叶表面深绿色，背面灰绿色，1～2 回羽状分裂，裂片条形，被短糙毛。③花。雌雄花序同株。雄头状花序顶生，花冠淡黄色；雌花序无梗，生于雄花序下部叶腋。④果实与种子（图 6-7 右）。瘦果倒卵形，长 2.5 mm，宽 2 mm，果皮黑褐色、坚硬，包于总花苞内，总苞倒卵形，先端中央具粗长锥状喙，周围具 5～8 个短喙。剥开瘦果果皮，里面为 1 粒白色的种子。

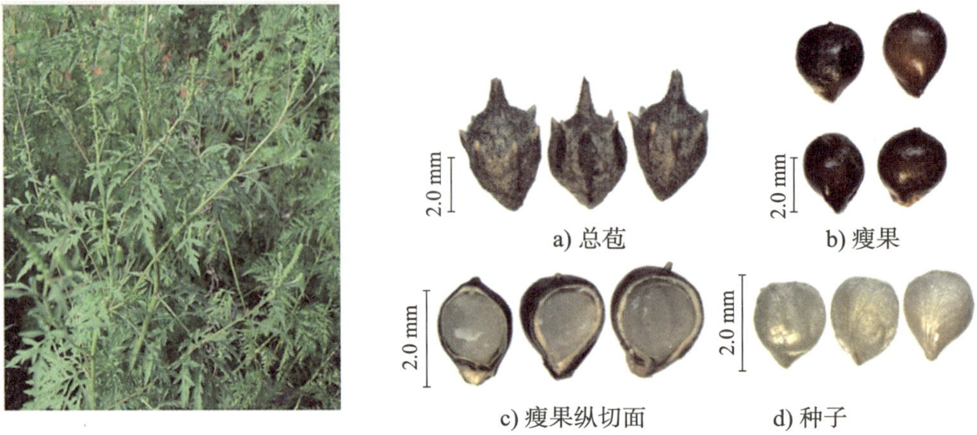

图 6–7　豚草植株与种子

（引自黄振等，2018，GB/T 36839—2018）

豚草是一年生草本植物。主要以种子繁殖，繁殖力强，每株可结实 2000～8000 粒。刚成熟的种子在次年春天发芽生长。豚草种子具二次休眠特性，抗逆力极强。其幼苗在 4～5 月出现，花期为 8～9 月，果期为 9～10 月。豚草生活力特别强，生于荒地、路旁、沟旁或农田、果园中，适应性广。植株高大成群生长，有的刈割多次仍能生长。

传播途径：豚草种子易混杂在粮谷及其种子中，如小麦、大豆等，进行人为传播。豚草瘦果先端具喙和尖刺，主要靠水流、鸟和牲畜等携带进行自然传播。

检测鉴定方法：

豚草的检测鉴定包括形态学鉴定和分子生物学鉴定两类方法。2018 年我国发布的国家标准《豚草属检疫鉴定方法》（GB/T 36839—2018）中，是以营养器官和繁殖器官的形态特征来进行豚草属种类鉴定（图 6–5），如豚草、三裂叶豚草（*A. trifida*）、多年生豚草（*A. psilostachya*）等。另外，还可采用 ITS 等通用植物 DNA 条形码，对豚草进行分子鉴定。

检疫实例分析：

2020 年 3 月，天津海关从美国进境的一批 78.93 t 的燕麦种子中截获豚草，这是我国首次从燕麦种子中截获该种检疫性杂草。2017 年 11 月，原天津出入境检验检疫局从一批美国进境的野牛草种子中截获了豚草等检疫性杂草。

相关信息显示，我国南京、青岛等 20 余个口岸从来自巴西、美国、澳大利亚等多个国家（地区）的大宗粮谷及其运输工具中截获豚草属种子。例如，从来自俄罗斯、澳大利亚、美国、加拿大、阿根廷、巴西的进口大豆中、从来自日本、美国、加拿大的玉米中、从来自美国和土耳其的小麦里、从来自澳大利亚的羊毛中等均有截获豚草属种子的记录。

这些实例进一步表明，豚草属种子的载体越来越多样，传入风险越来越高，需严格做好动植物检疫工作，严防其传入和扩散，以保护人体健康、农林业生产和生态安全。

6.4.4　长芒苋

检疫地位：异株苋亚属是《中华人民共和国进境植物检疫性有害生物名录》中的检疫性

杂草（2012 年增补），长芒苋是该亚属中代表性种类。

学名： *Amaranthus palmeri* S. Watson。

英文名： Carelessweed，Dioecious amaranth，Palmer's pigweed，Pigweed。

分类地位： 隶属于真双子叶植物分支（Eudicots），核心真双子叶植物分支（Core Eudicots），石竹目（Caryophyllales），苋科（Amaranthaceae），苋属（*Amaranthus*）。

地理分布： 原产北美洲墨西哥西北部，美国加利福尼亚州南部至新墨西哥州和得克萨斯州；西印度群岛（古巴、海地和多米尼加）也可能是它的原产地。目前，分布于美洲、非洲、欧洲的 40 多个国家（地区）。在国外，分布于美国、加拿大、阿根廷、巴西、俄罗斯、英国、法国、德国、捷克、波兰、印度、日本、韩国、埃塞俄比亚、塞内加尔、南非等。在我国，最早发现于北京大兴范庄子村荒地，此后，相继在天津、河北、江苏、浙江、福建等地发现。

危害情况： 长芒苋几乎可以危害热带、亚热带地区种植的所有重要作物，与作物争夺生长空间和资源，导致作物严重减产。同时，因其抗多种常用除草剂，目前已成为美国农业生产中（玉米、大豆和棉花）的主要问题，造成的经济损失难以评估。相关试验显示，在美国堪萨斯州玉米田内，每 1 m 栽培垄长芒苋株数为 0.5～8.0 株，玉米作为青饲的减产量为 1%～44%，作为谷物时的减产量为 11%～74%；在北卡罗来纳州番薯田内，每 1 m 栽培垄间长芒苋发生植株为 0.5～6.5 株，则不同番薯品种的产量损失率分别是 56%～94%、30%～85%、36%～81%；在阿肯色州大豆田内，每 1 m 栽培垄间长芒苋发植株为 0.33 株、0.66 株、1 株、2 株、3.33 株、10 株，大豆减产量分别是 17%、27%、32%、48%、64%、68%；在得克萨斯州棉田内，每 9.1 m 栽培垄间长芒苋发生株数为 1～10 株时，棉花减产量为 13%～54%。

主要形态特征及生物学特性：

长芒苋雌雄异株（图 6–8），植株光滑或近光滑，其主要形态特征包括：①茎。直立，分支，通常（0.3～）0.5～1.5（～3.0）m，近轴分支常斜升。②叶。具长柄；叶片倒卵形、菱状倒卵形，近轴端为椭圆状，茎上部叶有时披针形，长 1.5～7.0 cm，宽 1.0～3.5 cm，基部宽到狭楔形，边全缘，平滑，先端近钝状至急尖，通常具小短尖。③花。花序顶生，线型圆锥至穗状花序，常俯垂，幼时直立，具少数腋生花序，在近轴端不间断或间断排列。雌花苞片具外延中脉，4.0～6.0 mm 长，长于花被片，先端渐尖或具小短尖；雄花苞片长 4 mm，等长或长于外侧花被片，先端具长渐尖。雌花花被片 1.7～3.8 mm 长，先端渐尖，具小短尖；花柱分枝平展；柱头 2（～3）。雄花花被片 5，不等长，先端急尖；内侧花被片具突出外延成硬尖的中脉，先端长渐尖或小短尖；雄蕊 5。④果实与种子。胞果黄褐色至棕褐色，有时红棕色，倒卵形至近球形，长 1.5～2.0 mm，短于花被片，成熟时壁薄，近光滑或不明显皱缩。种子深红褐色至褐色，直径 1.0～1.2 mm，

图 6–8　长芒苋雌株（左）与雄株（右）（徐晗供图）

有光泽。

长芒苋是一年生草本C4高光效植物，能保持较高的光合作用。喜光照，喜肥沃疏松土壤、耐盐碱地，适应性强，在高温、低温等逆境条件有较好的抗逆生长。一年四季均可开花，主要花期在夏季。雌株每株可产生种子20万～60万粒，在土壤中可存活数年。种子在5～35 ℃时均能发芽。在全光照时，生长速率可达5 cm/d，有效地与作物争夺阳光、水、营养和空间。有人统计在棉田里，长芒苋3 d就可长5～13 cm，几周就达30～47 cm，而同期的棉花仅有13～20 cm。

传播途径：长芒苋种子易混杂在粮谷等农作物及其种子中，如大豆、玉米等，进行人为传播。同时，长芒苋是风媒传粉植物，空气中花粉含量高达371粒/m^3，是秋季空气花粉负载的主要贡献者，最远可传播至离传粉源46 km以外地区。此外，长芒苋种子约1 mm，还可通过灌溉和其他水流传播，借助鸟类、牲畜、农机具等自然传播。

检测鉴定方法：

长芒苋的检测鉴定包括形态学鉴定和分子生物学鉴定两类方法。2013年我国发布的行业标准《异株苋亚属检疫鉴定方法》（SN/T 3710—2013）中，是以营养器官和繁殖器官的形态特征来进行异株苋亚属种类鉴定，如长芒苋、西部苋（*Amaranthus tuberculatus* var. *rudis*（J.D. Sauer）Costea & Tardif）、糙果苋（*A. tuberculatus* var. *tuberculatus*）等。2017年，我国发布行业标准《基因条形码筛查方法 第11部分：检疫性异株苋亚属》（SN/T 4877.11—2017），可采用ITS等通用植物DNA条形码进行长芒苋及其近似种的检测鉴定。

检疫实例分析：

2017年9月，原湛江出入境检验检疫局机场办事处快件科工作人员从香港直邮入境的快件中查获的1箱植物干品中发现长芒苋等有害生物种子，长芒苋属湛江口岸首次截获。工作人员依法对该箱含有种子或杂草的植物作销毁处理，并将收件人列入黑名单管理。

2020年4月，深圳海关从进境大豆中首次截获西部苋。一艘满载进口大豆的货轮经批准后靠泊招港散货码头，蛇口海关立即派员登轮进行现场查验检疫并按规定抽采样品。在对货物进行现场筛检及取样过程中，发现有多种疑似检疫性有害生物，并将样品送至深圳海关动植物检验检疫技术中心进行鉴定。经检测，确认其中之一为西部苋。深圳海关对这批大豆的运输、装卸、生产等过程实施严格监管，防止撒漏、丢失，并对下脚料进行检疫处理，形成"初审—口岸查验检疫—属地海关监管"的管理闭环。

有关信息显示，我国深圳、湛江、南京等20多个口岸从来自美国、巴西、加拿大等40多个国家（地区）的大宗粮谷及运输工具等中截获长芒苋、西部苋等异株苋亚属杂草。这些实例进一步表明，异株苋亚属杂草传入风险很高，需严格做好现场检验、实验室检测及检疫处理工作。

6.4.5 毒麦

检疫地位：毒麦是《中华人民共和国进境植物检疫性有害生物名录》和《全国农业植物检疫性有害生物名单》中的检疫性杂草。

学名： *Lolium temulentum* L.。

英文名： Annual ray-grass，Bearded darnel，Darnel ryegrass，Darnel，Poison ryegrass

分类地位： 隶属于单子叶植物分支（Monocots），鸭跖草分支（Commelinids），禾本目（Poales），禾本科（Gramineae），黑麦草属（*Lolium*）。

地理分布： 原产地为中海周边地区，现分布于欧洲、亚洲、非洲、大洋洲和美洲部分国家（地区）。在国外，分布于俄罗斯、德国、英国、法国、韩国、日本、埃及、南非、澳大利亚、新西兰、加拿大、美国、墨西哥、巴西、智利、阿根廷等。在国内，农业农村部公布的监测信息显示，2018 年毒麦分布于内蒙古、江苏、安徽、湖北、湖南、四川、陕西、甘肃等省（自治区、直辖市）的 50 多个县（区、市）。

危害情况： 常与小麦、大麦和燕麦混生，是麦类作物田的一种恶性杂草。毒麦分蘖较强，可抵抗不良环境，一旦传入农田，可严重影响作物的产量和质量。毒麦颖果的种皮与糊粉层之间含有毒麦碱，能麻痹中枢神经，食用一定数量对人和畜均有毒，未成熟或多雨潮湿季节收获的毒麦种子，毒性最强。

主要形态特征及生物学特性：

毒麦形似小麦，其主要形态特征包括：①茎：幼茎部紫红色，后变为绿色，须根较稀，茎直立，丛生，光滑，坚硬不易倒伏。株高 50～110 cm，一般比小麦矮 10～15 cm（肥沃田中比小麦矮，瘠薄田中比小麦高）。②叶：叶鞘包于茎秆上，叶片较薄，下面光滑，上面较粗糙，叶脉明显，叶片长 10～15 cm，宽 4～6 mm。③穗：穗形狭长。穗轴平滑，两侧有轴沟，呈波浪形弯曲，穗长 10～25 cm，每穗有 8～19 个小穗，互生于穗轴上，每小穗 2～6 个花，排成 2 列。小穗以穗片的背腹面对向穗轴，第 1 颖缺，第 2 颖大，长 10～20 mm，先端尖而钝头，具 3～5 脉。④颖果：外稃椭圆形，长 6～8 mm，先端钝。芒自近外稃顶端处伸出，芒长 7～15 mm。内稃与外稃等长。颖果被内、外稃紧包，紧贴于稃片内不易脱离，颖果长椭圆形，坚硬，无光泽，呈灰褐色，长 4～6 mm。腹沟较宽。带稃颖果长 6～9 mm，宽 2.0～2.8 mm，厚 1.5～2.5 mm，千粒重 10～13 g。

毒麦为一年生杂草。以种子繁殖，在土内 10 cm 深处尚能出土，而小麦则不能出土，在室内贮藏 2 年仍有萌芽力。毒麦必须完全成熟，经过休眠期以后，才能充分萌芽。从播种到萌芽需 5 d，萌芽势较小麦缓慢。在我国东北，毒麦在 4 月末 5 月初出苗，比小麦晚 2～3 d，但出土后生长迅速，5 月下旬抽穗，比小麦迟 5 d，成熟期在 6 月上旬，比小麦迟 7～10 d。在我国南方，抽穗一般在 5 月上旬，比小麦迟 6～7 d，扬花、灌浆期比小麦长，成熟期比小麦迟 5～7 d, 一般在 6 月 10 日前后成熟。

传播途径： 毒麦以种子传播。以籽实随原粮和植物种子的调运和引种等进行人为传播，也可随风、水流等进行自然传播。毒麦成熟后一部分落在田里，次年萌发，大部分混杂在小麦籽实里，随调运传播。也有混生于其他的作物中的，据国外资料报道，在澳大利亚混生于牧草中，在菲律宾混生于水稻中，在西班牙、新加坡还混生于蔬菜中，在阿根廷混生于亚麻中，在希腊混生于燕麦中，在希腊、伊朗、伊拉克混生于大麦中，在哥伦比亚及俄罗斯还混生于马铃薯中。

检测鉴定方法：

毒麦的检测鉴定包括形态学鉴定和分子生物学鉴定两类方法。2015 年我国发布的行业标准《毒麦检疫鉴定方法》（SN/T1154—2015）中，可以营养器官和繁殖器官的形态特征来进行毒麦及其近似种的鉴定，如多花黑麦草（*L. multiflorum*）、波斯黑麦草（*L. persicum*）、黑麦草（*L. peremne*）等；也可以 Real-time PCR 的方法来鉴定毒麦。

检疫实例分析：

2016 年 10 月，原河北出入境检验检疫局京唐港办事处在对一船进境阿根廷大豆进行检疫过程中截获毒麦种子，此为河北首次截获。在该船大豆中还同时截获了长芒苋、法国野燕麦、齿裂大戟等多种检疫性有害生物。检疫部门要求港口及进境企业做好大豆接卸、运输、存储及加工过程中的防撒漏措施，并对该船大豆出具了《检验检疫处理通知书》，要求进境企业对下脚料进行销毁处理。有关信息显示，我国南京、青岛、黄埔等 20 多个口岸从来自澳大利亚、美国、巴西等多个国家和地区的大宗粮谷等产品及有关运输工具中截获毒麦等检疫性杂草。上述实例表明，毒麦入侵风险高，进口大豆传带多种检疫性杂草的风险大，需加强检疫监管，接卸、运输、存储及加工过程中的防撒漏，及时对下脚料进行检疫处理。

6.4.6 假高粱

检疫地位：假高粱是《中华人民共和国进境植物检疫性有害生物名录》和《全国农业植物检疫性有害生物名单》中规定的检疫性杂草。

学名：*Sorghum halepense*（L.）Pers.。

英文名：Egyptian-grass，Johnson grass。

分类地位：隶属于单子叶植物分支（Monocots），鸭跖草分支（Commelinids），禾本目（Poales），禾本科（Gramineae），高粱属（*Sorghum*）。

地理分布：原产于地中海地区，欧洲和叙利亚。目前已广泛分布于世界各地，超过 60 个国家，在 53 个国家被视为严重问题，特别是中东地区、地中海地区、印度、澳大利亚、中美洲和南美洲北部、美国墨西哥湾沿岸。在我国，农业农村部发布的监测信息显示，假高粱分布于天津、江苏、浙江、湖北、湖南、海南等省（自治区、直辖市）的近 30 个县（区、市）。

危害情况：假高粱是谷类作物、棉花、苜蓿、甘蔗、麻类等 30 多种作物地里的主要杂草。假高粱具有极强的繁殖力、适应性和竞争力，是一种危害严重、难以防治的恶性杂草，例如有研究显示，在 1 hm^2 地里产生的地下茎总长度可达 600 km，一个生长季可产生 5000 个节且每个节都可发芽长出植株。假高粱侵入农田会使农作物大为减产，如甘蔗减产 25% ～ 50%、玉米减产 12% ～ 33%。其花粉易与留种的高粱属作物杂交，使品质变劣。它还可为多种作物的病虫害提供中间寄主或转主寄主，如高粱瘿蚊、水稻条纹叶枯病、甘蔗花叶病等。假高粱根的分泌物或腐烂的叶片、地下茎、根等能抑制农作物种子萌发和幼苗生长，假高粱的嫩芽含有氰化物，牲畜食后易中毒。假高粱所侵染之处，生物多样性明显降低，对本土植物影响很大。

主要形态特征及生物学特性：

假高粱主要形态特征包括：①茎。成株茎秆直立，粗壮，高达 2 m 以上，直径约 5 mm。地下具匍匐根茎，根茎分布深度一般为 5 ～ 40 cm，最深的可达 50 ～ 70 cm。根茎直径为 0.3 ～ 1.8 cm，一般 0.5 cm 左右。根茎各节除长有须根外，都有腋芽。叶舌膜质，长 2 ～ 5 mm。②叶。叶片阔线形至线状披针形，长 20 ～ 70 cm，宽 1 ～ 4 cm，顶端长渐尖，基部渐狭，无毛，中脉白色粗厚，边缘粗糙。③花序及穗（图 6-9 左）。圆锥花序疏散，矩圆形或卵状矩圆形，长 10～50 cm，分枝开展，近轮生，在其基部与主轴交接处常有白色柔毛，上部常数次分出小枝，小枝顶端着生总状花序，穗轴与小穗轴纤细，两侧被纤毛。小穗孪生，穗轴顶节为 3 枚共生，无柄小穗两性，椭圆形，长 4.8～5.5 mm，宽 2.6～3.0 mm，成熟时为淡黄色带淡紫色，基盘被短毛，两颖近革质，具光泽，基部、边缘及顶部 1/3 具纤毛。颖等长或第二颖略长，背部皆被硬毛，或成熟时下半部毛渐脱落，第一颖顶端有微小而明显的 3 齿，上部 1/3 处具 2 脊，脊上有狭翼，翼缘有短刺毛。第二颖舟形，上部具 1 脊，无毛。第一小花外稃长圆状披针形，稍短于颖，透明膜质近缘有纤毛。第二小花外稃长圆形，长为颖的 1/3～1/2，透明，顶端微 2 裂，主脉由齿间伸出成芒，芒长 5～11 mm，膝曲扭转，也可全缘均无芒。内稃狭，长为颖之半，有柄小穗较窄，披针形，长 5～6 mm，稍长于无柄小穗，颖均草质，雄蕊 3，无芒。④颖果（图 6-9 右）。倒卵形，长 2.6～3.2 mm，宽 1.5～1.8 mm，棕褐色。顶端钝圆，具宿存花柱。背圆形，深紫褐色。腹面扁平。胚椭圆形或倒卵形。

图 6-9　假高粱的穗（左）与种子（右）（傅怡宁供图）

假高粱为多年生宿根性草本植物，适生于温暖、潮湿、夏天多雨的亚热带地区，以种子和地下根茎繁殖。在亚热带地区，于 4—5 月份出苗，从根茎上发生的芽苗出现较早，叶鞘呈紫红色，生长比籽苗快。在籽苗和芽苗出现以后 3 周地下茎形成短枝，开始分蘖。出土 7 周之后（一般在 6—7 月份）开始抽穗开花，一直延续到生长季节结束（9 月份）。在花期，根茎迅速增长，根茎形成的最低温度是 15～20 ℃。秋季进入休眠，次年根茎上的芽萌发出芽苗，长成新的植株。结实一般在 7—9 月份。每个圆锥花序可结 500～2000 个颖果。颖果成熟后散落在土壤里或水中，约 85% 是在 5 cm 深的土中，在土壤中保持 3～4 年仍能萌发。新成熟的颖果有休眠期，一般 5～7 个月，当年秋天不发芽，来年温度达 18～22 ℃时萌发。30～35 ℃时发芽最好。根茎的萌发需要稍高的温度。它的根茎丧失了耐寒性，将早春、夏秋季收获的根茎暴露在 -3.5 ℃或更低的温度下会被冻死。地下根茎也不耐高温，暴露在 50～60 ℃时 2～3 d 死亡。根茎脱水或受水淹，都能影响根茎的成活和萌发。假高粱耐肥、喜湿润（特别是定期灌溉处）及疏松的土壤。假高粱籽实一旦成熟极易脱落，在土壤中保存 3～4 年仍能萌发，在干燥适温下可存活 7 年之久。

传播途径：假高粱的颖果可随原粮及种子的进出口及调运而进行人为传播，特别是易随含有假高粱的商品粮加工后的下脚料传播扩散。在其成熟季节，可随牲畜、农具、水流等自然传播。

检测鉴定方法：

假高粱的检测鉴定包括形态鉴定和分子鉴定两类方法。我国2011年发布的行业标准《假高粱检疫鉴定方法》（SN/T 1362—2011）规定了假高粱的检测鉴定方法，其中包括镜检形态鉴定、细胞学方法和分子生物学方法（LA-PCR方法）。首先对样品进行双层筛子筛样，根据样品的直径大小规定套筛规格，从大到小依次套上不同孔径的规格筛和筛底，加入适量样品后盖上筛盖以回旋法过筛，样品充分分离后将各层筛上物及筛下物分别倒入白瓷盘内，挑选杂草籽入培养皿。再根据杂草籽具体情况选择上述三种方法对其进行鉴定。ISPM No.27 DP19，是关于假高粱鉴定的国际标准，由我国科学家牵头制订；在该标准中，既可采用形态鉴定的方法，也可使用分子鉴定的方法。

检疫实例分析：

2014年，原青岛出入境检验检疫局从一批美国进口的豌豆中检出假高粱，为防止恶性杂草种子的传播和繁殖，该局依法对该批货物制定了严密的检疫监管措施，指导企业拟定除害处理方案，集中焚烧清理出来的假高粱有害种子，并要求企业对进口豌豆禁作种用，专仓保管，单独堆垛，监管使用。

2019年8月1日，青岛流亭机场海关在对一批来自日本的进境胡萝卜种子实施查验时，发现货物中夹杂多种杂草种子。经青岛海关技术中心鉴定，截获杂草种子为假高粱种子等，这是山东空港口岸首次截获假高粱种子，该批种子已依法做了截留销毁处理。这些实例表明，假高粱入侵风险高，需严加防范，做好现场检验、实验室检测、检疫处理及后续监管等。

6.4.7 薇甘菊

检疫地位：薇甘菊是《中华人民共和国进境植物检疫性有害生物名录》和《全国林业植物检疫性有害生物名单》中的检疫性杂草。

学名：*Mikania micrantha* H.B.K。

英文名：Mile-a-minute-weed。

分类地位：隶属于真双子叶植物分支（Eudicots），核心真双子叶植物分支（Core Eudicots），菊分支（Asterids），桔梗分支（Campanulids），菊目（Asterales），菊科（Compositae），假泽兰属（*Mikania*）。

地理分布：原产于中美洲、南美洲，现已扩散到整个东南亚、南亚、太平洋地区，如印度、斯里兰卡、孟加拉国、泰国、斐济、库克岛、所罗门群岛、圣诞岛、美国、巴布亚新几内亚、澳大利亚等；我国的华南沿海地区已有分布。

危害情况：薇甘菊是世界重要的恶性杂草之一，生长速度快，扩展能力强；可攀缘缠绕于其他乔木植物到达树冠房顶部，厚厚的茎叶和花，形成严密覆盖和重压，使植物缺少阳光、水分和养分，阻碍其生长甚至导致死亡。在薇甘菊蔓延扩展地带，对生物多样性造成严重的威胁。

主要形态特征及生物学特性：

薇甘菊主要形态特征包括：①茎。细长，匍匐或攀缘，多分枝，被短柔毛或近无毛，幼时绿色，近圆柱形，老茎淡褐色，具多条肋纹。②叶。茎中部叶三角状卵形至卵形，长

4～13 cm，宽 2～9 cm，基部心形，偶为戟形，先端渐尖，边缘具数个粗齿或浅波状圆锯齿，两面无毛，基出 3～7 脉；叶柄长 2～8 cm；上部的叶渐小，叶柄亦短。③花序。头状花序多数，在枝端常排成复伞房花序状，花序梗纤细，头状花序长 4.5～6.0 mm，含小花 4 朵，全为结实的两性花。④果实与种子。总苞片 4 片，狭长椭圆形，顶端渐尖，绿色，长 2.0～4.5 mm，总苞基部有一线状椭圆形的小外苞叶，长 1～2 mm。花有香气，花冠白色，管状，3.0～3.5 mm，檐部钟状，5 齿裂。瘦果长 1.5～2.0 mm，黑色，被毛，具 4～5 棱，顶端截形，光火或被粒状突起或短刺毛状腺体，冠毛由 35～60 条刺毛组成，白色，长 2.0～3.5 mm，1～2 层，基部通常结合为环状。

薇甘菊为多年生草质藤本植物，可进行有性繁殖和无性繁殖。在广东南部，薇甘菊 3～10 月为生长旺盛期，9～10 月为花期，11 月至翌年 2 月为结实期。开花期小花从现蕾至盛花期限时间为 5 d，开花后 5 d 完成受精过程，经过 5～7 d 种子成熟，7～10 d 冠毛完全舒展，种子即散播。薇甘菊开花数量很大，花的生物量占地上部分总生物量的 38.4%～42.8%。其种子细小，千粒重为 0.0892 g，可借风力传播到较远的距离。薇甘菊营养体的茎节处可以随时生根，伸入土壤吸取养分，因此其无性繁殖比有性繁殖要快。

薇甘菊在南美洲生长分布在潮湿的森林和淡水沼泽森林。在广东内伶仃岛、深圳、东莞等地常见于破坏的林地边缘、荒弃农田、路边、疏于管理的果园、水库、水沟边缘、湿地边缘，对灌草丛、新植林地和森林边缘危害较大。薇甘菊喜光好湿，不耐阴和土壤干瘠，在海拔较高的地方生长不良。

传播途径：薇甘菊主要以种子随植物引种及植物产品贸易等进行人为传播，也可借风力进行较远距离的自然传播。1949 年印度尼西亚从巴拉圭引入薇甘菊作为橡胶园的土壤覆盖植物，后又被用作垃圾填埋场的土壤覆盖植物，很快地传播到整个印度尼西亚。

检测鉴定方法：

薇甘菊检测鉴定方法为形态鉴定方法。2011 年，我国发布的国家标准《薇甘菊检疫鉴定方法》(GB/T 28109—2011)中，规定了薇甘菊的检验检疫方法，以目测和镜检形态鉴定为主，其中包括植株和瘦果的形态特征及近似种比较。

检疫实例分析：

2011 年 1 月，原汕头出入境检验检疫局在对来自马来西亚装载钢片的集装箱内截获了薇甘菊，经原广东出入境检验检疫局技术中心植检实验室复核鉴定无误后，对该批货物出具了建议处理通知书，将货物中的植物组织全部检出销毁。2018 年 1 月，原花都出入境检验检疫局工作人员从一批来自巴西的蓝湿牛皮中发现夹带杂草，经确认为该杂草为薇甘菊，这是花都口岸首次截获该检疫性杂草；杂草已被收集并焚毁，同时对该批货物进行了检疫处理。2019 年 5 月，佛山海关驻顺德办事处在对一批进口苗木进行查验时，发现夹带有薇甘菊，这是顺德口岸首次截获成活整株的薇甘菊；薇甘菊被依法进行收集并做无害化处理，同时对该批入境苗木进行了检疫处理。通过这些实例，我们能够进一步认识到薇甘菊通过多种载体传带的入侵风险高，需进一步加强进境植物检疫和国内林业植物检疫工作。

小结

检疫性杂草种类多、入侵风险高、检疫地位突出。欧洲菟丝子、向日葵、列当、豚草、长芒苋、毒麦、假高粱、薇甘菊，是代表性的检疫性寄生型杂草和非寄生型杂草，学习、掌握其基础知识和主要检疫方法，理论联系实际，预防检疫性杂草的传入和扩散，具有重要意义。

6.5 检疫性软体动物

学习重点

- 掌握检疫性软体动物的基础知识和主要检疫方法

软体动物为动物界的第二大门类，不仅种类繁多、形态各异而且生活方式和栖息环境多样，分布范围非常广泛。在海洋、淡水和陆地，乃至从海拔 5000 m 以上的高山到 10000 m 的深海，均可见到它们的踪迹。腹足纲是软体动物门最大的一个纲，约占软体动物门的 80%。腹足类的主要特征为：身体不对称；明显分为头、足和内脏囊三个部分；头部发达，长有 1 对或 2 对可伸缩翻转的触角。依据本腮的有无及与心室的关系，腹足纲可分为前腮亚纲（Prosobranchia）、后腮亚纲（Opisthobranchia）和肺螺亚纲（Pulmonata）。其中，陆生腹足类集中分布于前腮亚纲和肺螺亚纲，共计约有 2.5 万种。肺螺亚纲按照触角数目和眼所在的位置可分为两个目：柄眼目（Stylommatophora），具有 2 对触角，眼位于前触角的顶部；基眼目（Besommatophora），具有 1 对触角，眼位于触角基部。

近年来，我国口岸截获软体动物的批次逐年增多，软体动物检疫在我国越来越受到重视。检疫性软体动物随植物及植物产品、装载容器、运输工具及旅客携带物等进行人为传播。结合植物检疫实践，本章选取了 3 种代表性的检疫性软体动物，系统性地介绍了其检疫地位、学名、英文名、分类地位、地理分布、危害情况、主要形态特征及生物学特性、传播途径、检测鉴定方法和检疫实例分析。

6.5.1 非洲大蜗牛

检疫地位： 非洲大蜗牛属于《中华人民共和国进境植物检疫性有害生物名录》中的检疫性软体动物。

学名： *Achatina fulica* Bowditch。

英文名： Giant African snail，African giant snail。

分类地位： 软体动物门（Mollusca），腹足纲（Gastropoda），肺螺亚纲（Pulmonata），柄眼目（Stylommatophora），玛瑙螺科（Achatinidae），玛瑙螺属（*Achatina*）。

地理分布： 原产于东非，现已广泛入侵到亚太地区，如日本、越南、老挝、柬埔寨、马来西亚、新加坡、菲律宾、印度尼西亚、印度等；北美洲、南美洲、非洲少数国家亦有分布，包括美国、危地马拉、马提尼克岛、巴西、科特迪瓦、摩洛哥、马达加斯加、毛里求斯、留尼汪、塞舌尔等。在我国，非洲大蜗牛分布于台湾、海南、福建、广东、广西、云南等省（自治区）。

危害情况：可危害草本、木本、藤本等植物 500 余种，如木瓜、木薯、仙人掌、面包果、橡胶、可可、茶、柑橘、椰子、菠萝、香蕉、竹芋、番薯、花生、菜豆、落地生根、铁角蕨、黄瓜以及谷类植物等。既直接取食危害农业、园艺等经济作物，又是人畜寄生虫的重要中间宿主，尤其是传播结核病和嗜酸性脑膜炎，对人类健康危害极大。此外，由于非洲大蜗牛爬行后留下黏液痕迹，降低了产品的商业价值，造成经济损失。

主要形态特征及生物学特征：

非洲大蜗牛的主要形态特征包括：①成螺。无厣，贝壳大型，壳质稍厚，有光泽，呈长卵圆形。壳高 130 mm，宽 54 mm，螺层为 6.5 ～ 8.0 个，螺旋部呈圆锥形。体螺层膨大，其高度约为壳高的 3/4。壳顶尖，缝合线深。壳面为黄或深黄底色，带有焦褐色雾状花纹，胚壳一般呈玉白色，其他各螺层有断续的棕色条纹，生长线粗而明显。壳内为淡紫色或蓝白色，体螺层上的螺纹不明显，中部各螺层的螺层与生长线交错。壳口呈卵圆形，口缘简单，完整。外唇薄而锋利，易碎。内唇贴缩于体螺层上，形成“S”形的蓝白色的胼胝部，轴缘外折，无脐孔。足部肌肉发达，背面呈暗棕黑色，蹠面呈灰黄色，其黏液无色。螺体色泽变化很大，一般为黑褐色，但也有白色能稳定遗传的变异品种，螺体色泽不能作为鉴定的依据。②幼螺。无厣，刚孵化的螺为 2.5 个螺层，各螺层增长缓慢，壳面为黄或深黄底色，似成螺。③卵。圆形或椭圆形，有石灰质外壳，色泽乳白色或淡青黄色，卵粒长 4.5 ～ 7.0 mm，宽 4.0 ～ 5.0 mm，平均 5 mm 左右。

非洲大蜗牛一般生活于热带和亚热带，喜欢栖息于阴暗潮湿杂草丛、农田等荫蔽处及腐殖质多而疏松的土壤表层、枯草堆中、乱石穴下。产卵最适土壤含水量 50% ～ 75%，土壤 pH 6.3 ～ 6.7。具群居性，昼伏夜出。雌雄同体，异体交配，繁殖力强，每年可产卵 4 次，每次产卵 150 ～ 300 粒，卵孵化后，经 5 个月性发育成熟。生存临界温度为 −0.2 ～ 41.2 ℃，发育起点温度和有效积温分别为 12 ℃和 2422.6 ℃。成螺寿命一般为 5 ～ 6 年，最长可达 9 年。

传播途径：非洲大蜗牛主要通过人为传播进行远距离扩散。一是通过轮船、火车、汽车、飞机等运输工具随观赏植物、苗木、板材、集装箱、货物包装箱远距离传播；二是被人们作观赏品和食物引种传入新区。同时，非洲大蜗牛可通过爬行等进行自然传播。

检测鉴定方法：

非洲大蜗牛的检测鉴定方法是形态鉴定法。2013 年，我国发布了国家标准《非洲大蜗牛检疫鉴定方法》（GB/T 29576—2013），适用于非洲大蜗牛的检疫和鉴定，其鉴定方法是依据成螺的形态特征进行种类鉴别。近年的研究显示，针对采集自印度的壳色为灰色、黑色与白色的非洲大蜗牛，开展线粒体 COI 基因序列分析，结果表明不同壳色的非洲大蜗牛 COI 序列完全一致，线粒体 COI 基因可以用于非洲大蜗牛的分子鉴定。

检疫实例分析：

近年来，天津、昆明、福清、东莞、张家港等口岸相继从入境的汽车、鲜槟榔、旅客携带物及原木中截获非洲大蜗牛。2019 年 3 月，广州海关在白云机场空港口岸对一名非洲籍留学生携带的进境行李进行检查时，发现其包内夹带两只活体蜗牛，当事人表示准备将两只蜗牛作为宠物申报携带入境；经鉴定，这两只活体蜗牛为检疫性有害生物非洲大蜗牛，海关已依法作了销毁处理。上述实例说明，非洲大蜗牛的入侵风险高，加强检疫是防控其传入和扩散的根本措施；对来自疫区的运输工具、货物及旅客携带物实施重点查验，严格检查运输工具、木质包装物、植物性原材料、货物、行李等是否有蜗牛附着其上；针对公众，需进一步加强动植物检疫宣传教育。

6.5.2 地中海白蜗牛

检疫地位：地中海白蜗牛属于《中华人民共和国进境植物检疫性有害生物名录》中的检疫性软体动物，为 2012 年新增的种类。

学名：*Cernuella virgata*（Da Costa）。

英文名：Mediterranean snail, Common white snail, Striped snail, Vineyard snail。

分类地位：软体动物门（Mollusca），腹足纲（Gastropoda），肺螺亚纲（Pulmonata），柄眼目（Stylommatophora），湿螺科（Hygromiidae），白蜗牛属（*Cernuella*）。

地理分布：原产于地中海和西欧地区，包括阿尔巴尼亚、安道尔、奥地利、比利时、波斯尼亚和赫尔泽戈维纳、保加利亚、克罗地亚、法国、希腊、爱尔兰、意大利、马其顿、马耳他、黑山、荷兰、葡萄牙、罗马尼亚、西班牙、乌克兰和英国，现已传入澳大利亚和美国。我国尚无分布报道。

危害特点：地中海白蜗牛为杂食性，刚孵化的蜗牛取食土壤腐殖质，幼螺以腐殖质和嫩叶嫩芽为食，生长螺或成螺以各种绿色植物的茎叶和水果为食，危害谷类（大麦和小麦）、豆类（苜蓿、三叶草和豌豆）的幼苗、果蔬类（柑橘、大葱、胡萝卜）、牧场植被以及新生长的藤蔓、灌木和树木等。除了直接危害农林作物，还常大量附着于大麦、小麦、玉米等禾谷类农作物上，对收割作业造成障碍，损坏农机具。此外，农作物被收割后它们仍然存活在其中，导致粮食储存中湿度增加，滋生病原菌并分泌代谢毒素，污染农产品。地中海白蜗牛还是许多人畜共患寄生虫的中间宿主，对人体健康造成巨大潜在危害。

主要形态特征及生物学特性：

地中海白蜗牛的主要形态鉴定包括：①成螺（图 6-10）。贝壳 6～19 mm 高，8～25 mm 宽，壳层扁平，螺旋部圆锥形；白色、微黄色或棕褐色，不同产地的标本贝壳颜色多变；贝壳具细小的轴向生长线，无轴向或螺旋向排列的肋，外壳通常顶端有两条褐色条带和侧边有 3～4 条狭窄条带，有些壳面完全白色且无色带。有些标本仅在缝合线处有单一深棕色带，带型可变。通常具有 5～7 个螺层，各螺层膨胀成凸形，体螺层略呈角形或圆形，其周缘圆滑。体螺层上有从细到中等粗细的生长线，呈不规则排列，有些个体体螺层下部有螺纹。壳口圆形，少数非常大的标本呈椭圆形。在成螺中，有的个体唇的内壁白色、深棕色或鲜红色，内侧有加厚的、白色到红

图 6-10 地中海白蜗牛成螺贝壳形态特征
（引自 SN/T 4637-2016）

色的内肋。上唇有轻微或明显倾斜，边缘尖锐，不加厚也不反转。脐孔圆形，直径约为壳宽的 1/10 ～ 1/6，中等深度，通常是开放的，有的群体在完全成年时唇外张，部分遮盖脐。②幼螺。在体螺层下部没有螺纹。③软体特征。腹足灰色、锈色或淡黄色，背侧颜色较深，有大的结节，外套膜红褐色，触角灰色半透明，长约 8 mm。④生殖系统特征。阴茎本体通常是鞭状体的 2 ～ 3 倍，输精管细长，约为阴茎本体的 1.5 倍。矢囊大，插入腔室内；黏液腺多，从副矢囊长出，4 支，每支有分叉，中等长度，不卷曲。受精囊柄粗短，宽大，受精囊大。

地中海白蜗牛是一种适宜在温带气候条件下生栖危害的有害生物，生殖力和抗逆性强。成螺在秋冬季交配产卵，并把卵埋入浅层土表，产卵多发生在雨天，单次产卵几十到上百粒，卵直径约 1.5 mm，卵孵化历期为 15 ～ 20 d，幼螺在春季生长发育至性成熟。在不同地区的生活史为一年 1 ～ 2 代或两年 1 代。地中海白蜗牛在土壤潮湿和空气相对湿度高的情况下活跃，为减少地面高温的影响，它们爬上植物及各种垂直物体，形成集群状。在高温干燥的夏季，地中海白蜗牛爬到植物、栅栏及其他结构物的顶端进入休眠，称为夏眠。

传播途径：地中海白蜗牛主要通过人为传播进行远距离扩散，易随粮食、水果、蔬菜、花卉、盆景等以及木质包装材料、集装箱、运输工具等传播。同时，地中海白蜗牛可通过爬行等进行自然传播。

检测鉴定方法：

地中海白蜗牛的检测鉴定方法包括两类，即形态学鉴定和分子生物学鉴定。2016 年，我国发布行业标准《地中海白蜗牛检疫鉴定方法》（SN/T 4637—2016），贝壳形态、软体特征、COI 基因序列是鉴定地中海白蜗牛的主要依据。近年来相关分子鉴定研究报道显示，Puizina 等（2013）针对线粒体 16S rDNA 和 COI 基因序列开展了原产地不同地理种群的地中海白蜗牛的序列分析，明确了地中海白蜗牛的种群遗传变异及系统发育关系研究，为地中海白蜗牛的分子鉴定提供参考序列；我国检疫工作者分别针对线粒体 COI 和 ITS2 基因序列设计了地中海白蜗牛的特异引物，开发了基于特异引物 PCR 和荧光定量 PCR 技术鉴定地中海白蜗牛的方法，具有较好的特异性、灵敏度和实用性。

检疫实例分析：

2011—2012 年，原江阴出入境检验检疫局先后三次从进境大麦中截获地中海白蜗牛，为此原国家质量监督检验检疫总局发布“关于严防普通白蜗牛传入的警示通报”。2016 年 8 月，原铜陵出入境检验检疫局在对一批来自意大利的货物及其承载的集装箱实施检验检疫时，发现该批货物的外包装及集装箱内有数十只蜗牛，经鉴定和复核，确认为地中海白蜗牛。近年来，东莞、厦门、漳州、南通、宜春、保定等口岸多次从澳大利亚进境的大麦和罗马尼亚、新西兰等进境的集装箱中截获地中海白蜗牛。这些实例表明，地中海白蜗牛的入侵风险高，需加强口岸检疫。对来自疫区的谷物、柑橘等农产品，木质包装材料，集装箱等应该重点检查。由于地中海白蜗牛的生态习性不同于其他蜗牛，喜欢在明亮的高处休眠，因此尤其要注意船舱、集装箱顶部的检查。

6.5.3 散大蜗牛

检疫地位：散大蜗牛属于《中华人民共和国进境植物检疫性有害生物名录》中的检疫性

软体动物。

学名： *Helix aspersa*（Müller）。

英文名： Brown garden snail, Garden snail, Common garden snail, European brown snail。

分类地位： 软体动物门（Mollusca），腹足纲（Gastropoda），肺螺亚纲（Pulmonata），柄眼目（Stylommatophora），大蜗牛科（Helicidae），大蜗牛属（*Helix*）。

地理分布： 原产于西欧和地中海地区，现在世界范围广泛分布，包括亚洲的土耳其和黑海沿岸国家；非洲的埃及、阿尔及利亚、南非和那加利群岛；大洋洲的澳大利亚、新西兰；欧洲的英国、比利时、法国、德国、希腊、爱尔兰、意大利、葡萄牙、西班牙、捷克；北美洲的加拿大、美国、海地、墨西哥；南美洲的阿根廷、智利。

危害特点： 散大蜗牛几乎取食所有绿色植物，包括果树、草本植物、花卉、谷类等，有时也取食植物源与动物源的腐烂有机质。散大蜗牛以各种绿色植物为食，最喜食蔬菜和瓜果，而且爬行过后留下白色黏液痕迹，大大降低了果菜的商品价值。据报道在西欧国家，散大蜗牛导致草莓和黑醋栗在果实采后运输中大量腐烂，造成重大经济损失。在成熟果园中，散大蜗牛导致果树落叶和果实腐烂，经济损失巨大；在幼龄果园中，它取食叶片、嫩芽、嫩枝和树皮，对幼树生长构成毁灭性的威胁，尤其在柑橘和葡萄园中危害严重。

主要形态特征及生物学特性：

散大蜗牛主要形态特征包括：①贝壳。大型，呈卵圆形或球形，壳质稍薄或结实，不透明，有光泽；贝壳表面呈淡黄褐色，有稠密和细致的刻纹，并有多条（一般 5 条）深褐色螺旋状的色带，阻断于与其相交叉的黄色杂斑或条纹处。贝壳有 4～5 个螺层。壳高 30～35 mm，壳宽 32～40 mm，壳面有明显的螺纹和生长线，螺旋部矮小，胚螺层光滑，体螺层特膨大，在前方向下极度倾斜，壳口位于其背面。壳口大，向下倾斜，完整，卵圆形或新月形，口缘锋利，外唇稍增厚，向外延伸外折。无脐孔。幼螺贝壳在外部形态上与成螺无多大差异，只是个体小，壳质薄，口缘外唇不向外延伸反折。②软体特征。螺体足部肌肉发达，黑褐色。蜗牛体宽 2.5 cm，呈黄褐色到绿褐色，头部和腹足爬行时伸展长度可达 5～6 cm。从触角基部中央到颈部之间有一条浅色的线条。③生殖系统。阴茎肿胀，为梭形至棒状。鞭状体非常细长，是阴茎本体的 3～5 倍。阴茎上端部的腔包含厚壁、瘤状表面的球状物。阴茎鞘非常薄，阴茎牵引肌连接在阴茎本体较低部位。输卵管相当长，矢囊很大。黏液腺呈强烈分支状，具有很短的共同导管。输精管短，受精囊柄长，有时具有相当长而稍微膨胀的颈部，强烈弯曲的盲管，以及薄而直的柄。

散大蜗牛活动主要受湿度影响，在潮湿的环境条件下昼伏夜出，通常每天夜间在 5～10 m 范围内活动，以休眠的方式度过干旱季节。冬季以幼螺或成螺在隐蔽的环境（如土壤裂缝和石缝）中以休眠方式群集越冬，翌年春季气温回升时再出来为害植物。适宜温度范围为 4.5～21.5 ℃，在 -10 ℃的严寒下仍能生存。

雌雄同体，异体交配，交配时间为 4～12 h，受精后 5～7 d 开始产卵。卵穴通常构筑在疏松而潮湿的土壤中，深 2.5～4.0 cm，由蜗牛腹足将土向地面铲出而成，每次产卵 30～120 粒，平均 86 粒，卵块隐藏在由蜗牛分泌的黏液、粪便和泥土组成的混合物中。产卵频次受温度、湿度和土壤条件的影响，低温和低湿条件制约了蜗牛的活动，干燥的土壤环境不利于卵穴的构建，这些条件下蜗牛产卵频次就少。在温暖湿润的条件下，一般每月产卵 1 次。在温暖湿润的条件下，一般 14 d 后孵出幼螺。刚孵化的幼螺呈透明状，壳薄易碎。在不同地区生活史为两年一代或一年一代，成螺可生活数年。

传播途径：散大蜗牛随原木、果蔬、鲜花、盆景、木质包装材料、集装箱、运输工具等进行人为传播，可通过爬行等进行自然传播。

检测鉴定方法：

2012 年，我国发布了行业标准《散大蜗牛检疫鉴定方法》（SN/T 3171—2012），适用于进境植物检疫中对散大蜗牛的检疫鉴定，采用的是形态学鉴定方法。针对分子鉴定，Guiller 和 Madec（2010）基于线粒体 cyt b 和 16S rDNA 基因序列开展了散大蜗牛在地中海盆地 73 个种群的遗传变异分析，明确了原产地不同地理种群的散大蜗牛形成两大系统发育分支，通过线粒体 cyt b 和 16S rDNA 基因序列比对可以进行散大蜗牛的分子鉴定。王沛等（2014）基于线粒体 COI 基因序列设计特异引物对，开发了一种基于特异引物 PCR 检测鉴定散大蜗牛的方法，可用于散大蜗牛的快速准确鉴定。

检疫实例分析：

我国口岸多次从进口原木、木质包装、邮寄物等途径截获散大蜗牛。2018 年 10 月，海口海关在邮检渠道从寄自波兰的邮包中截获 100 只活蜗牛，所截获的蜗牛共 5 批次、毛重 5 kg，经鉴定为检疫性有害生物散大蜗牛，此次连续在邮检渠道中大规模截获蜗牛类害虫亦属全国首次。2019 年 12 月，番禺海关现场关员在对一批来自南非进口的重达 25.12 t 的进境粉晶进行查验时，在粉晶矿石上及外包装袋上发现有蜗牛爬行的印迹，经关员的仔细检查，在其中一个包装底部截获 7 只活体蜗牛；现场关员迅速将搜集到的活体蜗牛送检并立即关闭集装箱柜门进行除害处理；经鉴定，截获的蜗牛为检疫性有害生物散大蜗牛。

上述实例显示，随着国际贸易特别是电商的迅速发展，散大蜗牛的传播途径越来越多，入侵风险越来越高，需严格进行口岸检疫。附着在货物、集装箱或运输工具表面的成螺或幼螺常隐藏在底部、四周等角落，必须仔细检查。一经发现蜗牛污染的货物和运输工具，必须进行除害处理；对来自疫区的运输工具，可采用预防性熏蒸等检疫措施。同时，需加强对公众的动植物检疫宣传教育，培养、提高公众的动植物检疫素养，共同防控检疫性有害生物的传入和扩散，促进贸易，保护安全。

小结

检疫性软体动物入侵风险高、检疫地位突出。非洲大蜗牛、地中海白蜗牛、散大蜗牛是代表性的检疫性软体动物，学习、掌握其基础知识和主要检疫方法，理论联系实际，更具深远意义。

【思考题】

1. 请比较检疫性有害生物与管制的非检疫性有害生物的区别。
2. 试各举一例，说明检疫性有害生物的主要类别及其代表性种类。
3. 试结合实例，从检疫地位、地理分布、危害特点、生物学特性和传播途径等方面，分析、比较检疫性病原物、昆虫、杂草及软体动物的主要特点及检疫措施。

4. 请结合当前检疫实践，选择某一种检疫性有害生物，分析、论述如何做好其进境检疫、出境检疫及国内检疫。

5. 请结合当前检疫实践，选择来自某一国家（地区）的一类植物或植物产品，分析、论述其检疫性有害生物种类及加强检疫措施的建议。

【参考文献】

[1] 万方浩，郑小波，郭建英．重要农林外来入侵物种的生物学与控制．北京：科学出版社，2005.

[2] 王卫芳，胡佳，温庆秋，何瑞芳，于璇，胡学难，何日荣．进境美国苹果牛眼果腐病病原真菌 (*Neofabraea perennans*) 的鉴定．果树学报，2016,33（4）：457–465.

[3] 王玉晗，于昕，石旺鹏，于艳雪．马铃薯甲虫发生及监测技术研究进展．植物检疫，2020,34(4):40–46.

[4] 王曦茁，曹业凡，汪来发，朴春根，李成录．松材线虫病发生及防控现状．环境昆虫学报，2018,40(2):256–267.

[5] 中华人民共和国动植物检疫局，农业部植物检疫试验所．中国进境植物检疫有害生物选编．北京：中国农业出版社，1997.

[6] 中华人民共和国国家质量监督检验检疫总局．GB/T 36839—2018 豚草属检疫鉴定方法．北京：中国标准出版社，2018.

[7] 中华人民共和国国家质量监督检验检疫总局．SN/T 4637—2016 地中海白蜗牛检疫鉴定方法．北京：中国标准出版社，2016.

[8] 叶建仁，贺伟．林木病理学．北京：中国林业出版社，2011.

[9] 印丽萍．中国进境植物检疫性有害生物－杂草卷．北京：中国农业出版社，2018.

[10] 冯黎霞，魏霜，余辛，张永江，武目涛，胡学难．重组酶聚合酶扩增技术 (RPA) 快速检测玉米褪绿斑驳病毒．植物保护学报，2020,47(1):217–218.

[11] 年四季，袁青，殷幼平，蔡俊，王中康．实时荧光定量 PCR 鉴定小麦矮腥黑穗菌技术研究．中国农业科学，2009,42(12):4403–4410.

[12] 朱建裕，朱水芳，廖晓兰，高必达．实时荧光 RT–PCR 一步法检测番茄环斑病毒．植物病理学报，2003,33(4):338–341.

[13] 刘秀徽，王峰，刘雪峰．落叶松枯梢病分子检测初步研究．植物检疫，2009,23(2):1–4.

[14] 刘明航，冯黎霞，吴小瑶．广州海关入境运输工具上全国首次截获玉米褪绿斑驳病毒．植物检疫，2020,34(2):17.

[15] 刘瑞祥，张剑英，汪万春，洪琼华．地中海实蝇的检疫及其检验鉴定技术．植物检疫，1998,(4):3–5.

[16] 朱水芳．植物检疫学．北京：科学出版社，2019.

[17] 许志刚．植物检疫学．北京：高等教育出版社，2008.

[18] 李志红，杨汉春，沈佐锐．动植物检疫概论．北京：中国农业大学出版社，2004.

[19] 严进，吴品珊．中国进境植物检疫性有害生物－菌物卷．北京：中国农业出版社，2013.

[20] 李明福，相宁，朱水芳．中国进境植物检疫性有害生物－病毒卷．北京：中国农业出

版社 ,2013.

［21］李振宇 . 长芒苋 – 中国苋属一新归化种 . 植物学通报 ,2003,20(6):734–735.

［22］李鑫 , 刘卉秋 , 胡强 , 曹冬梅 , 曹际娟 . 番茄环斑病毒纳米荧光颗粒试纸条的研制 . 生物技术通讯 ,2014,25(6):852–854.

［23］杨立群 . 从进境落叶松树苗上检出落叶松枯梢病 . 植物检疫 .2003,17(5):287–288.

［24］杨海芳 , 肖琼 , 崔俊霞 , 林阳武 , 周卫川 . 警惕地中海白蜗牛的入侵 . 植物保护 ,2012,38(4):185–188.

［25］杨毅 , 李丹阳 , 段雅雯 , 姜蕾 . 海南柑橘黄龙病发生分布调查及病原种类鉴定 . 植物检疫 ,2020,34(3):43–47.

［26］吴福中 , 李惠萍 , 付海滨 . 扶桑绵粉蚧及其近似种的形态鉴定 . 植物检疫 ,2020, v.34(1):21–25 .

［27］余澍琼 , 张吉红 , 张慧丽 . 番茄环斑病毒 TR–LAMP 检测方法的建立 . 植物检疫 , 2013,27(4):44–47.

［28］张生芳 , 樊新华 , 高渊 , 詹国辉 . 储藏物甲虫 . 北京 : 科学出版社 ,2016.

［29］张润志 , 任立 , 刘宁 . 严防危险性害虫红火蚁入侵 . 昆虫知识 ,2005,42(1):6–10.

［30］张润志 , 刘宁 , 李颖超 . 危害茄科蔬菜的外来入侵害虫 – 马铃薯甲虫 . 生命科学 ,2010,22(11):1118–1121.

［31］张露茜 , 胡培龙 , 李薇 , 于子翔 , 焦彬彬 , 易建平 , 于翠 , 杨翠云 . 进境苹果果实中苹果牛眼果腐病菌 *Neofabraea kienholzii* 的检疫鉴定 . 植物检疫 ,2016,30(1):36–39.

［32］张露茜 , 刘战民 , 夏雪影 , 胡培龙 , 于翠 , 杨翠云 . 玉米褪绿斑驳病毒 3 种 PCR 检测方法的建立与比较 . 植物病理学报 ,2016,46(4):507–513.

［33］陈乃中 , 施宗伟 , 张生芳 . 红火蚁的发生及有关检疫的研究与实践 . 植物检疫 , 2005,19(2):90–93.

［34］陈乃中 . 中国进境植物检疫性有害生物 – 昆虫卷 . 北京 : 中国农业出版社 ,2009.

［35］陈志麟 , 刘镜清 , 胡耿良 , 彭泽龙 , 林朝森 , 何亚煌 . 双钩异翅长蠹的检疫处理 . 植物检疫 ,1993,7(3):188–190.

［36］陈志麟 . 双钩异翅长蠹 – 一种应该引起重视的危险性害虫 . 植物检疫 ,1990, 4(4):264–267.

［37］陈岩 , 朱水芳 , 陈克 . 谷斑皮蠹分子检测方法 . 植物检疫 ,2010,24(1):22–23.

［38］武三安 , 张润志 . 威胁棉花生产的外来入侵新害虫 – 扶桑绵粉蚧 . 昆虫知识 ,2009,46(1):159–162.

［39］易建平 , 周国梁 , 印丽萍 , 陈仲兵 , 郑建中 . 进境澳大利亚油菜籽中茎基溃疡病菌的检测 . 植物病理学报 ,2010,40(6):628–631.

［40］周卫川 , 王沛 , 李伟东 . 地中海白蜗牛在中国的潜在适生区预测 . 植物保护 ,2014,40(1):122–124.

［41］周卫川 . 非洲大蜗牛种群生物学研究 . 植物保护 ,2006,32(2):86–88.

［42］周卫川 . 散大蜗牛及其检疫重要性 . 福建果树 ,2004,130:19–21.

［43］周国梁 , 尚琳琳 , 林泓 , 印丽萍 , 徐殿胜 , 易建平 . 油菜茎基溃疡病菌的实时荧光 PCR 检测 . 植物病理学报 ,2011,41(1):10–17.

[44] 周常勇. 对柑橘黄龙病防控对策的再思考. 植物保护,2018,44(5):30–33.

[45] 冼晓青,周培,万方浩,张桂芬. 我国进境口岸截获红火蚁疫情分析. 植物检疫,2019,33(6):41–45.

[46] 郑华. 双钩异翅长蠹的危险性分析与风险管理. 东北林业大学学报,2005,33(3):85–86+91.

[47] 赵文军,冯建军. 中国进境植物检疫性有害生物 – 细菌卷. 北京:中国农业出版社,2017.

[48] 柳吉芹,王立杉,吴曦,钱云开,高飞,王海洋. 美国进口大豆中菜豆荚斑驳病毒和玉米褪绿斑驳病毒的检疫鉴定. 植物检疫,2019,33(3):13–17.

[49] 郭文超,吐尔逊,程登发,谭万忠,张正坤,李国清,姜卫华,邓建宇,吴家和,邓春生,李晶,刘小侠,吕和平. 我国马铃薯甲虫主要生物学,生态学技术研究进展及监测与防控对策. 植物保护,2014,40(1):1–11.

[50] 郭文超,李晶,魏振兴,吐尔逊,吴静,阿丽亚,王俊. 新疆首次发现水稻重大外来有害生物稻水象甲. 新疆农业科学,2011,(1):76–80.

[51] 郭庆,王忠跃,孔繁芳,武艳霞. 葡萄根瘤蚜 Taqman–MGB 实时荧光定量检测方法的研究. 植物保护,2012,38(2):108–113.

[52] 崔学慧,陈舜胜,于翠,杨翠云. 多重 RT–PCR 方法检测 3 种检疫性病毒的研究. 上海农业科学,2012,28(2):25–29.

[53] 梁广勤. 地中海实蝇及其在美国的发生. 植物检疫,1993(1):8–12.

[54] 梁宏,张国珍.Molecular identification of *Tilletia controversa* Kühn by inter–simple sequence repeat marker (英文). 植物病理学报,2013,43(4): 337–343.

[55] 葛建军. 中国进境植物检疫性有害生物 – 线虫卷. 北京:中国农业出版社,2018.

[56] 曾玲,陆永跃,何晓芳,张维球,梁广文. 入侵中国大陆的红火蚁的鉴定及发生为害调查. 昆虫知识,2005,42(2):144–148.

[57] 魏梅生,杨翠云,李桂芬. 番茄环斑病毒和烟草环斑病毒复合型胶体金免疫层析试纸条的研制. 植物检疫,2008,22(2):75–78.

[58] Acevedo–Rodríguez P, Strong MT, Catalogue of seed plants of the West Indies, Washington, DC, USA: Smithsonian Institution.1192 pp 2012. http://botany.si.edu/Antilles/WestIndies/catalog.htm.

[59] Athanassiou CG,Phillips TW,Wakil W. Biology and control of the khapra beetle, *Trogoderma granarium*, a major quarantine threat to global food security. Annual Review of Entomology. 2019, 64: 131–148.

[60] CABI, Invasive Species Compendium. Wallingford, UK: CAB International. 2020. www.cabi.org/isc.

[61] Casagrande R A. The Colorado potato beetle : 125 years of mismanagement. Bulletin of the Entomological Society of America,1987, 33(3):142–150.

[62] CHAP H, Chen ZM, Zhou YS. Rice water weevil (Coleoptera: Curculionidae) in mainland China: Invasion, spread and control. Crop Protection, 2005, 24 (8):695–702.

[63] Cowie RH , Dillon RT, Robinson DG , Smith JW. Alien non–marine snails and slugs of priority quarantine importance in the United States: A preliminary risk assessment. American Malacological Bulletin, 2009, 27(1–2):113–132.

[64] De Jong SN, Levesque CA, Verkley GJM, Abeln ECA, Rahe JE, Braun PG. Phylogenetic relationships among *Neofabraea* species causing tree cankers and bull's-eye rot of apple based on DNA sequencing of ITS nuclear rDNA, mitochondrial rDNA, and the beta-tubulin gene. Mycological Research, 2001,105(6): 658–669.

[65] Furui S, Miyanoshita A, Imamura T, Minegishi Y & Kokutani R. Qualitative real-time PCR identification of the khapra beetle, *Trogoderma granarium* (Coleoptera: Dermestidae). Applied Entomology and Zoology, 2019, 54 (1): 101–107.

[66] Gariépy T D, Lévesque C A, de Jong SN, Rahe J E. Species specific identification of the *Neofabraea* pathogen complex associated with pome fruits using PCR and multiplex DNA amplification. Mycological Research, 2003, 107(5): 528–536.

[67] Guiller A, Madec L. Historical biogeography of the land snail *Cornuaspersum*: a new scenario inferred from haplotype distribution in the Western Mediterranean basin. BMC Evolutionary Biology, 2010, 10: 18.

[68] Hare JD. Ecology and management of the Colorado potato beetle. Annual Review of Entomology, 1990, 35(1):81–100.

[69] Ioannis A. Giantsis, Javier Castells Sierra, Alexandra Chaskopoulou. The distribution of the invasive pest, rice water weevil *Lissorhoptrus oryzophilus* Kuschel (Coleoptera: Curculionidae), is expanding in Europe: First record in the Balkans, confirmed by CO1 DNA barcoding. Phytoparasitica, 2017:1–3.

[70] ISPM 27. Diagnostic protocols for regulated pests DP 3: *Trogoderma granarium* Everts. Rome: IPPC, FAO, 2016.

[71] Lange WH, Grigariek AA. Rice water weevil: Beetle pest in rice growing areas of southern states discovered in California. *California Agriculture*, 1959, 13:10–11.

[72] Ligaszewski M, Sur ó wka K, Stekla J. The shell features of *Cornuaspersum* (Synonym *Helix aspersa*) and *Helix pomatia*: characteristics and comparison. American Malacological Bulletin, 2009, 27: 173–181.

[73] Liu SY, Liu Z, Fitt BDL, Evans N, Foster SJ, Huang YJ, Latunde-Dada AO, Lucas JA. Resistance to *Leptosphaeria maculans* (phoma stem canker) in *Brassica napus* (oilseed rape) induced by *L. biglobosa* and chemical defence activators in field and controlled environments. Plant Pathology, 2006, 55: 401–412.

[74] Puizina J, Puljas S, Fredotović Ž, Šamanić I, Pleslić G. Phylogenetic relationships among populations of the vineyard snail *Cernuellavirgata* (Da Costa, 1778). ISRN Zoology. 2013: 638325.

[75] Redinbaugh, MG, and Stewart, LR. Maize Lethal Necrosis: An emerging, synergistic viral disease. Annual Review of Virology, 2018, 5: 301–322.

[76] Shoemaker RA, Brun H. The teleomorph of the weakly aggressive segregate of *Leptosphaeria maculans*. Canadian Journal of Botany, 2001, 79: 412–419.

[77] USDA-NRCS, The PLANTS Database. In: The PLANTS Database Greensboro, North Carolina, USA: National Plant Data Team. 2019. https://plants.sc.egov.usda.gov.

[78] Vijayan, K., Sakthivel, R. S., Sajeev, T. First record of body colour polymorphism in giant African snail *Achatina fulica* (Bowdich, 1822) – a comparative study using mitochondrial cytochrome

oxidase subunit I (COI) gene. Entomon, 2019, 44(2): 155–160.

[79] Ward SM, Webster TM, Steckel LE, Palmer amaranth (*Amaranthus palmeri*): a review. Weed Technology, 2013, 27(1), 12–27.

[80] Yang FY , Guo JJ , Liu N, Zhang RZ. Genetic structure of the invasive Colorado potato beetle *Leptinotarsa decemlineata* populations in China. Journal of Integrative Agriculture, 2020, 19(2):350–359.

[81] Zheng Z, Chen JC, Deng XL. Historical Perspectives, Management, and Current Research of Citrus HLB in Guangdong Province of China, Where the Disease has been Endemic for Over a Hundred Years. Phytopathology, 2018, 108(11):1224–1236.

第 7 章
“一带一路”与动植物检疫

本章简介

“一带一路”倡议和“一带一路”建设受到全球高度关注。在“一带一路”建设中，我国加强与“一带一路”沿线国家及其他国家的动植物检疫双边及多边国际合作，发挥保安全、促发展的重要作用。本章在概述“一带一路”倡议、“一带一路”建设基本含义及主要发展的基础上，结合动植物检疫实例，阐述了我国与亚洲、欧洲、非洲等相关国家的动植物检疫国际合作主要进展。

思维导图

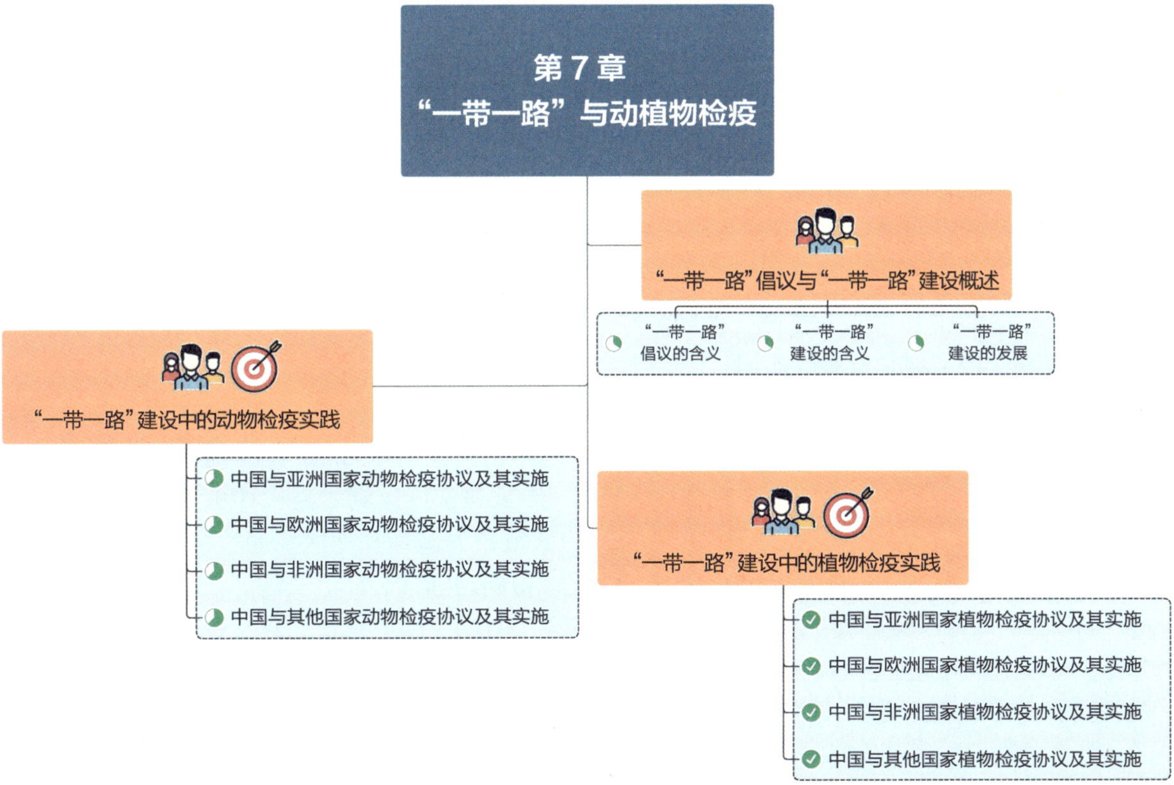

7.1 “一带一路”倡议与“一带一路”建设概述

学习重点

- 掌握“一带一路”倡议和“一带一路”建设的基本含义
- 了解“一带一路”建设的主要发展及动植物检疫的作用

“一带一路”倡议是我国提出的重要倡议，受到全球高度关注。“一带一路”建设是落实“一带一路”倡议的具体行动，包括通过双边及多边合作共建“一带一路”的各类工作。“一带一路”倡议和“一带一路”建设，有力地促进了我国与“一带一路”沿线国家及其他相关国家的经济、贸易、文化交流，在政策沟通、设施联通、贸易畅通、资金融通和民心相通五个方面取得了重要进展。在“一带一路”建设中，我国积极推进动植物检疫双边及多边合作，进一步发挥保安全、促发展的重要作用。

7.1.1 “一带一路”倡议的含义

1）丝绸之路与丝绸之路精神

丝绸之路（Silk Road），是一颗璀璨的明珠，在人类历史长河中熠熠闪光。2000 多年前，亚欧大陆上的人们探索出了多条连接亚洲、欧洲和非洲几大文明的贸易和人文交流的通路，后人将其统称为丝绸之路。丝绸之路，极大地促进了经济、贸易与文化的国际交流与发展。在丝绸之路的探索和发展中，丝绸之路精神（Silk Road Spirit）潜移默化、渐渐形成。“和平合作、开放包容、互学互鉴、互利共赢”，这就是丝绸之路精神，它是世界各国共有的历史文化遗产。千百年来，丝绸之路精神薪火相传，推进了人类文明进步，成为促进沿线各国繁荣发展的重要纽带和东西方交流合作的象征。勤劳勇敢的中国人民，在丝绸之路探索和精神传承过程中发挥了极其重要的作用。

2）“一带一路”倡议

时光荏苒，生生不息。在浩瀚宇宙中，人们越来越关注全球问题，越来越关注全球发展。21 世纪，和平、发展、合作、共赢是全球主题，传承和弘扬丝绸之路精神更显重要和珍贵。如何面对复苏乏力的全球经济形势？如何面对纷繁复杂的国际和地区局面？各国（地区）都在努力探索。我国近年提出的“一带一路”倡议，得到国际社会高度关注。

那么，“一带一路”指的是什么？“一带一路”倡议，究竟是什么含义呢？2013 年 9 月 7 日，国家主席习近平在哈萨克斯坦纳扎尔巴耶夫大学做题为“弘扬人民友谊 共创美好未来”的演讲，提出共同建设“丝绸之路经济带”（the Silk Road Economic Belt）；2013 年 10 月 3 日，习近平主席在印度尼西亚国会发表题为“携手建设中国—东盟命运共同体”的演讲，提出共同建设“21 世纪海上丝绸之路”（the 21st-Century Maritime Silk Road）。“一带一路倡议”（the *Belt and Road Initiative*），是共建“丝绸之路经济带”和“21 世纪海上丝绸之路”倡议（the initiative of jointly building the Silk Road Economic Belt and the 21st-Century Maritime Silk Road）的简称。其中，“一带”指的是“丝绸之路经济带”，“一路”指的是“21 世纪海上丝绸之路”，简称“一带一路”(The Belt and Road，B&R)。“一带一路”是促进共同发展、实现共同繁荣的合作共赢之路，是增进理解信任、加强全方位交流的和平友谊之路。

2015 年 3 月，经国务院授权，国家发展改革委、外交部和商务部联合发布《推动共建丝绸之路经济带和 21 世纪海上丝绸之路的愿景与行动》(Vision and Actions on Jointly Building Silk Road Economic Belt and 21st-Century Maritime Silk Road)，从时代背景(Background)、共建原则(Principles)、框架思路(Framework)、合作重点(Cooperation Priorities)、合作机制(Cooperation Mechanisms)、中国各地方开放态势(China's Regions in Pursuing Opening-Up)、中国积极行动(China in Action)、共创美好未来(Embracing a Brighter Future Together)八个方面，进一步阐述了“一带一路”倡议。其中，特别强调了共建“一带一路”旨在促进经济要素有序自由流动、资源高效配置和市场深度融合，推动沿线各国实现经济政策协调，开展更大范围、更高水平、更深层次的区域合作，共同打造开放、包容、均衡、普惠的区域经济合作架构。

7.1.2 “一带一路”建设的含义

“一带一路”建设，是落实“一带一路”倡议的具体行动，包括通过双边及多边合作共建“一带一路”的各类工作。加快“一带一路”建设，有利于促进沿线各国经济繁荣与区域经济合作，加强不同文明交流互鉴，促进世界和平发展。在上述《推动共建丝绸之路经济带和 21 世纪海上丝绸之路的愿景与行动》中，具体阐明了“一带一路”建设的共建原则、框架思路、合作重点和合作机制。

1)共建原则

关于共建原则，首先强调要恪守联合国宪章的宗旨和原则，要遵守和平共处五项原则(the *Five Principles of Peaceful Coexistence*:)，即尊重各国主权和领土完整、互不侵犯、互不干涉内政、和平共处、平等互利；进而又提出了“四个坚持”的原则。这“四个坚持”包括：①坚持开放合作(the *Initiative* is open for cooperation)。“一带一路”相关的国家基于但不限于古代丝绸之路的范围，各国和国际、地区组织均可参与，让共建成果惠及更广泛的区域；②坚持和谐包容(the *Initiative* is harmonious and inclusive)。倡导文明宽容，尊重各国发展道路和模式的选择，加强不同文明之间的对话，求同存异、兼容并蓄、和平共处、共生共荣；③坚持市场运作(the *Initiative* follows market operation)。遵循市场规律和国际通行规则，充分发挥市场在资源配置中的决定性作用和各类企业的主体作用，同时发挥好政府的作用。④坚持互利共赢(the *Initiative* seeks mutual benefit)。兼顾各方利益和关切，寻求利益契合点和合作最大公约数，体现各方智慧和创意，各施所长，各尽所能，把各方优势和潜力充分发挥出来。

2)框架思路

关于框架思路，阐明了“一带一路”的五大走向：丝绸之路经济带重点畅通三大走向，即中国经中亚、俄罗斯至欧洲(波罗的海)，中国经中亚、西亚至波斯湾、地中海，中国至东南亚、南亚、印度洋；21 世纪海上丝绸之路重点畅通两大走向，即从中国沿海港口过南海到印度洋并延伸至欧洲，从中国沿海港口过南海到南太平洋。同时，阐明了“一带一路”陆上和海上的六大走廊：陆上依托国际大通道，以沿线中心城市为支撑，以重点经贸产业园区为合作平台，共同打造新亚欧大陆桥(a new Eurasian Land Bridge)、中蒙俄、中国—中亚—西亚、中国—中南半岛(the China-Mongolia-Russia, China-Central Asia-West Asia and China-Indochina

Peninsula economic corridors）等国际经济合作走廊；海上以重点港口为节点，共同建设通畅、安全高效的运输大通道，特别是中巴、孟中印缅两个经济走廊（the China–Pakistan Economic Corridor and the Bangladesh–China–India–Myanmar Economic Corridor）。

3）合作重点

关于合作重点，强调了以政策沟通（policy coordination）、设施联通（facilities connectivity）、贸易畅通（unimpeded trade）、资金融通（financial integration）、民心相通（people–to–people bonds）为主要目的。例如，在政策沟通方面，强调了加强政策沟通是“一带一路”建设的重要保障，要加强政府间合作，积极构建多层次政府间宏观政策沟通交流机制，沿线各国可共同制定推进区域合作的规划和措施等；在设施联通方面，强调了基础设施互联互通是“一带一路”建设的优先领域，要加强交通基础设施建设、加强能源基础设施互联互通合作、共同推进跨境光缆等通信干线网络建设；在贸易畅通方面，强调了投资贸易合作是“一带一路”建设的重点内容，要加强沿线国家信息互换、监管互认、执法互助的海关合作，以及检验检疫、认证认可、标准计量、统计信息等方面的双多边合作，要拓展相互投资领域，开展农林牧渔业、农机及农产品生产加工等领域深度合作等；关于资金融通，强调了资金融通是“一带一路”建设的重要支撑，要深化金融合作、推进亚洲货币稳定体系、投融资体系和信用体系建设，要加强金融监管合作、推动签署双边监管合作谅解备忘录、逐步在区域内建立高效监管协调机制等；在民心相通方面，强调了民心相通是“一带一路”建设的社会根基，要扩大相互间留学生规模、开展合作办学，要强化与周边国家在传染病疫情信息沟通、防治技术交流、专业人才培养等方面的合作，要加强科技合作，共建联合实验室（研究中心）、国际技术转移中心、海上合作中心，促进科技人员交流，合作开展重大科技攻关等。

4）合作机制

关于合作机制，强调了积极利用现有双多边合作机制（the existing bilateral and multilateral cooperation mechanisms），推动“一带一路”建设，促进区域合作蓬勃发展。要加强双边合作，开展多层次、多渠道沟通磋商，推动双边关系全面发展；要强化多边合作机制作用，发挥上海合作组织（SCO）、中国—东盟“10+1”、亚太经合组织（APEC）、亚欧会议（ASEM）等现有多边合作机制作用，相关国家加强沟通，让更多国家和地区参与“一带一路”建设；要继续发挥沿线各国区域、次区域相关国际论坛、展会以及博鳌亚洲论坛等平台的建设性作用，倡议建立“一带一路”国际高峰论坛等。

7.1.3 “一带一路”建设的发展

1）总体进展

自2013年以来，在“一带一路”沿线国家、其他国家及相关国际组织的共同努力下，“一带一路”建设在政策沟通、设施联通、贸易畅通、资金融通和民心相通方面取得了重要发展，受到国际社会的共同瞩目。例如，政策沟通方面的“一带一路”国际合作高峰论坛、政府间合作协议（截至2019年7月底，已与136个国家和30个国际组织签署195份政府间合作协议，签署范围由亚欧地区延伸至非洲、拉丁美洲、南太平洋、西欧等相关国家）等，设施联通方面的中老铁路、中欧班列（图7–1）等，贸易畅通方面的中国对沿线国家贸易额、投资额（图7–2）等，资金融通方面的丝路基金、亚洲基础设施投资银行等，民心相通方面的国际科学组织联盟、对外援助等。

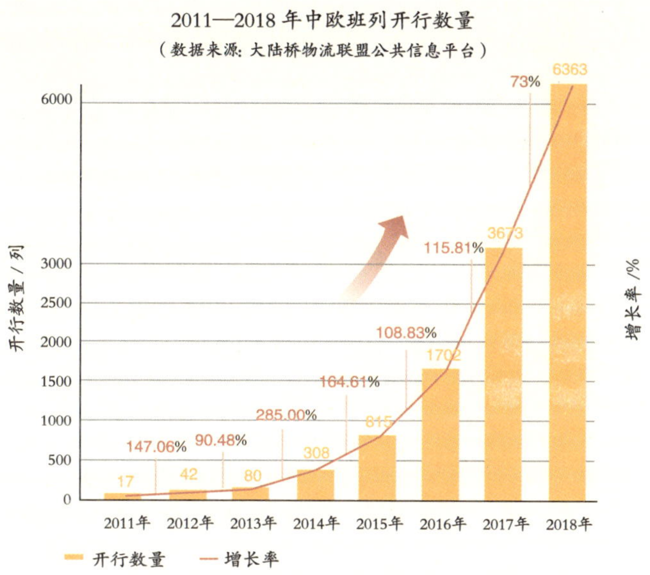

图 7-1 “一带一路”建设成果：中欧班列开行数量信息
（引自中国“一带一路”网，https://www.yidaiyilu.gov.cn）

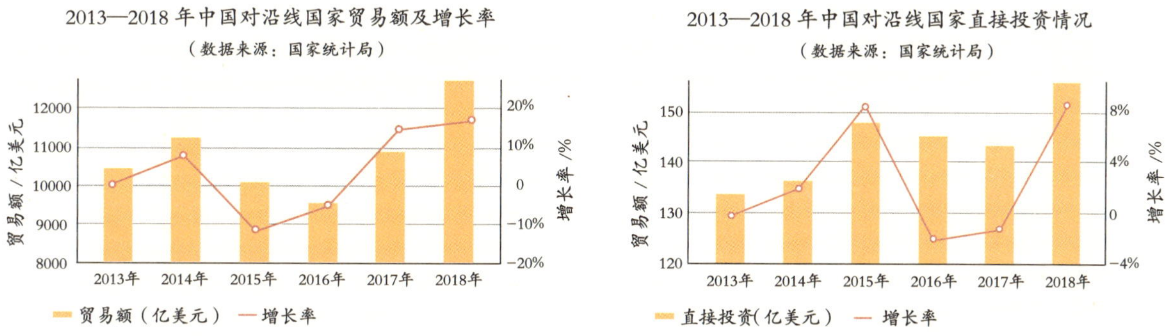

■ 中国与沿线国家贸易额占外贸总额的比重逐年提升，由 2013 年的 25% 提升到了 2018 年的 27.4%

■ 中国与 50 多个沿线国家签署双边投资协定，促进双向投资升级

图 7-2 “一带一路”建设成果：中国对沿线国家贸易及投资信息
（引自中国“一带一路”网，https://www.yidaiyilu.gov.cn）

2）检验检疫相关进展

检验检疫（含进出境商品检验、卫生检疫和动植物检疫）是“一带一路”贸易畅通建设中的主要内容之一。作为检验检疫的主管机构，海关总署坚决贯彻党中央、国务院关于推进“一带一路”建设的决策部署，立足发挥自身职能作用，致力于保障我国与沿线国家贸易安全与便利，扎实推进与“一带一路”沿线国家检验检疫合作，推动贸易便利，保障国门安全。在已举办的两届“一带一路”高峰论坛开幕式主旨演讲中，习近平总书记都具体提及了海关国际合作成果，大大提升了“一带一路”海关检验检疫国际合作的职责作用。来自海关总署的信息显示，在“一带一路”建设中，涉及进出境动植物检疫的相关进展可以从下述三个方面加以认识：

①举办多项“一带一路”国际性活动，宣传推广“一带一路”海关合作理念。自“一带一路”倡议发表后，海关总署率先于2015年在西安举办“一带一路”海关领导人论坛，并推出“三互”（信息互换、监管互认、执法互助）海关合作理念，宣传“一带一路”合作精髓。2018年，在北京举办全球跨境电商大会，推动“一带一路”电子商务发展，助力我国跨境电商全球化发展战略；在西安举办上海合作组织动物疫病联防联控会议，签署并实施《上海合作组织成员国经授权的主管部门间关于跨境动物疫病联防联控技术合作谅解备忘录》。积极参与2017年和2019年的两届北京“一带一路”国际合作高峰论坛，贡献多项海关成果。

②着力营造“一带一路”沿线便利的贸易环境。促进国际物流大通道建设，与哈萨克斯坦、塔吉克斯坦、吉尔吉斯斯坦、越南、蒙古等邻国相继开通7条边境口岸农副产品快速通关“绿色通道”，倡议实施“海关—铁路运营商推动中欧班列安全和快速通关伙伴合作计划”，积极推进中欧“安智贸”等合作项目。持续改善跨境贸易营商环境，简化通关流程，2018年12月进口、出口整体通关时间分别较2017年压缩56.36%和61.19%；不断扩展国际贸易“单一窗口”功能和应用场景，与25个部委系统对接和数据共享，提供货物申报、许可证件申领、税费支付、跨境电商、金融服务等16大类近600项企业服务事项，实现全国所有口岸和区域全覆盖。推动信息交换和共享，建成“一带一路”海关信息交换和共享平台，实施与智利、巴基斯坦、新加坡、格鲁吉亚的原产地电子联网项目；开展统计信息交换合作，推动与俄罗斯、哈萨克斯坦开展包括价格信息在内的报关单信息交换合作试点工作。

③积极开展优质农产品食品检疫准入合作，保护国门生物安全。结合国内市场需求，有序推进俄罗斯、哈萨克斯坦、乌兹别克斯坦、匈牙利、老挝、柬埔寨、菲律宾等83个国家粮食、饲料、水果、木材、肉类、水产品等多种优质农产品准入。2013—2019年，累计与沿线国家、国际组织等签署海关检验检疫合作文件350多份，推动超过200种农产品食品检疫准入或实现贸易，为“一带一路”沿线贸易的快速增长提供了有力支撑。同时，加强“一带一路”沿线重大动植物疫情监测预警和合作防控，推进国门生物安全合作。

小结

“一带一路”倡议是我国于2013年提出的关于经济、贸易、文化交流和发展的重要倡议，“一带一路”建设是落实“一带一路”倡议的具体行动，涉及双边及多边合作。通过“一带一路”沿线国家、其他国家及国际组织的共同努力，“一带一路”建设取得了阶段性的可喜成果，受到国际社会的普遍关注。作为检验检疫的主管机构，海关总署坚决贯彻党中央、国务院关于推进“一带一路”建设的决策部署，立足发挥自身职能作用，致力于保障我国与沿线国家贸易安全与便利，扎实推进与“一带一路”沿线国家开展检验检疫合作，推动贸易便利，保障国门安全。

7.2 “一带一路”建设中的动物检疫实践

学习重点

- 掌握我国与“一带一路”沿线国家动物检疫协议的主要内容
- 掌握我国与“一带一路”沿线国家动物检疫实践的主要进展

在“一带一路”建设中，进出境动物检疫受到沿线国家、其他国家及国际组织的特别关注。近年来，我国加强了与亚洲、欧洲、非洲国家及其他国家的动物检疫机构合作，签署、实施了多项动物检疫协议，预防了检疫性动物疫病的传入和扩散，促进了动物及动物产品进出口贸易，保护了养殖业生产安全、人体健康和生态安全。

7.2.1 中国与亚洲国家动物检疫协议及其实施

1）协议及其实施概况

自 2013 年以来，我国与“一带一路”沿线亚洲多个国家签署、实施了多项动物检疫协议，涉及多种动物和动物产品的进出口贸易，有力地推动了中国与亚洲地区动物检疫的双边及多边合作，促进了相关贸易的发展。从所收集、整理的我国与亚洲国家签署的动物检疫合作文件中，可以看出我国与中亚、西亚、南亚、东南亚、东北亚等国家均有动物检疫合作协议签署，涉及牛肉、猪肉、鸭肉、水产品、乳品、蜂蜜、原毛等动物和动物产品的进出口贸易及其检验检疫要求。例如，《中华人民共和国海关总署和哈萨克斯坦共和国农业部关于中国从哈萨克斯坦输入牛肉的检验检疫和兽医卫生要求议定书》《中华人民共和国海关总署和哈萨克斯坦共和国农业部关于哈萨克斯坦从中国输入鸭肉的检验检疫和兽医卫生要求议定书》《中华人民共和国海关总署和吉尔吉斯共和国政府兽医和植物卫生安全检验局关于吉尔吉斯共和国输华乳品检验检疫要求议定书》《中华人民共和国海关总署和乌兹别克斯坦共和国畜牧和兽医发展委员会关于输华蜂蜜的检验检疫和兽医卫生要求议定书》《中华人民共和国海关总署与土耳其共和国农业和林业部关于土耳其输华水产品的检验检疫和兽医卫生要求议定书》等。

2）协议主要内容

在诸多的动物检疫协议中，以《中华人民共和国海关总署和哈萨克斯坦共和国农业部关于哈萨克斯坦从中国输入鸭肉的检验检疫和兽医卫生要求议定书》所涉及的中国鸭肉出口哈萨克斯坦的检验检疫要求为例进行分析。2020 年 5 月 3 日，海关总署发布公告“根据我国法律法规和《中华人民共和国海关总署和哈萨克斯坦共和国农业部关于哈萨克斯坦从中国输入鸭肉的检验检疫和兽医卫生要求议定书》规定，自本公告发布之日起，允许符合相关要求的中国鸭肉出口哈萨克斯坦。现将中国鸭肉出口哈萨克斯坦的检验检疫要求予以公布”。

那么，在中国鸭肉出口哈萨克斯坦的检验检疫要求中，涉及哪些主要内容？具体的动物检疫要求有哪些呢？通过分析发现，其主要内容包括：检验检疫依据、允许出口产品范围、生产企业注册、有关检验检疫要求、包装要求、证书要求及储存运输要求；其检疫要求包括：①孵化、饲养并屠宰于中国的禽流感、新城疫非疫区。来自实施有效追溯体系的备案农场，可以追溯到活鸭的来源地。②来自过去 12 个月内未发生过禽衣原体病、禽传染性支气管炎、禽传染性喉气管炎、禽支原体病、鸭病毒性肝炎、鸡白痢和禽伤寒、传染性法氏囊病的农场。③来自过去 12 个月内未因发生 OIE、哈萨克斯坦和中国动物卫生法规规定的疫病受到管制和检疫限制的农场。④孵化后或至少在送宰前 21 d，在兽医部门要求的条件下隔离，隔离期间没有传染病临床症状。⑤按照中国、哈萨克斯坦以及欧亚经济联盟现行的有关法律法规，对屠宰活鸭实施宰前宰后检验，证明所有屠宰活鸭是健康的，没有疫病临床症状和寄生虫病，胴体和脏器无病理变化，主要淋巴结和腺体已摘除。⑥每批出口鸭肉应随附一份主管部门出具的官方兽医卫生证书，证明其符合中国、哈萨克斯坦以及欧亚经济联盟的检验检疫要求。

3）检疫实例浅析

针对“一带一路”建设，我国与亚洲国家的动物检疫实例较多，从中选择两个实例进行分析，来了解我国与亚洲国家相关动物检疫实践的主要内容、检疫依据和检疫意义，进一步认识动物检疫在“一带一路”建设中的重要作用。

检疫实例 7-1：霍尔果斯口岸推动“一带一路”沿线国家肉类走向中国百姓餐桌

实例简介：2019 年 3 月 20 日，霍尔果斯进口肉类口岸正式通过海关总署验收，这为“一带一路”沿线国家优质肉类出口我国开辟了新的途径。自 2019 年 5—12 月，霍尔果斯口岸进口牛肉、羊肉、鸡肉等 3295 t，贸易额 8357 万元，占全新疆口岸进口总量的 70% 以上，进口肉类主要来自哈萨克斯坦等“一带一路”沿线国家，主要供应北京、天津、河南等地。2019 年从哈萨克斯坦进口的首批牛肉主要是冷冻带骨牛肉四分胴体，均为不超过 24 个月龄的西门塔尔牛和本地黄牛，与国内市场同类进口牛肉产品相比，品质和价格都有较明显的竞争优势。针对霍尔果斯口岸进口肉类品种齐全、量大等特点，霍尔果斯海关采取预约通关、一次申报、一次查验、一次放行等措施，降低企业仓储物流成本，最大限度压缩通关时间，让进口肉类“最快”端上民众的餐桌。

检疫依据：《中华人民共和国进出境动植物检疫法》及其实施条例、《中华人民共和国食品安全法》及其实施条例、《进出口肉类产品检验检疫监督管理办法》《中华人民共和国海关总署和哈萨克斯坦农业部关于中国从哈萨克斯坦输入牛肉的检验检疫和兽医卫生要求议定书》。

检疫意义：2018 年 6 月 7 日，中哈两国签署《中华人民共和国海关总署和哈萨克斯坦共和国农业部关于中国从哈萨克斯坦输入牛肉的检验检疫和兽医卫生要求议定书》。2019 年，按照议定书要求，哈萨克斯坦首批牛肉经双方动物检疫合格后顺利输华，进一步促进了我国与哈萨克斯坦的动物检疫合作。同时，霍尔果斯进口肉类指定口岸的验收对于进一步发挥“中欧班列”铁路大通道优势、更好服务国家“一带一路”合作倡议实施意义重大。通过中欧班列将来自“一带一路”沿线国家的肉类不断输入中国市场，持续满足国内消费市场多样化的需求。

检疫实例 7-2：烟台口岸推动我国宠物食品出口韩国

实例简介：2020 年 5 月 21 日，烟台海关在烟台某公司车间对即将出口韩国的 1508 箱宠物食品进行现场查验，检查其包装是否完好，有无携带有害生物，有无动物尸体、动物排泄物等。检查合格后，出具兽医（卫生）证书。出口宠物食品多以禽胸肉为原料，部分产品以猪、牛、羊肉类或其副产品为原料，进口国家一般要求动物源性原料应当来自非疫区，要求采取烘干、高温等方式杀灭致病菌和其他有害生物，并在卫生证书中注明处理的温度和时间。烟台海关自始至终严把质量关，依照有关规定，结合国外高标准、高要求，率先建立质量控制体系、原辅料供应商评价、自检自控、追溯召回、实验室检测等制度，协助企业不断完善管控体系，提高质量控制能力和产品质量稳定性，帮扶企业进一步做大做强。

检疫依据：《中华人民共和国进出境动植物检疫法》及其实施条例、《中华人民共和国食品安全法》及其实施条例、《进出口饲料和饲料添加剂检验检疫监督管理办法》。

检疫意义：烟台海关积极收集国外相关政策法规，帮助企业开拓市场，促进宠物食品走出国门。目前，烟台宠物食品已出口至马来西亚、菲律宾、阿联酋、韩国等10余个“一带一路”沿线亚洲国家。“一带一路”倡议的大背景，为出口宠物食品的蓬勃发展创造了机遇，出口宠物食品贸易合作的丰硕成果又进一步加深拓展了与“一带一路”国家的互通互联，助推共赢之路越走越宽。

7.2.2 中国与欧洲国家动物检疫协议及其实施

1）协议及其实施概况

自2013年以来，我国与“一带一路”沿线欧洲多个国家签署、实施了多项动物检疫协议，涉及多种动物和动物产品的进出口贸易，有力地推动了中国与欧洲地区动物检疫的双边及多边合作，促进了相关贸易的发展。从收集、整理的我国与欧洲国家签署的动物检疫合作文件中，能够看出我国与中欧、东欧、西欧、北欧、南欧等国家均有动物检疫合作协议签署，涉及活动物、禽肉、猪肉、水产品、乳品、蜂蜜等动物和动物产品的进出口贸易及其检验检疫要求。例如《中华人民共和国海关总署与俄罗斯联邦兽医和植物卫生监督局关于俄罗斯和中国进出口冷冻禽肉的检验检疫和兽医卫生要求议定书》《中华人民共和国海关总署与俄罗斯联邦兽医和植物卫生监督局关于中俄乳品双向贸易的兽医和公共卫生条件议定书》《中华人民共和国海关总署和乌克兰国家食品安全和消费者保护署关于向中国出口羚羊动物卫生证书的备忘录》《中华人民共和国海关总署和爱沙尼亚共和国农业部关于中国从爱沙尼亚输入鲑鱼产品检验检疫和兽医卫生要求议定书》《中华人民共和国海关总署与塞尔维亚共和国农业、林业和水利部关于中国从塞尔维亚输入猪肉的检验检疫和兽医卫生要求议定书》等。

2）协议主要内容

在我国与欧洲国家签署的诸多动物检疫协议中，以《中华人民共和国海关总署与塞尔维亚共和国农业、林业和水资源管理部关于塞尔维亚共和国输华乳品检验检疫条件议定书》所涉及的进口塞尔维亚乳品检验检疫要求为例进行分析。2020年8月12日，海关总署发布公告“根据我国相关法律法规和《中华人民共和国海关总署与塞尔维亚共和国农业、林业和水资源管理部关于塞尔维亚共和国输华乳品检验检疫条件议定书》的规定，自本公告发布之日起，允许符合相关要求的塞尔维亚乳品出口我国。现将进口塞尔维亚乳品检验检疫要求予以公布”。

进口塞尔维亚乳品检验检疫要求涉及主要内容包括：检验检疫依据、允许进口产品、生产设施要求、动物检疫要求、检疫审批要求、证书要求、食品安全要求、包装和标识要求、存放和运输要求；其检疫要求包括：①为输华乳品提供原料乳的奶畜须采集生乳前至少一个月，农场无口蹄疫病例或疑似病例；②为输华乳品提供原料乳的奶畜须采集生乳时，农场未发现炭疽临床症状；③为输华乳品提供原料乳的奶畜所在农场无牛结核病、副结核、牛瘟、裂谷热、小反刍兽疫、羊痘、传染性牛胸膜肺炎；④为输华乳品提供原料乳的奶畜所在农场受塞尔维亚共和国农业、林业和水资源管理部监管；⑤为输华乳品提供原料乳的奶畜所在农场及其周边地区未因动物疾病按《OIE 陆生动物卫生法典》和本国动物卫生法规规定而受到检疫限制；⑥塞尔维亚巴氏杀菌乳和以巴氏杀菌工艺生产的调制乳，应事先办理检疫审批，获得《进境动植物检疫许可证》；⑦塞尔维亚输华乳品应随附塞尔维亚官方签发的卫生证书。

3）检疫实例浅析

针对“一带一路”建设，有关我国与欧洲国家的动物检疫实例较多。在诸多的实例中，选择了下述两个实例进行初步分析。通过实例，能够认识到中欧班列在“一带一路”建设中的特殊意义，能够认识到我国与欧洲国家相关动物检疫实践的主要内容、检疫依据和检疫意义，能够进一步认识动物检疫在“一带一路”建设中的重要作用。

检疫实例 7-3：白俄罗斯冷冻牛肉经中欧班列顺利输华

实例简介：2018 年 8 月，全国首趟搭载白俄罗斯冷冻牛肉的中欧班列抵达成都。该批货物是从白俄罗斯进口的冷冻牛肉等产品，货值 2600 万元，货重 900 t。这是全国首次以中欧班列形式进口欧洲冷冻肉类制品，专列由白俄罗斯布列斯特发出，全程冷链运输，在途运输 10 d 后到达目的地。为确保进口肉类安全、快速通关，成都海关提前介入，积极指导相关企业申报进口肉类检疫许可，开设绿色通道，特事特办、即到即办，通过检疫准入信息审核、进境许可、口岸查验等多种手段实施全流程管理，在保障进口肉类质量安全的前提下加快办理通关手续。同时，本次进口肉类专列申报享受了成都海关前期推出的“一单到底，两段结算”—中欧班列运费分段结算估价管理改革红利，即“境内段运费不计入完税价格”，此趟专列可节省税费约 5 万元。2019 年 1 月，装载白俄罗斯冷冻牛肉的中欧班列抵达郑州，开启了通过中欧班列进口生鲜食品的新的一页。

检疫依据：《中华人民共和国进出境动植物检疫法》及其实施条例、《中华人民共和国食品安全法》及其实施条例、《进出口肉类产品检验检疫监督管理办法》《关于白俄罗斯输华冷冻牛肉的检验检疫和兽医卫生要求议定书》。

检疫意义：白俄罗斯是“一带一路”中欧沿线重要节点国家，畜牧业发达，牛肉品质较好且无疫情发生。2017 年 4 月，中国和白俄罗斯双方签署《关于白俄罗斯输华冷冻牛肉的检验检疫和兽医卫生要求议定书》，白俄罗斯成为中国第 14 个牛肉进口准入国家；自 2018 年以来，经中欧班列白俄罗斯冷冻牛肉陆续输往我国内陆省份；中白两国在动物检疫方面的合作进一步深化，在“一带一路”建设中发挥了重要作用。

检疫实例 7-4：疫情防控背景下海关积极扩大欧洲优质种猪进口助力复产增养

实例简介：2020 年 3 月 11 日至 12 日，1973 头法国优良种猪从太原航空口岸入境。在非洲猪瘟疫情及 COVID-19 疫情防控背景下，海关总署积极行动，与现有种猪来源国法国、丹麦和英国加强检疫合作，与荷兰就输华猪遗传物质议定书内容达成一致，优先启动芬兰等国优良种猪及遗传物质检疫准入。同时，海关采取相关措施，防疫病、保安全、促发展。在种猪境外预检方面，建立种猪预检兽医出国任务审批绿色通道；新冠肺炎疫情期间，将实地预检调整为视频检查和材料审核，确保境外隔离检疫效果；加强与进口企业沟通联系，及时掌握进口需求；加强隔离场选址、建设的技术指导，加快隔离场考核验收；积极协调做好口岸检疫、沿途押运、疫病监测、疫情防控、接卸装车等；落实种畜税收优惠政策，提前为企业办理减免税证明、预约申报等手续，确保“零等待”通关。在入境检疫方面，派出技术骨干，实施24 h驻场监管；督促企业严格落实各项生物安全措施；对隔离种猪逐头采样，对经实验室检测和临床检疫合格的种猪及时出证放行。

检疫依据：《中华人民共和国进出境动植物检疫法》《中华人民共和国动植物检疫法实施条例》(第二十四条：输入种用大中家畜的，应当在国家动植物检疫局设立的动物隔离检疫场所隔离检疫45 d)、《进境动物隔离检疫场使用监督管理办法》。

检疫意义：种猪引进须严格检疫，防止非洲猪瘟、口蹄疫等检疫性动物疫病的传入。非洲猪瘟疫情，给我国的养猪业带来巨大影响。海关总署坚决贯彻落实国务院关于做好农产品稳产保供工作的决策部署，全力支持扩大种猪等优质种质资源进口，助力生猪稳产保供，对打赢新冠肺炎疫情防控阻击战、促进“一带一路”建设发展具有重要意义。

7.2.3 中国与非洲国家动物检疫协议及其实施

1）协议及其实施概况

自2013年以来，我国与“一带一路”沿线非洲国家签署、实施了动物检疫协议，涉及动物和动物产品的进出口贸易，推动了中国与非洲地区动物检疫合作，促进了相关贸易的发展。截至目前，我国与非洲国家签署的动物检疫合作协议，涉及南非、肯尼亚、赞比亚、马达加斯加、坦桑尼亚、塞舌尔等，涉及牛肉、水产品、驴皮、蜂蜜等动物和动物产品的进出口贸易及其检验检疫要求。例如，《中华人民共和国海关总署与塞舌尔共和国标准局关于塞舌尔输华野生海捕水产品的检验检疫和兽医卫生要求议定书》《中华人民共和国海关总署和赞比亚共和国渔牧部关于赞比亚输华蜂蜜检验检疫和兽医卫生要求议定书》《中华人民共和国海关总署与肯尼亚共和国农业、畜牧业和渔业部关于肯尼亚输华加工用驴皮检疫和卫生要求的议定书》《中华人民共和国国家质量监督检验检疫总局与南非共和国农林渔业部关于中国从南非输入冷冻牛肉的检验检疫和兽医卫生要求议定书》《中华人民共和国国家质量监督检验检疫总局与马达加斯加共和国渔业和水产资源部关于中国从马达加斯加输入斑节对虾检验检疫要求议定书》等。

2）协议主要内容

在我国与非洲国家签订的动物检疫协议中，来自南非的协议相对突出，特别是《中华人民共和国国家质量监督检验检疫总局与南非共和国农林渔业部关于中国从南非输入冷冻牛肉的检验检疫和兽医卫生要求议定书》引人关注。2017年2月24日，在南非总统祖马亲自见证下，两国正式签署了该议定书，为南非牛肉有条件对华出口奠定了坚实基础。这里的“有条件”指的就是符合检验检疫和兽医卫生要求，该要求特别强调了对口蹄疫的严格限制。有关信息显示：2017年2月24日，中国和南非签署牛肉输华议定书，南非冷冻去带骨牛肉正式准入中国大陆；2017年9月，首批试单南非牛肉抵达中国大陆；2018年，南非牛肉输华发力，中国跃居南非牛肉最大出口目的地，且南非成为中国第7大牛肉进口来源国；2019年1月，南非牛肉输华继续保持高位，在中国大陆进口来源中升至第6位。2019年2月26日，南非牛肉、动物皮革、羊毛均因口蹄疫情被暂停输华；自2019年5月8日起，根据风险评估结果，解除海关总署、农业农村部联合发布的对南非动物皮张和羊毛的禁令，从南非进口的动物皮张和羊毛须满足OIE技术手册有关口蹄疫病毒灭活技术要求及我国相关法律法规规定。通过上述信息，我们能够进一步认识"南非牛肉有条件对华出口"的主要要求。

3）检疫实例浅析

针对"一带一路"建设，在有关我国与非洲国家的动物检疫实例中，选择下述两个实例进行分析。通过实例，我们能够认识到中非合作在"一带一路"建设中的特殊意义，认识到我国与非洲国家相关动物检疫实践的主要内容、检疫依据和检疫意义，认识动物检疫在"一带一路"建设中的重要作用。

检疫实例 7-5：厦门海关、福州海关合作助力南非长颈鹿顺利输华

实例简介：2018年8月21日，66只来自南非的长颈鹿"乘坐"包机抵达厦门高崎国际机场，厦门海关关员在机坪上第一时间办理监管验放手续，确保这批长颈鹿及时运往福州平潭进出境动植物检疫隔离处理中心进行隔离检疫，这是厦门海关首次对来自金砖国家的长颈鹿实施动物检疫。2018年8月22日，8辆载有上述66只长颈鹿的卡车有序驶入福州平潭进出境动植物检疫隔离处理中心，开始为期45 d的隔离检疫。福州海关在海关总署支持下，制定了详细的隔离检疫监管工作方案、进境野生动物检疫监管应急处置预案，开展海关监管人员、防疫消毒企业和进口企业专题培训，明确各自职责、严格按要求做好进境长颈鹿隔离检疫工作。隔离检疫期间，检疫人员对长颈鹿逐只开展口蹄疫、结核病、布氏杆菌病等多个项目的抽血检测。经隔离检疫合格后，该批长颈鹿运往北京、南京等地动物园配种繁殖。

检疫依据：《中华人民共和国进出境动植物检疫法》《中华人民共和国进出境动植物检疫法》《中华人民共和国动植物检疫法实施条例》(第二十四条：输入种用大中家畜的，应当在国家动植物检疫局设立的动物隔离检疫场所隔离检疫45 d)、《进境动物隔离检疫场使用监督管理办法》。

检疫意义：在"一带一路"建设中，我国与非洲国家开展动物检疫合作具有特殊意义。2017年2月，我国与南非签署《中南出入境动物检疫合作谅解备忘录》；在中南双方检疫人员的共同努力下，此次南非长颈鹿顺利入境，成为中南出入境动物检疫合作的一项成果。同时，作为离岛隔离检疫中心，此次是福州平潭进出境动植物检疫隔离处理中心承接的首批大宗大型野生动物隔离检疫业务，具有开创性意义。

检疫实例 7-6：海关、企业共同努力实现汕头罗非鱼首次出口布基纳法索

实例简介：2020年4月10日，汕头经济特区某公司一批26 t的制作保藏罗非鱼在汕头海关所属龙湖海关报关出口布基纳法索，这是汕头罗非鱼首次对该国出口（图7-3）。由于新冠疫情的影响，一些欧美客户提出延迟甚至取消订单，对公司的出口造成一定影响。得知这一情况，龙湖海关主动联系企业，搜集整理出口养殖罗非鱼产品的有关法律法规、标准、要求，指导企业开展生产，引导企业开发新产品、开拓新市场。同时，该关实施"无接触"办理模式，通过海关、企业服务微信群、电话等渠道与企业进行沟通，指导企业通过无纸化系统进行网上申报，再通过网上核验、音视频查验等作业方式，最大限度减少人员流动聚集，让数据多跑腿、企业少走路；开通审单放行"随报随检、随即出证、加班放行出证"绿色通道，进一步压缩出证和放行时长，为企业出口提供便利。在海关、企业共同努力下，龙湖海关辖区多家企业今年以来连续取得来自非洲国家的订单。

检疫依据：《中华人民共和国进出境动植物检疫法》及其实施条例、《进出口食品安全管理办法》《进出口水产品检验检疫监督管理办法》。

检疫意义：罗非鱼，原产于非洲，是我国主要的养殖水产品种，在我国水产品出口贸易中地位突出，已出口到美洲、欧洲、亚洲、非洲等 50 多个国家和地区。由于新冠疫情的影响，欧美市场需求下滑。本实例中，通过海关、企业共同努力，进一步开辟了罗非鱼的海外市场，并满足非洲当地需求，进一步发挥出“一带一路”倡议和“一带一路”建设的作用。

图 7–3 海关关员在企业生产现场开展实地监督
（引自海关总署官网报道 http://www.customs.gov.cn）

7.2.4 中国与其他国家动物检疫协议及其实施

1）协议及其实施概况

自 2013 年以来，在“一带一路”沿线国家之外，我国同美洲、大洋洲的多个国家签署、实施了多项动物检疫协议，涉及多种动物和动物产品的进出口贸易，有力地推动了中国与这些国家动物检疫的双边及多边合作，促进了相关贸易的开展，促进了“一带一路”建设的发展。在所收集、整理的我国与美洲、大洋洲国家签署的动物检疫合作文件中，可以看出我国与美国、加拿大、阿根廷、智利、巴拿马、哥斯达黎加、厄瓜多尔、澳大利亚、新西兰等均有动物检疫合作协议签署，涉及种牛、种猪、种鸡、羊驼、牛肉、水产品、乳品等多种动物和动物产品的进出口贸易及其检验检疫要求。例如《中华人民共和国海关总署与阿根廷共和国生产劳动部农业产业国务秘书处关于中国和阿根廷进出口猪肉的检验检疫和兽医卫生要求议定书》《中华人民共和国海关总署和巴拿马共和国农业发展部及巴拿马共和国卫生部关于中国从巴拿马输入猪肉的检验检疫和兽医卫生要求议定书》《中华人民共和国海关总署与智利共和国经济、发展和旅游部关于智利输华野生海捕水产品的检验检疫和兽医卫生要求议定书》《中华人民共和国海关总署与哥斯达黎加共和国农业畜牧部关于哥斯达黎加输华野生海捕水产品的检验检疫和兽医卫生要求议定书》《中华人民共和国海关总署与巴布亚新几内亚独立国渔业和海洋资源部关于巴布亚新几内亚输华野生海捕水产品的检验检疫和兽医卫生要求议定书》等。

2）协议主要内容

在我国与美洲、大洋洲国家签订的诸多动物检疫协议中，以《中华人民共和国海关总署和厄瓜多尔共和国生产、外贸、投资和渔业部关于厄瓜多尔输华冷冻南美白虾检验检疫和兽医卫生要求议定书》为例进行分析。2020 年 8 月 14 日，海关总署发布公告“根据我国相关法律法规和《中华人民共和国海关总署和厄瓜多尔共和国生产、外贸、投资和渔业部关于厄瓜多尔输华冷冻南美白虾检验检疫和兽医卫生要求议定书》，现将进口厄瓜多尔冷冻南美白虾检验检疫要求予以公布。本公告自发布之日起施行”。

那么，在进口厄瓜多尔冷冻南美白虾检验检疫要求中，涉及哪些主要内容？具体的动物检疫要求如何呢？编者分析后发现，其主要内容包括：检验检疫依据、涉及进口产品、生产企业要求、检疫审批要求、证书要求、食品安全要求、包装和标识要求、存放和运输要求。在检疫审批要求中，规定进口厄瓜多尔冷冻南美白虾，应事先办理检疫审批，获得《进境动植物检疫许可证》。证书中包含了检疫要求，即每一批厄瓜多尔输华冷冻南美白虾应至少随附一份厄官方签发的正本兽医（卫生）证书，并在证书中声明：①该产品来自主管当局注册的企业；②该产品是在卫生条件下生产、包装、储藏和运输，并置于主管当局监督之下；③该产品经主管当局检验检疫，未发现中国规定的致病微生物、有毒有害物质和异物，以及中国和 OIE 所列的疫病；④该产品符合兽医卫生要求，适合人类食用。

3）检疫实例浅析

针对“一带一路”建设，在有关我国与美洲、大洋洲国家的动物检疫实例中，选择下述两个与种牛输华相关的实例进行分析。通过实例，能够看出在“一带一路”沿线国家之外，我国同美洲及大洋洲国家在动物检疫中的合作，能够认识到我国种牛引进动物检疫实践的主要内容、检疫依据和检疫意义，能够进一步认识动物检疫在“一带一路”建设中的重要作用。

检疫实例 7-7：天津口岸首次完成智利进境种牛检疫

实例简介：2015 年 1 月 28 日，经天津检疫机构锚地检疫合格，一批来自智利的 7157 头荷斯坦种牛在天津港码头登陆，并被直接卸转入专用运输车，运往指定进境种牛隔离场，开始接受为期 45 d 的入境隔离检疫。这是我国首次从智利引进种牛。按照相关检疫要求，在种牛从智利启运前，首先要经过农场检疫和隔离检疫两个过程，且需要中方派出的官方兽医对上述过程进行监督。经检疫合格的种牛方可启运至中国。为做好首次引进南美种牛的入境检疫工作，天津口岸检疫机构提前介入，在种牛入境前一个月便选派专业人员，准备检疫用具、用品及试剂，对接运车辆、隔离场所和饲料草料等进行考核、检查及消毒处理，并对隔离场职工进行体检和培训。同时，制定详细的隔离检疫工作方案，安排驻场兽医、血样采集、实验室疫病检测、阳性牛处理等各项工作。种牛抵达时，口岸所在地检疫机构前往锚地对进境种牛进行严格的登轮检疫（图 7-4）；经锚地检疫合格的种牛被运往隔离场进行隔离检疫，隔离检疫监管工作由隔离场所在地检疫机构负责。种牛进境后一周内隔离场所在地检疫机构对动物进行样品采集，并按照双边议定书、相关检疫卫生要求及许可证标明的检疫要求进行进境动物疫病的实验室检测；同时，按照相关检疫要求对种牛进行隔离检疫期间的 24 h 驻场监管。隔离检疫结束后，检疫人员按照相关要求对检出二类传染病阳性动物进行了扑杀销毁处理，对经检疫合格的种牛出具了《检验检疫证明》，准予其运往山西、河北、黑龙江、甘肃、青海等地的奶企。

图 7-4　检疫人员对智利种牛进行锚地检疫（天津海关供图）

检疫依据：①《中华人民共和国动植物检疫法实施条例》第二十四条：输入种用大中家畜的，应当在国家动植物检疫局设立的动物隔离检疫场所隔离检疫45 d。②《中华人民共和国动植物检疫法》第十六条：输入动物，经检疫不合格的，由口岸动植物检疫机关签发《检疫处理通知单》，通知货主或者其代理人做如下处理：检出二类传染病、寄生虫病的动物，退回或者扑杀，同群其他动物在隔离场或者其他指定地点隔离观察。③《进境动物隔离检疫场使用监督管理办法》第二十四条：海关按照有关规定，对动物进行临床观察和实验室项目的检测，根据检验检疫结果出具相关的单证，实验室检疫不合格的，应当尽快将有关情况通知隔离场使用人并对阳性动物依法及时进行处理。

检疫意义：开展从智利进口种牛，打破了原有的卖方市场垄断格局，在一定程度上平抑了进口种牛价格，提升了育种效果。此外，由于智利优越的地理位置，其种牛疫病较少，乳制品品质上乘，对于我国提升乳制品质量具有重大的意义。同时，对于智利而言，向中国出口种牛可使其在经济方面收获颇丰，特别是当地的畜牧业养殖户可以获得比在本地市场高出40%的利润。

检疫实例7-8：烟台海关助力澳大利亚种牛顺利输华

实例简介：2019年8月19日，3941头来自澳大利亚的种牛搭乘货轮抵达烟台港。烟台海关关员赴锚地对入境种牛实施登轮检疫、查验货证，在确认无威胁我国动物及人类健康安全疫病疫情后，准予通关入境，并监管装卸过程（图7-5）。该批种牛经指定路线运至进境种牛隔离场，进入为期45 d的隔离检疫期。隔离期间，烟台海关组织兽医检疫关员对每头种牛采取血样，进行蓝舌病、副结核病、赤羽病、牛地方流行性白血病、牛传染性鼻气管炎、牛病毒性腹泻、鹿流行性出血热等疾病的实验室诊断和检测；对检出进境二类动物传染病的3头种牛及时进行了扑杀。10月3日，经隔离检疫合格的3938头种牛通关放行。

图7-5 海关关员对澳大利亚输华种牛进行卸货监管
（烟台海关供图）

检疫依据：《中华人民共和国进出境动植物检疫法》及其实施条例、《中华人民共和国进出口商品检验法》及其实施条例、《中澳关于向中国出口活牛的检疫和健康问题协议》《进境动物隔离检疫场使用监督管理办法》。

检疫意义：澳大利亚是我国种牛的主要来源国，进境检疫非常重要。该实例涉及对隔离检疫过程中所发现的染疫病牛进行及时扑杀，对其他检疫合格种群的通关放行，实现了动物检疫防传入、保安全、促贸易的宗旨。检疫合格牛发往广西、河北、山东、宁夏等地，作为优良品种用于改良我国现有牛种群遗传性状、扩大优质种群、丰富牛种基因资源，助推国内畜牧业的良性发展。

小结

在“一带一路”建设中，动物检疫发挥了重要作用。我国与亚洲、欧洲、非洲、大洋洲及美洲国家签署和实施了多项动物检疫协议，促进了全球动物及动物产品贸易的发展。通过学习动物检疫协议的主要内容，分析动物检疫实践的相关实例，能够进一步增强我们对动物检疫的认识，能够进一步提高我们理论联系实际的能力。

7.3 “一带一路”建设中的植物检疫实践

学习重点

- 掌握我国与“一带一路”沿线国家植物检疫协议的主要内容
- 掌握我国与“一带一路”沿线国家植物检疫实践的主要进展

在“一带一路”建设中，进出境植物检疫受到沿线国家、其他国家及国际组织的特别关注。近年来，我国与亚洲、欧洲、非洲国家及其他国家的植物检疫机构合作，签署、实施了多项植物检疫协议，预防了检疫性植物有害生物的传入和扩散，促进了植物及植物产品进出口贸易，保护了种植业生产安全、人体健康和生态安全。

7.3.1 中国与亚洲国家植物检疫协议及其实施

1）协议及其实施概况

自2013年以来，在植物检疫领域我国与“一带一路”沿线亚洲多个国家签署、实施了诸多协议，涉及诸多植物和植物产品的进出口贸易，有力推动了中国与亚洲地区植物检疫的双边及多边合作，促进了相关贸易的发展。在收集、汇总的我国与亚洲国家所签署的植物检疫合作文件中，能够看出我国与泰国、柬埔寨、缅甸、老挝、越南、印度尼西亚、文莱、哈萨克斯坦、乌兹别克斯坦等国家均有植物检疫合作协议签署，涉及非常丰富的粮食、水果、蔬菜等植物和植物产品种类，如小麦、大麦、玉米、大米、芒果、樱桃、苹果、柠檬、香蕉、蛇皮果、火龙果、椰子、榴莲、山竹、甜瓜、西瓜、甘薯、甜椒、红辣椒、苜蓿干草、亚麻籽、米糠粕、菜籽粕、麦麸等的进出口贸易及其检验检疫要求。例如，《中华人民共和国海关总署与哈萨克斯坦共和国农业部关于哈萨克斯坦小麦粉输华植物检疫要求的议定书》《中华人民共和国海关总署与缅甸联邦共和国农牧灌溉部关于缅甸大米输华植物检验检疫要求议定书》《中华人民共和国海关总署和文莱达鲁萨兰国初级资源与旅游部关于文莱鲜食甜瓜输往中国植物检疫要求的议定书》《中华人民共和国海关总署与大韩民国农林畜产食品部关于中韩进出口甜椒检验检疫合作的谅解备忘录》《中华人民共和国海关总署与乌兹别克斯坦共和国国家植物检验检疫局关于乌兹别克斯坦花生输华检验检疫要求议定书》《中华人民共和国国家质量监督检验检疫总局与泰王国农业与合作部关于中国水果输泰检验检疫条件的议定书》等。

2）协议的主要内容

在我国与亚洲国家诸多的植物检疫协议中，以《中华人民共和国海关总署与柬埔寨王国农林渔业部关于柬埔寨鲜食芒果输往中国植物检疫要求议定书》所涉及的柬埔寨鲜食芒果输往中国植物检疫要求为例进行分析。2020 年 7 月 16 日，海关总署发布公告“根据我国相关法律法规和《中华人民共和国海关总署与柬埔寨王国农林渔业部关于柬埔寨鲜食芒果输往中国植物检疫要求议定书》规定，自本公告发布之日起，允许符合检疫要求的柬埔寨鲜食芒果进口。现将进口柬埔寨鲜食芒果植物检疫要求予以公布”。

分析进口柬埔寨鲜食芒果植物检疫要求发现，其主要内容包括：检验检疫依据、允许进境商品名称、允许的产地、批准的果园和包装厂、关注的检疫性有害生物名单、出口前管理、进境检验检疫及不合格处理、回顾性审查。在关注的检疫性有害生物名单中，规定了南亚果实蝇、扶桑绵粉蚧、南洋臀纹粉蚧、芒果果核象甲、芒果果实象甲等 9 种害虫。在出口前管理中，强调：①针对中方关注的检疫性有害生物，柬方应在芒果生长和收获期对果园进行监测和调查，一旦监测发现，应在果园采取化学或生物防治措施，有效控制虫口密度；②输华芒果须在柬方官员或其授权人员的监管下实施热处理，热处理技术要求为：蒸热处理要求处理温度为芒果（最大果）果心温度达到 47 ℃（相对湿度为 95%），处理 20 min；热水处理要求果实必须完全浸泡在水里，处理温度为 48 ℃或以上，处理 60 min；③应按 2% 的抽样比例对每批输华芒果实施检验检疫，确保不携带中方关注的检疫性有害生物；④经检验检疫合格的芒果，由柬方检疫机构签发植物检疫证书。在进境检验检疫及不合格处理中，规定了如发现中方关注的检疫性有害生物，则该批货物作退回、销毁或除害处理。

3）检疫实例浅析

针对“一带一路”建设，在有关我国与亚洲国家的植物检疫实例中，选择下述两个与泰国相关的实例进行分析。通过实例，能够看出我国同“一带一路”沿线亚洲国家在植物检疫中的合作，能够认识到我国水果进出口检疫实践的主要内容、检疫依据和检疫意义，能够进一步认识植物检疫在“一带一路”建设中的重要作用。

检疫实例 7-9：泰国输华水果首次乘火车从凭祥口岸入境

实例简介：凭祥口岸是中国最大的陆路水果进出口口岸，2020 年 2 月该口岸正式列入进境水果指定监管场地名单，4 月又被海关总署批准为泰国水果经第三国输华入境口岸。2020 年 5 月 21 日，跨境冷链班列——凭祥－同登泰国水果进口班列开行，广西新增泰国水果经第三国输华入境口岸，中国与东盟之间的水果贸易再添一条便捷新通道。这趟班列装有泰国山竹和榴莲的 6 个 40 英尺冷藏集装箱（全程温度控制在 2～8 ℃）、共计 156 t，过境越南同登火车站后，中转铁直达凭祥铁路口岸进境水果指定监管场地，在接受海关检验检疫后，这批水果被迅速转运发往全国各地，这是泰国水果首次通过跨境冷链班列进入我国。在检验检疫过程中，南宁海关进一步优化模式，提升通关效率。在做好风险防控的同时，对鲜活农产品实施检疫环节中的开箱、打通道、卸货、掏柜等的具体流程进行全面优化，提高检疫监管的科学性、针对性和时效性，有效提升了查验效能，提高了鲜活农产品通关效率。

检疫依据：《中华人民共和国进出境动植物检疫法》及其实施条例、《中华人民共和国进出口商品检验法》及其实施条例、《中华人民共和国国家质量监督检验检疫总局与泰王国农业与合作部关于泰国水果输华检验检疫条件的议定书》和《中国和泰国进出口水果经过第三国检验检疫要求的议定书》。

检疫意义：泰国是我国水果进口主要贸易国家，在“一带一路”沿线拥有突出地位。此前，泰国水果经第三国进入广西，只有友谊关口岸；目前新增凭祥铁路口岸、东兴口岸作为泰国水果经第三国输华入境口岸，共同开展泰国水果经第三国输华贸易，意义重大。同时，跨境冷链班列的开行，为促进更多质优价廉的东盟水果进入中国市场创造了更好条件。

检疫实例 7-10：龙口海关助力我国苹果出口泰国

实例简介：2019 年 12 月 13 日，龙口海关关员对烟台某公司申报的一批输泰国苹果进行了检验检疫（图 7-6）。包装厂干净整洁，堆垛整齐，货物数量准确，包装箱贴有中泰双方认可的检疫标签。海关关员按 3% 的标准进行抽样；样品无土壤、泥沙、树叶和植物残体，无病斑、病害，未发现活体有害生物迹象；海关关员对该批货物出具植物检疫证书并放行。在该批输泰苹果生产过程中，龙口海关对其开展有害生物监测、实施安全风险监控，指导企业健全质量管理体系，提高自检自控能力，从源头保障出口水果质量安全。

图 7-6　海关关员对出口泰国苹果进行检疫
（龙口海关供图）

检疫依据：《中华人民共和国进出境动植物检疫法》及其实施条例、《中华人民共和国食品安全法》及其实施条例、《出境水果检验检疫监督管理办法》和《中华人民共和国国家质量监督检验检疫总局与泰王国农业与合作部关于中国水果输泰检验检疫条件的议定书》。

检疫意义：烟台是闻名遐迩的“苹果之都”，同时又为古代东方海上丝路首航地，泰国既是丝绸之路的必经之地，也是海上丝绸之路的必经之地，做大做强出口泰国苹果产业有利于推动“一带一路”建设，为中泰经贸发展增添新的动力。

7.3.2　中国与欧洲国家植物检疫协议及其实施

1）协议及其实施概况

自 2013 年以来，我国与“一带一路”沿线欧洲多个国家签署、实施了多项植物检疫协议，涉及诸多植物和植物产品的进出口贸易，有力地推动了中国与欧洲地区植物检疫的双边及多边合作，促进了相关贸易的发展。在收集、汇总的相关合作文件中，能够看出我国与俄罗斯、法国、德国、捷克、丹麦等国家均有植物检疫合作协议签署，涉及粮食、水果、木材等植物和植物产品种类，如小麦、大麦、大豆、猕猴桃、葡萄、油菜籽、甜菜粕、麦芽等的进出口贸易及其检验检疫要求。例如《中华人民共和国海关总署与俄罗斯联邦兽医和植物检疫监督局关于俄罗斯大麦输华植物检疫要求议定书》《中华人民共和国国家质量监督检验检疫总局与法兰西共和国农业、食品及林业部关于法国猕猴桃输华植物检疫要求议定书》《中华人民共和国海关总署与葡萄牙农业、林业与农村发展部关于葡萄牙鲜食葡萄输华植物检疫要求的议定书》《中华人民共和国海关总署和捷克共和国农业部关于捷克麦芽输华植物卫生要求议定书》《中华人民共和国海关总署与德意志联邦食品和农业部关于德国甜菜粕输华卫生与植物卫生要求议定书》等。

2）协议主要内容

在我国与欧洲国家诸多的植物检疫协议中，以《中华人民共和国海关总署与俄罗斯联邦兽医和植物检疫监督局关于俄罗斯大麦输华植物检疫要求议定书》所涉及的俄罗斯大麦输华植物检疫要求为例进行分析。2019 年 7 月 29 日，海关总署发布公告“根据我国相关法律法规和《中华人民共和国海关总署与俄罗斯联邦兽医和植物检疫监督局关于俄罗斯大麦输华植物检疫要求议定书》规定，自本公告发布之日起，允许符合相关要求的俄罗斯大麦进口。现将具体植物检疫要求予以公布”。

那么，在俄罗斯大麦输华植物检疫要求中，涉及哪些主要内容？具体的植物检疫要求有哪些呢？分析后发现，其主要内容包括：检验检疫依据、允许进境商品名称及产地、出口及仓储企业的批准、关注的检疫性有害生物、装运前要求、进境检验检疫、回顾性审查。在关注的检疫性有害生物中，规定了黑斑皮蠹、小麦矮腥黑穗病菌、豚草、法国野燕麦、毒麦、假高粱、欧洲苍耳等 23 种害虫、病原物和杂草。在允许进境商品名称及产地中，强调了输华大麦是指俄罗斯生产，输往中国仅用于加工的春大麦籽实，不做种植用途；大麦产自俄罗斯没有发生小麦矮腥黑穗病的七个地区。在装运前要求中，特别强调如果发现小麦矮腥黑穗病菌，俄方应立即通知中方，并暂停生产大麦的州（区）大麦输华；俄方应对大麦实施出口前官方检验检疫和监督管理。如发现检疫性有害生物或其他违规情况，应采取熏蒸、除杂等有效处理措施；每批输华大麦，俄方在完成出口检验检疫后，依照国际植物检疫措施标准第 12 号（ISPM12）出具植物检疫证书。在进境检验检疫要求中，特别强调下述内容：①中国大麦进口商在货物进口前，应申请取得《进境动植物检疫许可证》；②俄罗斯大麦输往中国时，应在中国指定的口岸入境，并在指定加工厂生产加工；③进口俄罗斯大麦应在中国海关监管下运输、储存和加工；④如检出小麦矮腥黑穗病，该批货物将被退回或销毁，并通知俄方暂停大麦输华，查明原因并采取改进措施后，双方将通过协商来恢复俄大麦输华；⑤发现本要求第四条所列活的有害生物或其他违规情况，该批货物将被依法作退回、销毁或除害处理作退回或销毁处理。

3）检疫实例浅析

针对“一带一路”建设，在有关我国与欧洲国家的植物检疫实例中，选择下述两个与泰国相关的实例进行分析。通过实例，能够看出我国同“一带一路”沿线欧洲国家在植物检疫中的合作，能够认识到我国粮食及繁殖材料进出境检疫实践的主要内容、检疫依据和检疫意义，能够进一步认识植物检疫在“一带一路”建设中的重要作用。

检疫实例 7-11：满洲里海关助力俄罗斯多种植物产品输华

实例简介：满洲里口岸是我国最大的沿边陆路口岸，是俄罗斯植物产品输华的主要通道。2014 年，该口岸首次进口俄罗斯油菜籽；2017 年，俄罗斯小麦首次通过该口岸进入中国市场，实现了我国进口俄罗斯小麦的历史性突破；2019 年，该口岸首次进口俄罗斯大豆、植物栽培介质和亚麻纤维。为确保俄罗斯植物产品便利通关，满洲里海关制定多项措施做好进境检验检疫服务。密切关注进口农产品态势，了解价格走势与价格的合理空间，在对进口农产品开展调研的基础上，科学合理开展价格比对与审核；以保护和促进合法进口商品为切入点，向企业宣讲税收政策，与进口商开展价格交流与磋商，促进农产品进口量大幅增长；严格检验检疫，防控检疫性有害生物的传入，优化通关手续，提升通关效能。

检疫依据：《中华人民共和国进出境动植物检疫法》及其实施条例、《中华人民共和国进出口商品检验法》及其实施条例、中俄相关产品检验检疫议定书及检验检疫要求。

检疫意义：跨境铁路运输打破了海运进口粮食等农产品的传统模式，为我国引进优质粮食资源开辟了一条新的国际联运大通道，在“中蒙俄经济走廊”建设中具有重要意义。满洲里口岸是“中蒙俄经济走廊”核心枢纽和我国北疆生态安全屏障，战略地位十分突出。满洲里海关对接“一带一路”的政策优势，全力保障国外优质农产品安全有序进口，在“一带一路”建设中发挥检验检疫重要作用。

检疫实例 7-12：植物检疫助力“国礼银杏树苗”扎根捷克

实例简介：布拉格当地时间 2016 年 3 月 28 日，国家主席习近平在布拉格同捷克总统泽曼举行会晤。会晤前，两国元首种下一株来自中国的银杏树苗。这株象征深厚友谊的树苗，在出境之前在北京口岸接受了严格的检验检疫。北京口岸检验检疫工作人员在全面了解拟出境银杏树苗的种植期生长情况，尤其是病虫害监测情况的基础上，根据欧盟和捷克共和国进境植物种苗检疫有关要求，制定了详细的检验检疫方案。在检验检疫现场，植物检疫专业人员仔细清洗银杏树苗的根部，确保其根部不携带土壤出境；同时，对银杏树苗进行感官查验，特别是检查其根部是否有明显症状，地上部分是否有病斑、畸形、矮化、害虫、介壳虫、螨类、软体动物和其他异常，芽眼处是否有腐烂、肿大、干缩等情况；经现场检疫合格后，北京口岸为其出具了中国官方植物检疫证书，确保符合捷克进境植物种苗检疫要求。

检疫依据：《中华人民共和国进出境动植物检疫法》及其实施条例、捷克进境植物种苗检疫要求。

检疫意义：银杏树象征友谊长存，寓意中捷友好绵长久远。作为体现国家形象与深厚友谊的国礼，更要经过严格的检验检疫方可出入境，更体现了我国对国际责任的担当。该实例中的银杏属植物繁殖材料，须防控多种有害生物，检疫机构恪尽职守，完成其出境植物检疫，为“一带一路”建设做出特殊贡献。

7.3.3 中国与非洲国家植物检疫协议及其实施

1）协议及其实施概况

自 2013 年以来，我国与“一带一路”沿线等非洲国家签署、实施了多项植物检疫协议，涉及多种植物和植物产品的进出口贸易，有力地推动了中国与非洲地区植物检疫合作，促进了相关贸易的快速发展。从收集、整理的相关植物检疫合作文件中可以发现，我国与非洲所签署的植物检疫合作协议与动物检疫合作协议相比更为丰富，涉及南非、埃及、埃塞俄比亚、尼日利亚、肯尼亚、坦桑尼亚等国家，涉及大豆、玉米、高粱、苜蓿草、鳄梨、柑橘、葡萄、苹果、木薯干、甜叶菊、烟叶等植物和植物产品进出口贸易及其检验检疫要求。例如《中华人民共和国海关总署和埃塞俄比亚联邦民主共和国农业和畜牧资源部关于埃塞大豆输华植物检疫要求议定书》《中华人民共和国海关总署和尼日利亚联邦共和国农业检疫局关于尼日利亚饲用高粱输华植物检疫要求议定书》《中华人民共和国海关总署与南非共和国农林渔业部关于南非苜蓿草输华的卫生与植物卫生条件的议定书》《中华人民共和国海关总署与肯尼亚共和国国家植物健康监督局关于肯尼亚冷冻鳄梨输华检验检疫要求的议定书》《中华人民共和国国家质量监督检验检疫总局和坦桑尼亚农业畜牧业渔业部关于坦桑尼亚木薯干输华植物检疫要求议定书》等。

2）协议主要内容

在我国与非洲国家的植物检疫协议中，以《中华人民共和国海关总署与埃塞俄比亚联邦民主共和国农业部关于埃塞俄比亚绿豆输华检验检疫要求议定书》所涉及的埃塞俄比亚绿豆输华检验检疫要求为例进行分析。2019 年 11 月 21 日，海关总署发布公告“根据我国相关法律法规和《中华人民共和国海关总署与埃塞俄比亚联邦民主共和国农业部关于埃塞俄比亚绿豆输华检验检疫要求议定书》规定，自本公告发布之日起，允许符合相关要求的埃塞俄比亚绿豆进口。现将进口埃塞俄比亚绿豆检验检疫要求予以公布”。

分析进口埃塞俄比亚绿豆检验检疫要求发现，其主要内容包括：检验检疫依据、允许进口产品、生产设备要求、植物检疫要求、植物检疫证书要求、食品安全要求、包装要求、运输工具要求。与植物检疫相关的主要要求如下：①进口埃塞俄比亚绿豆不得带有检疫性有害生物（暗条豆象、鹰嘴豆象、四纹豆象、巴西豆象、菜豆晕疫病菌），不得带有其他昆虫、螨类、软体动物、土壤、杂草籽及植物残体；②埃塞俄比亚绿豆对华出口前应进行熏蒸处理，以保证绿豆中不带有活的昆虫，并随附熏蒸处理证书；③每批进口埃塞俄比亚绿豆须随附埃方出具的官方植物检疫证书，并注明具体产地；④埃塞俄比亚输华绿豆装运前，运输工具要进行彻底的检查和清洁，防止有害生物混入其中。

3）检疫实例浅析

针对“一带一路”建设，在有关我国与非洲国家的植物检疫实例中，选择下述两个与非洲农产品输华相关的实例进行分析。通过实例，能够看到我国与非洲国家在植物检疫中的合作，能够认识到植物进出境检疫实践的主要内容、检疫依据和检疫意义，能够进一步认识植物检疫在“一带一路”建设中的重要作用。

检疫实例 7-13：上海海关助力肯尼亚冷冻鳄梨顺利输华

实例简介：2019 年 9 月，首批 40 箱 200 kg 肯尼亚冷冻鳄梨到达上海浦东国际机场。上海海关隶属浦东国际机场海关通过提前无纸化报关获知本批水果的基本信息，提前做好查验计划。现场查验过程中（图 7-7），海关关员验核肯尼亚官方植物检疫证书真实有效，标注了鳄梨速冻处理的温度、持续时间及加工厂名称；报关资料齐全、货物包装合规，符合中国植

图 7-7 海关关员对肯尼亚输华冷冻鳄梨进行检疫（上海海关供图）

物检疫要求和安全卫生标准；核对冷冻鳄梨来自海关总署考核注册的加工厂和速冻处理设施；核对货物数重量与申报一致，未携带果皮、果核，现场未发现病虫为害状，符合肯尼亚冷冻鳄梨输华检验检疫要求的议定书的要求，现场检疫合格后随即放行。

为防止植物疫情传入，目前我国只允许去除果皮、果核的肯尼亚冷冻鳄梨输华，且要求在 –30 ℃条件下速冻不少于 30 min 进行除害处理，并在 –18 ℃以下存储、运输，以保障国门生物安全和食用农产品质量安全。肯尼亚鳄梨获得输华准入，对当地种植农户而言是一大利好，种植农户有意扩大种植规模，希望借此机会扩大销路增加收入，而卫生和检疫仍是鳄梨出口的主要障碍，对此，肯尼亚政府针对设备短缺的农户提供帮助，协助他们完成鳄梨冷冻及保存的过程，并有意扶植肯尼亚国家贸易合作组织，支持小型农户，辅助鳄梨的出口，肯尼亚的出口商也加大对于冷藏设备的投资，努力达到我国提出的准入标准。

检疫依据：《中华人民共和国进出境动植物检疫法》及其实施条例、《中华人民共和国食品安全法》及其实施条例、《中华人民共和国海关总署与肯尼亚共和国国家植物健康监督局关于肯尼亚冷冻鳄梨输华检验检疫要求的议定书》。

检疫意义：2019 年 4 月，在北京举办的“一带一路”国际合作高峰论坛期间，肯尼亚与我国签署达成进口协议，签署双边议定书，2019 年 6 月海关总署发布《关于允许进口肯尼亚冷冻鳄梨的公告》，使肯尼亚成为继智利、墨西哥、秘鲁、新西兰四个国家后，世界第五个、非洲首个可向中国出口鳄梨的国家。我国海关积极行动，依规检疫，快速通关，在推进“一带一路”建设特别是中非贸易中发挥了重要作用。

检疫实例 7-14：天津东疆海关助力南非苜蓿草顺利输华

实例简介：2019 年 12 月 4 日，天津东疆海关对一批 116.4 t 南非输华苜蓿草实施检验检疫。海关关员对货物进行了现场检验（图 7-8），扦取样品，并送实验室做病虫杂草、转基因等项目检测。经实验室检测，该批货物检出非检疫性有害生物亚长尾盆咽线虫，未检出转基因成分。将检出的有害生物录入动植物检疫资源信息共享服务平台，并对货物做后续监管使用处理。同时，按照海关总署国门生物安全监测指南，做好进口输华苜蓿草携带杂草等外来疫情的监测工作。

图 7-8　海关关员对南非输华苜蓿草进行检疫
（天津海关供图）

苜蓿草在收货、加工过程中夹带杂草的风险高，且有携带线虫和未经中国官方批准的转基因成分的风险。南非苜蓿草输华，不得带有中方关注的苜蓿黄萎病菌等 14 种检疫性有害生物和未经中方批准的转基因成分，不得带有饲草根、籽粒、其他植物残体、动物粪便、动物尸体、禽类羽毛、土壤、石块等异物。天津海关按照输华苜蓿草检验检疫要求，不断加强进口苜蓿草等饲草的检疫监管力度，通过现场初筛鉴定实验室、实验室检测、后续监管等措施加强口岸检验检疫，严防有害生物随苜蓿草传入与扩散。

检疫依据：《中华人民共和国进出境动植物检疫法》及其实施条例、《进出口饲料及饲料添加剂检验检疫监督管理办法》和《中华人民共和国海关总署与南非共和国农林渔业部关于南非苜蓿草输华的卫生与植物卫生条件的议定书》。

检疫意义：苜蓿草进口在我国畜牧养殖业具有重要意义，能够有效弥补国内植物源性蛋白饲料供应的不足。除了传统贸易国美国外，海关总署陆续考察并批准保加利亚、哈萨克斯坦、罗马尼亚、苏丹、阿根廷、南非等国家苜蓿草输华准入，进一步拓展了苜蓿草的来源。中非双方加强植物检疫合作，天津海关按照输华苜蓿草检验检疫要求，严格执法。中非双方加强植物检疫合作，促进南非苜蓿草顺利输华，发挥“一带一路”建设检验检疫重要作用。

7.3.4 中国与其他国家植物检疫协议及其实施

1）协议及其实施概况

自 2013 年以来，在“一带一路”沿线国家之外，我国同大洋洲、美洲的多个国家签署、实施了多项植物检疫协议，涉及种类丰富的植物和植物产品的进出口贸易，有力地推动了中国与这些国家植物检疫的双边及多边合作，促进了相关贸易的发展，促进了“一带一路”建设的发展。从收集、整理的相关合作文件中，能够看到我国与大洋洲、北美洲、拉丁美洲、南美洲的国家均有植物检疫合作协议签署，主要涉及澳大利亚、新西兰、美国、墨西哥、哥斯达黎加、巴西、阿根廷、智利、秘鲁等国家，涉及小麦、大麦、大豆、玉米、高粱、马铃薯、柑橘、蓝莓、菠萝、苹果、梨、油桃、鳄梨、豆粕、苜蓿草等多种植物和植物产品的进出口贸易及其检验检疫要求。例如《中华人民共和国国家质量监督检验检疫总局与澳大利亚农业部关于澳大利亚小麦大麦输往中国植物检疫要求议定书》《中华人民共和国海关总署与美利坚合众国农业部关于美国加工用新鲜马铃薯输华植物检疫要求的议定书》《中华人民共和国海关总署与墨西哥合众国农业和农村发展部关于墨西哥香蕉输华植物检疫要求的议定书》《中华人民共和国国家质量监督检验检疫总局和哥斯达黎加共和国农业畜牧部关于哥斯达黎加菠萝输往中国植物检疫要求议定书》《中华人民共和国海关总署与巴西联邦共和国农业、畜牧业和食品供应部关于巴西棉籽粕输华卫生与植物卫生要求议定书》《中华人民共和国海关总署与智利共和国农业部关于智利鲜食柑橘输华植物检疫要求的议定书》《中华人民共和国海关总署与美利坚合众国农业部关于中国鲜枣输往美国大陆系统控制措施工作计划》等。

2）协议主要内容

在我国与大洋洲、美洲国家诸多的植物检疫协议中，以《中华人民共和国海关总署与美利坚合众国农业部关于中国鲜枣输往美国大陆系统控制措施工作计划》所涉及的中国鲜枣输美植物检疫要求为例进行分析。2020 年 3 月 18 日，海关总署发布公告“根据中国相关法律法规和《中华人民共和国海关总署与美利坚合众国农业部关于中国鲜枣输往美国大陆系统控制措施工作计划》规定，自本公告发布之日起，允许符合相关要求的中国鲜枣出口美国。现将中国鲜枣出口美国植物检疫要求予以公布”。

那么，在中国鲜枣出口美国植物检疫要求中，涉及哪些主要内容？具体的植物检疫要求有哪些呢？分析后发现，其主要内容包括：法律法规依据、允许出口产品、美方关注的检疫性有害生物、批准的果园和包装厂、出口前要求、进境要求。在美方关注的检疫性有害生物中，规定了番石榴果实蝇、橘小实蝇、瓜实蝇、枣实蝇、桃小食心虫、木槿曼粉蚧。在其他检疫要求中，强调：①所有出口果园应按照实蝇监控方案要求，对果园开展实蝇监测和防控，维护实蝇非疫区地位，或在实蝇发生区内将种群维持在低度流行区水平。已获得美方认可的实蝇非疫区为北纬 33° 以北地区（新疆吐鲁番除外）。如在非疫区内发现美方关注的检疫性实蝇，则取消该产区非疫区地位，且该产区必须开展强化诱捕、调查及综合防控工作；若连续监测 12 个月未发现，该产区方可恢复非疫地位。②对来自北纬 33° 以南地区以及新疆吐鲁番地区（枣实蝇发生区）的鲜枣，须针对实蝇按照下列要求实施冷处理：0 ℃或以下，10 d；0.56 ℃或以下，11 d；1.11 ℃或以下，12 d；1.67 ℃或以下，14 d。③海关关员将从每批货物中随机抽取 1200 个果逐一进行检查，确认是否存在有害生物或有害生物危害状，并至少挑选 30 个可疑果进行剖果检查，核实该批果实是否感染蛀果害虫。④只有通过现场检疫并符合出口条件的鲜枣方可出口，并出具植物检疫证书。⑤所有鲜枣在运抵美国时，将在入境口岸进行通关检查，包括感观检查和剖果检查，以核实不带检疫性有害生物。

3）检疫实例浅析

针对“一带一路”建设，在有关我国与大洋洲、美洲国家的植物检疫实例中，选择下述两个实例进行分析，一个是关于阿根廷输华粮食及植物源饲料企业信息的实例，另一个是关于我国冬枣出口美洲的实例。通过这两个实例，能够看出我国与美洲国家在植物检疫中的合作，能够认识到植物进出境检疫实践的主要内容、检疫依据和检疫意义，能够进一步认识植物检疫在“一带一路”建设中的重要作用。

检疫实例 7-15：海关总署公布阿根廷输华粮食、植物源饲料企业名单

实例简介：随着一带一路建设的发展，近年来我国从南美洲国家进口大豆、大麦、玉米、高粱等。2019 年 7 月 22 日，海关总署动植物检疫司发布阿根廷输华粮食、植物源饲料注册企业名单。在该名单中，包括大豆、大麦、玉米、高粱的出口企业和仓储企业，豆粕、苜蓿草的生产加工企业。其中，大豆出口企业 77 家、仓储企业 77 家，大麦出口企业 88 家、仓储企业 69 家，玉米出口企业 115 家、仓储企业 63 家，高粱出口企业 121 家、仓储企业 75 家，豆粕生产加工企业 13 家、苜蓿草生产加工企业 2 家。

检疫依据：《中华人民共和国进出境动植物检疫法》及其实施条例，中国与阿根廷相关贸易检验检疫协议中有关注册企业的规定。

检疫意义：在动植物、动植物产品进出口贸易中，通过进出口双方检疫机构合作，及时公布注册的仓储和出口企业名单，能够进一步提高检疫的规范化和贸易的便利化。“一带一路”建设过程中，近年来，阿根廷输华大豆、大麦、玉米、高粱贸易量逐步增长，其注册的仓储和出口企业规模较大；在我国海关总署和阿根廷农业产业部的合作和努力下，及时做好注册企业信息的更新和公布，对促进双方进出口贸易发展具有重要意义。

检疫实例 7-16：海关助力中国冬枣走进美洲市场

实例简介：2018 年 11 月，20 箱、重 312 kg 产自河北黄骅的冬枣，经石家庄海关检疫合格后正式运往智利，这是中国冬枣首次出口智利。2020 年 7 月，出口到美国的百件山西运城冬枣已经在洛杉矶机场顺利清关，这是中国冬枣首次出口美国。冬枣是我国出口创汇果品之一，为扩大冬枣出口，海关总署先后向智利、美国检疫官方提交了申请准入技术资料，推动检疫准入工作。2018 年 11 月 2 日，签署《中华人民共和国海关总署与智利共和国农业部关于中国鲜枣输往智利植物检疫要求的议定书》，2020 年 2 月 28 日，签署《中华人民共和国海关总署与美利坚合众国农业部关于中国鲜枣输往美国大陆系统控制措施工作计划》。

检疫依据：《中华人民共和国进出境动植物检疫法》及其实施条例，中国与智利、美国签署的中国鲜枣出口检验检疫协议。

检疫意义：在“一带一路”建设中，通过中国、智利、美国检疫机构等的合作，中国冬枣首次走进美洲市场，具有重要意义。冬枣出口，检验检疫要求较高，须检疫机构、植保技术推广部门、相关企业的通力合作，做好生产，做好检疫，共同推进。

小结

在“一带一路”建设中，植物检疫发挥了重要作用。我国与亚洲、欧洲、非洲、大洋洲及美洲国家签署和实施了多项植物检疫协议，促进了全球植物及植物产品贸易的发展。通过学习植物检疫协议的主要内容，分析植物检疫实践的相关实例，能够进一步加强我们对植物检疫的理解，培养我们理论联系实际的能力，提高我们对“一带一路”倡议和“一带一路”建设的再认识。

本章检疫实例1：我国检疫犬在“一带一路”建设中发挥重要作用

2002年1月，我国首批4只检疫犬于首都国际机场正式上岗应用。截至2020年8月，海关总署共在全国各相关口岸配备了357条检疫犬，主要工作于进境行李物品（图7–9）、邮件、快件查验现场，已经形成了比较完善的“人–机–犬”综合查验体系。检疫犬驯养方式，包括自养自驯和租用代驯两种方式，北京海关在内的大部分直属关采用自养自驯的方式。各海关应用的主要犬种有拉布拉多犬、史宾格犬和比格犬三种。2018年4月，根据国务院机构改革方案，检验检疫机构并入海关，检疫犬也一并划入海关管理并更名为口岸监管工作用犬，简称“监管工作犬”。自2019年5月1日起，全国监管工作犬上岗时开始佩戴新的工作标识。

图7–9 我国自养自驯的检疫犬正在查验旅客行李物品（北京海关供图）

在动植物检疫实践中，检疫犬发挥了重要作用。一是提升了监管效能：依托于“人–机–犬”查验体系，检疫犬嗅觉灵敏的特点得到极大发挥，有效提升了口岸执法把关效能。在北京、上海、广州的重点空港口岸，检疫犬的贡献率超过40%，多次截获来自疯牛病疫区的牛肉、携带有禽流感病毒的生禽蛋等高风险产品。二是改善了通关体验：检疫犬搜寻积极、机动灵活、覆盖面积大、查验准确率高，在旅客等待行李时就已完成查验，符合口岸非侵入性、非干扰式查验的要求，也可有效降低人工开包查验比例，加快通关，方便旅客。三是树立了执法形象：检疫犬性情温顺、与人友善、不具攻击性，加之其应用有效降低了开箱查验率，有助于缓解通关过程中旅客焦躁情绪，增进了旅客对监管执法工作的理解和认同。因此，检疫犬目前已在美国、加拿大、澳大利亚、新西兰、日本、中国等得到广泛应用。四是拓展了国际合作：由于形象可亲且应用成效明显，检疫犬已经成为众多“一带一路”国家（地区）在开展动植物检疫合作时新的领域。我国相关政府部门已与俄罗斯、新西兰、澳大利亚、德国、荷兰、日本、韩国、古巴、牙买加、南非等开展了关于检疫犬驯养与应用的交流，并与韩国、新西兰动植物检疫主管部门和古巴海关正式建立了检疫犬应用合作机制，曾为古巴海关等遴选代训了4只检疫犬。

本章检疫实例2：北京海关为2019年中国北京世界园艺博览会保驾护航

2019年4月29日至10月7日，中国北京世界园艺博览会在北京延庆召开。此次博览会是历届A1类世园会参展国家和国际组织最多、规模最大的国际性博览会，园区内植物馆占地近4万m^2，温室内展出超过1000种国内外珍稀植物，植物密度及物种多样性极高。北京海关细化检疫通关流程，全面保障展会生物安全。

开幕前，北京海关通过研究分析历届世园会进境植物查获的病虫害疫情数据等资料，提前一年在园区及周边开展有害生物监测，画出世园会"生物图谱"。展会期间，北京海关派员进驻园区，定期开展有害生物监测普查，在园区内设置120个监测点，设置定向诱捕500余套，采集疑似病虫害样品40余份。同时日均有2名技术人员对园区进行分区巡查，以及时发现、有效控制有害生物发生（图7-10）。同时利用"互联网+"模式，在园区植物悬挂带有"北京海关"字样的圆形标签，其上关联溯源追踪系统，观众扫描二维码获得相关植物背景介绍和检疫情况，检疫工作人员扫描二维码可以查阅植株的来源、检测报告，并及时上传监管过程中阶段性检疫情况，实现检疫处理信息的更新和跟踪，确保展会前后无重大疫情发生。

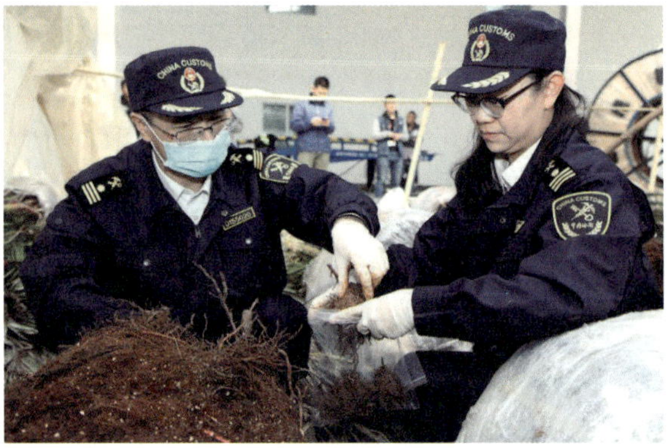

图7-10 北京海关关员对来自新加坡的参展植物进行现场查验（北京海关供图）

中国北京世界园艺博览会是向世界展示我国生态文明建设成果的重要窗口，是推动各国共同开展全球生态文明建设，实现人类命运共同体，构筑美好地球家园的重要载体。截至世园会开幕，北京海关已截获昆虫、线虫、真菌、杂草等植物疫情共计28种40次；展览期间，北京海关完成不少于3000份的园区有害生物日常监测，在有效防范外来有害生物随参展植物传入的同时，最大程度保障本次世园会顺利召开，为全球生态文明建设成果交流与发展保驾护航，为进一步促进全球一体化，保卫全球生态文明安全做出了重要贡献。

【思考题】

1. 请结合你的认识，分析"一带一路"倡议及"一带一路"建设的重要意义。
2. 请结合"一带一路"建设，分析我国与亚洲国家动植物检疫合作的内容与特点。
3. 请结合"一带一路"建设，分析我国与欧洲国家动植物检疫合作的内容与特点。
4. 请结合"一带一路"建设，分析我国与非洲国家动植物检疫合作的内容与特点。
5. 请结合"一带一路"建设，分析我国与大洋洲国家动植物检疫合作的内容与特点。
6. 请结合"一带一路"建设，分析我国与美洲国家动植物检疫合作的内容与特点。
7. 请结合"一带一路"建设新进展，试论述动植物检疫拥有的新机遇、面对的新挑战以及发展的新思路。

【参考文献】

[1] 王义桅."一带一路":机遇与挑战.北京:人民出版社,2015.

[2] 中华人民共和国海关总署网站 http://www.customs.gov.cn/.

[3] 中国"一带一路"网网站 https://www.yidaiyilu.gov.cn/.

[4] 朱水芳.植物检疫学.北京:科学出版社,2019.

[5] 李志红,杨汉春,沈佐锐.动植物检疫概论.北京:中国农业大学出版社,2004.

[6] 李尉民.国门生物安全.北京:科学出版社,2020.

[7] 张静.中国梦与中国外交.北京:世界知识出版社,2017.

[8] 国家发展改革委,外交部,商务部(经国务院授权发布).推动共建丝绸之路经济带和 21 世纪海上丝绸之路的愿景与行动(Vision and Actions on Jointly Building Silk Road Economic Belt and 21st-Century Maritime Silk Road).2015.

[9] 黄冠胜.中国特色进出境动植物检验检疫.北京:中国质检出版,2014.

第 8 章

人类命运共同体与动植物检疫

本章简介

构建人类命运共同体，实现共赢共享，这是我国提出的关于解决全球发展问题的重要方案。当前，生物入侵给人类命运共同体带来严重威胁，生物安全受到格外关注，动植物检疫在构建人类命运共同体中正发挥着重要作用。挑战与机遇并存，发展是动植物检疫事业的主题。本章在概述人类命运共同体、构建人类命运共同体基本含义及主要发展的基础上，结合学习与思考，系统阐述了动植物检疫面对的挑战、拥有的机遇和发展的对策。

思维导图

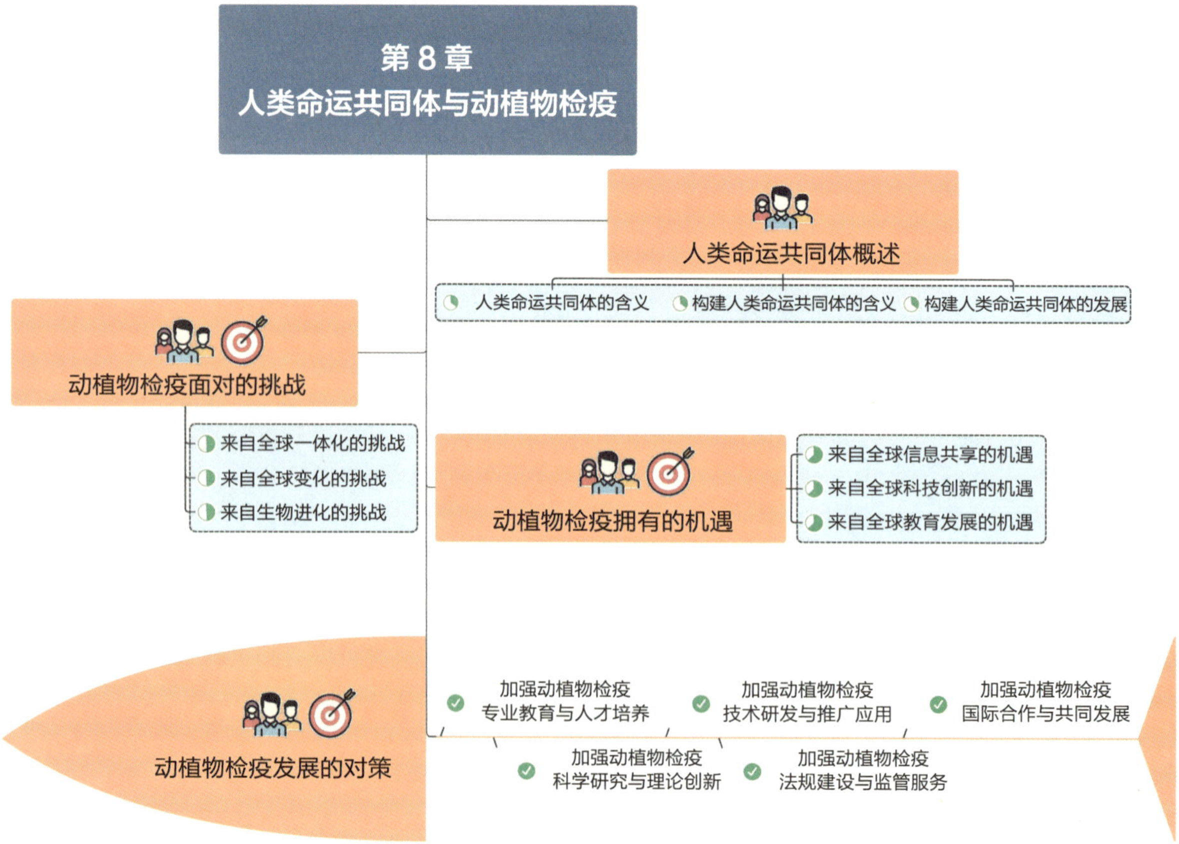

8.1 人类命运共同体概述

学习重点

- 掌握人类命运共同体与构建人类命运共同体的基本含义
- 了解构建人类命运共同体的主要发展及动植物检疫在其中的作用

我们生活在同一个地球上，拥有同一个人类命运共同体，相互依存、同舟共济。面对全球发展问题，中国的方案是构建人类命运共同体，实现共赢共享。当前，生物安全受到国际社会格外关注，动植物检疫在构建人类命运共同体中正发挥着重要作用。

8.1.1 人类命运共同体的含义

人类的发展史，也是其在地球上的迁徙史。人类的活动范围，从非常局限的区域到遍布世界各大洲，从最初的原始部落发展到当前的 190 多个国家。挑战与机遇并存，和平与发展是国际社会的主题。我们生存在同一个地球，在不同的历史发展时期，都会面对需要解决的重大问题。近一百年来，人类经历了热战、冷战，也取得了发展和进步。和平与发展，成为国际社会的共同诉求。

2011 年，《中国的和平发展》白皮书提出要以“命运共同体”的新视角，寻求人类共同利益和共同价值的新内涵。2012 年，中国共产党第十八次全国代表大会报告首次明确提出“人类命运共同体”（a community of shared future for mankind）意识，“要倡导人类命运共同体意识，在追求本国利益时兼顾他国合理关切，在谋求本国发展中促进各国共同发展，建立更加平等均衡的新型全球发展伙伴关系，同舟共济，权责共担，增进人类共同利益”。2013 年 3 月，国家主席习近平在莫斯科国际关系学院发表演讲，再次强调“这个世界，各国相互联系、相互依存的程度空前加深，人类生活在同一个地球村里，生活在历史和现实交汇的同一个时空里，越来越成为你中有我、我中有你的命运共同体”，这也是中国首次向世界传递人类文明走向的判断，受到国际社会的广泛关注。2016 年 9 月，习近平在二十国集团工商峰会开幕式主旨演讲中，强调“在经济全球化的今天，没有与世隔绝的孤岛。同为地球村居民，我们要树立人类命运共同体意识。伙伴精神是二十国集团最宝贵的财富，也是各国共同应对全球性挑战的选择”。

人类命运共同体，是一种全球价值观，包含相互依存的国际权力观、共同利益观、可持续发展观和全球治理观。面对当今国际社会的重大问题，尤其需要具备人类命运共同体的理念。在面对全球性灾难和威胁时，更显人类命运共同体理念的重要。例如，新冠疫情席卷全球，威胁芸芸众生；新冠疫情防控，更需要以人类命运共同体理念为基础，各国精诚合作、共同应对。在面对人类社会各种发展问题时，同样需要站在人类命运共同体的高度，在追求本国利益时兼顾他国合理关切，在谋求本国发展中促进各国共同发展。

8.1.2 构建人类命运共同体的含义

全球性问题，需要用全球性方案来解决。当代，国际社会面临的超越国家和地区的界限，关系到整个人类生存与发展的严峻问题，需要各国共同面对和担当。构建人类命运共同体（build a community of shared future for mankind），实现共赢共享，这是我国提出的关于解决全球性问题的重要方案。

2015 年 9 月，习近平主席出席联合国成立 70 周年系列峰会，发表了《携手构建合作共赢新伙伴 同心打造人类命运共同体》重要讲话，受到各成员国积极响应与高度认可。2017 年 1 月 18 日，习近平主席在联合国日内瓦总部发表了题为《共同构建人类命运共同体》的主旨演讲，强调坚持对话协商，建设一个持久和平的世界；坚持共建共享，建设一个普遍安全的世界；坚持合作共赢，建设一个共同繁荣的世界；坚持交流互鉴，建设一个开放包容的世界；坚持绿色低碳，建设一个清洁美丽的世界。2017 年 10 月，十九大报告中明确提出“构建人类命运共同体”，建设持久和平、普遍安全、共同繁荣、开放包容、清洁美丽的世界。2018 年，我国首次将“发展同各国的外交关系和经济、文化交流，推动构建人类命运共同体”写入宪法。构建人类命运共同体，反映了世界大变局下中国的担当，是人类社会走向未来的必由之路。

8.1.3 构建人类命运共同体的发展

构建人类命运共同体是一项系统工程，涉及全球治理和全球发展，需要超越传统的民族和国家范畴，通力合作，共赢共享。“一带一路”建设，是构建人类命运共同体这一系统工程中的一部分，在构建人类命运共同体的发展过程中发挥了重要作用。在 2019 年第二届“一带一路”国际合作高峰论坛上，习近平主席指出“共建‘一带一路’合作取得的早期收获，为各国和世界经济增长开辟了更多空间，为加强国际合作打造了平台，为构建人类命运共同体做出了新贡献”。自 2013 年以来，“一带一路”建设快速发展。有关资料显示，在共同努力下，中国已同 138 个国家签署了共建“一带一路”的合作文件，与合作伙伴国家的货物贸易总额累计超过 7.8 万亿美元，直接投资超过 1100 亿美元，有力促进了各国民众就业和社会经济发展。在构建人类命运共同体的过程中，我国一直坚持和平发展、开放发展、合作发展、共赢发展和包容发展。

当前，生物入侵给人类命运共同体带来严重威胁，生物安全受到格外关注，生物入侵防控正在构建人类命运共同体中发挥着积极作用。例如，2018 年草地贪夜蛾（*Spodoptera frugiperda*）入侵亚洲，2019 年底我国农业农村部与 FAO 在昆明市联合召开亚洲区域草地贪夜蛾监测与防控国际研讨会，来自 FAO 及孟加拉国、柬埔寨、中国、印度尼西亚、日本、老挝、缅甸和越南等 11 个亚洲国家的 60 多位农业官员和专家参加会议，与会国家代表就共同推进亚洲区域草地贪夜蛾持续控制达成共识，一致通过《亚洲区域草地贪夜蛾可持续治理协作倡议》，强调联合开展区域监测、建立信息交换机制、加强区域技术交流、推动区域可持续治理和加强政策及资金支持。2020 年初，FAO 启动了一项为期 3 年的“防治草地贪夜蛾”大规模全球行动，以遏制有害生物的入侵和扩散，希望在未来 3 年筹集 5 亿美元用于草地贪夜蛾治理，这是第一个为应对草地贪夜蛾扩散与危害建立的多边信托基金，项目执行期间将整合全球资源和专业技术提升全球草地贪夜蛾治理能力。

动植物检疫是生物入侵防控的一部分，预防检疫性动物疫病和植物有害生物在全球传播和扩散，保护全球农林业生产、人类健康和生态安全，促进全球经济贸易发展。OIE、FAO、WTO、区域性国际组织以及各国（地区）高度关注动植物检疫工作，并开展了大量的国际合作。近年来，针对非洲猪瘟、口蹄疫、高致病性禽流感、埃博拉出血热、鲤春病毒血症、柑橘黄龙病、松材线虫、地中海实蝇、红火蚁、假高粱、地中海白蜗牛等检疫性动物疫病和植物有害生物，针对风险分析、检测鉴定、检疫处理、疫情监测等技术，国际社会广泛合作，共享信息、共制标准、共防入侵，在构建人类命运共同体的系统工程中发挥了动植物检疫的重要作用。

小结

人类命运共同体，是一种全球价值观，包含相互依存的国际权力观、共同利益观、可持续发展观和全球治理观。构建人类命运共同体，实现共赢共享，受到国际社会特别关注。作为构建人类命运共同体系统工程的一部分，"一带一路"建设已取得多项成果。在人类命运共同体构建过程中，动植物检疫正发挥着重要作用。

8.2 动植物检疫面对的挑战

学习重点

- 分析、明确全球一体化、全球变化和生物进化给动植物检疫带来的主要挑战

动植物检疫涉及动物疫病和植物有害生物，涉及其传入和定殖，涉及其人为传播和自然传播。全球一体化、全球变化、生物进化，给动植物检疫带来诸多挑战。分析、明确动植物检疫所面对的主要挑战，能够让我们明确问题、更好采取应对措施。

8.2.1 来自全球一体化的挑战

全球一体化（global integration），也称全球化（globalization），是 20 世纪 80 年代以来在世界范围日益凸现的新现象，也是当今时代的基本特征。全球一体化，主要表现为全球经济一体化，即各国经济彼此相互开放，并形成相互联系、相互依赖的有机体。在全球经济一体化中，货物与资本的跨国流动是其最初形态，相应的地区性、国际性的经济管理组织与经济实体应运而生，例如 WTO、国际货币基金组织、世界银行、亚洲基础设施投资银行、欧洲联盟、亚洲太平洋经济合作组织（Asia-Pacific Economic Cooperation，APEC，简称亚太经合组织）、二十国集团（G20）等。各国之间在经济上越来越多地相互依存，商品、服务、资本和技术跨越边界的流量越来越大，主要以国际贸易的形式呈现。

随着全球一体化的发展，国际贸易以及人员往来数量快速增长。例如，来自海关总署的统计数据显示，2013—2019 年，我国进出口货运量、进出口货值、进出境集装箱数量、进出境船舶、进出境汽车、进出境火车、进出境飞机、进出境人数，均不断攀升（表 8-1）。目前，

中国海关是全球唯一全面、完整应用关税和非关税技术的海关，也是世界上业务量最大、监管任务最重、监管方式最多的海关。我国 580 个海陆空铁口岸与 4000 多个边境检查站，平均每天监管的进出境货物达 800 亿元人民币、标准集装箱 70 万个、跨境电商货值约 280 亿元人民币、人员达 200 万人次、寄递物达 350 万件。

表 8-1　我国 2013—2019 年进出境货物、工具及人员信息

项目	2013	2014	2015	2016	2017	2018	2019
进出口货运量（亿 t）	36.0	38.9	39.5	39.8	42.7	44.5	45.8
进出口货值（万亿美元）	4.3	4.5	4.1	3.9	4.4	4.9	4.7
进出境集装箱（万箱次）	9275.0	9790.0	9843.0	10315.0	11165.0	11361.0	11496.0
进出境船舶（万艘次）	64.8	63.8	63.7	62.6	64.6	60.2	61.0
进出境汽车（万辆次）	2883.0	2922.0	2889.0	3308.0	3436.0	3441.0	3581.0
进出境火车（万节次）	265.0	220.0	179.0	197.0	249.0	299.0	416.0
进出境飞机（万架）	66.0	72.0	83.0	95.0	98.0	110.0	117.0
进出境人数（亿人次）	4.5	4.9	5.2	5.7	6.0	6.5	6.7

注：以上数据引自海关总署。

透过上述数字，你是否意识到了全球一体化给动植物检疫所带来的挑战呢？全球经济一体化带来的国际贸易越来越频繁，商品的交易成为全球化现象，口岸的增加，商品复杂程度的提高以及交通工具的多样性，增加了生物入侵的风险和可能性。研究表明，20 世纪 80 年代美国通过商品运输而引入的外来杂草占 81%，2000—2020 年进入美国的贸易量将以平均每年约 6% 的比率呈指数增长，而外来入侵物种数也同时增长 3%～6%。在过去的两个世纪中，大多数国家的进口货物量均在持续增长，1950 年以来，国家间的贸易量平均增长了 30 倍以上，同时外来物种的传播压力也在增长。

因此，全球一体化给动植物检疫带来的主要挑战包括：①外来生物抵达频次增多：进出口货运量及货值，进出境集装箱、船舶、汽车、火车、飞机及人员数量的不断增长，使动物疫病、植物有害生物，特别是检疫性动物疫病和植物有害生物随着这些载体从输出国抵达输入国口岸的频次更多、传入风险更高；②检疫监管任务增大：货物及人员往来大大增加了检疫许可、检疫申报、现场检验、实验室检测、检疫处理、疫情监测等的监管任务；③检疫监管难度加大：跨境电商邮寄物的隐蔽性、进境旅客携带物的多样性等均增添了动植物检疫的监管难度。例如，集装箱是国际贸易中最为常见的装载工具，在不同国家之间循环使用，哪怕是空集装箱，其携带检疫性有害生物等的可能性也很高（如检疫实例 8-1）。

检疫实例 8-1：福州海关从进境空箱中单次截获多种检疫性有害生物

实例简介：2019 年 10 月，福州海关在现场查验来自中国香港的进境空箱时发现残留的苜蓿干草（图 8-1），经鉴定，检出多种有害生物，包括：硬雀麦、法国野燕麦和菟丝子 3 种检疫性杂草，以及皱匕果芥、续断菊等 16 种有害杂草以及烟草甲活虫。单次检出 20 种有害生物，创福州关区进境空箱检出最高纪录。

检疫依据：《中华人民共和国进出境动植物检疫法》第二条：进出境的动植物、动植物产品和其他检疫物，装载动植物、动植物产品和其他检疫物的装载容器、包装物，以及来自动植物疫区的运输工具，依照本法规定实施检疫。《进出境集装箱检验检疫管理办法》第四条：集装箱进出境前、进出境时或过境时，承运人、货主或其代理人必须向海关报检。海关按照有关规定对报检集装箱实施检验检疫。

图 8-1　海关关员从进境空箱中单次截获多种检疫性有害生物

检疫意义：集装箱是国际货物流通的主要载体，在为全球贸易提供便利的同时，也是有害生物传播和扩散的重要途径。特别是进境空集装箱，由于未装载货物，经常出现因清洁不到位导致箱体存在植物残体、土壤和各类有害生物的情况，检疫风险较大，须特别关注。

8.2.2　来自全球变化的挑战

全球变化（global change），一般是指整个地球系统及其支持生命的环境，在生命过程影响下，尤其是在人类活动参与下，所发生的一系列变化。自 20 世纪 90 年代以来，全球变化受到更多关注，包括气候变化、氮沉降、温室气体浓度增加、生物多样性减少、生物入侵增加等表现形式。气候变化是全球变化的主要表现形式。

气候变化是指气候变暖引起的一系列全球气候变化。生物的定殖离不开环境条件，特别是气候条件。气候变化促进了外来生物入侵，主要表现在三个方面：①气候变化导致生态系统的变化，原来不适合外来物种生存的区域变得更加适合，这给外来物种的侵入和定殖创造了更多的机会，同时也给外来物种繁殖提供了有利的生态位；②气候变化导致土著物种的分布范围改变，很多土著物种的分布范围扩大，甚至侵入以前从未发生危害的区域，土著物种形成的入侵甚至成为生态系统的普遍现象；③气候变化改变生物种间关系和群落结构，不同的物种对温度升高的响应具有不同步性和不对称性，土著物种对气候变暖通常不敏感，外来物种在气候变化的条件下能够加速生长、繁殖增多，加剧生物入侵。

生物入侵已对入侵区域的生态环境、社会经济和人类健康造成了严重的威胁。在我国，生物入侵已对土著生态系统的生物多样性和生态系统服务功能造成了严重影响，打破了生态系统的固有平衡，危害或威胁到农林牧渔业生产、交通航运、环境、人类健康和公共设施安全。2000 年以来，我国生物入侵更加严重，生物入侵研究领域尤其是入侵种的多样性与格局、入侵机制及生态学效应、管理与控制等方面取得重要进展。有关研究显示，我国的入侵种数量已有 560 种，其中陆生植物、陆生无脊椎动物和微生物为主要入侵类群；入侵物种原产地以北美洲和南美洲为主，我国经济发达和气候温暖湿润的东部和南部省份入侵态势明显较西部和北部省份严重。随着中国经济的进一步发展，生物入侵问题将更加严峻。

生物入侵作为全球气候大环境下的一种基于非本地物种和生态环境之间的相互作用，面对变化的全球气候，必定也会在入侵方式方面表现出新的相互作用方式或者作用方式的改变。这种由气候变化带来的生物入侵的改变可能是复杂的，生物入侵机制的研究、生物入侵发展趋势和生物入侵影响的预测及评估均亟待进一步深入。因此，我们必须关注气候变化与生物入侵之间的相互作用机制，以便全球范围内采取有力措施来应对这些改变，更准确地去预测和评估气候变化和生物入侵风险，积极地应对风险、解决问题，更好地去保护地球的生物多样性，更全面地去服务生态系统，也是更好地在人与自然的和谐共生中保护人类自己。

因此，全球变化给动植物检疫带来更多的挑战。主要挑战包括：①潜在地理分布影响加剧：在气候变化的背景下，更多的动物疫病和植物有害生物在新区的定殖可能性增加，潜在分布范围加大，潜在影响加剧；②自然传播风险增高：气候变化带来的极端天气增加，使更多的动物疫病和植物有害生物通过气流、风、雨等自然传播途径入侵的可能性加大，远距离传播风险增高；③监管效能降低：动植物检疫措施如法规、程序、标准等在气候变化的背景下可能受到较大影响，原有效能降低。在全球变化的背景下，动植物检疫法规、程序、标准等需要进一步优化，在预防生物入侵的基础上，进一步保护安全、促进发展。

8.2.3 来自生物进化的挑战

生物进化（biological evolution），是一切生命发生、发展的演变过程，种群是生物进化的最小单位。我们对人类活动给环境带来的生态影响已有一定的了解，但对其在环境中产生的进化影响知之甚少。特别是在入侵生物学的研究中，大多数研究仅关注入侵过程中的生态学现象而忽略了进化在生物入侵中的作用，这很可能是受到了入侵生物学先驱 Charles S. Elton 博士的影响。鉴于当时的科学研究进展，Elton 博士在其 1958 年所著的 *The ecology of invasions by animals and plants* 一书中仅提到了生态学现象在入侵物种扩散和定殖中的作用，而未从进化的角度对生态学现象进行解释。关于进化时间，Darwin 博士和 Baker 博士虽然认可进化可以帮助生物入侵新环境，但认为进化本身是一个漫长（数千年）的过程，因此并不能在生物入侵新环境的短期内发生。而生物学家在近年的研究中发现，适应性进化可以在时间非常短的生态尺度（如数年或数十年）下发生，因此开始将适应性进化纳入生物入侵和动植物检疫的研究中。

人类活动带来的入侵物种的广泛传播对其自身和其入侵环境中的本地生物均会产生进化选择压力。在生物入侵速率日趋加快的今天，理解进化如何在生物入侵各个阶段发挥作用，将有助于预测生物入侵的可能性并预防其传入及扩散。进化机制在生物入侵中的作用，可以从下述三个方面进行分析和把握：

1）潜在入侵物种在原分布地的进化和对入侵地的提前适应

最近的研究表明，与非入侵物种相比，入侵物种在原分布地已经进化产生了易于被人类活动传播的表型，且可以在由运输及入侵地新环境产生的选择压力下生存。如在松属（*Pinus*）中，入侵种有着高生长速率、高繁殖率以及较小的种子体积和质量等特征。这些特征帮助入侵物种提升了传播效率和繁殖体压力，为定殖后持续产生繁殖体以克服 Allee 效应、增加基因和表型多样性并为发生适应性进化提供了条件。类似的现象在动物中也经常出现。例如，许多入侵性蚂蚁有着筑巢时间短、群落结构松散、同一种群中有多个蚁后的特征。这些特征帮助它们快速适应由于人类传播带来的环境变化，提升了入侵性。与人类有共存的历史同样也可以帮助生物入侵至新环境中。比如许多由欧洲入侵北美的昆虫已经在欧洲与人类种植植物共同进化了数百代。因此当新移民从欧洲来到美洲时，类似的种植植物为这些昆虫快速入侵美洲带来了便利。因此，当预测潜在物种是否会成功入侵时，我们应该关注该物种是否已经产生利于传播的表型，并评估入侵种原分布地的环境与潜在入侵地环境之间的相似度。

2）入侵物种在入侵地的进化

尽管一些物种已经拥有了提前适应入侵地环境的能力，但这些前适应能力本身并不足以解释入侵物种的成功。大多数的入侵伴随着一个显著的种群数量增长滞后时期。虽然这个滞后时期可能是由于起始小种群需经历指数增长阶段而造成的，但也有可能是因为入侵物种需要一段时间产生适应性进化以克服一些进化屏障。例如，入侵物种需要经历二次或多次入侵、杂交、染色体和基因复制才能产生足够的基因多样性以应对新环境的选择，而产生这些基因多样性需要一定时间。同时入侵种群数量在入侵初期一般较小，导致种群可能会经历种群遗传瓶颈效应而损失基因多样性。在早期研究中，入侵物种在面临这一挑战时仍能生存和适应的现象被称为入侵生物学悖论。而最近对更多入侵物种的研究发现，基因多样性的减少通常是较少或不存在的，特别是在群遗传瓶颈效应较小、种群增长较快或者繁殖体较大的情况下。除自然选择外，其他如遗传漂变和基因混合等次要进化力同样可以帮助入侵物种产生必需的遗传或表型变化。例如，在入侵性虉草（*Phalaris arundinacea*）的研究中，入侵种群相对原分布地种群有更高的基因多样性及原分布地不存在的等位基因和基因型，说明杂交很有可能帮助入侵种群产生了特定的适应入侵地新环境的遗传物质，提升了入侵种群的入侵性。因此，入侵物种有能力在入侵地因新的环境压力而产生适应性进化，并且形成新的表型特征和生态功能，以帮助它们更好地适应新环境并与入侵地土著物种竞争。

3）入侵物种对于土著物种产生的选择压力

科学家对于入侵物种在入侵地对土著物种产生的生态学影响已有深入研究，但对由入侵物种造成的选择压力的特质和强度的研究相对较少。入侵物种可以直接对入侵地土著物种施加选择压力，也可通过快速改变入侵地的自然环境间接对入侵地土著物种施加选择压力。如一些入侵性杂草可以改变入侵地野火发生的频率，从而导致入侵地的群落组成和营养物质循环产生变化。另一些入侵植物可以向土壤中释放有毒的化感物质，从而使得入侵地部分土著植物受到毒害，无法生存甚至死亡。因此，入侵生物对入侵地产生的大规模生态干扰会对入侵地原有生物施加巨大的选择压力，未来的研究应更多地关注这些干扰的特质及其对生物进化的影响。

综上，生物进化给动植物检疫带来新挑战。由于入侵物种拥有快速适应入侵地环境及对入侵地施加进化影响的能力，因此进一步将生物进化过程纳入动植物检疫理论研究和措施制定的考虑范围；一些入侵物种可以通过基因和表型变异达到成功入侵的目的，实验室检测和疫情监测应同时兼顾动物疫病、植物有害生物传入和扩散中的物种种类、基因及表型变异的确定；长期比较入侵物种在原分布地和入侵地之间的种群变化，将有助于理解进化在生物入侵过程中发挥的作用，也将进一步提高动植物检疫的研究水平和监管效能。

小结

动植物检疫面对来自全球一体化、全球变化、生物进化的诸多挑战，这些挑战增加了动物疫病和植物有害生物，特别是检疫性动物疫病和植物有害生物的入侵能力、入侵范围和入侵风险，同时也增大了动植物检疫监管的强度和难度、降低了动植物检疫原有措施的效能。分析、把握这些挑战，能够进一步促进动植物检疫的新发展。

8.3 动植物检疫拥有的机遇

学习重点

- 分析、明确全球信息共享、全球科技创新、全球教育发展给动植物检疫带来的主要机遇

动植物检疫离不开动物疫病和植物有害生物信息获取，离不开动植物检疫科学研究和技术研发，离不开动植物检疫专业人才培养和普通民众教育。全球信息共享、全球科技创新、全球教育发展，给动植物检疫带来更多机遇。分析、明确动植物检疫所拥有的主要机遇，能够让我们把握方向、更好发展。

8.3.1 来自全球信息共享的机遇

现代信息技术为人类共享和利用信息资源提供了新的工具和途径。信息共享，是在信息标准化和规范化的基础上，按照法律法规、依靠信息系统的技术和传输技术，信息和信息产品在不同层次、不同部门信息系统间实现交流与共享的活动。近 20 年来，以数据库技术和网络技术为代表的现代信息技术在动植物检疫领域已经得到较为广泛的应用，大数据技术正在受到更多关注。从国内外相关研究和应用来看，全球信息共享为动植物检疫提供了新的发展机遇。

数据库技术提供了存储、查询、管理大量相关信息的有力工具和方法。网络技术利用通信线路把分布在不同地点的多台独立运行的计算机互联起来，以达到通信和共享资源的目的。Internet 和 Intranet 的发展，使世界的两极不再遥远，使沟通无处不在。在动植物检疫领域，在数据库及网络技术的支持下，国际组织及主要国家（地区）建立了动物疫病和植物有害生物的相关数据库、官方网站、局域工作网等。网络和数据库建设，使动植物检疫国际组织与成员间、各国（地区）间、本国各部门间均进一步加强了检疫信息共享，提高了工作效率；同时，动植物检疫官方网站以及后台数据库也为全球广大用户提供了丰富的检疫信息，特别是动物疫病和植物有害生物信息（如检疫实例 8–2）、检疫法规、检疫新闻、注册企业、疫情动态、预警通告等方面的内容。

检疫实例 8–2：中国国家有害生物检疫信息平台

实例简介：中国国家有害生物检疫信息平台，是由海关总署动植物检疫司、进出口食品安全局与标准法规研究中心共同开发建设的信息化平台，其目的是为动植物检疫、植物保护和有害生物风险分析工作提供信息支持和技术服务，实现信息资源的整合与共享。该平台的主要功能模块有：①有害生物信息系统。该系统收录全球范围内的有害生物及其寄主信息，包括昆虫、真菌、杂草、线虫、螨类、病毒、细菌等类别的有害生物 7.6 万余种，涉及 5.9 万余种寄主植物。支持以有害生物为关键词检索其分类地位、地理分布、寄主、生物学特性、国内外检疫状况等信息，以寄主为关键词检索其地理分布、经济价值、有害生物发生情况

等信息，以及有害生物与寄主组合查询。②法律法规信息系统。该系统已收录 FAO、IPPC、EPPO 等 10 余个国际 / 区域组织标准、76 个主要贸易国家或地区法律法规及进境检疫要求，支持国家、法规及产品等多种查询方式。③有害生物风险评估应用。该模块依据国际标准建立了科学的风险评估程序和评判指标体系，同时提供多种国际通用的有害生物风险评估模型，具备有害生物大名单的自动筛选及人工调整功能，实现了人机结合的半自动化有害生物风险评估模式。

检疫意义：中国国家有害生物检疫信息平台建设（图 8–2），始于 20 世纪 80 年代原农业部植物检疫实验所研制的“植物有害生物信息检索数据库”，梁忆冰研究员等众多科技工作者、检疫工作者为之不懈努力、辛勤耕耘，打下坚实基础，做出重要贡献。该平台实现了信息资源的整合与共享，为动植物检疫工作提供了信息支持和技术服务。该平台在有关部门的支持下不断完善和运作，必将在动植物检疫工作中发挥更大效能。

图 8–2 中国国家有害生物检疫信息平台主页
（http://www.pestchina.com/SitePages/Home.aspx）

8.3.2 来自全球科技创新的机遇

科技创新，包括原创性科学研究和技术研发，涉及知识创新、技术创新和管理创新。科技创新加速了科学技术的进步，促进了人类社会的发展。全球科技创新，为动植物检疫提供了新的发展机遇，大数据、组学、人工智能等新技术受到特别关注，正在被引入动植物检疫的研究与应用中。

动植物检疫拥有海量数据，每天都有大量的数据加入数据库中。同时，生物入侵事件快速增加，全球的生物入侵在随时发生，并且通过网络不断集成。大数据技术给动植物检疫发展装上了引擎，可以使外来物种的风险性、定殖特征及入侵力的评估越来越准确。当前，大数据技术在动植物检疫上的应用已显现出较强优势，未来则拥有更大需求：①大数据技术正在实现外来物种数据的实时共享，尤其是邻国和主要贸易国的生物入侵数据，使动植物检疫的基础数据更为充分。②大数据技术正在推动检疫性动物疫病和植物有害生物名录的修订，通过大数据技术能够更为准确和更为快速地做好风险评估工作，能够准确评估每种有害生物的入侵力和潜在影响，从而为名录的修订提供更为有力的依据。③大数据技术正在促进动植物检疫入侵机制的研究，对外来物种进行集成分析并确定其入侵特征，明确入侵主控因子，明确生态系统的脆弱性程度，从而调整动植物检疫的各项措施、提升监管效能。

同时，组学技术已初步引入少数检疫性动物疫病和植物有害生物的研究与应用中。下述三项研究，为动植物检疫带来更多机遇：

①物种种类分子鉴定。环境 DNA（environmental DNA, eDNA）：作为一种新型技术，为提升入侵物种的鉴定与监测水平带来了新的机遇。与传统分子鉴定方法不同，eDNA 技术仅需利用从环境样品（如土壤和水体）中提取 DNA 即可用于物种鉴定，且相对于传统分子鉴定方法有更高的灵敏度。通过与实时荧光 PCR、微滴式数字 PCR 以及高通量测序技术的结合，eDNA 可以从环境样品中探测痕量的目标 DNA。近年来 eDNA 已被成功用于多种入侵物种如软体动物、昆虫、微生物及植物等的鉴定与监测中，值得进一步探索推进。

②种群遗传结构。了解入侵物种的种群结构有助于我们分析入侵来源及预测入侵种群扩散的速率和潜力。近年来，下一代测序技术如简化 DNA 测序（restricted-site associated DNA sequencing, RAD-seq）、基因分型测序（genotyping-by-sequencing, GBS）等提供单核苷酸多样性（single nucleotide polymorphism, SNP）生物标志物的方法开始被广泛应用在分析入侵物种种群结构的研究中。相关研究显示，这些下一代测序技术由于可以提供大量（数万至数十万）具体的 DNA 位点信息，因此可以用于识别与环境相关的重要的入侵基因、提供更准确的扩散模式和速率以及分析中性和适应性压力在入侵动态中的作用等研究。目前下一代测序技术已被成功应用于研究多种动物疫病和植物有害生物，如寄生性动物线虫、中欧山松大小蠹（*Dendroctonus ponderosae*）、烟粉虱（*Bemisia tabaci*）的种群结构。

③入侵分子机制。入侵物种环境适应的分子机制主要包括差异基因表达机制和基因调控机制，特别是表观遗传机制。转录组测序（RNA-seq）通过定量分析不同环境中不同种群之间信使 RNA（mRNA）表达量，结合不同环境中环境因子的差异分析，可以帮助我们在全基因组层面上完整分析可能参与环境适应的基因及其功能。该方法已被成功应用于斑翅果蝇（*Drosophila suzukii*）等入侵性生物基因表达的研究中。在基因调控机制的研究中，特别值得关注的是表观遗传的研究。表观遗传是指一类在不改变 DNA 序列情况下调控基因表达的可遗传的分子机制，其中最主要的调控方式包括 DNA 甲基化（DNA methylation）、组蛋白修饰（histone modification）及小 RNA（small RNA, smRNA）调控。全基因组简化甲基化测序技术（reduced representation bisulfite sequencing, RRBS）、染色质免疫沉淀（chromatin immunoprecipitation sequencing, ChIP-seq）及小 RNA 测序（smRNA-seq）等结合下一代测序的技术可为分析入侵物种基因调控提供单核苷酸分辨率，并提供分析兴趣位点生物功能的机会。

随着下一代测序技术的广泛应用及测序成本的不断降低，利用大数据、人工智能和下一代测序技术将为监测动物疫病和植物有害生物种群动态、分析种群结构及解析其对于环境适应的分子机制提供与之前低通量方法相比几何倍数的信息供分析。而来自全球技术的创新，如高性能计算机（high performance compute cluster）、人工智能技术（artificial intelligence）和第三代测序技术（pacbio single molecule, real-time sequencing, SMRT）将提供更大量高效的动物疫病和植物有害生物鉴定监测数据，以及其在基因组层面更深更广的信息，同时为研究以上问题和制定动植物检疫措施提供更加全面、准确和可靠的科学依据。

8.3.3 来自全球教育发展的机遇

教育，有广义和狭义之分。广义的教育泛指一切有目的地影响人的身心发展的社会实践活动。狭义的教育是指专门组织的教育，即学校教育，它不仅包括全日制的学校教育，而且也包括半日制的、业余的学校教育、广播学校和电视学校的教育等。自古以来，人类就重视教育。纵观动植物检疫 300 余年的发展历史，教育仍然是其根本，涉及高等教育、在职培训、公众教育。当前，全球教育发展的新需求、新模式，为动植物检疫带来了新的机遇。

在高等专业教育中，培养创新型、应用型及国际型的高级专业人才是动植物检疫的主要需求。当前，动植物检疫高级专业人才主要来自动物医学、植物保护学两个一级学科。我国高度重视动植物检疫高等教育工作，华中农业大学于 2002 年设置了动植物检疫本科生专业，中国农业大学于 2004 年设置了植物检疫与农业生态健康研究生专业（含硕士和博士）并于 2012 年设立留学生全英文培养项目。经过多年积累，截至目前，国内约有 30 所高校开设相关专业（https://www.dxsbb.com/news），主要为农林院校，其次为师范类高校。动植物检疫高级专业人才，不仅要掌握动植物检疫的法规、方法和技能，也要掌握濒危动植物物种鉴别、农药残留检测等方法和技能，还要具备较强的调查研究与决策、组织与管理、口头与文字表达的能力；硕士和博士更需具备风险评估、检测鉴定、检疫处理和疫情监测技术的研发能力，以及入侵溯源、入侵机制和致害机理等科学问题的研究和创新能力。展望未来，国际社会对宽口径生物安全类的高级专业人才将有更多需求，我国将进一步加强高等院校建设，特别是双一流高校和专业建设，与动植物检疫相关的高等教育将迎来新的发展机遇。

在职人员技术培训，是动植物检疫专业人员能力建设中的重要内容，国际组织做出了突出贡献。例如，为提高全球植物检疫工作人员的履约能力，IPPC 下设能力发展与实施委员会，2003—2017 年召开了 90 余次区域协调组工作会来进行缔约方履约能力建设，150 多个国家的 2300 多名代表参会。在 IPPC 中国南南合作项目的框架下，先后启动两项 IPPC 全球能力建设项目——全球推广系统方法项目（STDF rolling out systems approach globally project）和加强发展中缔约方能力全球项目（the global project on strengthening the capacity of developing contracting parties, 简称 CPs），例如 2019—2021 年，IPPC 聘请来自中国农业大学、广州海关技术中心的中国专家组在斯里兰卡开展重要经济实蝇检疫与治理示范项目。2019 年，IPPC 的年度主题为"植物健康与能力建设"，重点推进了植物检疫能力评估系统（PCE）的建立。同样，为加强全球兽医体系能力建设，OIE 制定兽医体系效能（PVS）系列评估工具和评估标准，共设包含人力物力财力资源、技术权威性及能力、利益相关方互动关系和进入国际市场能力等四大基本要素共 39 项关键能力指标，为成员国兽医体系和人才队伍建设提供依据。OIE 也在此标准的指导下，为成员国提供技术支持，并针对贫困国家开展技术培训。由于我国动植物检疫工作基础扎实、发展良好，我国将在动植物检疫国际培训中有更多担当、更多贡献；同时，国内外动植物疫情的发展，也将促进我国进出境及全国动植物检疫及时举办在职人员技能培训。

同时，动植物检疫工作离不开公众的配合，越来越多的国家（地区）更多关注公众教育。随着社会的发展，跨境活动成为人们日常生活中的重要部分，生物安全意识必须深植公众心中，才能从根本上预防动物疫病和植物有害生物的传入与扩散。在我国，为了向公众普及动植物检疫等生物安全相关知识，2015 年 7 月 1 日，全国人大常委会通过的《中华人民共和国国家安全法》第十四条规定，每年 4 月 15 日为全民国家安全教育日；2020 年 4 月 7 日，司法部和全国普法办联合部署开展 2020 年全民国家安全教育日普法宣传活动，旨在提高全民国家安全法治意识，营造维护国家安全的浓厚法治氛围，增强防范和抵御安全风险能力；此外，动植物检疫部门及高等院校等采用多种方式向公众进行生物安全教育（如检疫实例 8–3）。在 2020 年 10 月 17 日公布的《中华人民共和国生物安全法》中，规定了应加强生物安全法律法规和生物安全知识宣传普及工作，促进全社会生物安全意识的提升。通过在口岸设置宣传海报、制作宣传动画、定期进行科普宣讲等形式来提高公众动植物检疫素养，推动动植物检疫工作顺利开展。自媒体时代下，面对媒介变革的新趋势，如何把握自媒体传播的特性及规律，探索动植物检疫宣传教育工作的新方法、新渠道、新模式，把握动植物检疫宣传工作的话语权，完善动植物检疫的公众素质教育，也为全球动植物检疫带来了新机遇。

全球教育发展，使动植物检疫高等教育、在职培训和公众教育的需求不断增长，更多、更新的动植物检疫教育方式被开发，在线教育应运而生。在线教育平台打破了传统专业教育的时间和空间限制，使优质的动植物检疫教学内容被更广泛的人群获取。目前，我国多门动植物检疫相关在线课程已上线，如中国农业大学的《植物检疫学》、北京林业大学的《动植物检疫》等。线下的师生互动交流，线上的专业知识讲解，这种混合式教学形式实现了线上线下无缝对接，提高了学生学习的兴趣和积极性，扩大了动植物检疫专业知识的受众面，也为在职技术培训提供了更专业的素材和授课平台，进一步促进了全球动植物检疫事业的蓬勃发展。

检疫实例 8–3：国门生物安全教育广受好评

实例简介：国门生物安全是国家安全的重要组成部分。自 2015 年 4 月 5 日第一个全民国家安全教育日以来，国门生物安全教育（图 8–3）始终贴近百姓、形式多样、寓教于乐、广受好评。2020 年 4 月 15 日，海关系统在全国各地举办国门生物安全教育，走进学校、社区和企业，走进植物园、动物园和博物馆，向公众进行普法宣传。在第五个全民国家安全教育日，上海海关践行总体国家安全观，统筹传统安全和非传统安全，联合上海自然博物馆进行了一场别开生面的全民普法网络直播。在博物馆国门生物安全展厅，海关查获邮寄进境的绿鬣蜥、红尾蚺、巨人蜈蚣、捕鸟蛛等“新型宠物”被制作成了标本用于普法宣传；海关关员现场讲解地中海实蝇、云杉八齿小蠹、短颈剑线虫等检疫性有害生物的危害。国门生物安全展厅，是上海海关联合上海科技馆开辟的国门生物安全普法宣传重要阵地，是海关总署国门生物安全教育基地。自 2017 年 1 月 1 日建成以来，通过多媒体互动、实物展示、科普课堂等形式，将国门生物安全理念贯穿于展厅的每一个角落，将普法宣传转变为传播知识、传递理念、形成共识的“寓教于乐”新形式，赢得了广大公众的一致好评。在新冠疫情防控情况下，上海自然博物馆采取了限流的方式对外开放，展厅的人流比平常少了很多，但本次直播活动搭建了网络全民普法“云课堂”，通过海关关员的讲解，将展品与实例相结合，将法治宣传与科普教育相结合，帮助广大市民、特别是青少年学生从小树立维护国家安全、生物安全的意识，更好地弘扬了国门生物安全理念。

检疫意义：国门生物安全教育落实总体国家安全观精神，传递国门安全正能量，弘扬海关依法把关的新形象和新作为，引领公众知法、守法。通过国门生物安全教育，广大公众意识到维护国家安全是每一位公民义务，共同保护国门生物安全，从身边小事做起，从点滴细节开始，自觉保护生态环境，维护国门生物安全。

图 8–3　国门生物安全教育展板（上海海关供图）

小结

全球信息共享、全球科技创新、全球教育发展等为动植物检疫带来了新的需求、新的机遇。数据库技术、网络技术、大数据技术、组学技术等的进步，为进一步提高动植物检疫教育、研究和监管水平提供了新思路、新方法和新工具，分析、把握这些机遇，能够进一步促进动植物检疫的新发展。

8.4 动植物检疫发展的对策

学习重点

- 分析、明确我国动植物检疫未来发展的主要对策。

展望未来，讨论、分析我国动植物检疫的发展对策，尤为重要。不同历史时期，我国多位检疫专家曾撰文发表真知灼见，启发着我们进一步思考当下。在当前形势下，如何应对动植物检疫所面对的挑战？如何抓住动植物检疫所拥有的机遇？又如何促进动植物检疫事业的发展呢？在此，本教材抛砖引玉，分析、阐述了加强动植物检疫专业教育与人才培养、加强动植物检疫科学研究与理论创新、加强动植物检疫技术研发与推广应用、加强动植物检疫法规建设与监管服务、加强动植物检疫国际合作与共同发展的建议，目的是集思广益、与时俱进。

8.4.1　加强动植物检疫专业教育与人才培养

专业教育和人才培养，是动植物检疫事业发展的基础。通过第 1 章的学习，我们已经认识了动植物检疫专业教育和人才培养的重要作用。针对全球一体化所带来的生物抵达频次增多、检疫监管任务增大、检疫监管难度加大的新挑战，以及全球教育发展带来的新机遇，应进一步加强动植物检疫专业教育与人才培养，为社会输送应用型、创新型、国际型的优秀动植物检疫高级专业人才，同时打造一支业务熟、能力强、结构好的动植物检疫队伍。中国如此，其他国家（地区）也是如此；输入国（地区）如此，输出国（地区）也是如此。

高等院校是加强动植物检疫专业教育与人才培养的主战场。学士、硕士、博士，不同类别的学位教育，要有特色鲜明的培养方案；要全力提升培养质量，要全力提高综合能力，要全力适应国际社会对动植物检疫人才提出的新要求。具体建议包括：①本科生培养。建议在动物医学专业或植物保护学专业或动植物检疫专业进行培养，以培养应用型人才为主，目标主要是为基层检疫部门、技术推广部门以及相关进出口企业输送专业人才；要注重动物检疫学、植物检疫学课程体系建设，注重动植物检疫、濒危动植物鉴别、农药残留检测等基本方法和技能培养，注重检验检疫实习实践锻炼。②硕士生培养。建议在动物检疫、植物检疫及其相关专业进行培养，以培养应用型人才为主，目标主要是为检疫管理部门及其技术应用部门、技术推广部门以及相关进出口企业输送专业人才；要注重动植物检疫原理、方法、技术类课程的建设，注重动植物检疫高级技能的训练，注重动植物检疫学位论文的实践意义。③博士生、硕博生以及本硕博生培养。建议在动物检疫、植物检疫及其相关专业进行培养，以培养创新型和国际型人才为主，目标主要是为高等院校、科研机构、检疫管理部门及其技术应用部门输送高级专业人才；要注重动植物检疫、入侵生物学理论课程和 Seminar 课程的建设，注重动植物检疫科学研究、技术研发和国际交流技能的训练，注重动植物检疫学位论文的创新性和理论意义。与此同时，建议双一流高校及有条件的高校，在国家留学基金委中国政府奖学金、“一带一路”建设等项目的支持下，进一步加大全英文留学生中硕士生和博士生的培养力度、提高培养水平，为 OIE、FAO、WTO 等国际组织及各国（地区）培养、输送更优秀的动植物检疫专业人才。

动植物检疫部门是在职人员技能培训和队伍建设的主阵地，同时需要高等院校、科研部门的通力合作。进出境动植物检疫、国内农业及林业动植物检疫在职人员，要有更加系统的培训计划，要有更加强大的人才队伍；要全力学习动植物检疫新法规、新标准和新技术，要全力提高解决动植物检疫新问题的综合能力，要全力提升动植物检疫技能培训质量和队伍建设水平。具体建议如下：①进出境动植物检疫人员培训。建议以海关为主联合农林管理部门、高等院校、科研机构开展培训，以培训进境和出境动植物检疫执法技能为主，目标是提升海关关员的执法能力和执法水平；要注重国际动植物检疫新理论、新法规、新疫情、新方法、新技术的培训，特别加强检验检测、检疫处理、疫情监测的培训。②国内农业及林业检疫人员培训。建议以农业和林业管理机构为主联合海关、高等院校、科研机构等开展培训，以培训国内动植物检疫执法技能为主，目标是提升基层检疫人员的执法能力和执法水平；要注重国内动植物检疫新理论、新法规、新疫情、新方法、新技术的培训，特别加强检验检测和疫情监测方面的培训。③动植物检疫人才队伍建设。建议充分结合 2018 年机构改革后动植物检疫人才队伍实际情况，酌情增加口岸、省（自治区、直辖市）、市、县检疫机构人员编制，采取有效措施稳定、优化动植物检疫人才队伍，打造一支更强大的检疫队伍。与此同时，建议充分挖掘网络平台和共享资源的潜力，充分发挥检疫机构、高等院校和科研机构的合作优势，做好面向国内外动植物检疫人员的技能培训，做好面向企事业单位工作人员的动植物检疫法规和知识培训，做好面向公众的动植物检疫宣传和教育。

8.4.2 加强动植物检疫科学研究与理论创新

科学研究和理论创新，其目的是解决科学问题，这是动植物检疫事业发展的源泉。通过第 4 章、第 5 章、第 6 章的学习，我们已经认识了动植物检疫科学研究与理论创新的重要作用。面对全球一体化、全球变化、生物进化所带来的生物入侵加剧的新挑战，检疫性动物疫病和植物有害生物防控难度加大的新挑战，我们需利用好全球科技创新带来的新机遇，进一步加强国内外联合实验室建设，加强动植物检疫科学研究与理论创新，解决动植物检疫科学问题，创建动植物检疫新理论、新方法，为全球动植物检疫发展提供更多的科学依据。检疫性动物疫病和植物有害生物，是动植物检疫防控的主要对象；当前，亟须系统性开展全球重要动物疫病和植物有害生物的入侵机制与致害机理研究、种群遗传结构与入侵溯源研究。

高等院校和科研机构是系统性开展动植物检疫科学研究与理论创新的主要单位，加强联合实验室的建立和建设日益重要。全球重要动物疫病和植物有害生物，有我国有发生和无发生两种类别，不同类别其研究合作方式有所不同，但均离不开联合攻关。具体建议包括：①联合攻关方式。我国已有发生的动物疫病和植物有害生物建议主要通过我国研究团队间的合作开展科学研究；我国尚未发生的动物疫病和植物有害生物，建议主要通过我国研究团队与已发生国（地区）研究团队开展合作研究；不同类别的合作均需要在符合安全要求的实验室联合攻关。②联合实验室建设。开展动植物检疫科学研究与理论创新，特别是全球重要动物疫病和植物有害生物的基础研究，需要进一步系统性地加强国际联合实验室的建立和建设，需要进一步加强符合生物安全要求的实验室和隔离温室的建立与建设。这些实验室的建设，能够为动植物检疫科学研究提供必要的硬件条件，能够为动植物检疫联合攻关提供必要的合作平台。

开展全球重要动物疫病和植物有害生物的入侵机制与致害机理、种群遗传结构与入侵溯源、剂量响应规律等科学研究，要在已有基础上，进一步加大力度、加强创新。具体建议如下：①要进一步加大科学研究的支持力度。在国家重大、重点科技项目、国家自然科学基金重点项目中系统性地增设重要动物疫病和植物有害生物的基础性研究，特别是有关全球入侵机制、致害机理、种群遗传结构等研究项目，支持相关研究团队开展中长期科学研究和探索。②要进一步加强科学研究的理论创新。在全球一体化、气候变化、生物进化背景下，通过组学技术、大数据技术等，研究重要动物疫病和植物有害生物的全球种群遗传结构、入侵路径、入侵机制、致害机理、致死机理及防御机制，建立入侵致害模型、入侵机制假说和入侵溯源方法。

综上，通过动植物检疫科学研究和理论创新，能够解决动植物检疫的重要科学问题，能够为后续动植物检疫技术研发（如风险分析、检测鉴定、检疫处理、疫情监测等技术和装备）和措施完善（如法律、法规、标准、程序等）提供更为有力的科学依据和理论支撑。

8.4.3 加强动植物检疫技术研发与推广应用

技术研发与推广应用，其目的是解决应用问题，这是动植物检疫事业发展的支撑。通过第 4 章至第 6 章的学习，我们已经认识了动植物检疫技术研发和推广应用的重要作用。动植物检疫技术研发与推广应用，相互关联，共同促进动植物检疫新发展。面对海量的货物、旅客携带物、邮寄物和交通工具等所带来的挑战，动植物检疫需要利用全球技术创新带来的机遇，研发出更便捷、更精准、更智能的高新技术及产品，同时，将这些高新技术及产品及时应用于动植物检疫实践，特别是应用到检疫一线，将更为高效地发现和阻断检疫性动物疫病和植物有害生物的传入和扩散。

动植物检疫技术部门、科研机构、高校及企业，是动植物检疫技术研发的主体。展望未来，针对进出境动植物检疫与国内动植物检疫共同亟须的高效、精准、智能型风险分析、检测鉴定、检疫处理、疫情监测技术与装备，建议内外检技术部门通力合作，加强产学研结合，进一步加快动植物检疫技术研发。具体建议包括：①高效智能化疫情监测与风险分析技术研发。建议全力加强国家级动物疫病和植物有害生物基础信息库、疫情监测信息库、口岸截获信息库建设，全力开展监测诱剂新产品、入侵溯源新技术、定量风险管理新方法、智能型疫情监测与风险分析系统的研发。②高通量快速检测甄别技术研发。建议全力开展现场查验和实验室检测技术创新，优化升级远程鉴定系统，研究、应用动植物产品智能审图、多模式痕量嗅探技术，研发和应用查验机器人、快速检疫查验、探测、监测、溯源等技术和装备。③环境友好型检疫处理技术研发。建议全力加强溴甲烷替代技术研究与装备开发，研发溴甲烷替代熏蒸剂，研究辐照处理、冷处理、热处理新技术，研发检疫处理智能化装备，完善检疫处理及无害化处理设施布局。

动植物检疫部门、农林业技术推广部门及企业，是动植物检疫技术应用的主体。根据动植物检疫工作实际，未来发展需要，提出具体建议如下：①尽快实现跨部门的动植物检疫基础信息与主要技术共享，如国家级动物疫病和植物有害生物基础信息系统、风险分析技术、检验检测技术、疫情监测技术等。②全力加强进出境检疫一线和国内基层检疫站的装备设施建设和技术推广应用，如市县级检疫站、西部沿边口岸等。③全力开展动植物检疫成熟技术和产品走出国门，服务于全球动物疫病和植物有害生物防控工作，如发展中国家和最不发达国家，“一带一路”沿线国家等。

8.4.4 加强动植物检疫法规建设与监管服务

法规建设和监管服务，是动植物检疫事业发展的保障。通过第 2 章和第 3 章的学习，我们已经认识了动植物检疫法规和监管程序的重要作用。针对当前动植物检疫发展所面对的挑战和拥有的机遇，我们需进一步加强动植物检疫法规建设与监管服务，解决动植物检疫立法和执法中的实际问题，完善法规体系，优化服务模式，充分发挥动植物检疫防入侵、保安全、促发展的重要作用。

随着社会发展，我国亟须全力加强动植物检疫法规体系建设工作，进一步制定或修订动植物检疫法律法规，进一步健全动植物检疫程序管理制度、动植物及其产品检疫管理制度和技术法规，进一步理顺和明确检疫管理部门的关系和责任。具体建议包括：①制定或修订法律法规。针对我国现行动植物检疫法律法规陈旧和缺项等问题，结合我国中长期发展规划，围绕防传入、保安全、促发展的动植物检疫宗旨，按照政策一致性原则，进一步统筹《中华人民共和国生物安全法》《中华人民共和国进出境动植物检疫法》《中华人民共和国动物防疫法》《植物检疫条例》以及名录等相关法律法规的制修订工作，理顺我国动植物检疫法律法规、部门规章、技术规范和标准的关系，加快推进配套法规建设，进一步完善我国的动植物检疫法律法规体系。②明确分工加大处罚。加强动植物检疫法律法规与行政许可法、行政处罚法等其他有关法律之间的衔接，进一步明确责任主体及相关部门之间的职能职责分工，加强职能部门之间的协调配合，确保责任落实，形成监管合力。加大处罚的力度与范围及对违法行为的打击力度，提高现有罚金数量，增加追究刑事责任的条款，加大提高违法成本，严厉打击违法经营行为，确保动植物检疫法规的严肃性，使动植物检疫工作有法可依，保障动植物检疫工作规范有序开展，更好地为农业生产安全、人体健康、生态安全和进出口贸易保驾护航，服务于国家经济的转型升级，适应新形势、新业态的发展需要。③加强技术标准化建设。进一步加强动植物检疫技术标准化建设，构建完善的动植物检疫标准体系。积极参与国际标准的制定工作，编制我国动植物检疫标准体系和发展规划，加快国家标准及行业标准的制修订进程，将成熟的研究成果转换为技术标准，进一步推进新时期我国动植物检疫工作的标准化。

加强风险分级与分类管理，构建智慧精准的动植物检疫监管体系，开展监管制度创新与复制推广，将是我国动植物检疫未来发展中的重要举措。具体建议如下：①加强风险分级与分类管理。进一步加强动植物检疫风险防范措施，应用系统管理措施（system approach）及检疫处理（phytosanitary treatment）技术，重视装运前（pre-shipment）有害生物风险控制。统筹考虑输出方监管体系、贸易方式、企业信用和管理水平等因素，采取差别化监管措施，有针对性地确定抽样比例和送检率，管住高风险产品、便利中低风险产品，实现智慧决策、快速反应、精准把关和便捷通关，优化营商环境。②构建智慧精准监管体系。健全动植物检疫查验机制，完善“前置作业、查验作业和后续处置”进境检疫操作流程，健全“申报前监管、口岸抽查验证和后续核查”出境检疫管理机制。推进监管作业场所（场地）动植物检疫查验设施建设，推广应用智能查验、抽采样、检疫处理以及有害生物远程鉴定等先进技术和装备。优化动植物检疫作业监管模式，实现口岸风险布控、现场查验、企业注册、稽查核查、疫情监测、安全风险监控、风险预警、应急处置、物流监控等环节的智能化、数字化，确保所有行政执法活动信息进系统、可追溯。③开展监管制度创新和复制推广。支持服务我国自贸试验区、自由贸易港、海关特殊监管区域健康发展，支持服务京津冀协同发展、长江经济带发展、长江三角洲区域一体化、粤港澳大湾区等区域一体协同机制建设，支持服务海南全球动植物种质资源引进中转基地建设。

8.4.5 加强动植物检疫国际合作与共同发展

国际合作与共同发展，是动植物检疫事业建设的纽带，在动植物检疫进程中担当了重要角色、发挥了重要作用。通过第 1 章和第 2 章的学习，我们已经认识到动植物检疫涉及动植物及动植物产品的进出口贸易，WTO 的目标是建立一个完整的、更具活力、更持久的多边贸易体系，我国自 2001 年加入 WTO 以来，积极推进世界范围的贸易自由化、投资便利化，并坚持非歧视等的原则，努力实施 SPS 协定。近年，面对单边主义（unilateralism）和贸易保护主义（trade protectionism）的抬头，我国高举多边主义旗帜，倡导伙伴合作精神，践行互利共赢理念，阐释共同发展主张。通过第 7 章及本章的学习，我们能够进一步体会到我国所提出的“一带一路”倡议、人类命运共同体理念，促进了动植物检疫国际合作和共同发展，我国与贸易国共同努力，维护多边主义和国际贸易规则。

面向未来，针对动植物检疫所面对的全球性挑战，我们更需把握百年未有之大变局中的全球性机遇，进一步加强和推进动植物检疫国际合作，谋求全球共同发展。具体建议包括以下 3 个方面：①加强与国际组织的合作。OIE、FAO、IPPC、WTO 是与全球动植物检疫工作相关的重要国际组织，我国将进一步加强与这些国际组织的合作，共同促进全球动植物检疫的发展，如选派更多的检疫专家到国际组织工作、参与国际标准的制定和修订、参与国际项目的组织与实施，积极承担发展中国家检疫人员技术交流培训、推进与检疫基础薄弱国家的能力建设合作等。②深化与“一带一路”沿线国家和地区的合作。我国已与 130 多个国家签署了“一带一路”政府间合作协议及检验检疫协议，在此基础上，我国将进一步深化与“一带一路”沿线国家和地区多双边动植物检疫合作，推进动植物检疫议定书及准入工作，依托国际贸易“单一窗口”加强信息共享与电子数据交换，加强技术交流，互鉴成功经验等。③进一步健全与毗邻国家的合作。我国与毗邻国家的动植物疫情联防联控机制，已经在防控检疫性动物疫病与植物有害生物传入和扩散中发挥了重要作用。面向未来发展，我国将进一步健全动植物疫情联防联控机制，与毗邻国家共同努力，防控动物疫病和植物有害生物疫情的传播，促进共同发展。

小结

展望动植物检疫的未来发展，建议重点加强五个方面的建设：一是加强动植物检疫专业教育与人才培养；二是加强动植物检疫科学研究与理论创新；三是加强动植物检疫技术研发与推广应用；四是加强动植物检疫法规建设与监管服务；五是加强动植物检疫国际合作与共同发展。动植物检疫事业的发展，需要一代又一代人的辛勤耕耘；让我们不忘初心、砥砺前行。

【思考题】

1. 请结合当前实际及你的认识，分析、提出动植物检疫所面对的主要挑战。
2. 请结合当前实际及你的认识，分析、提出动植物检疫所拥有的主要机遇。
3. 请结合当前实际及你的认识，分析、提出动植物检疫未来发展的主要对策。

【参考文献】

[1] 万方浩，侯有明，将明星．入侵生物学．北京：科学出版社，2014.

[2] 习近平．共同构建人类命运共同体——在联合国日内瓦总部的演讲．2017 年 1 月 18 日．

[3] 王长平，王建波，杨洪升．地方高校动植物检疫专业硕士研究生培养面临的问题．科技创业月刊，2017,30(7):81–82.

[4] 王福祥，冯晓东，刘慧，项宇，熊红利，李潇楠，朱莉．农业植物检疫面临的形势和对策．中国植保导刊，2012,32(2):53–56.

[5] 中华人民共和国国务院新闻办公室．中国的和平发展（白皮书）.2011 年 9 月．

[6] 白松，白永华，桑豪，王培生，华玉卓，宋旭敏，但国义．中国进出境动植物检疫监管体系的构成与特色．2016,15(6):228–230.

[7] 冯晓东，秦萌，李潇楠，王晓亮，姜培，朱莉．新时期农业植物检疫工作的形势与任务．中国植保导刊，2019,39(5):21–26.

[8] 司法部、全国普法办部署开展2020年全民国家安全教育日普法宣传活动.新华网 http://www.xinhuanet.com.

[9] 江彤,黄衍章,陈莉.动植物检疫本科专业人才培养问题与对策.合肥师范学院学报,2016, 34(6):111–114.

[10] 孙旻旻,安榆林,周培,张婧,李彬,季蓥.口岸植物检疫实验室的现状与发展对策.植物检疫,2017,31(6):7–10.

[11] 李志红,杨汉春,沈佐锐.动植物检疫概论.北京:中国农业大学出版社,2004.

[12] 李尉民.国门生物安全.北京:科学出版社,2020.

[13] 张晓燕.论中国特色进出境动植物检验检疫的根本任务.植物检疫,2013,27(2): 28–30.

[14] 陈文俊,王丽萍,毛福群,李东明.论自媒体时代下如何做好动植物检疫宣传工作.植物检疫, 2017,31(1): 6–9.

[15] 陈岳,蒲聘.构建人类命运共同体.北京:中国人民大学出版社,2017.

[16] 赵紫华,苏敏,李志红,惠苍.外来物种入侵生态学.植物保护学报,2019,46(1):1–5.

[17] 赵翔宇,吴坚,骆有庆,陶静.中国外来林业有害生物入侵风险源识别与防控对策研究.植物检疫,2015,29(1):42–47.

[18] 姚文国,陈洪俊.防范外来生物入侵——检疫工作面临的新课题.中国检验检疫,2002,2:13–15.

[19] 顾忠盈,周明华,吴新华.建立中国进出境动植物检验检疫体系的思考.植物检疫,2009,23(增刊):50–53.

[20] 黄冠胜,赵增连,周明华,张晓燕,梁忆冰,黄亚军,吴新华,罗卫.论中国特色进出境动植物检验检疫.植物检疫,2013,27(6):20–29.

[21] 黄冠胜.中国特色进出境动植物检验检疫.北京:中国质检出版,2014.

[22] 梁忆冰.有害生物风险分析工作回顾.植物检疫,2019,33(6):1–6.

[23] 路平,张衍海,郝峰强,刘坤.世界动物卫生组织兽医体系效能评估主要内容及政策化建议.动物医学进展,2012,33(10):109–112.

[24] 廖晓兰,袁钧,张亚.动植物检疫专业本科教学的调查分析.高等农业教育,2011(4): 24–26–39.

[25] Allendorf FW, Lundquist LL. Introduction: population biology, evolution, and control of invasive species. Conservation Biology, 2003, 17(1):24–30.

[26] Bais HP, Vepachedu R, Gilroy S, Callaway RM, Vivanco JM. Allelopathy and exotic plant invasion: from molecules and genes to species interactions. Science, 2003, 301(5638):1377–1380.

[27] Baker HG. Characteristics and modes of origin of weeds. Characteristics and modes of origin of weeds,1965,147–172.

[28] Brooks ML, D' Antonio CM, Richardson DM, Grace JB, Keeley JE, DiTomaso JM, Hobbs RJ, Pellant M, Pyke D. Effects of invasive alien plants on fire regimes. Bioscience, 2004, 54(7): 677–688.

[29] Chown SL, Hodgins KA, Griffin PC, Oakeshott JG, Byrne M, Hoffmann AA. Biological invasions, climate change and genomics. Evolutionary Applications, 2015, 8(1): 23–46.

[30] Clegg SM,Degnan SM,Kikkawa J, Moritz C, Estoup A, Owens IPF. Genetic consequences of sequential founder events by an island-colonizing bird. Proceedings of the National Academy of Sciences, 2002, 99(12):8127-8132.

[31] Crooks JA. Lag times and exotic species: The ecology and management of biological invasions in slow-motion. Ecoscience, 2005, 12(3):316-329.

[32] Darwin C. On the origin of species by means of natural selection or the preservation of favoured races in the struggle for life. H. Milford; Oxford University Press,1859.

[33] Dufresnes C, Déjean T, Zumbach S, Schmidt BR, Fumagalli L, Ramseier P, Dubey S. Early detection and spatial monitoring of an emerging biological invasion by population genetics and environmental DNA metabarcoding. Conservation Science and Practice, 2019,1(9):e86.

[34] Elton CS. The ecology of invasions by animals and plants. Springer Nature,1958.

[35] Goldberg CS, Turner CR, Deiner K, Klymus KE, Thomsen PF, Murphy MA, Spear SF, McKee A, Oyler-McCance SJ, Cornman RS, Laramie MB, Mahon AR, Lance RF, Pilliod D, Strickler KM, Waits LP, Fremier AK, Takahara T, Herder JE, Taberlet P. Critical considerations for the application of environmental DNA methods to detect aquatic species. Methods in Ecology and Evolution, 2016, 7(11):1299-1307.

[36] Grotkopp E, Rejmánek M, Rost TL. Toward a causal explanation of plant invasiveness: seedling growth and life-history strategies of 29 pine (Pinus) species. The American Naturalist, 2002,159(4):396-419.

[37] Holway DA, Lach L, Suarez AV, Tsutsui ND, Case TJ. The causes and consequences of ant invasions. Annual review of ecology and systematics, 2002, 33(1):181-233.

[38] Krehenwinkel H, Tautz D. Northern range expansion of European populations of the wasp spider A rgiope bruennichi is associated with global warming - correlated genetic admixture and population - specific temperature adaptations. Molecular ecology, 2013, 22(8):2232-2248.

[39] Lavergne S, Molofsky J. Increased genetic variation and evolutionary potential drive the success of an invasive grass. Proceedings of the National Academy of Sciences, 2007, 104(10):3883-3888.

[40] Lockwood JL, Hoopes MF, Marchetti MP. Invasion ecology. Wiley-Blackwell Press, 2014.

[41] Richardson DM. Fifty years of invasion ecology. Wiley-Blackwell Press, 2008.

[42] Rius M, Bourne S, Hornsby HG, Chapman MA. Applications of next-generation sequencing to the study of biological invasions. Current Zoology, 2015,61(3):488-504.

[43] Sax DF,Stachowicz JJ,Gaines SD. Species invasions: insights into ecology, evolution and biogeography. Sinauer Associates Incorporated, 2005.

[44] Schoener TW. The newest synthesis: Understanding the interplay of evolutionary and ecological dynamics. Science, 2011, 331(6016):426.

[45] Suarez AV,Holway DA,Ward PS. The role of opportunity in the unintentional introduction of nonnative ants. Proceedings of the National Academy of Sciences, 2005,102(47):17032-17035.

[46] Suarez AV, Tsutsui ND. The evolutionary consequences of biological invasions. Molecular Ecology, 2008,17(1):351-360.

[47] Tepolt CK, Palumbi SR. Transcriptome sequencing reveals both neutral and adaptive genome dynamics in a marine invader. Molecular Ecology, 2015, 24(16):4145–4158.

[48] Wan FH and Yang NW. Invasion and management of agricultural alien insects in China. Annual Review of Entomology, 2016, 61:77–98.